新版 中等职业学校装备制造大类专业规划教材

机械制图

（第二版）

主　审　王仲民　陈晓林　宋　刚
主　编　陈喜春　高世生
副主编　邓莎莎　骆书芳　杨　睿　李东明
参　编　陈　郁　杨　雄　赖明燕　熊维陵
李建国　马国强　周永伦

西南大学出版社
SWUPG　国家一级出版社　全国百佳图书出版单位

图书在版编目(CIP)数据

机械制图 / 陈喜春, 高世生主编. -- 2版. -- 重庆:
西南师范大学出版社, 2021.8（2025.7 重印）
ISBN 978-7-5697-0346-7

Ⅰ. ①机… Ⅱ. ①陈… ②高… Ⅲ. ①机械制图—中
等专业学校—教材 Ⅳ. ①TH126

中国版本图书馆 CIP 数据核字（2021）第 141146 号

机械制图（第二版）

主编：陈喜春　高世生

责任编辑：曾　文
责任校对：张　丽
封面设计：汤　立
排　　版：夏　洁
出版发行：西南大学出版社（原西南师范大学出版社）
（地址：重庆市北碚区天生路 2 号
市场营销部：023-68868624
邮编：400715）
印　　刷：重庆紫石东南印务有限公司
成品尺寸：185 mm×260 mm
印　　张：15.25
字　　数：388 千字
版　　次：2021 年 8 月　第 2 版
印　　次：2025 年 7 月　第 5 次
书　　号：ISBN 978-7-5697-0346-7

定　　价：39.80 元

尊敬的读者，感谢您使用西大版教材！如对本书有任何建议或要求，请发送邮件至 xszjfs@126.com。

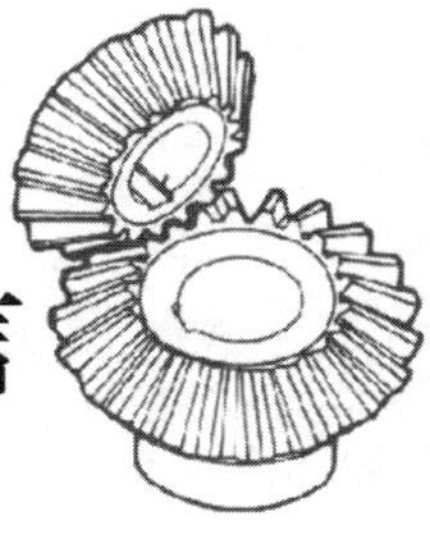

前言

QIANYAN

机械制图是中职学校机械类和工程技术类专业的核心课程之一,机械制图对学生专业启蒙、兴趣激发、专业课学习都起着关键性作用。

本书是作者团队根据教育部于2009年发布的《中等职业学校机械制图教学大纲》,结合教师多年的机械制图教学经验精心编写而成的。本书为中等职业学校装备制造大类专业规划教材之一,全书采取“项目+任务”的形式,内容共分十个项目,分别是图样基本知识的学习、几何图形的绘制、投影的形成、立体及其表面交线的绘制、轴测图的绘制、组合体三视图的绘制、机件的表达、常用标准件的表达、零件图的识读、装配图的绘制。

本书针对职业教育特色和教学模式,结合中职学生的学习特点,同时突出工程实际培养应用型人才的特点,采用项目式教学形式编写,每个项目又分成不同的任务,每个任务按照学生的认知过程,又分成任务目标、任务准备、任务实施、任务拓展等模块,符合学生认知规律,具有较强的针对性、实用性和可读性。

本书项目一由集美工业学校骆书芳编写,项目二由荣昌职业教育中心赖明燕编写,项目三由铜梁职业教育中心杨睿编写,项目四由四川仪表工业学校邓莎莎编写,项目五由荣昌职业教育中心高世生编写,项目六由四川仪表工业学校陈郁编写,项目八由四川仪表工业学校李东明编写,附录部分由四川仪表工业学校杨雄整理,其余项目由四川仪表工业学校陈喜春编写,全书由陈喜春修订并统稿。参与编写的还有重庆机械技师学院熊维陵、重庆市科能高级技工学校马国强、四川仪表工业学校李建国、北碚职业教育中心周永伦。另外,本书特别聘请中国地质科学院勘探技术研究所教授级高级工程师陈晓琳、宋刚以及天津职业技术师范大学王仲明教授担任主审。

由于编者水平有限,本书难免存在疏漏或考虑不周之处,欢迎广大读者和选用本教材的老师提出宝贵意见和建议,以便及时调整补充。

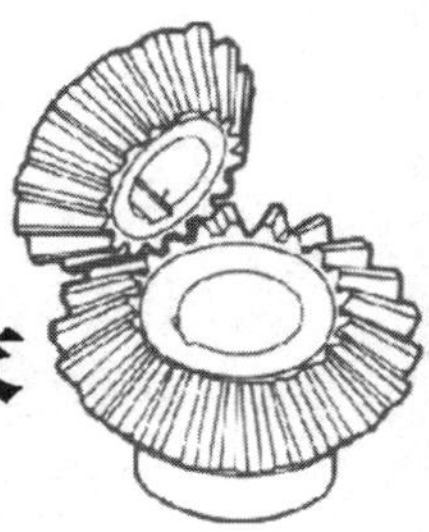

目录
MULU

项目一　图样基本知识的学习

项目引入

工程图样是机械工业生产中重要的技术文件，是产品设计、制造、安装及维修得以顺利进行的必备技术资料，是工程上通用的技术语言，具有严格统一的规范。掌握制图的基本知识和尺规绘图的基本技能是培养绘图和识图能力的基础。

项目分析

本项目将重点介绍国家标准《技术制图》和《机械制图》的相关内容，以及平面图形的绘图方法。掌握《技术制图》与《机械制图》国家标准中关于机械图样图纸幅面、格式、标题栏、比例、字体、图线及尺寸标注的基本规定。让学生养成严格遵守国家标准的习惯，培养学生认真严谨的学习工作作风。

任务一　学习图样绘制的基本规定

任务目标

1. 熟悉国家标准，掌握国家标准对机械图样中字体的基本规定。
2. 能够描述各种不同线型的名称及应用场合。
3. 能够理解比例的概念，能够正确选用比例。

任务准备

一、图纸幅面和格式

1. 基本幅面

为便于图样的使用和管理，绘制图样时，应优先选用表1-1-1所规定的基本幅面。基本幅面共5种，如图1-1-1所示。必要时，允许选用加长幅面。加长幅面的尺寸由基本幅面的短边数值呈整数倍增加后得出。

表 1-1-1　图纸幅面代号和尺寸(mm)

幅面代号	A0	A1	A2	A3	A4
$B\times L$	841×1 189	594×841	420×594	297×420	210×297
a	25				
c	10			5	
e	20		10		

2. 图框格式

在图样上必须用粗实线画出图框，其格式分为不留装订边和留有装订边两种，如图 1-1-2(a)、(b)所。其尺寸按表 1-1-1 的规定，同一产品的图样只能采用一种格式。

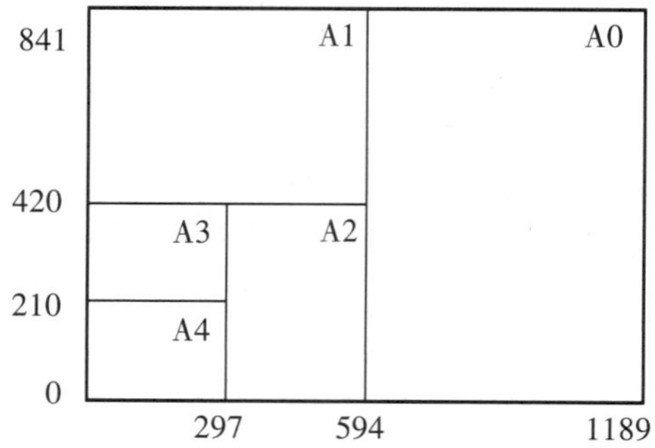

图1-1-1　基本幅面

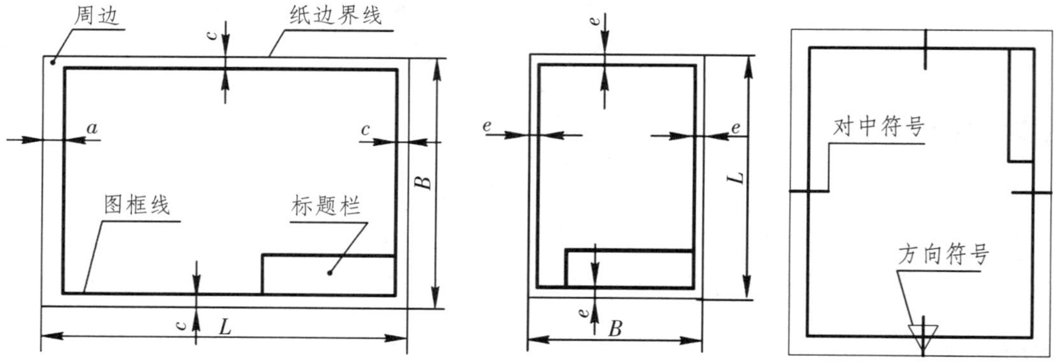

(a)留装订边(X 型)　(b)不留装订边(Y 型)　(c)对中符号和看图方向

图1-1-2　图框格式和看图方向

为了使图样复制和缩微摄影时定位方便，应在图纸各边长的中点处画出对中符号。必要时，可使标题栏位于右上角。同时为了明确绘图和看图方向，在图纸下边对中符号处画出方向符号，如图 1-1-2(c)所示。

3. 标题栏

每张图纸右下角都必须画出标题栏，标题栏的文字方向为看图方向。国家标准(GB/T 10609.1—2008)对标题栏的内容、格式及尺寸做了统一规定，如图 1-1-3、图 1-1-4 所示。本书建议在制图作业中采用图 1-1-4 所示的格式。

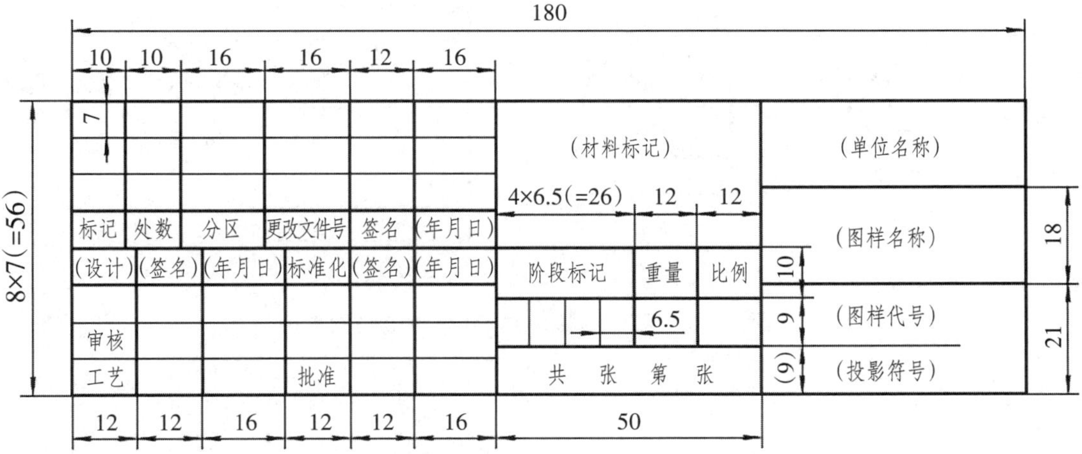

图1-1-3 国标规定的标题栏格式

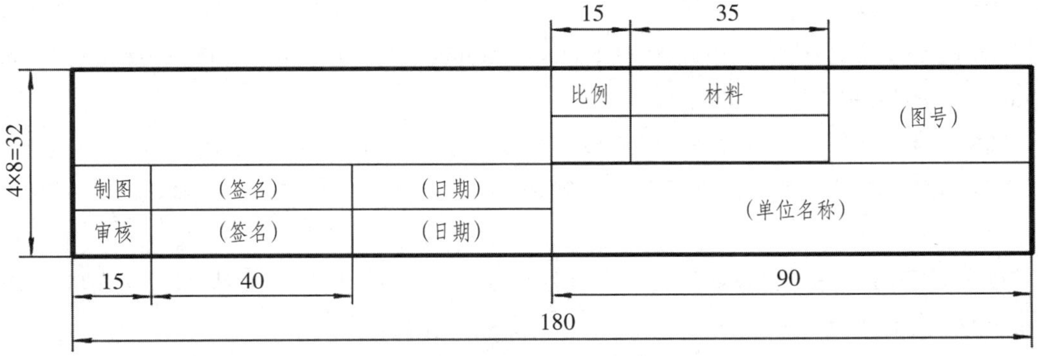

图1-1-4 制图作业中的标题栏格式

二、比例

图样中图形与其实物相应要素的线性尺寸之比，称为比例。常见的绘图比例见表1-1-2。

表1-1-2 常用绘图比例

种类	常用比例
原值比例	1:1
放大比例	5:1 2:1 (4:1) (2.5:1)
缩小比例	1:2 1:5 1:10 (1:1.5) (1:2.5) (1:3) (1:4) (1:6)

注：括注的比例为必要时允许使用比例。

为了从图样上直接反映出实物的大小，绘图时应尽量采用原值比例。因各种实物的大小与结构千差万别，绘图时，应根据实际需要选取放大比例或缩小比例。必须注意，标注尺寸时，无论何种比例，都必须标注机件的实际尺寸，与绘图的比例无关，如图1-1-5所示。

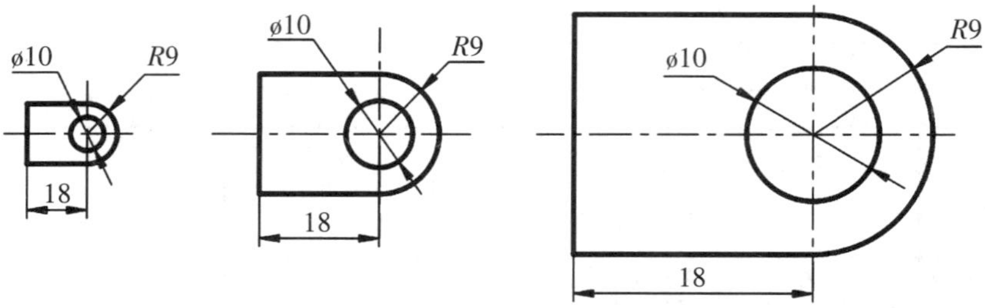

(a)1:2　　(b)1:1　　(c)2:1

图1-1-5　采用不同比例绘制同一物体的图形

三、字体

1.基本要求

图样中书写的汉字、数字和字母字体必须:字体工整、笔画清楚、间隔均匀、排列整齐。字体的高度h,其公称尺寸系列为:1.8 mm,2.5 mm,3.5 mm,5 mm,7 mm,10 mm,14 mm,20 mm。字体高度代表字体的号数。

图样上的汉字应采用长仿宋体字,汉字的高度不能小于3.5 mm,字宽一般为$h/\sqrt{2}$。

字母和数字分A型和B型两种,一般采用B型字体。B型字体的笔画宽度(d)为字高(h)的1/10。

数字和字母可写成斜体或直体。斜体字的字头向右倾斜,与水平基准线约呈75°。用作指数、分数、极限偏差、注脚的数字及字母,一般应采用小一号的字体。

在同一图样上,只允许选用一种型式的字体。

2.字体示例

(1)长仿宋体汉字示例

10号字

字体工整　笔画清楚　间隔均匀　排列整齐

7号字

横平竖直　注意起落　结构匀称　填满方格

5号字

表面粗糙度　尺寸公差　形位公差　标准公差　基本公差

(2)B型斜体阿拉伯数字示例

(3)B型斜体拉丁字母示例

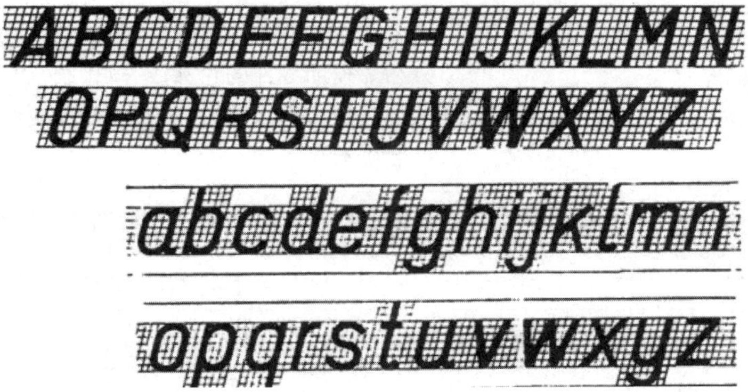

(4)B型斜体罗马数字示例

(5)其他应用示例

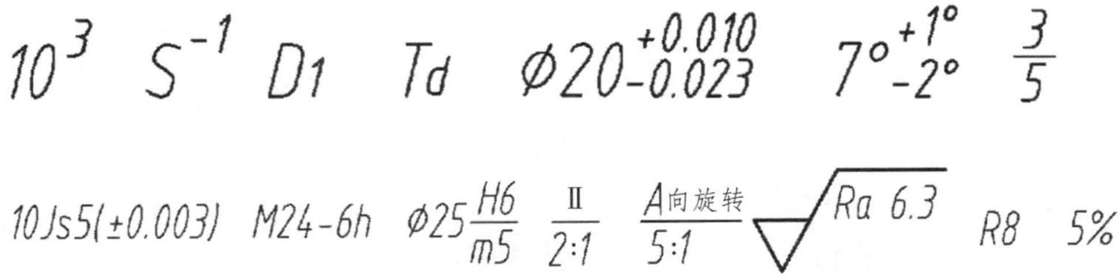

四、图线(GB/T 17450—1998、GB/T 4457.4—2002)

1.线型

国家标准《技术制图　图线》和《机械制图　图样画法　图线》规定了图线的名称、型式、代号、宽度以及在图上的应用。常用图线的型式及图线的应用见表1-1-3。

表1-1-3　机械图样中的线型及其应用

图线名称	图线型式	图线宽度	一般应用举例
粗实线	————————	粗(d)	可见轮廓线等
细实线	————————	细($d/2$)	尺寸线及尺寸界线,剖面线,重合断面的轮廓线,过渡线等
细虚线	— — — — — —	细($d/2$)	不可见轮廓线等
细点画线	———— · ————	细($d/2$)	轴线,对称中心线等
粗点画线	———— · ————	粗(d)	限定范围表示线

续表

图线名称	图线型式	图线宽度	一般应用举例
细双点画线		细($d/2$)	相邻辅助零件的轮廓线，轨迹线，成形前轮廓线，可动零件极限位置的轮廓线，中断线等
波浪线		细($d/2$)	断裂处边界线，视图与剖视图的分界线
双折线		细($d/2$)	断裂处边界线，视图与剖视图的分界线
粗虚线		粗(d)	允许表面处理的表示线

注：在一张图样上一般采用一种线型，即采用波浪线或双折线。

2. 图线尺寸

所有线型的图线宽度 d 应按图样类型和尺寸在0.13 mm，0.18 mm，0.25 mm，0.35 mm，0.5 mm，0.7 mm，1 mm，1.4 mm，2 mm系列中选择。

粗线的宽度(d)应在0.5~2 mm之间选择(练习时一般用0.7 mm)，细线的宽度约为$d/2$。图线的应用示例如图1-1-6所示。

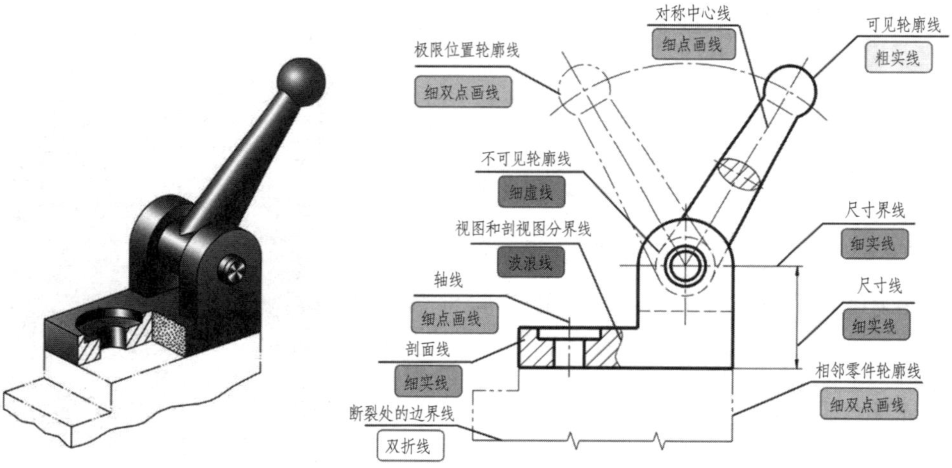

(a) (b)

图1-1-6 图线应用举例

3. 图线的绘制方法

(1)图线长度与间隔的画法

同一图样中，同类图线的宽度应基本一致。虚线、细点画线及双点画线的线段长度和间隔应各自大致相等。两平行线之间的最小间隙一般不得小于0.7 mm。常用图线的长度与间隔如图1-1-7所示。

(2)图线相交的画法

图样中，虚线、细点画线、双点画线与其他线相交时，应相交于线，而不应相交于点或间隔；虚线直接在实线延长线上相接时，虚线应留出空隙。画圆的中心线时，圆心应是长画的交点，细点画线两端应超出轮廓3 mm左右；当细点画线、双点画线较短时，允许用细实线代替。如图1-1-8所示。

(3)图线重叠时的画法

当两种或两种以上图线重叠时,应按以下顺序画出所需的图线:可见轮廓线→不可见轮廓线→轴线和对称中心线→细双点画线。

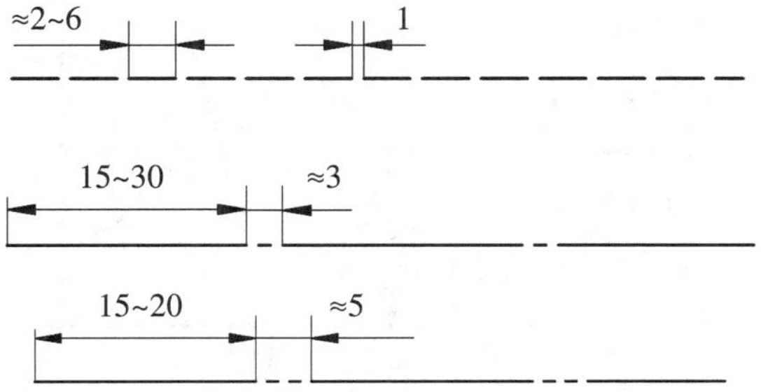

图1-1-7　图线长度与间隔

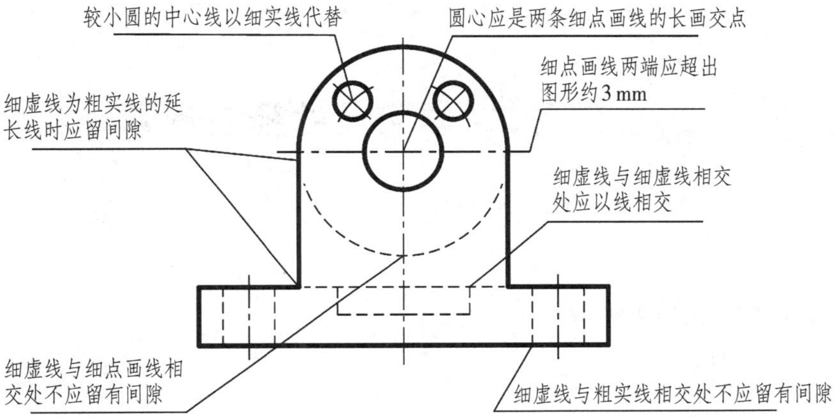

图1-1-8　图线相交绘制方法

任务实施

分别以1:2,1:1,2:1的比例绘制图1-1-9所示图形。注意选用正确的绘图工具,按照标准绘制图线宽度。

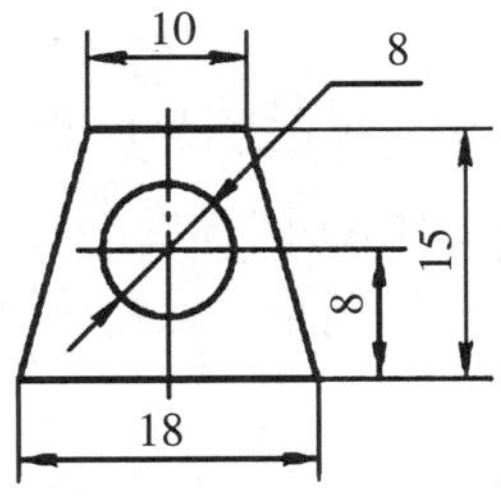

图1-1-9　题图

分析:图中有粗实线和点画线,所以选用2B铅笔和HB铅笔。2B铅笔绘制粗实线,HB铅笔绘制点画线。如果绘图需要打草稿,可以先用2H的铅笔打底稿。

注意,在具体绘图时,绘图时尺寸的量取不能在图中截取,一定要根据尺寸数值,在三角板上截取尺寸。当比例是1:1时,按原值尺寸截取绘制图形。当比例是1:2时,按图中尺寸的一半截取尺寸绘制图形，当比例是2:1时，按原值尺寸的两倍截取尺寸绘制图形。

完成后的图形如图1-1-10所示。

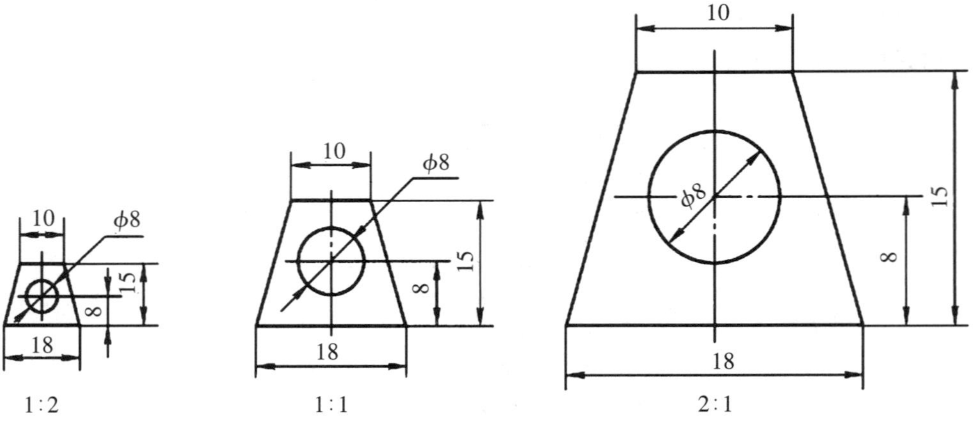

图1-1-10　题图

任务二　学习尺寸标注规则

任务目标

1. 能描述尺寸标注的国家标准。
2. 能够正确标注尺寸。

任务准备

尺寸是图样的重要内容之一，必须按国标规定正确标注。

一、尺寸标注的基本规则

（1）产品的真实大小应以图样上所注的尺寸数值为依据，与图形的大小与绘图的准确性无关。

（2）图样中（包括技术要求和其他说明）的尺寸，以mm为单位，不需标注计量单位符号或名称。若采用其他计量单位时，则必须注明相应的计量单位符号。如图1-2-1所示，长度28的轴，在采用mm为单位时，不注符号，但是在采用英寸为单位时，则必须标注单位符号。

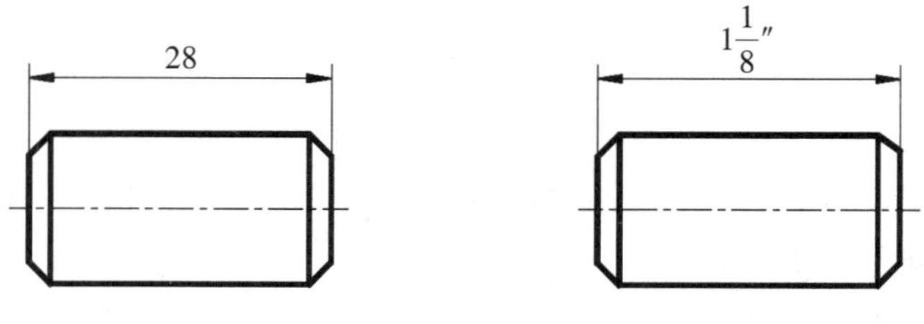

（a）以mm为单位标注　　（b）以英寸为单位标注

图1-2-1　不同单位标注示例

(3)图样中所标注的尺寸,为该产品的最后完工尺寸,否则应另加说明。

(4)产品的每一尺寸,一般只标一次,并应标注在反映该结构最清晰的图形上,如图1-2-2所示。

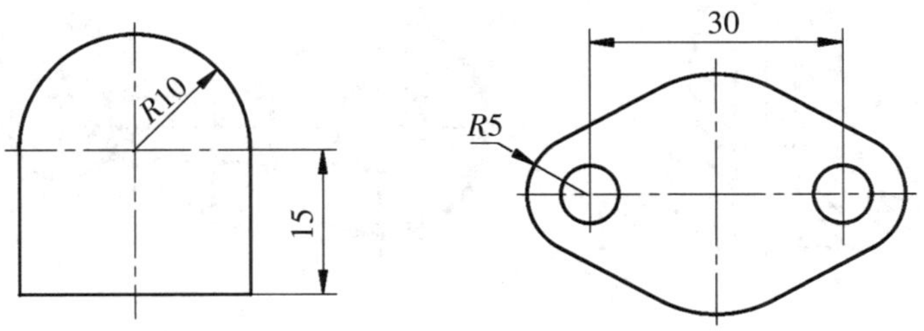

(a)　　(b)

图1-2-2　尺寸标注在最清晰的图形上

二、尺寸的组成

一个完整的尺寸应由尺寸界线、尺寸线、箭头和尺寸数字(含符号和缩写词)四部分组成,如图1-2-3所示。

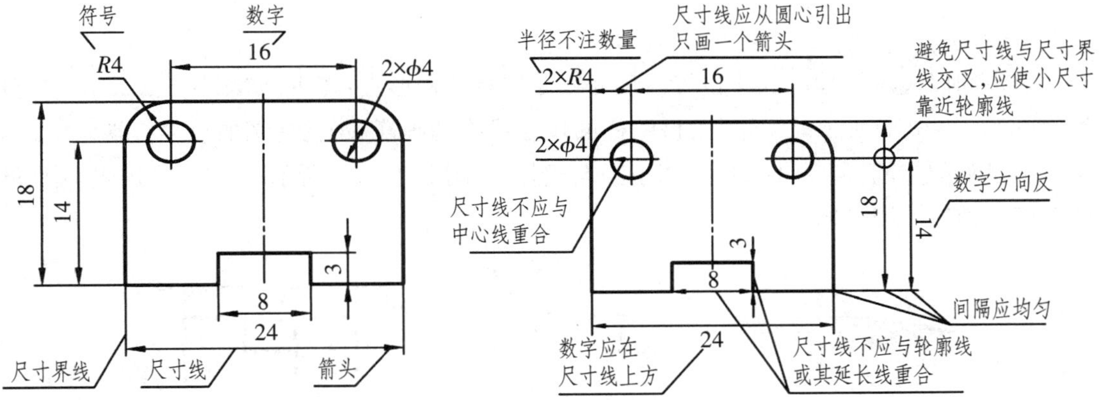

(a)正确　　(b)错误

图1-2-3　尺寸的组成及标注示例

1.尺寸界线

尺寸界线用以表示尺寸的范围,用细实线绘制。尺寸界线应从图形的轮廓线、轴线或对称中心线处引出,也可直接利用这些线作为尺寸界线。尺寸界线应超出尺寸线2~4 mm。

尺寸界线应与尺寸线垂直。当尺寸界线过于贴近轮廓线时,允许倾斜画出,如图1-2-4(a)所示。

在光滑过渡处标注尺寸时,应用细实线将轮廓线延长,从它们的交点引出尺寸界线,如图1-2-4(b)所示。

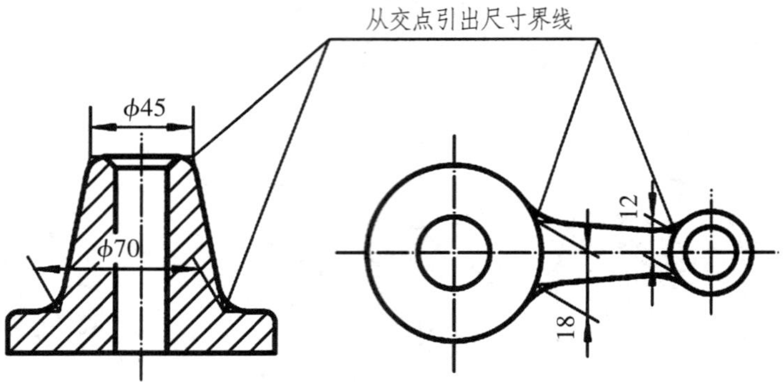

(a)　　　　　　　　(b)

图1-2-4　尺寸界线倾斜

2.尺寸线

尺寸线用以表示尺寸度量的方向,用细实线绘制在两条尺寸界线之间。

(1)尺寸线不能用其他图线代替,一般也不得与其他图线重合或画在其延长线上。

(2)标注线性尺寸时,尺寸线应与所标注的线段平行。

(3)尺寸线到轮廓线的距离以及相平行的尺寸线间距应大于7 mm。

3.箭头

箭头用以表示尺寸的起止位置。尺寸线终端有两种形式:箭头,如图1-2-5(a)所示;斜线,如图1-2-5(b)所示。通常,机械图样的尺寸线终端画箭头,土建图的尺寸终端画斜线。当没有足够的空间画箭头时,可以用小圆点代替,如图1-2-5(c)所示。在同一张图样中,只能采用一种尺寸线终端形式。

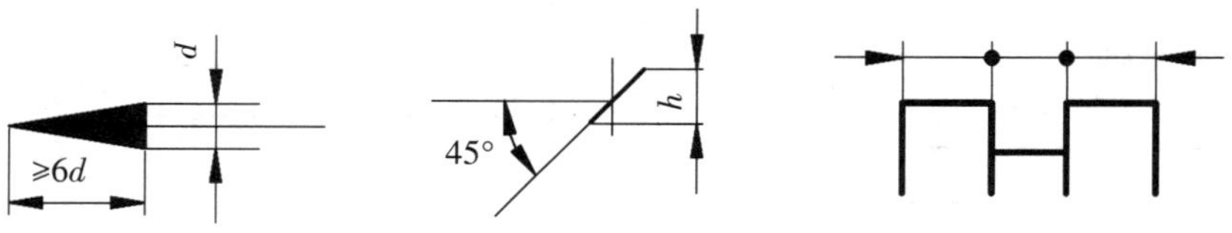

(a)箭头(机械图常用)　(b)斜线(土建图常用)　(c)小黑点(空间不够时用)

图1-2-5　尺寸线终端形式

4.尺寸数字

尺寸数字用来表示尺寸的度量大小。标注时,应注意以下几点:

(1)尺寸数字应用阿拉伯数字书写,同一张图样中的数字大小要一致。

(2)线性尺寸的数字一般应注写在尺寸线的上方,当空位有限时,也允许注写在尺寸线的中断处,如图1-2-6中的ϕ16。尺寸数字不得被任何图线通过,当无法避免时,必须将图线断开,如ϕ20、ϕ28处的中心线应断开。

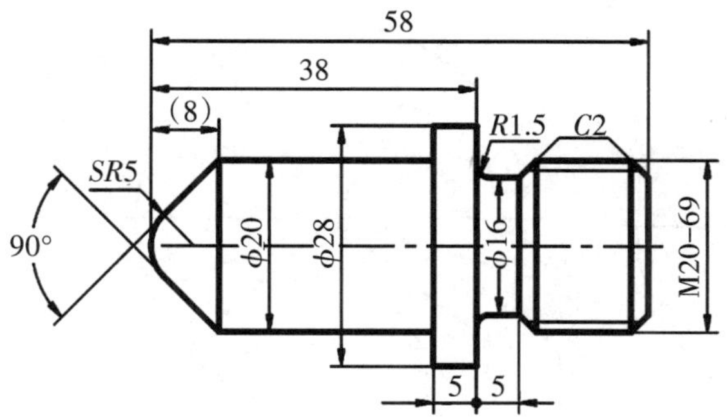

图1-2-6 线性尺寸的标注

三、常见的尺寸标注方法

1.线性尺寸数字的注写

(1)水平尺寸字头朝上,垂直尺寸字头朝左,倾斜尺寸应保持字头有朝上的趋势,如图1-2-7(a)所示。

(2)尽量避免在图1-2-7(a)所示30°范围内标注尺寸,当无法避免时,允许按图1-2-7(b)所示形式标注。

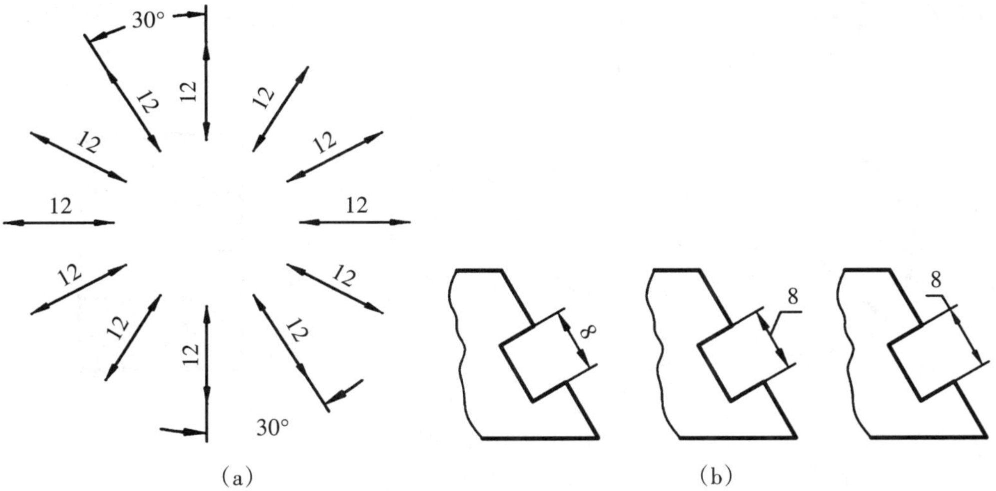

图1-2-7 线性尺寸数字的注写方向

2.角度的注法

(1)标注角度时,角度数字一律水平注写,一般注写在尺寸线的中断处,如图1-2-8(a)所示。必要时也可注写在尺寸线外或引出标注,如图1-2-8(b)所示。

(2)标注角度时,尺寸界线应沿径向引出,尺寸线应画成圆弧,其圆心是该角的顶点,如图1-2-8(c)所示。

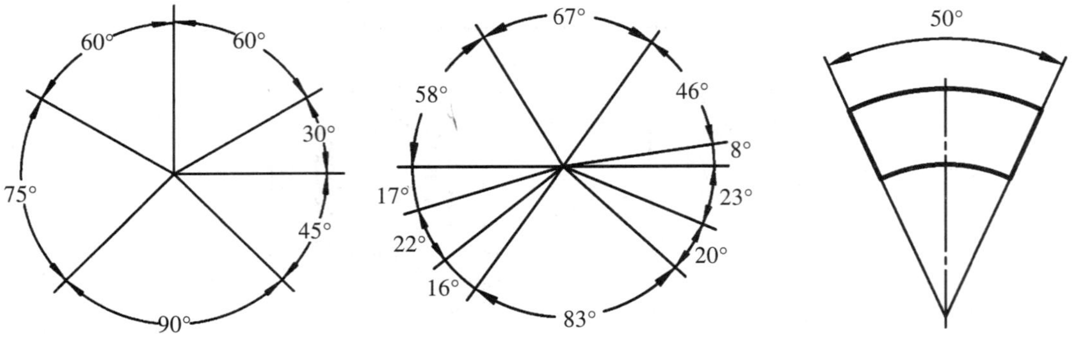

(a) (b) (c)

图1-2-8 角度尺寸的数字标注

3.直径的尺寸注法

标注圆的直径时，应在尺寸数字前加注符号“ϕ”，表示这个尺寸的值是直径值，尺寸线的终端应画成箭头并按图1-2-9所示的方法标注。标注直径时注意：

(1)直径尺寸应在尺寸数字前加注符号“ϕ”。

(2)尺寸线应通过圆心，其终端画成箭头。

(3)整圆或大于180°的半圆应注直径。

(4)沿圆周均布小孔直径的注法如图1-2-10(a)所示，当图中孔的定位与分布已明确时，可省略EQS，如图1-2-10(b)所示。

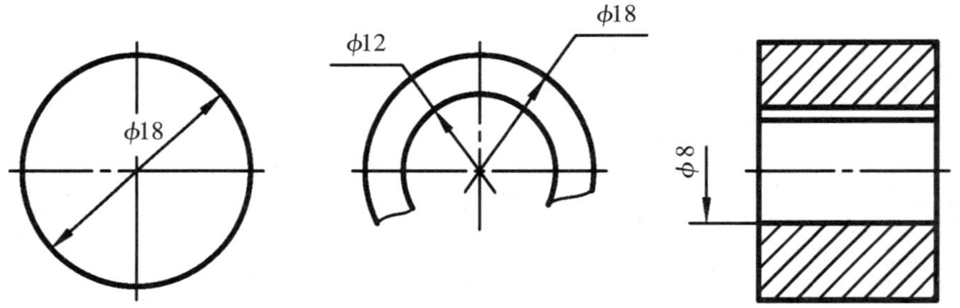

(a) (b) (c)

图1-2-9 直径的标注

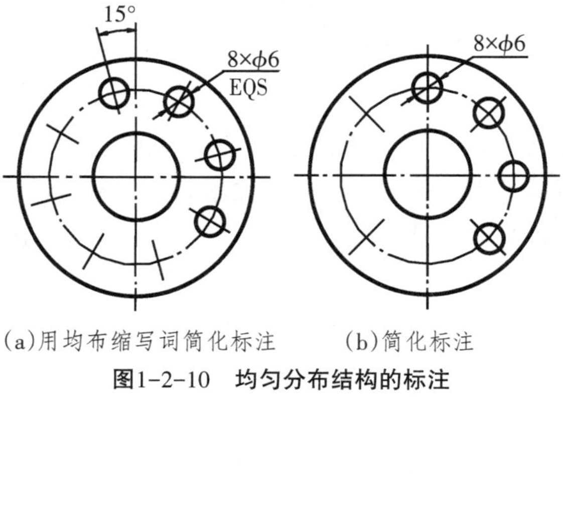

(a)用均布缩写词简化标注 (b)简化标注

图1-2-10 均匀分布结构的标注

4. 圆弧的尺寸注法

（1）圆弧的半径。标注圆弧的半径时，应在尺寸数字前加注符号“*R*”，尺寸线的终端应画成箭头，并按图1-2-11所示的方法标注。

当圆弧的半径过大或在图纸范围内无法标注其圆心位置时，可将圆心移在近处示出，将半径的尺寸线画成折线，如图1-2-11(d)所示。若不需要标出其圆心位置时，可按图1-2-11(e)的形式标注。

（2）圆弧的长度。标注弧长时，应在尺寸数字左方加注符号“⌒”。弧长的尺寸界线应平行于该弦的垂直平分线，如图1-2-11(f)所示。当弧度较大时，可沿径向引出。

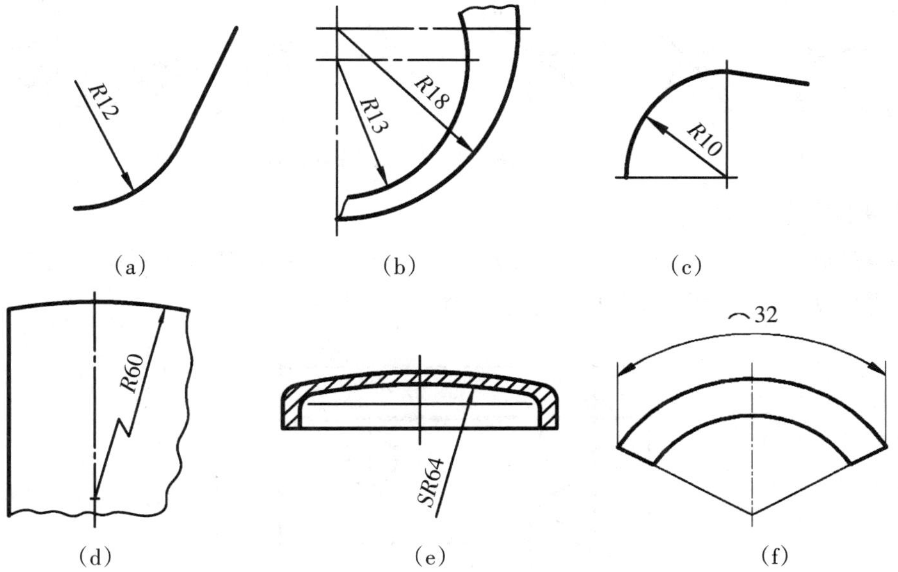

图1-2-11 圆弧的尺寸注法

5. 球的尺寸注法

标注球面的直径或半径时，应在符号“ϕ”或“*R*”前加注符号“*S*”，如图1-2-12(a)、(b)所示。对于铆钉的头部、轴（包括螺杆）的端部以及手柄的端部等，在不致引起误解的情况下可省略符号“*S*”，如图1-2-12(c)所示。

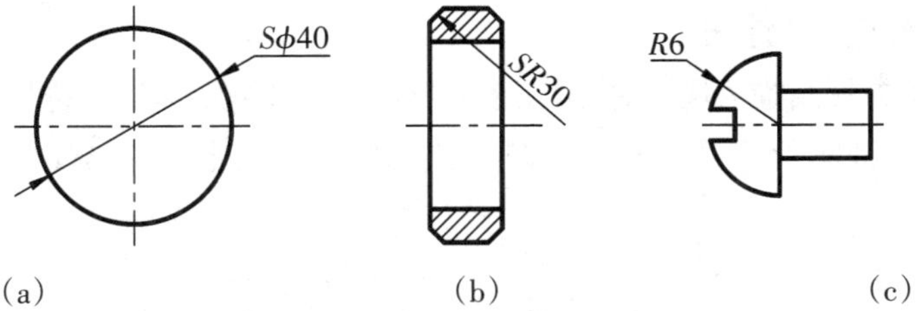

图1-2-12 球的尺寸注法

6. 狭小部位的注法

在没有足够位置画箭头或注写数字时，可按如图1-2-13的形式注写。

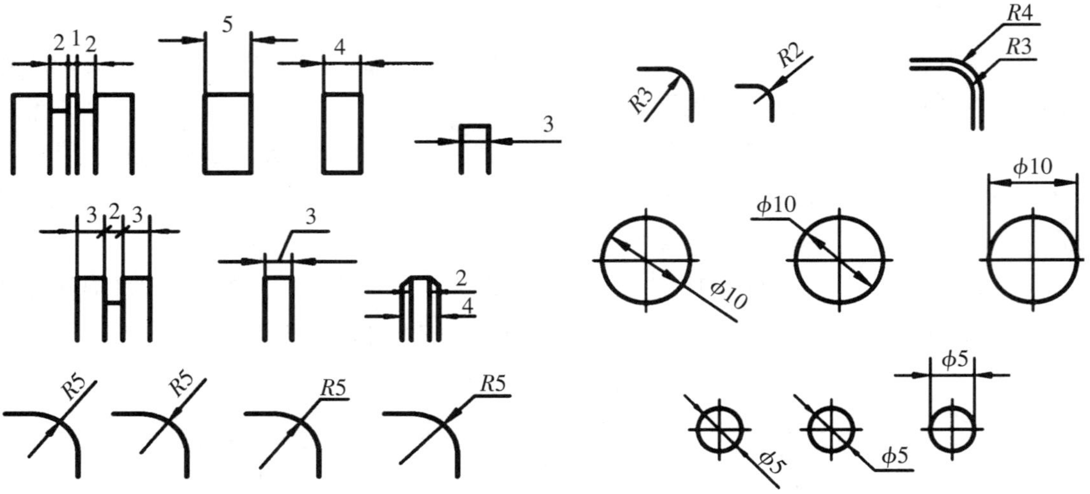

图1-2-13　狭小部位的标注

7.对称图形的尺寸注法

当对称机件的图形只画出一半或略大于一半时，尺寸线应略超过对称中心线或断裂处的边界，此时仅在尺寸线的一端画出箭头，如图1-2-14所示。

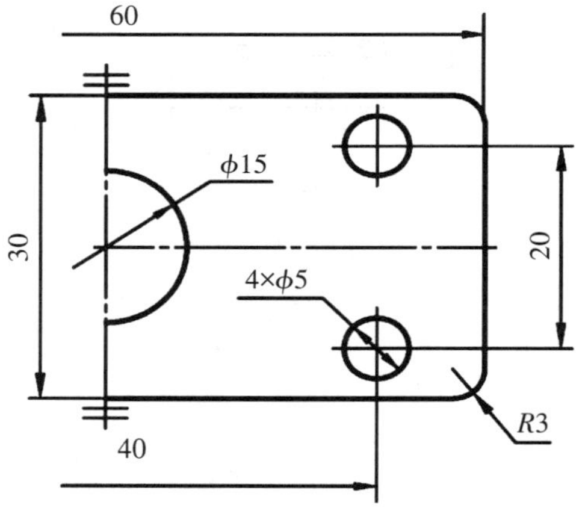

图1-2-14　对称图形的尺寸注法

8.正方形结构的尺寸注法

标注断面为正方形结构的尺寸时，可在正方形边长尺寸数字前加注符号“□”[图1-2-15(a)中的符号“□”是一种图形符号，表示正方形]或用“$B\times B$”[图1-2-15(b)，B为正方形的对边距离]注出。

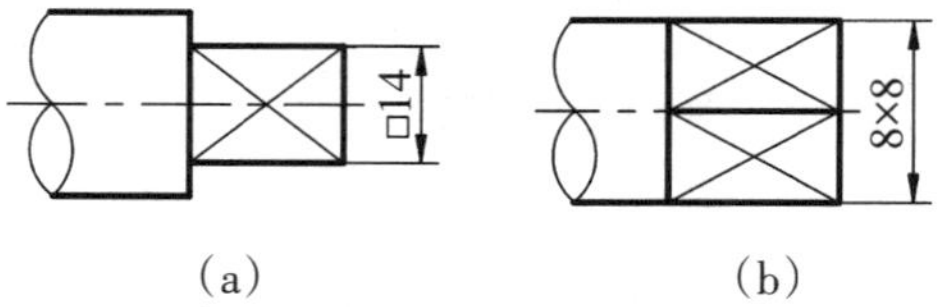

图1-2-15　正方形结构的尺寸注法

任务实施

检查图 1-2-16(a)中尺寸注法的错误，修改尺寸，并标注在图 1-2-16(b)中。

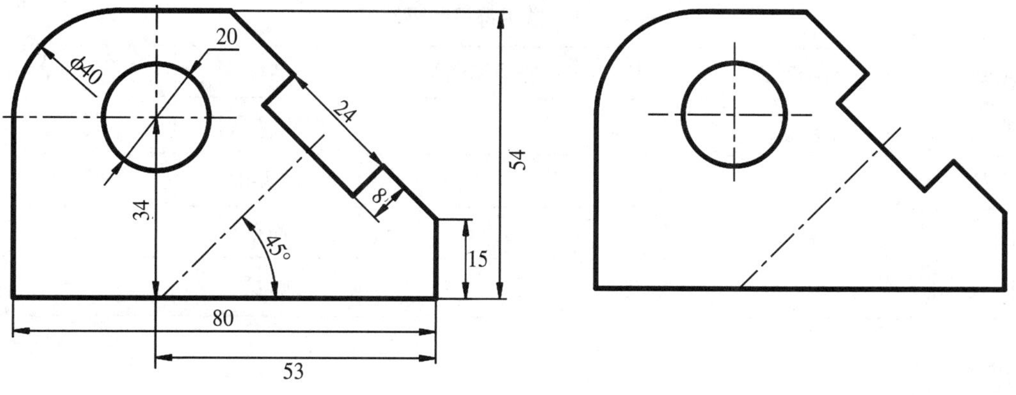

(a)　　　　　　　　　　　　(b)

图1-2-16　改错

分析：根据国家关于尺寸标注的标准可知，ϕ40 处的圆弧小于二分之一圆弧，所以，应该标注半径“*R*”。而整圆标注应该在数字前加注 ϕ40。尺寸 24 的尺寸线在轮廓线延长线是不允许的，应该要错开。尺寸 34 和中心重合，应该错开。53 的标注错误，因为数字要写在尺寸线上方。此外，同一方向有多个尺寸标注时，应让小尺寸在内侧，大尺寸在外侧。垂直方向的线性尺寸数字与尺寸线要垂直，同时，字头应该要朝左，数字写在尺寸线左侧，所以尺寸 15 和尺寸 54 标注也是错误的。最后，角度标注，无论角度是哪个方向，数字只能水平书写，所以，45°标注也有误。根据以上分析，完成尺寸标注如图 1-2-17 所示。

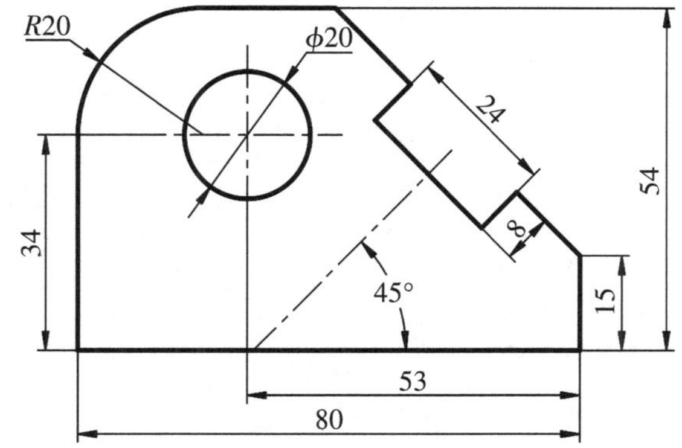

图1-2-17　正确标注

任务拓展

标注尺寸时，应尽可能使用符号和缩写词。常用符号和缩写词见表1-2-1。

表1-2-1 常用符号和缩写词

名称	符号和缩写词	名称	符号和缩写词	名称	符号和缩写词
直径	ϕ	厚度	t	沉孔或锪平	⌴
半径	R	正方形	□	埋头孔	⌵
球直径	$S\phi$	45°倒角	C	均布	EQS
球半径	SR	深度	↧	弧长	⌒

项目总结

1.机械图样是设计和制造机械的重要技术文件，是工程界的共同语言，因此在绘图过程中必须遵守有关的国家标准和其他标准。

2.本项目主要介绍了国家标准《技术制图》《机械制图》中的图纸幅面及格式、比例、字体、图线、尺寸注法等。在学习过程中，无须死记硬背，在看图和绘图时只要多查阅、多参考，经过一定的时间后便可掌握。

项目二 几何图形的绘制

项目引入

正确使用一般绘图工具和仪器，掌握作图的基本方法和步骤，是绘图技能形成的基础。平面图形的分析方法和作图步骤是本项目的重点。要真正理解“平面图形各线段之间的相对位置和连接关系是靠给定的尺寸来确定”的内涵，分析平面图形中每个尺寸的作用和分类，掌握平面图形的作图方法及作图步骤，正确、规范、清晰地绘制。

项目分析

机件的形状虽然各有不同，但都是由各种几何形体组合而成的。它们的轮廓基本上都是由直线、圆、圆弧或其他曲线组成的。熟练掌握常见几何图形正确的作图方法是提高手工绘图速度，保证绘图质量的基础。基本作图方法有线段等分、圆周等分、锥度和斜度的绘制、椭圆的绘制、圆弧连接等。

任务一 绘制简单几何图形

任务目标

1. 能按要求等分线段和圆周。
2. 能正确绘制正多边形。
3. 能绘制指定斜度和锥度的直线。

任务准备

一、等分线段

等分已知线段，可以由三角板和分规配合完成，通过平行法等分线段。

首先过一端点作任意直线，用分规在这一直线上截取n等份，其次连接等分的终点和已知线段的另一端点作一直线，过各等分点作连线的平行线，平行线与已知线段的交点即将线段等分。

以把线段AB分成5等份为例。作图步骤如图2-1-1所示。

作图步骤：

(1)过端点A作辅助射线AC，与已知线段AB呈任意锐角。

（2）用分规在AC上以任意相等长度截得各分点1、2、3、4、5。

（3）连接$5B$，并过各点4、3、2、1作$5B$的平行线，在AB上即得4′、3′、2′、1′各等分点。

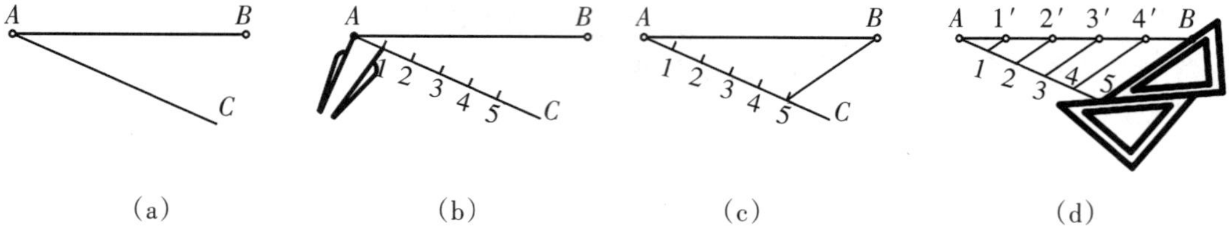

图2-1-1　平行线法等分线段

二、等分圆周、作正多边形

1.三等分圆周并作正三角形（如图2-1-2所示）

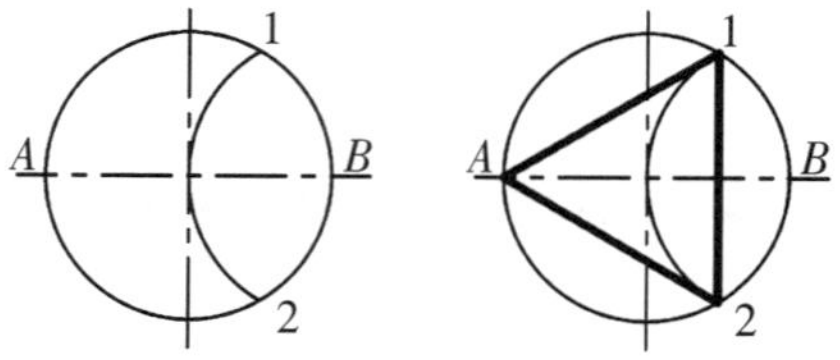

图2-1-2　正三角形绘制方法

（1）以点B为圆心，以圆半径为半径画弧，交圆于1、2两点。

（2）依次连接点A、1、2，即得正三角形。

2.圆周四等分及内接正四边形作法（如图2-1-3所示）

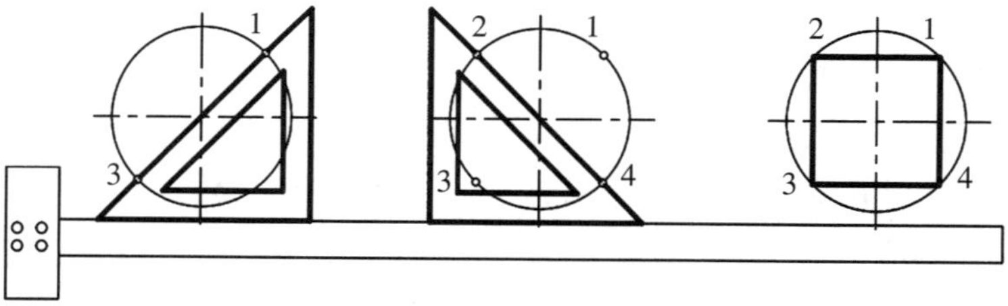

图2-1-3　正四边形绘制方法

（1）用45°三角板斜边过圆心，斜边交圆周于1、3两点。

（2）翻转三角板，仍使斜边过圆心，斜边交圆周于2、4两点。

（3）依次连接1、2、3、4、1点，即得内接正四边形。

3.圆周五等分及内接正五边形作法（如图2-1-4所示）

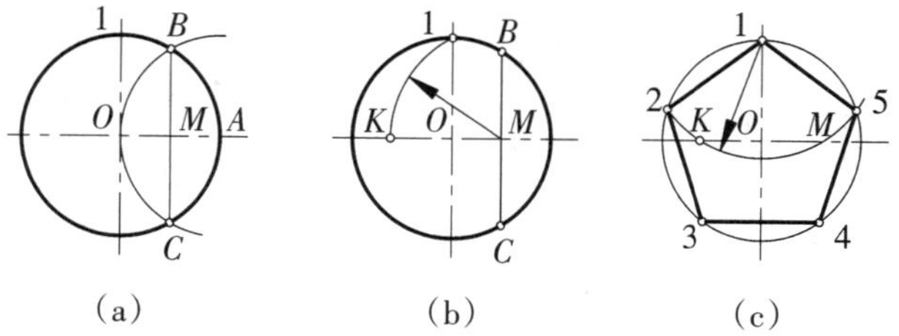

图2-1-4　正五边形绘制方法

(1)A为圆心,OA为半径,画弧交圆于B、C两点,连BC得OA的中点M。

(2)以M为圆心,$M1$为半径画弧,得交点K,$1K$线段长为所求五边形边长。

(3)用$1K$长自1点起截圆周得2、3、4、5点,依次连接,即得内接正五边形。

4.圆周六等分及内接正六边形作法(如图2-1-5所示)

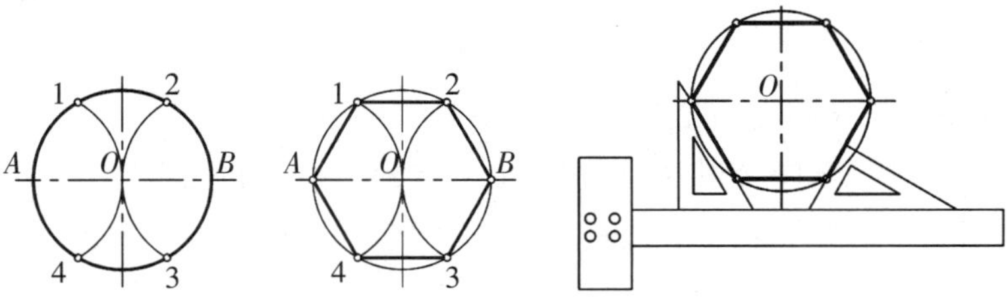

(a)　(b)　(c)

图2-1-5　正六边形绘制方法

(1)分别以A和B为圆心,以圆半径为半径画圆弧,交圆周于1、2、3、4 四点。

(2)连接1、2、B、3、4、A、1,即得正内接六边形。

画正六边形也可以如图2-1-5(c)所示,用丁字尺和三角板进行绘制。

三、斜度和锥度

1.斜度

(1)斜度的概念。斜度是指一直线相对于另一直线或一平面相对于另一平面的倾斜程度,斜度的大小,用两直线(或平面)夹角的正切来表示,如图2-1-6(a)所示。

$$斜度 = \tan\alpha = \frac{H}{L} = 1 : n$$

(2)斜度的标注。斜度在图样中写成$1:n$的形式,标注时要在数字前加注斜度符号,符号的方向应与斜度一致,斜度符号的绘制方法如图2-1-6(b)所示,其标注如图2-1-6(c)。

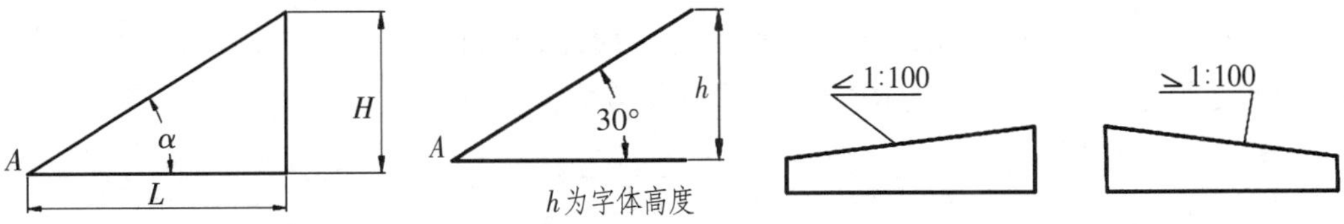

(a)　(b)　(c)

图2-1-6　斜度及其标注

(3)斜度的绘制方法。以斜度$1:5$为例,如图2-1-7(a)所示。

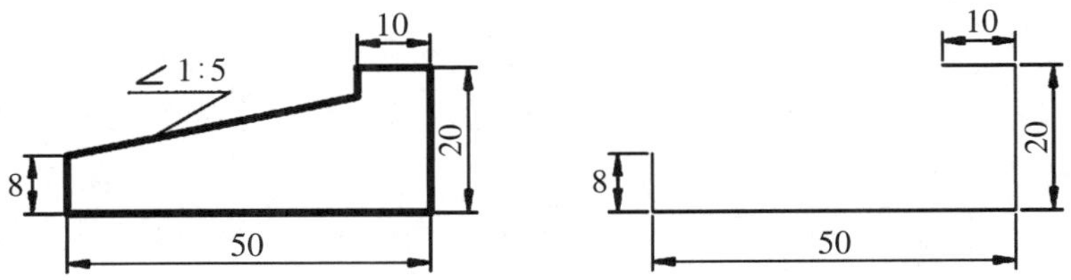

(a)　(b)

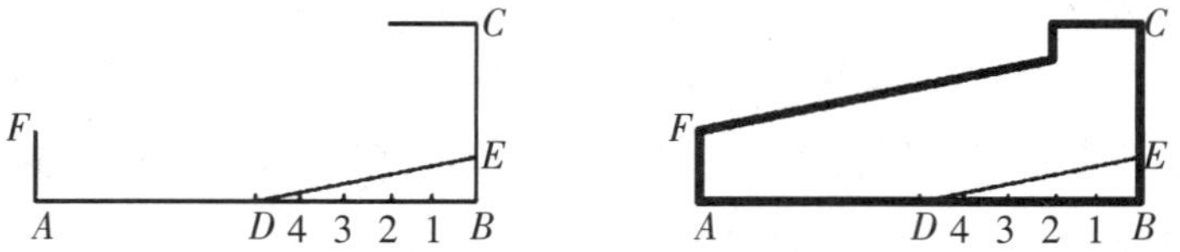

（c）　　　　（d）

图2-1-7　斜度的绘制

①由已知尺寸作出无斜度的轮廓线，如图2-1-7(b)所示。

②在AB线段上量取五等分得D，取BE为1等份，得E点，如图2-1-7(c)所示。

③连接ED即为1∶5的斜度线，过F点作ED的平行线，如图2-1-7(d)所示。

④补齐线，检查，描粗，标注尺寸，完成作图。如图2-1-7(a)所示。

2.锥度

(1)锥度的概念。锥度是指正圆锥的底圆直径与该圆锥的高度之比。如果是圆锥台，则为上、下底圆直径之差与圆锥台高度之比，如图2-1-8所示。

$$锥度 = 2\tan\alpha = D/L = (D-d)/l$$

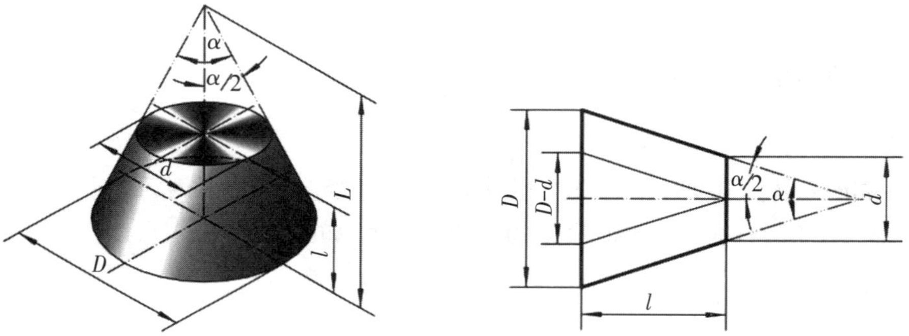

图2-1-8　锥度

(2)锥度的标注。锥度在图样中也以1:n的简化形式标注，在图样上，应采用图2-1-9(a)所示的图形符号表示圆锥，该符号应配置在基准线上，如图2-1-9(b)、(c)所示，基准线应与圆锥的轴线平行，图形符号的方向应与图形的锥度方向一致。

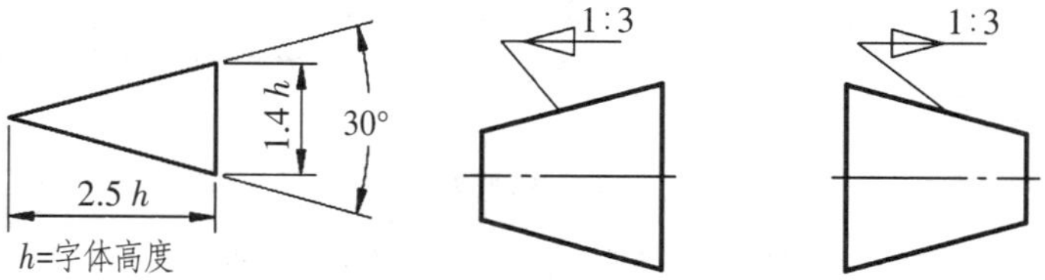

（a）　　　　（b）　　　　（c）

图2-1-9　锥度的标注

(3)锥度的绘制方法。如图2-1-10(a)所示机件右部是一个锥度为1:3的圆锥台，其作图方法如图2-1-10(b)、(c)所示。

作图步骤：

①作$EF \perp AB$，由点A沿垂线向上和向下分别取1/2等份，得点C和C_1。

②由点A沿轴线向右取3等份得点B，连接BC、BC_1，即得1 ∶ 3的锥度线。

③过点E、F分别作BC、BC_1的平行线，即得所求圆锥台的锥度线，如图2-1-10（c）所示，再按照尺寸画出其他线段，即完成图形。

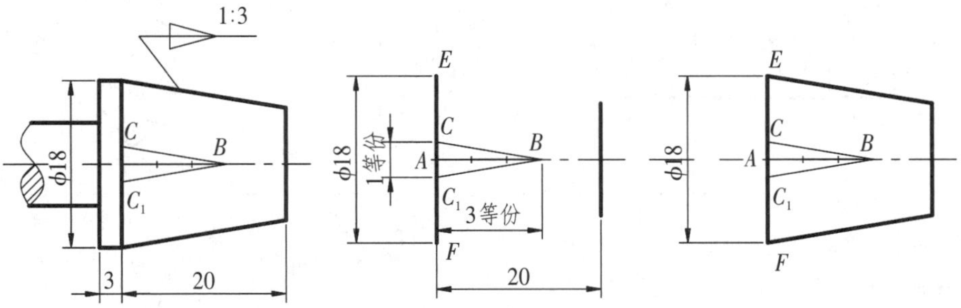

（a）　（b）　（c）

图2-1-10　锥度的绘制方法

二、圆弧连接

画图时，经常需要用一圆弧光滑连接相邻两已知线段。例如在图2-1-11中，要用圆弧$R16$连接两直线，用圆弧$R12$连接一直线和一圆弧，用圆弧$R35$连接两圆弧等。这种用一圆弧光滑地连接相邻两线段（直线或圆弧）的作图方法，称为圆弧连接。

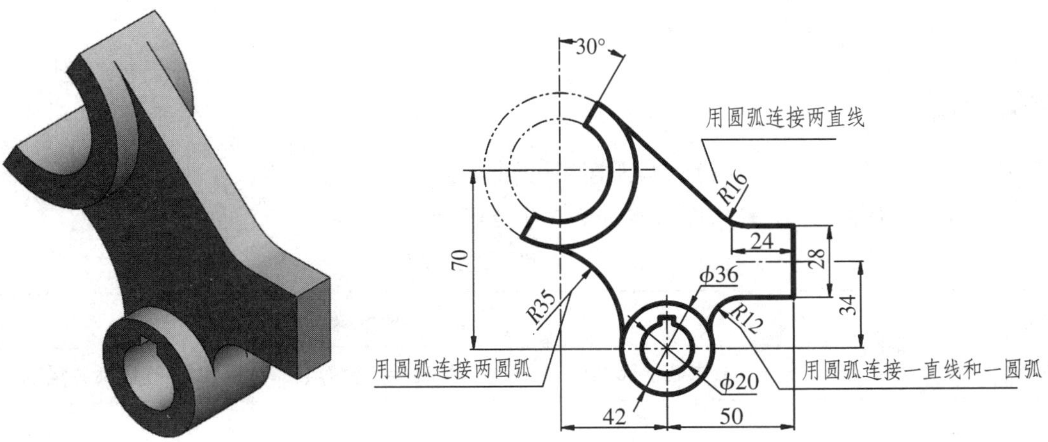

（a）　（b）

图2-1-11　圆弧连接示例

圆弧连接的作图要点为：首先求作连接弧与已知线段的切点和连接弧的圆心，再用圆弧将两切点连接起来。圆弧连接的基本原理见表2-1-1。

表 2-1-1　圆弧连接的基本原理

作图要求	作连接弧与已知直线相切	作连接弧与已知圆外切	作连接弧与已知圆内切
图例	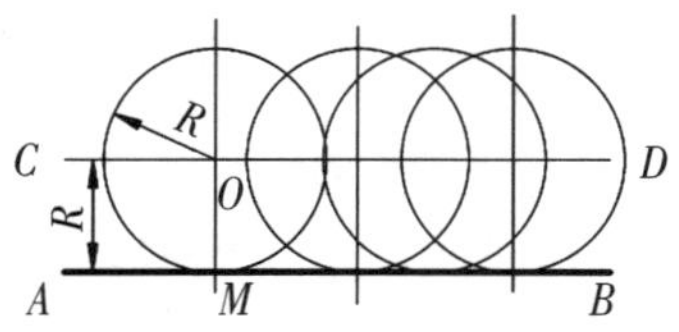	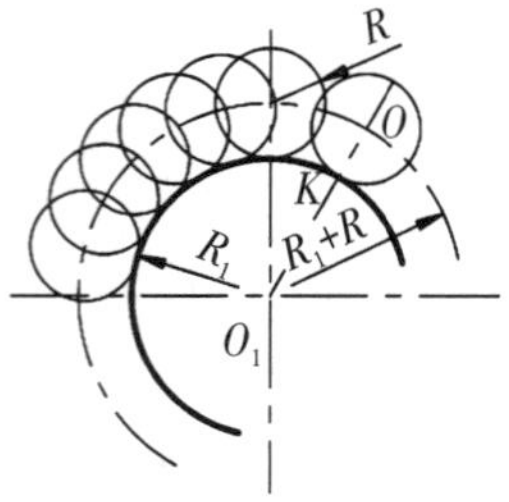	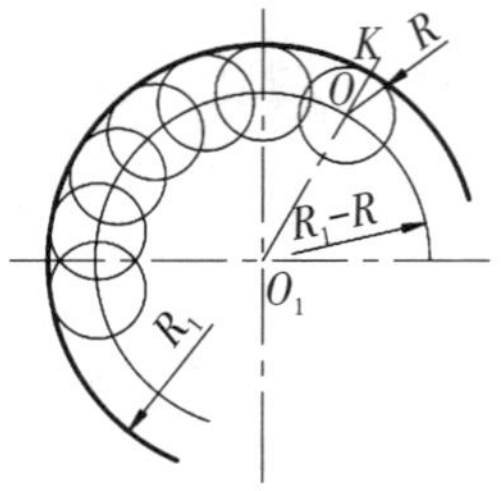
连接弧圆心的轨迹	作半径为 R 的圆弧与已知直线 AB 相切，其圆心的轨迹为与已知直线 AB 平行且间距等于 R 的直线 CD	作半径为 R 的圆弧与已知圆（圆心 O_1、半径 R_1）外切，其圆心轨迹为已知圆 O_1 的同心圆，半径为 R_1+R	作半径为 R 的圆弧与已知圆（圆心 O_1、半径 R_1）内切，其圆心轨迹为已知圆 O_1 的同心圆，半径为 R_1-R
切点位置	由连接弧圆心 O 向已知直线 AB 作垂线，垂足 M 即为切点	两圆弧的连心线 OO_1 与已知圆的交点即为切点	两圆弧的连心线 OO_1 的延长线与已知圆的交点即为切点

圆弧连接的实质，就是要使连接圆弧与相邻线段相切，以达到光滑连接的目的。因此圆弧连接的作图可归纳为：

(1)求连接圆弧的圆心。

(2)找出连接点即切点的位置。

(3)在两连接点之间画出连接圆弧。

任务实施

根据已知条件，用给定半径的圆弧连接已知线段。

分析：根据作图原理，其作图步骤如表 2-1-2 所示。

表 2-1-2　圆弧连接作图

作图要求	已知条件	作图步骤		
		1. 求连接弧圆心	2. 找连接点（切点）	3. 画连接弧并描粗
圆弧连接两已知直线	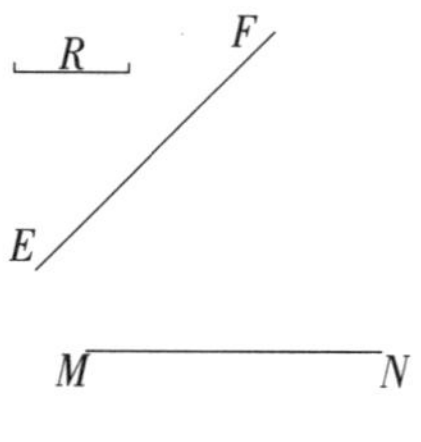	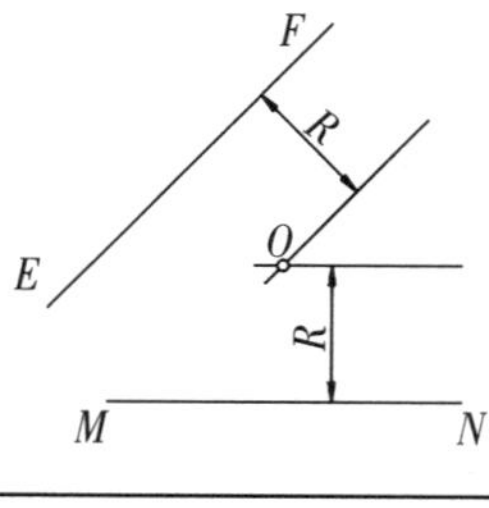	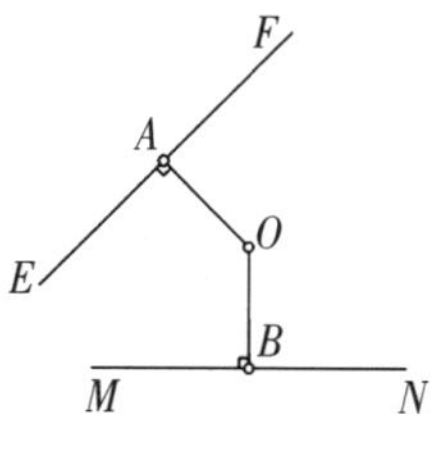	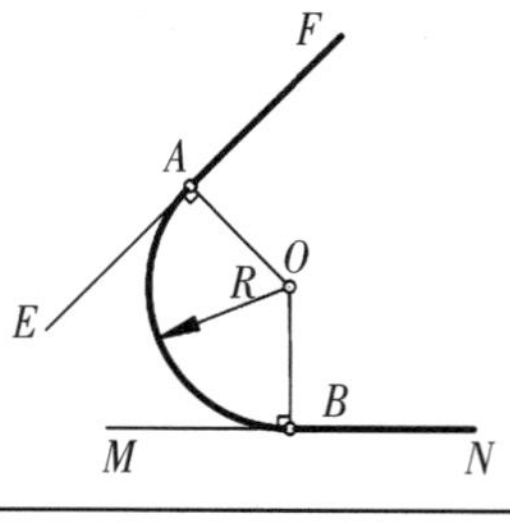

续表

作图要求	已知条件	作图步骤		
		1.求连接弧圆心	2.找连接点(切点)	3.画连接弧并描粗
圆弧连接已知直线和圆弧	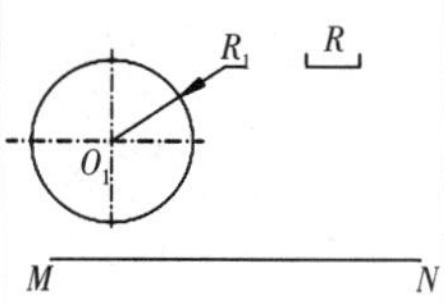	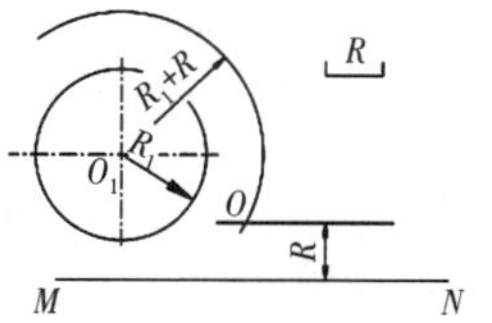	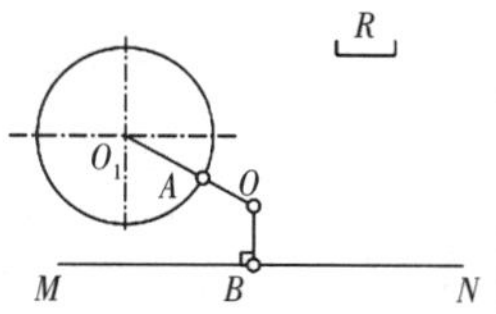	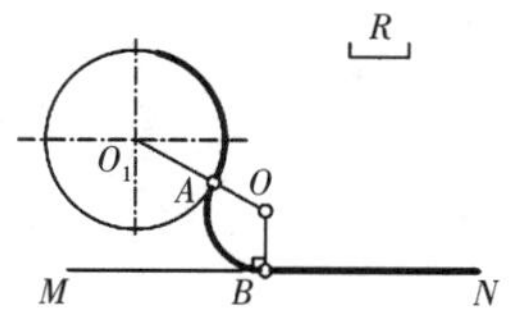
圆弧外切两已知圆弧	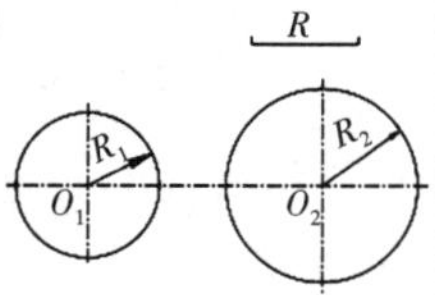	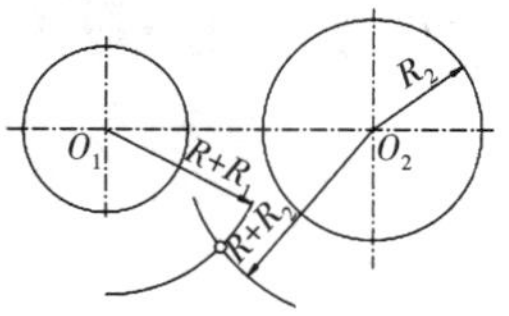	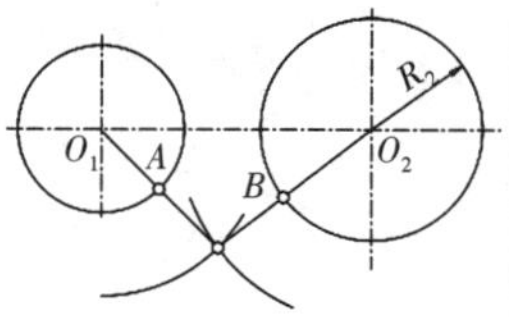	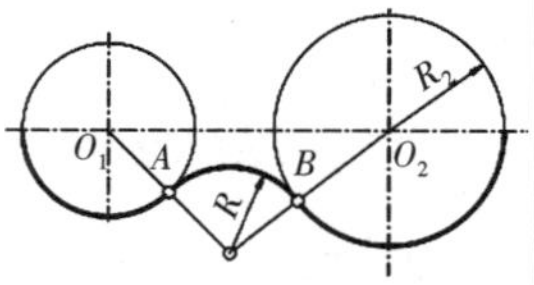
圆弧内切连接两已知圆弧	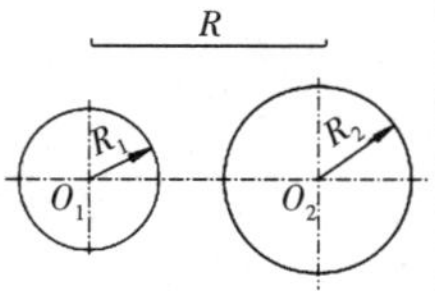	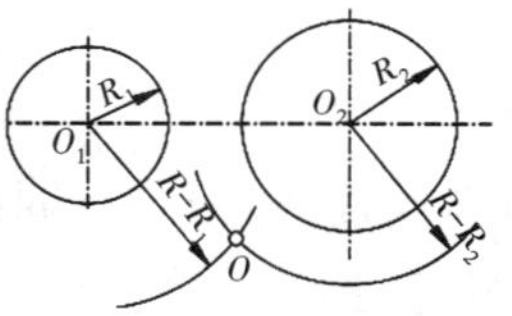	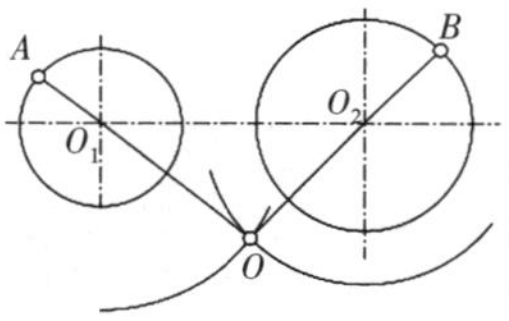	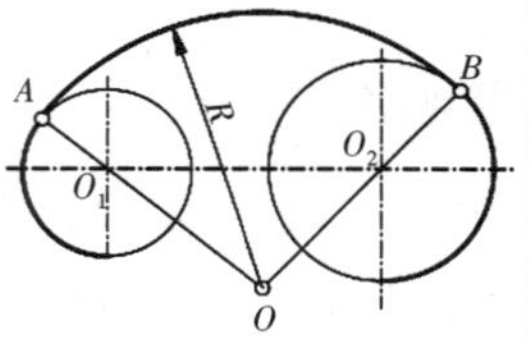

任务拓展

按比例绘制槽钢的图形,如图2-1-12所示。

分析:图形中涉及斜度和用圆弧连接两直线的知识点,其绘图步骤如图2-1-13所示。

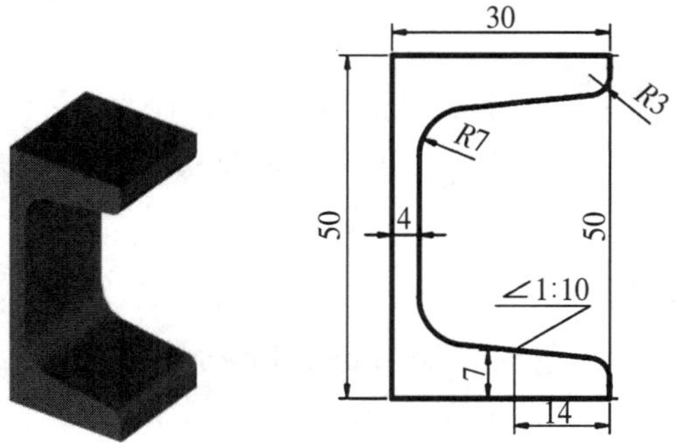

(a)　　(b)

图2-1-12　槽钢

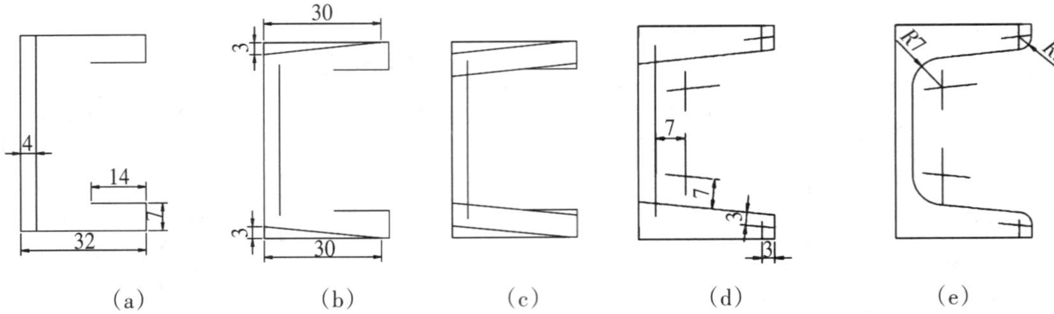

图2-1-13　绘制槽钢的方法

任务二　绘制平面图形

任务目标

能按要求绘制指定平面图形。

任务准备

平面图形一般由若干线段组成，相邻线段彼此连接，线段之间的相对位置和连接关系，主要依靠尺寸来确定。要正确绘制一个平面图形，必须对平面图形中的线段和尺寸进行分析，弄清图形的组成，了解线段的性质，才能掌握正确的作图方法和步骤。

一、平面图形的尺寸分析

平面图形中的尺寸，按作用可分为定形尺寸和定位尺寸两类。而在标注和分析尺寸时，首先必须确定基准。

1.基准

基准是确定尺寸位置的几何元素。平面图形的尺寸有水平和垂直两个方向，因而就有水平和垂直两个方向的基准。图形中有很多尺寸都是以基准为出发点的。一般的平面图形常用以下的线为基准线。

(1)对称中心线。如图2-2-1所示手柄是以水平轴线作为垂直方向的尺寸基准的。

(2)主要的垂直或水平轮廓直线。如图2-2-1所示的手柄就是以中间铅垂线作为水平方向的尺寸基准。

(3)较大的圆的中心线，较长的直线等。

2.定形尺寸

确定平面图形中几何要素形状大小的尺寸，称为定形尺寸。例如：线段的长度、角度的大小、圆弧的半径、圆的直径等都是定形尺寸，如图2-2-1中的$\phi5$、$\phi20$、$R12$、$R15$等。

3. 定位尺寸

确定平面图形中几何要素相对位置关系的尺寸，称为定位尺寸。如图2-2-1中的尺寸8、45等。定位尺寸应从基准出发标注，平面图形中常用的尺寸基准多为图形的对称线、较大圆的中心线或图形的轮廓边线等。定形与定位这两类尺寸在绘制平面图形时经常出现。标注定位尺寸时，首先应确定标注尺寸的起点，这个起点即为尺寸基准，平面图形的长度和高度方向都至少应该确定一个基准。

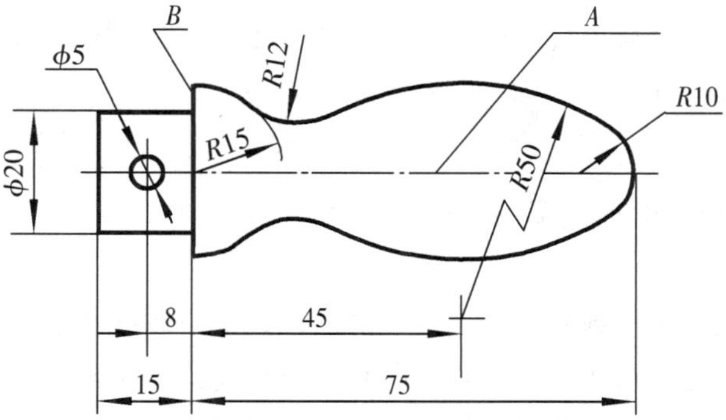

图2-2-1 手柄的平面图形

二、平面图形的线段分析

平面图形中的线段（直线或圆弧），根据定位尺寸的完整与否，可分为三类（由于直线连接作图比较简单，这里只介绍与圆弧连接有关的作图问题）：

1. 已知弧

凡是具有完整的定形尺寸（ϕ及R）和圆心两个定位尺寸，能直接画出的圆弧，称为已知弧。如图2-2-1中，$R15$是已知弧，圆心定位尺寸为（0，0）（以水平方向和铅垂方向两条基准线为坐标轴）；$R10$也是已知弧，圆心定位尺寸为（65，0）（水平方向75-10=65 mm）。

2. 中间弧

仅知道圆弧的定形尺寸（ϕ或R）和圆心的一个定位尺寸，需借助与其一端相切的已知线段，求出圆心的另一个定位尺寸，然后才能画出的圆弧，称为中间弧。如图2-2-1中，$R50$是中间弧，其中的一个圆心定位尺寸即铅垂方向的定位尺寸35（铅垂方向50-15=35 mm）是已知的，而圆心的另一个定位尺寸则需借助与其相切的已知圆弧（$R10$圆弧）才能定出。

3. 连接弧

只有定形尺寸（ϕ及R）而缺少圆心定位尺寸，需借助与其两端相切的线段方能求出圆心而画出的圆弧，称为连接弧。如图2-2-1中，$R12$是连接弧，圆心的两个定位尺寸都没有注出，需借助与其两端相切的线段（$R15$圆弧和$R50$圆弧），求出圆心后才能画出。

三、平面图形的绘图方法和步骤

根据上述分析，画平面图形时，必须首先进行尺寸分析和线段分析，按先画已知线段，再画中间线段和连接线段的顺序依次进行，才能顺利进行制图，绘图步骤如下。

1.准备工作

（1）对平面图形进行尺寸和线段分析。

（2）确定绘图比例，选用图幅，固定图纸。

（3）画出边框线、标题栏等。

2.绘制底稿

绘制底稿时图线要画得很轻、很细，并且作图要准确。绘图过程中，先画已知线段，再画中间线段，最后画连接线段。

3.描深图线

描深图线前，要全面检查底稿，发现错误，及时修正。

描深图线的步骤：

（1）先粗后细：先描深全部粗实线，再描深细实线、细点画线、细实线等。

（2）先曲后直：先描深圆弧和圆，再描深直线，以保持连接圆滑。

（3）先水平后垂斜：先用丁字尺自上而下画出所有的水平线，再用三角板由左至右画出所有的垂直线，最后画出倾斜的直线。

4.标注尺寸、填写标题栏

按相应国家标准标注尺寸、填写标题栏。

任务实施

在A4纸上绘制如图2-2-2所示手柄平面图形。

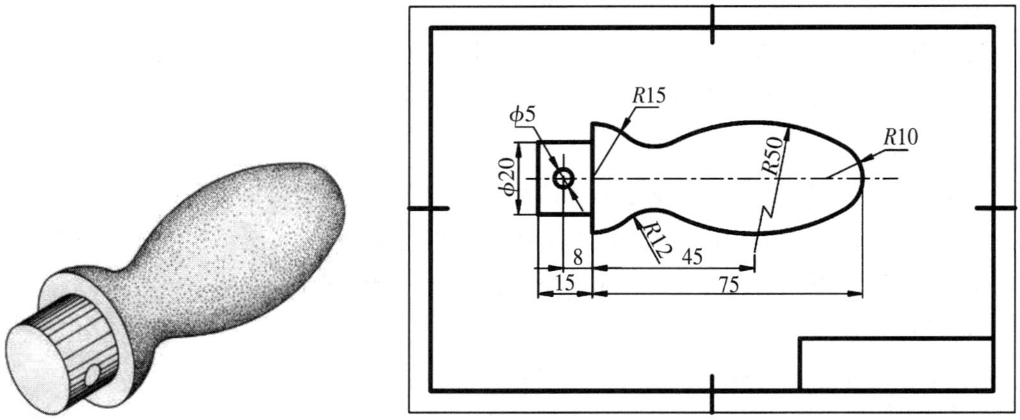

（a）　　（b）

图2-2-2　手柄

根据所学，按图 2-2-3 所示绘图步骤进行绘图：

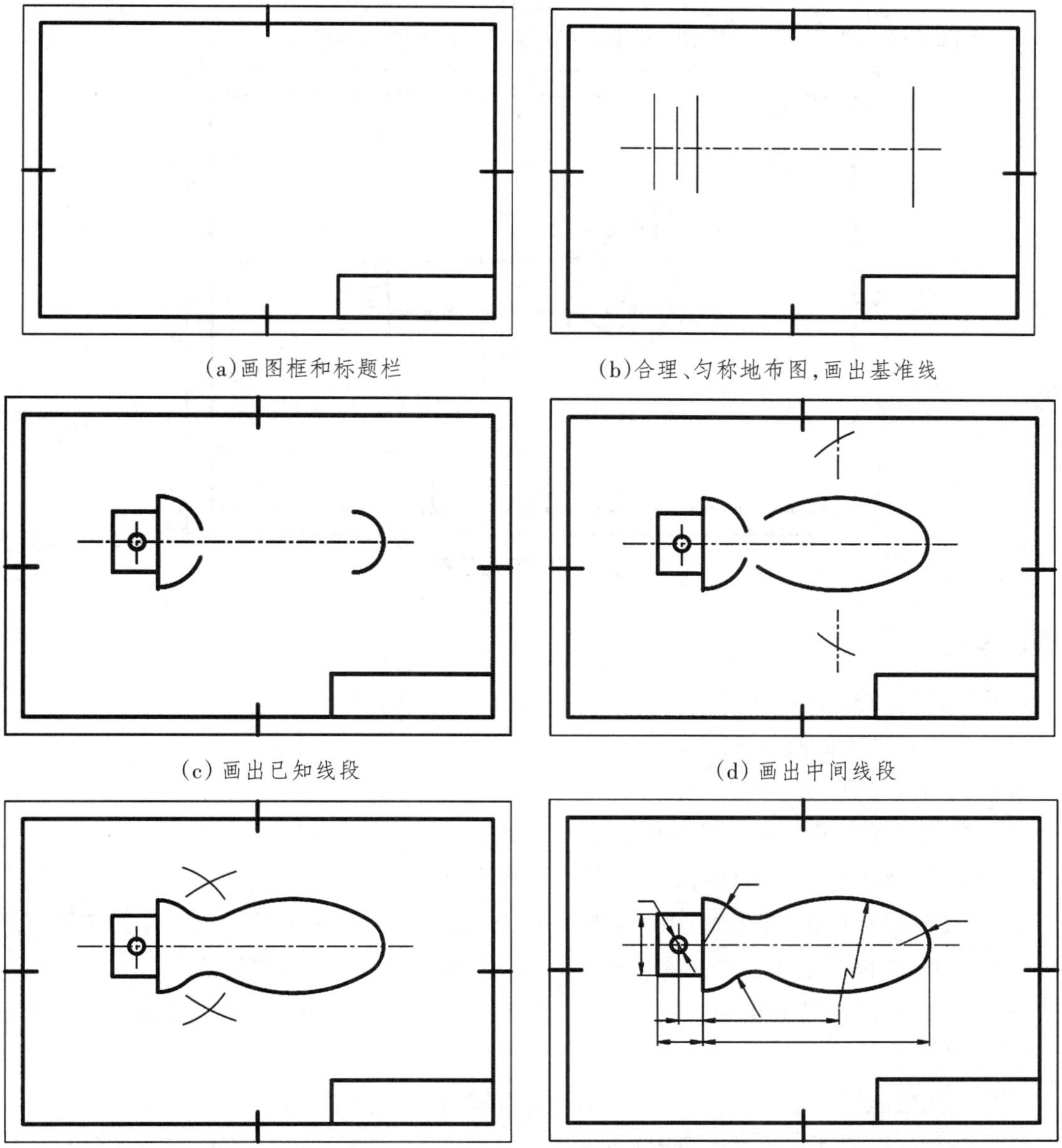

(a)画图框和标题栏

(b)合理、匀称地布图，画出基准线

(c) 画出已知线段

(d) 画出中间线段

(e)画出连接线段

(f) 校对修改图形，画尺寸界线、尺寸线

图2-2-3　手柄平面轮廓图的作图步骤

任务拓展

指出图2-2-4平面图形的定形尺寸、定位尺寸,并抄画图形。

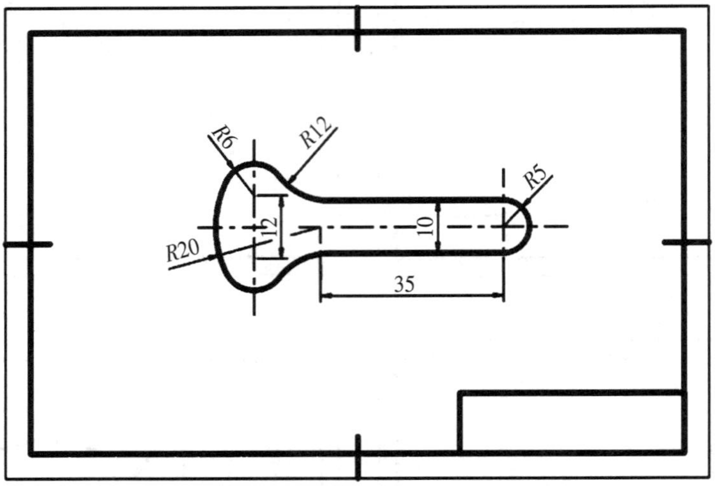

图2-2-4　平面图形

项目总结

1.圆弧连接的作图可归纳为:

(1)求连接圆弧的圆心。

(2)找出连接点(切点)。

(3)在两连接点之间画出连接圆弧。

2.常用的椭圆绘制方法有同心圆法和四心圆法两种。

3.斜度是指一直线(或平面)相对于另一直线(或平面)的倾斜程度。其大小用该两直线(或两平面)间夹角的正切值来表示。锥度是指正圆锥体底圆直径与锥高之比。

4.平面图形的尺寸分析和线段分析就是分析每个尺寸的作用以及尺寸间的关系,从而解决以下三个问题:

(1)该图形能否画出,也就是所给的尺寸是否够用或多余。

(2)在标注平面图形尺寸时,能分析出哪个尺寸该注,哪个尺寸不该注,使标注的尺寸恰到好处。

(3)在画图时能知道先画哪些线段,后画哪些线段,最后再画哪些线段。

5.几何图形的绘制是画机械图样的基础,绘图速度的快慢、图面质量的高低,在很大程度上决定了是否能采用正确的绘图方法和按正确的工作程序,自如地运用各种绘图工具绘制几何图形。

项目三　投影的形成

项目引入

任何物体在太阳或者灯光的照射下，会在地面或者墙面上呈现出它们的影像。人们把这个影像和物体之间的关系进行科学抽象，总结出投影理论，形成各种图样。不同行业的图样采用不同的投影方法绘制，机械图样通常采用正投影法绘制。

项目分析

点、直线和平面是组成物体的基本几何元素，掌握它们的投影规律和图示特征能为后续学习打下坚实的基础。通过学习，学生能够培养以下能力：

1. 能够正确叙述正投影的基本原理和投影特性。
2. 能够正确叙述三视图的投影规律，能够绘制点、线、面的投影。

任务一　认识投影法

任务目标

1. 能描述投影法的概念。
2. 能理解正投影法的投影特性。

任务准备

人们在长期的社会实践中发现物体在光源的照射下，会在地面或者墙面上产生影子，例如，手影、树影等，这种现象叫投影。但这些影子只能反映出物体的轮廓，却无法表达物体的形状和大小。人们从这种现象得到启发，经过科学抽象，总结出影子与物体间的几何关系，从而获得投影法。如图 3-1-1 所示。

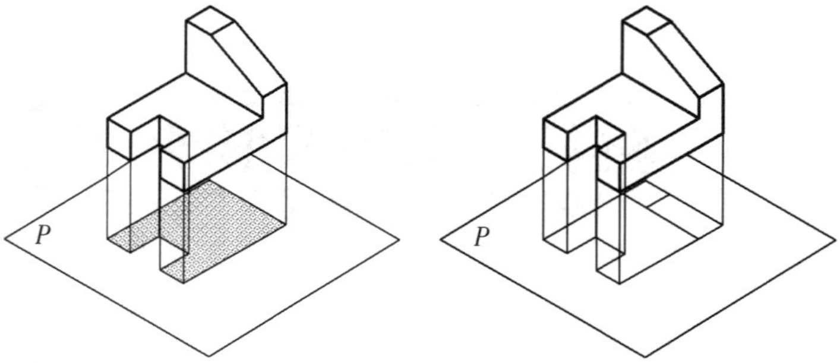

(a)生活中的投影　　　　(b)正投影法

图3-1-1　影子和正投影法

一、投影法的形成

如图3-1-2所示，把光源抽象为一点S，称为投射中心。把S与物体$ABCD$上任一点之间的连线（如SA，$SB\cdots$）称为投射线。平面P称为投影面。延长SA，SB，SC，SD与投影面P相交，其交点a，b，c，d称为$ABCD$在P面上的投影，四边形$abcd$为四边形$ABCD$在P面上的投影。这种用投射线通过物体，并在选定投影面上得到物体投影的方法，称为投影法。根据投影法得到的图形称为投影。在投影法中，承接投影的面称为投影面。

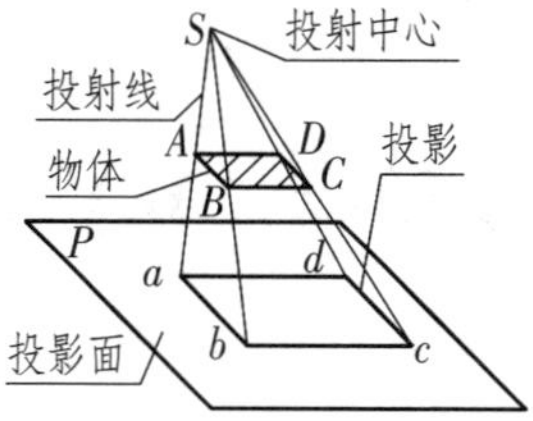

图3-1-2　投影的形成

二、投影法的分类

根据投射线是否平行，投影法又分为中心投影法和平行投影法两种。

1.中心投影法

投射线交于一点的投影法称为中心投影法（投影中心位于有限远处），用这种方法所得到的投影称为中心投影，如图3-1-2所示。

中心投影法的投影特点是：(1)投射线交于投射中心；(2)物体投影的大小，是随物体距离投射中心S的远近（或者物体离投影面P的远近）而变化的，如图3-1-2所示。因此，中心投影不能反映原物体的真实形状和大小。

2.平行投影法

投射线相互平行的投影法称为平行投影法（投影中心位于无限远处），如图3-1-3所示。用平行投影法得到的投影，称为平行投影。

根据投射方向与投影面所成角度的不同，平行投影法又分为斜投影和正投影两种。

(1)斜投影法

投射线与投影面倾斜的平行投影法称为斜投影法,如图3-1-3(a)所示。其主要特点是直观性好,但不反映物体的空间相互位置及实形。

(2)正投影法

投射线与投影面垂直的平行投影法称为正投影法,如图3-1-3(b)所示。由正投影法所得到的图形称为正投影图,正投影图有单面正投影图和多面正投影图。

在平行投影中,物体投影的大小与物体离投影面的远近无关。

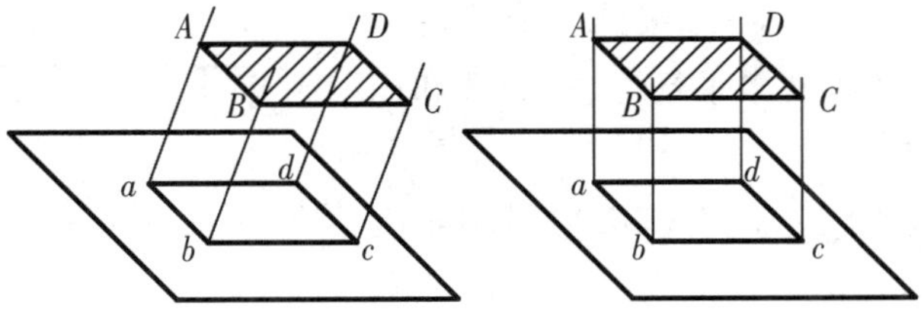

(a)斜投影法　　(b)正投影法

图3-1-3　平行投影法

三、正投影的基本性质

由于正投影法所得到的投影图能真实地表达空间物体的形状和大小,作图也比较方便,因此国家标准《技术制图投影法》(GB/T 14692—2008)中明确规定,机件的图样按正投影绘制,在以后各项目中,无特殊说明,投影均指正投影。下面列出了正投影的基本特性。

1.真实性

当直线或平面平行于投影面时,直线的投影反映实长,平面的投影反映实形,这种投影特性称为真实性,如图3-1-4(a)所示。

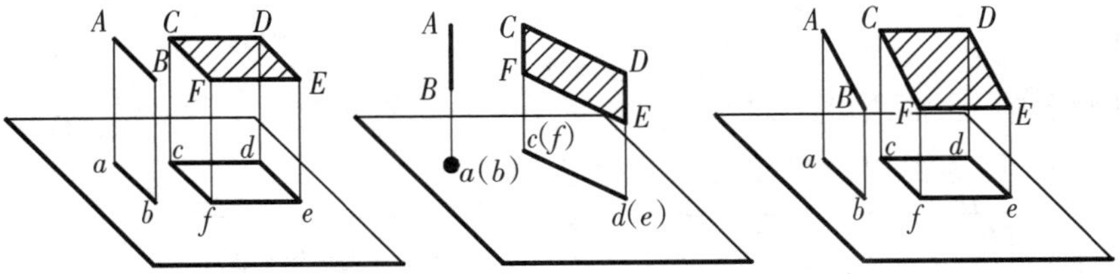

(a)真实性　　(b)积聚性　　(c)类似性

图3-1-4　正投影的特性

2.积聚性

当直线或平面垂直于投影面时,直线的投影积聚成一点,平面的投影积聚成一条直线,这种投影特性称为积聚性,如图3-1-4(b)所示。

3.类似性

当直线或平面倾斜于投影面时,直线的投影仍是直线(长度变短),平面的投影仍类似于原图形,这种投影特性称为类似性,如图3-1-4(c)所示。

物体的形状是由其表面的形状决定的,因此,绘制物体的投影,就是绘制物体表面的投影,也就是绘制表面上所有轮廓的投影。从上述直线和平面的投影特点可以看出:画物体的投影是为了使投影反映物体表面的真实形状,并使作图简单,应保持物体的平面和直线尽可能多地平行或垂直于投影面。

任务实施

请判断图3-1-5所示立体的投影图是采用哪种投影法投影获得的。

分析:这个立体有三个投影,根据图形可以判断出,在三个投影图中,都体现出平行性、类似性和积聚性,这符合正投影的特性。

由以上分析可以判断出这个物体投影图是由正投影法获得的。

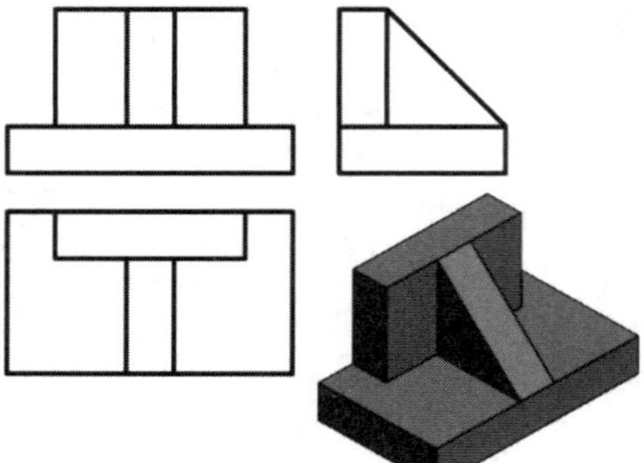

图3-1-5　投影视图

任务二　认识三视图

任务目标

1. 掌握三视图形成原理。
2. 理解三视图的投影规律。
3. 能根据投影规律识别物体的三视图。

任务准备

在机械制图中,通常假设人的视线为一组平行且垂直于物体的投影线,这样将形状表述在一个投影面上,即为视图,如图3-2-1所示。

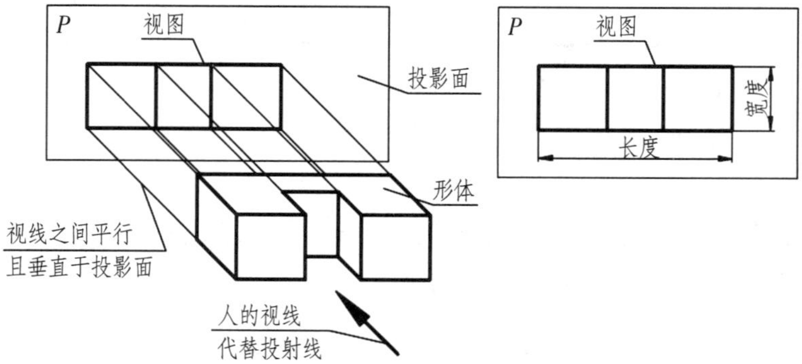

图3-2-1　视图的形成

一般情况下,一个视图不能确定物体的形状。如图3-2-2所示,四个形状不同的物体,它们在投影面上的投影都相同。因此,要反映物体的完整形状,必须增加由不同投影方向所得到的几个视图，互相补充，才能将物体表达清楚。工程上常用的是三视图。三视图是表达机件的重要手段。

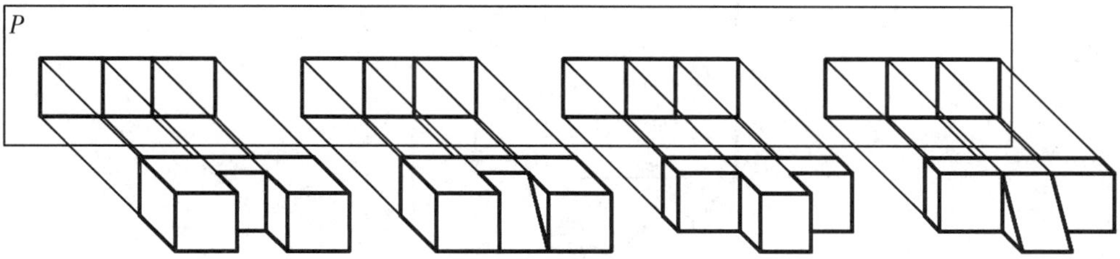

图3-2-2 不同形状的物体在同一投影面上得到相同的视图

一、三投影面体系和三视图的形成

1. 三投影面体系的建立

三投影面体系有三个相互垂直的投影面，包括正立投影面（简称正面或*V*面）、水平投影面（简称水平面或*H*面）和侧立投影面（简称侧面或*W*面），如图3-2-3所示。

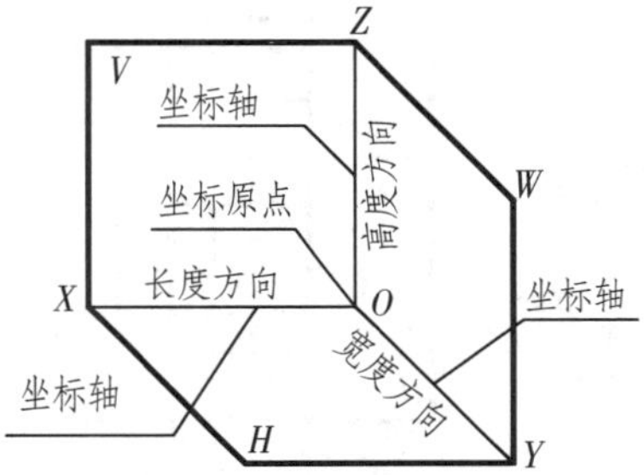

图3-2-3 三投影面体系

相互垂直的投影面之间的交线，称为投影轴，它们分别是：

*OX*轴（简称*X*轴），是*V*面与*H*面的交线，代表左右及长度方向。

*OY*轴（简称*Y*轴），是*H*面与*W*面的交线，代表前后及宽度方向。

*OZ*轴（简称*Z*轴），是*V*面与*W*面的交线，代表上下及高度方向。

三条投影轴相互垂直，其交点称为原点，用*O*表示。

2. 三视图的形成

将物体置于三投影面体系内，然后从物体的三个方向进行观察，就可以在三个投影面上得到三个视图，这三个视图将物体的长、宽、高三个方向的尺寸及上下、左右、前后的形状完整地表达出来。如图3-2-4所示，规定三个视图的名称分别是：

（1）主视图，由前向后投射在正面所得的视图。

（2）俯视图，由上向下投射在水平面所得的视图。

（3）左视图，由左向右投射在侧面所得的视图。

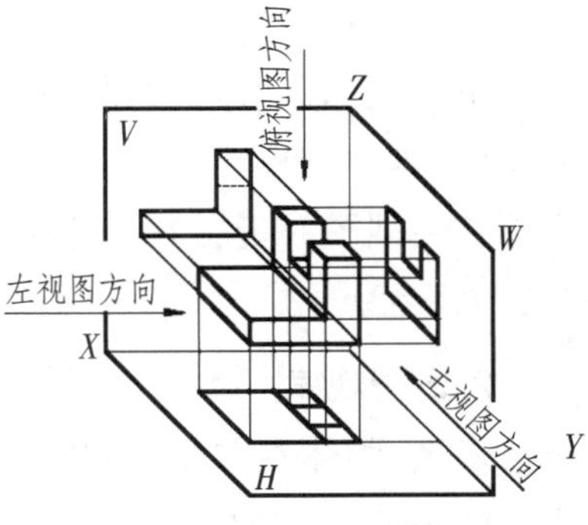

图3-2-4 三视图的形成

3. 三视图的展开

为把三个视图画在同一张图纸上，必须将相互垂直的三个投影面展开在同一个平面上。展开方法如图3-2-5所示，规定：*V*面保持不动，将*H*面绕*OX*轴向下旋转90°，将*W*面绕*OZ*轴向右旋转90°，就得到展开后的三视图，如图3-2-6(a)所示，实际绘图时，应去掉投影面边框和投影轴，如图3-2-6(b)所示。

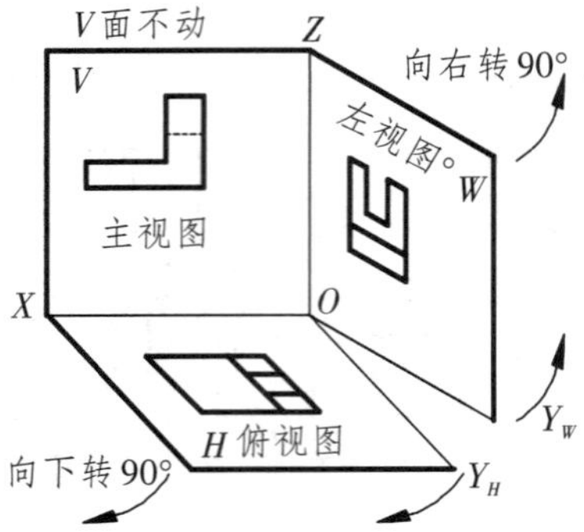

图3-2-5　展开投影面的方法

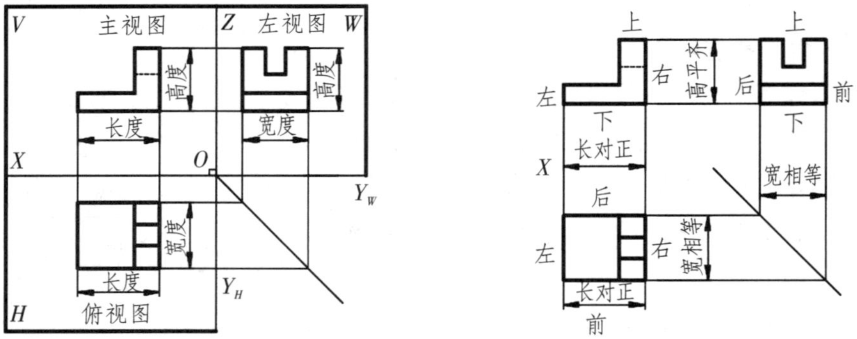

(a)三视图的展开　　(b)去掉投影面边框的投影

图3-2-6　三视图的展开

二、三视图之间的对应关系及投影规律

由三视图的形成过程可以总结出三视图之间的位置关系、投影规律及方位关系。

1.位置关系

由三视图展开过程可知，三视图之间的相对位置是固定的，即主视图定位后，俯视图在主视图的正下方，左视图在主视图的正右方。各视图的名称不需标注。如图3-2-7所示。

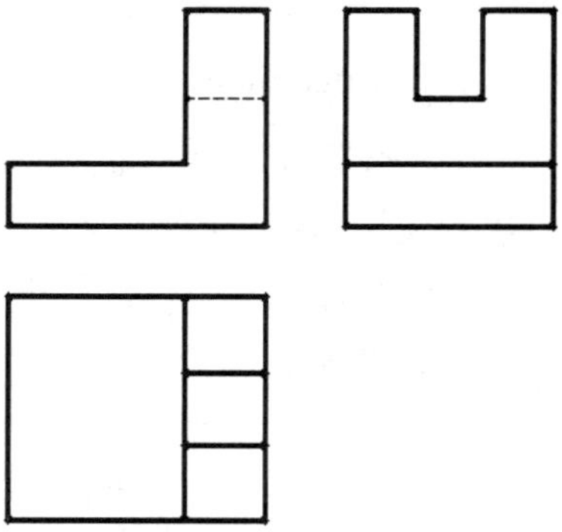

图3-2-7　物体的三视图

2.投影规律

规定：物体左右之间的距离（X方向）为长，物体前后之间的距离（Y方向）为宽，物体上下之间的距离（Z方向）为高。从图3-2-6(a)可以看出，每一个视图只能反映物体两个方向的尺度：

主视图——反映物体的长度（X）、高度（Z）。

俯视图——反映物体的长度（X）、宽度（Y）。

左视图——反映物体的宽度（Y）、高度（Z）。

由此可得出三视图之间的投影规律(简称三等规律)为:

主、俯视图——长对正。

主、左视图——高平齐。

俯、左视图——宽相等。

三视图之间的三等规律,不仅反映在物体的整体上,也反映在物体的任意一个局部结构上,如图3-2-6(b)所示。这一规律是画图和看图的依据,必须深刻理解和熟练运用。

3.方位关系

物体有左右、前后、上下6个方位,搞清楚三视图的6个方位关系,对画图、看图是十分重要的。从图3-2-6(b)中可以看出,每一个视图只能反映物体两个方向的位置关系:

主视图反映物体的上、下和左、右位置关系(前、后重叠)。

俯视图反映物体的左、右和前、后位置关系(上、下重叠)。

左视图反映物体的上、下和前、后位置关系(左、右重叠)。

提示:画图与看图时,要特别注意俯视图和左视图的前后对应关系。在三个投影面的展开过程中,由于水平面向下旋转,俯视图的下方表示物体的前面、俯视图的上方表示物体的后面;当侧面向右旋转后,左视图的右方表示物体的前面,左视图的左方表示物体的后面。即俯视图、左视图远离主视图的一边,表示物体的前面;靠近主视图的一边,表示物体的后面。物体的俯视图、左视图不仅宽相等,还应保持前后位置的对应关系。

三、画物体三视图的方法和步骤

如图3-2-6所示,选择反映物体形状特征明显的方向作为主视图的投射方向。将物体在三投影面体系中放正(使物体的主要表面与三投影面平行或垂直),按正投影法向各投影面投射。

初学者作图时应注意:画简单物体的三视图时,可先画出主视图,再按“长对正、高平齐、宽相等”的对应关系逐个画出俯视图和左视图。但是,画比较复杂的物体的三视图时,必须将几个视图配合起来画,按物体的各个组成部分,从反映形状特征明显的视图入手,依次画出三视图。

任务实施

绘制一个长、宽、高分别为30、15、20的长方体的三视图。

分析:根据投影特性可知,主视图反映物体的长和高,俯视图反映物体的长和宽,左视图反映物体的宽和高,由此可知,长方体的主视图是一个长30、高20的长方形,俯视图为一个长30、宽15的长方形,左视图为一个宽15、高20的长方形。

作图:根据绘图要求,保证三个视图长对正、高平齐、宽相等,则绘制出的长方体三视图如3-2-8所示。

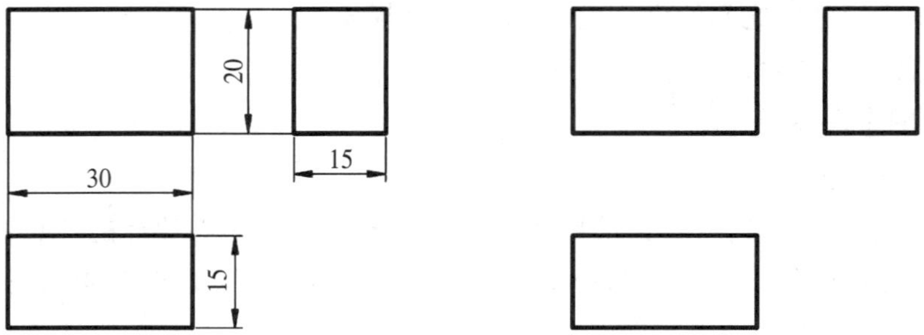

(a)按标注的尺寸绘图　　　　(b)完成的三视图

图3-2-8　长方体三视图的绘制

任务三　绘制点的投影

任务目标

1. 能叙述点的投影特性。
2. 能正确绘制点的投影。

任务准备

点是组成物体最基本的几何元素，点可以连成线，线可以组成面，面可以构成体。由点的投影特性可知，点的投影仍然是点。点在空间的位置可以用直角坐标来表示。

1. 点的三面投影

将空间的点A分别向H、V、W三个投影面进行投影，投射线在H面的垂足得到水平投影a，投射线在V的垂足得到正面投影a'，投射线在W面的垂足得到侧面投影a''，如图3-3-1(a)所示。

为统一起见，规定空间的点用A、B、C…大写字母表示，水平投影用相应的小写字母a、b、c…表示，正面投影用相应的小写字母在右上角加一撇(a'、b'、c'…)表示，侧面投影用相应的小写字母在右上角加两撇(a''、b''、c''…)表示。

2. 点的三面投影展开

按照图3-3-1(b)所示，将点的三投影面体系展开至一个平面，并将投影面的边框去掉，得到如图3-3-1(c)所示点的三面投影。其中，为了便于投影分析，用细实线将点的相邻两投影连起来，aa'，$a'a''$称为投影连线。A和a''不能直接相连，因为在三个投影面展开时，Y轴被分开(Y_H和Y_W)。作图时，可用45°辅助线或者圆弧辅助线将它们联系起来，如图3-3-1(d)所示。

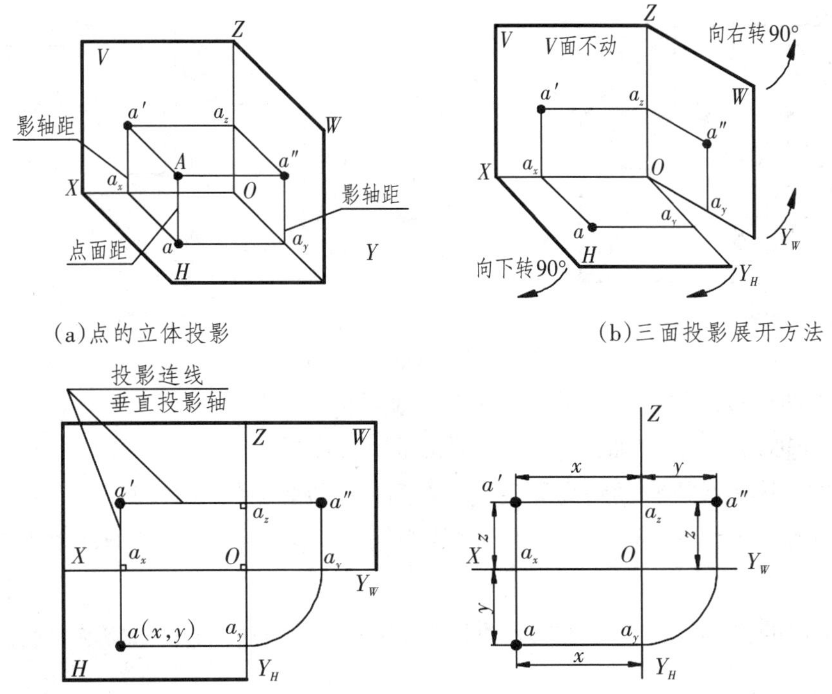

(a)点的立体投影 (b)三面投影展开方法

(c)点的三面投影展开 (d)简化点的三面投影

图3-3-1 点的三面投影

3.点的三面投影与点的空间位置关系

如图3-3-2所示，点A的空间位置可由点A到三个投影面的距离来确定。如把三投影面体系看作空间直角坐标体系，则H面、V面、W面为坐标面，OX轴、OY轴、OZ轴为坐标轴，点O为坐标原点，以此得到点的三个坐标值，点到三个投影面的距离以及点的三面投影到相应投影轴的距离关系为：

点A的X坐标值a_x=点A到W面的距离(Aa'') = a'到OZ轴的距离$(a'a_z)$ = a到OY轴的距离(aa_y)；

点A的Y坐标值(a_y) =点A到V面的距离(Aa') = a''到OZ轴的距离$(a''a_z)$=a到OX轴的距离(aa_x)；

点A的Z坐标值(a_z) =点到H面的距离(Aa) = a'到OX轴的距离$(a'a_x)$ = a''到OY轴的距离$(a''a_y)$。

由此可见，点到投影面的距离等于该点在另外两个投影面的投影到相应投影轴的距离，如图3-3-1(a)所示。

4.点的三面投影规律

将点的三面投影展开后，各投影之间的关系如图3-3-2所示，具有以下规律：

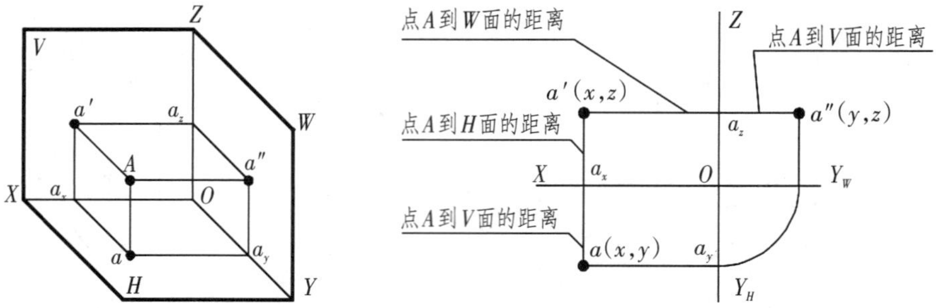

(a)点的投影　　(b)点的三面投影展开

图3-3-2　点面距与影轴距

(1)点的两面投影连线必定垂直于相应的投影轴,即

$aa' \perp OX$轴,$a'a'' \perp OZ$轴,$aa_y \perp OY_H$轴,$a''a_y \perp OY_W$轴。

(2)点的投影到投影轴的距离等于空间点到相应投影面的距离,即

a'到OX轴的距离($a'a_x$) = a''到OY轴的距离($a''a_y$) = 点A到H面(OX和OY组成)的距离(Aa);

a到OX轴的距离(aa_x) = a''到OZ轴的距离($a''a_z$) = 点A到V面(OZ和OX组成)的距离(Aa');

a'到OZ轴的距离($a'a_z$) = a到OY轴的距离(aa_y) = 点A到W面(OZ和OY组成)的距离(Aa'')。

由以上内容可知,若已知空间中一个点的两面投影,则该点的空间位置是确定的。

二、点的相对位置

1.点的相对位置

设一空间点,由原来的位置向上(或向下)移动,则z坐标随着改变,也就是点对H面的距离改变。

如果点A由原来的位置向前(或向后)移动,则y坐标随着改变,也就是A点到V面的距离改变。

如果点A由原来的位置向左(或向右)移动,则x坐标随着改变,也就是A点到W面的距离改变。

综上所述,对于空间两点A、B的相对位置(左右,前后,上下),在投影图上可由两点投影的x、y、z坐标来判断。

(1)距W面远者在左(x坐标值大),近者在右(x坐标值小)。

(2)距V面远者在前(y坐标值大),近者在后(y坐标值小)。

(3)距H面远者在上(z坐标值大),近者在下(z坐标值小)。

在点的三面投影中,可根据正面投影和水平投影判断左右关系,根据水平投影或侧面投影判断前、后关系,根据正面投影或侧面投影判断上、下关系。

如图3-3-3所示$X_A > X_B$,故点A在点B的左方;$Y_A > Y_B$,故点A在点B的前方;$Z_A > Z_B$,故点

A在点B的上方，即点A在点B的左前上方。

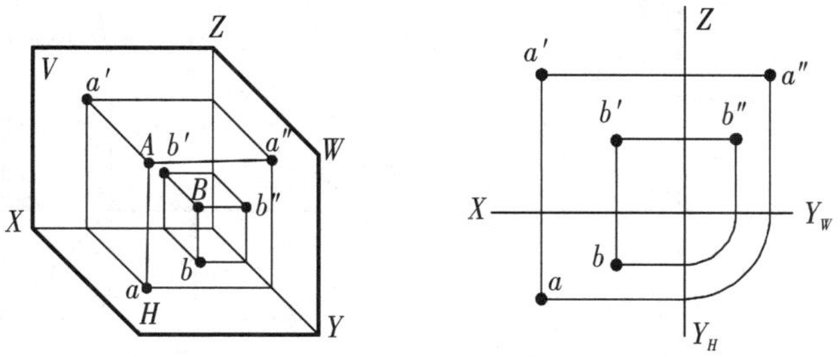

(a)A、B两点空间投影　　(b)A、B两点三面投影展开

图3-3-3　两点的相对位置

2.重影点及可见性

当两点的某两个坐标相同时，该两点将处于同一投射线上，对某一投影面具有重合的投影，则这两点称为该投影面的重影点。例如图3-3-4所示的空间点A、B，由于它们的X轴、Z轴坐标相同，两点就是一对关于V面的重影点。重影点中有一个点是可见的，另一个点被遮挡，是不可见的。有时需要表面点的可见性，此时，可将不可见投影的点加上括号，如图3-3-4所示的点(b')。

当空间两点为重影点时，其可见性由重影点的一对同名不等的坐标值来判断，坐标值大者为可见，小者为不可见。如图3-3-4(b)中的点A、B的x坐标相等，y坐标不相等，点B的y坐标小于点A的y坐标，所以，b'不可见并加括号表示，a'可见。

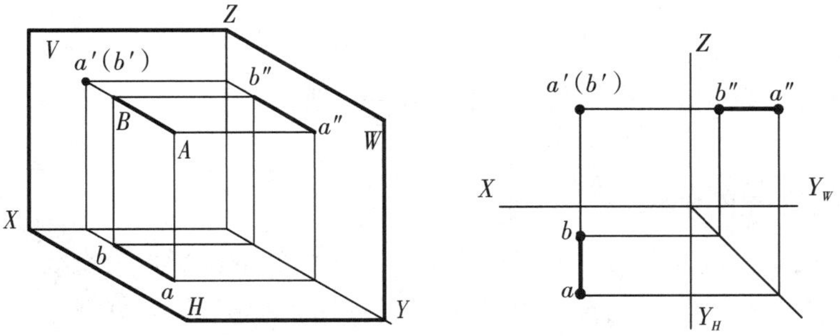

(a)A、B两点立体投影图　　(b)A、B两点展开图

图3-3-4　重影点及可见性

任务实施

已知点的正面投影和水平投影，如图3-3-5(a)所示，试确定其侧面投影位置。

作图步骤：

①由b'作Z轴的垂线，并延长；

②由b作Y_H的垂线，得b_{YH}，用45°辅助线或圆弧将b_{YW}移至b_{YH}($Ob_{YH}=Ob_{YW}$)，然后从b_{YW}作Y_W轴的垂线，同过b'和Z轴的垂线相交，得到交点即为b''，如图3-3-5(b)所示。

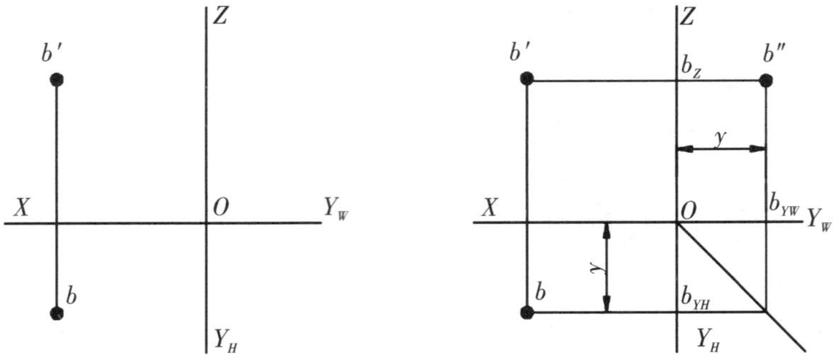

（a）已知点的投影　　（b）确定点 b 的宽度

图3-3-5　由点的两面投影求第三面投影

任务四　绘制直线的投影

任务目标

1. 能够描述直线相对于投影面的几种位置关系。
2. 理解特殊直线和一般直线的投影特性
3. 能够绘制任意直线的投影。

任务准备

制图中，所研究的直线均指有限长度的直线——线段。

一、直线投影图的形成

根据“两点决定一直线”的几何定理，空间中一条直线的投影可由直线上两个端点的投影来确定。如图3-4-1所示的直线 AB，求作它的三面投影图时，可分别作出两个端点的投影（a，a'，a''），（b，b'，b''），然后将其同面投影点连接起来即得到直线的三面投影（ab，$a'b'$，$a''b''$）。

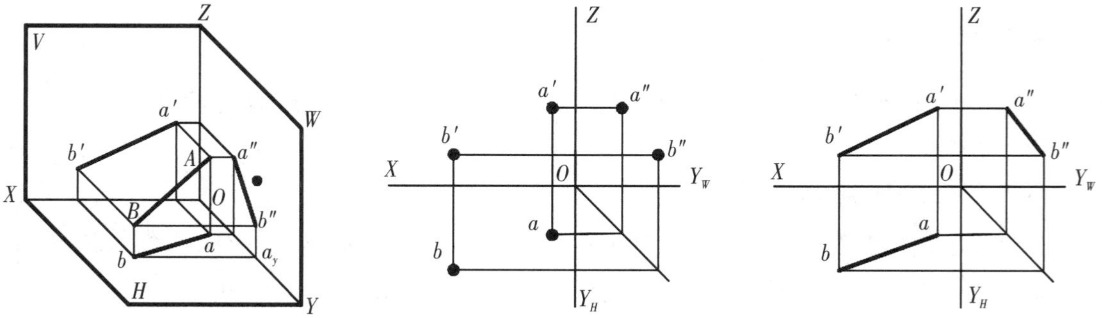

（a）空间直线的投影　　（b）直线上两点的投影　　（c）连接各面投影点

图3-4-1　直线三面投影的形成

直线相对于一个投影面的投影，可能有以下三种情况。

1. 直线垂直于投影面

如图3-4-2(a)所示，直线AB垂直于投影面H，则直线在该投影面的投影ab重合成一点，体现了投影的积聚性。

2. 直线平行于投影面

如图3-4-2(b)所示，直线AB平行于投影面H，则直线在该投影面的投影ab长度等于AB的实长，体现了投影的真实性。

3. 直线倾斜于投影面

如图3-4-2(c)所示，直线AB倾斜于投影面H，则直线在该投影面的投影ab长度小于AB的实长，体现了投影的类似性。

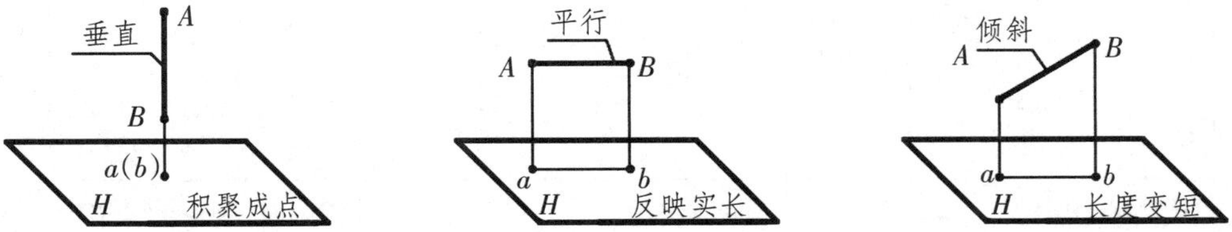

(a)直线投影的积聚性　(b)直线投影的真实性　(c)直线投影的类似性

图3-4-2　直线的投影特性

二、直线在三投影面体系中的投影特性

根据直线在三投影面体系中的位置可分为投影面平行线、投影面垂直线和一般位置直线三类。前两类又统称为特殊位置直线。直线和投影面的夹角称为直线对投影面的倾角，通常用α、β、γ分别表示直线对面H、V、W的倾角。

1. 投影面平行线

平行于某一个投影面，且倾斜于另外两个投影面的直线称为投影面平行线。其图例及投影特性见表3-4-1。投影面平行线分为三种：

正平线，平行于V面，且与H面、W面倾斜的直线。

水平线，平行于H面，且与V面、W面倾斜的直线。

侧平线，平行于W面，且与V面、H面倾斜的直线。

表3-4-1　投影面平行线的投影特性

名称	正平线(//V)	水平线(//H)	侧平线(//W)
实例	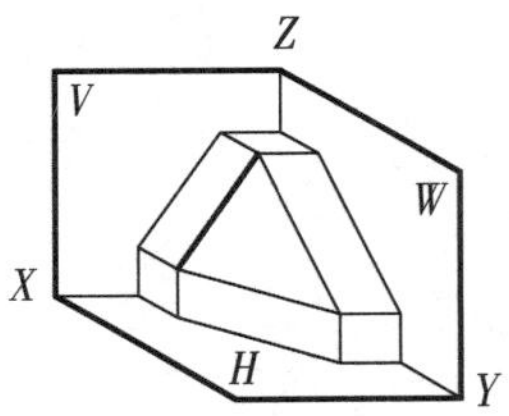	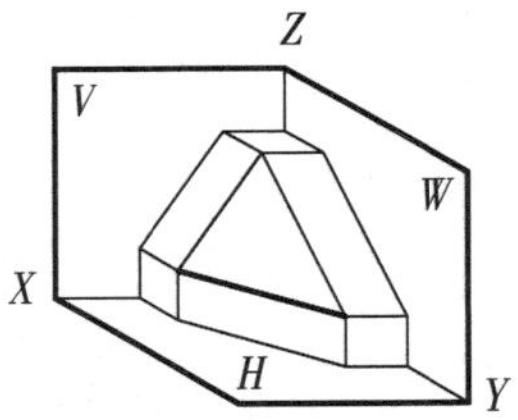	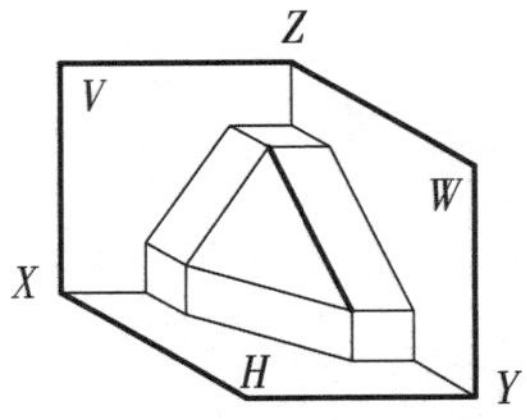

续表

<table>
<tr><th>名称</th><th>正平线(//V)</th><th>水平线(//H)</th><th>侧平线(//W)</th></tr>
<tr><td>直观图</td><td>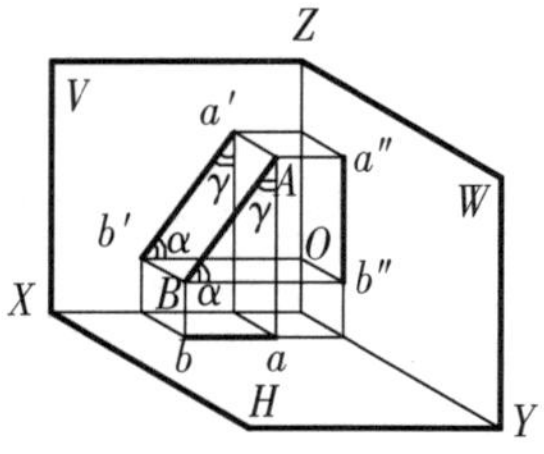
</td><td>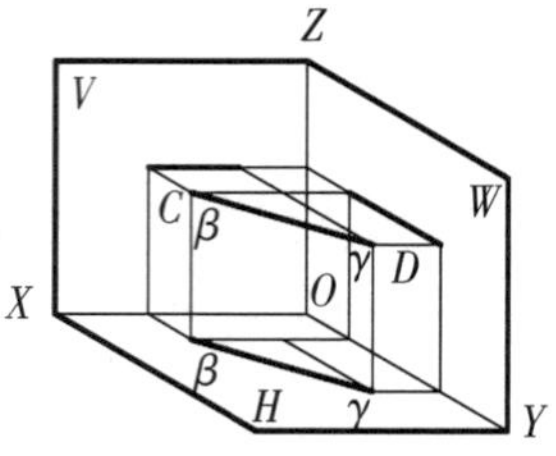
</td><td>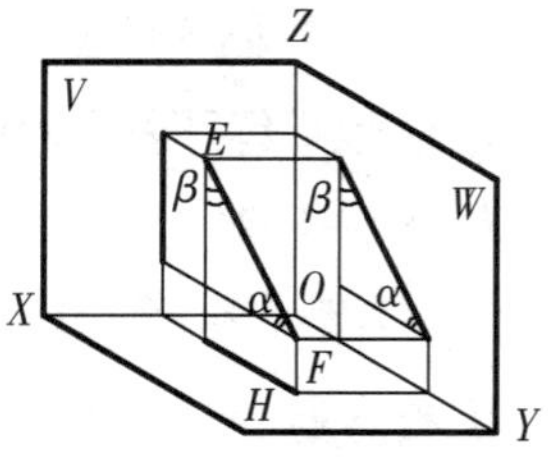
</td></tr>
<tr><td>投影</td><td>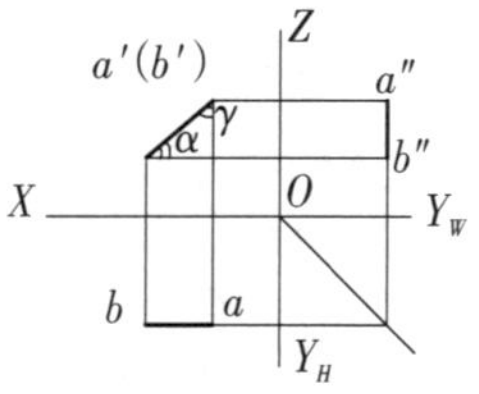
</td><td>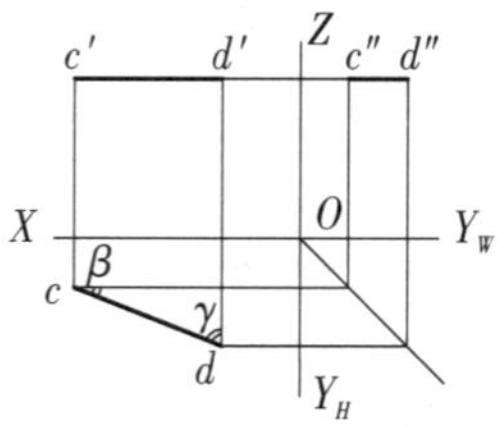
</td><td>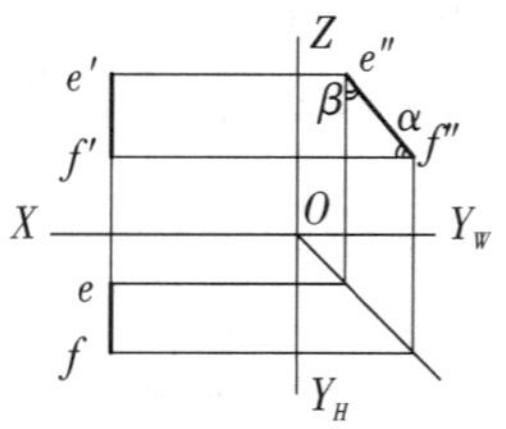
</td></tr>
<tr><td rowspan="2">投影特性</td><td>①正面投影 $a'b'=AB$
②水平投影 ab//OX 轴，侧面投影 $a''b''$//OZ 轴，都不反映实长
③$a'b'$ 与 OX 轴和 OZ 轴的夹角 α、γ 等于 AB 对 H、W 面的倾角</td><td>①水平投影 $cd=CD$
②正面投影 $c'd'$//OX 轴，侧面投影 $c''d''$//OY 轴，都不反映实长
③cd 与 OX 轴和 OY 轴的夹角 β、γ 等于 CD 对 V、W 面的倾角</td><td>①侧面投影 $e''f''=EF$
②正面投影 $e'f'$//OZ 轴，水平投影 ef//OY 轴，都不反映实长
③$e''f''$ 与 OY 轴和 OZ 轴的夹角 α、β 等于 EF 对 H、V 面的倾角</td></tr>
<tr><td colspan="3">①直线在所平行的投影面上的投影倾斜于投影轴并反映实长(斜线)
②直线在其他两个投影面上的投影分别平行于相应的投影轴(平行线)
③反映实长的投影与投影轴所夹的角度等于空间直线对相应投影面的夹角的角度</td></tr>
</table>

投影面平行线的投影可概括为“一斜两平线”。画图时，应先画反映实长的那个面的投影。读图时，当直线的三个投影中，只有一个投影是与投影轴倾斜的直线，另外两个投影是与投影轴平行的直线，则该直线一定是投影面平行线，且一定平行于投影为倾斜线的投影面，即“斜在哪面平哪面”。

2. 投影面垂直线

垂直于某一个投影面的直线称为投影面垂直线，其图例及投影特性见表3-4-2。投影面垂直线分为三种：

正垂线，垂直于 V 面的直线；铅垂线，垂直于 H 面的直线；侧垂线，垂直于 W 面的直线。

表 3-4-2　投影面垂直线的投影特性

名称	正垂线（$\perp V$）	铅垂线（$\perp H$）	侧垂线（$\perp W$）
实例	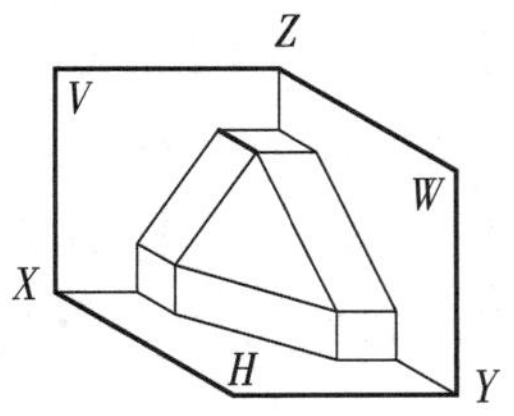	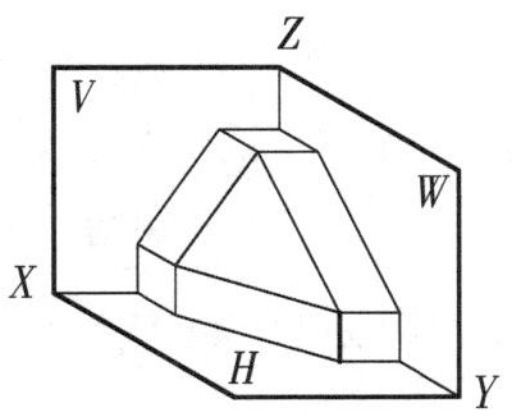	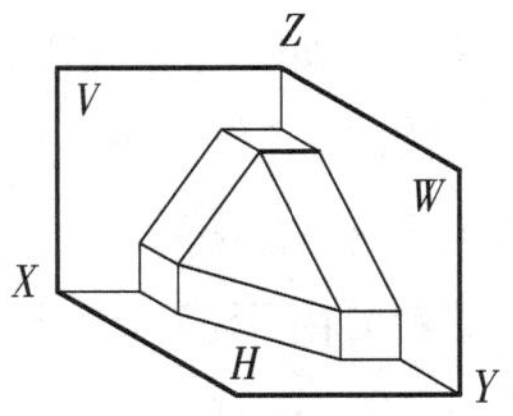
直观图	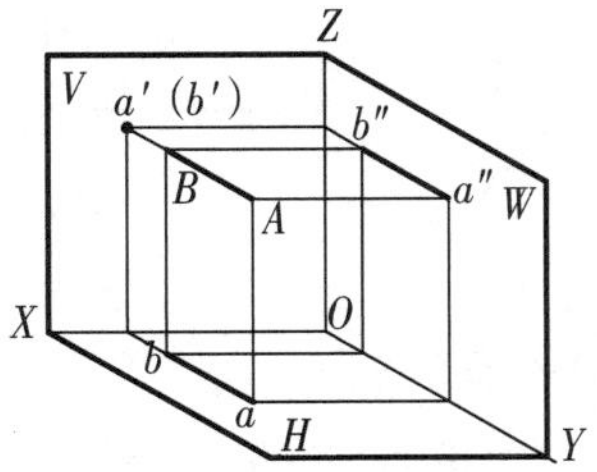	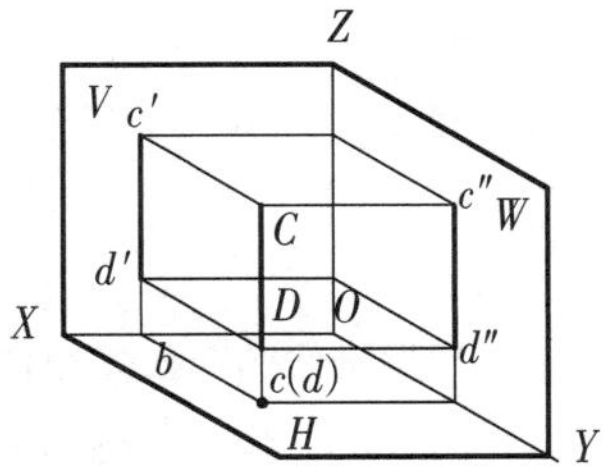	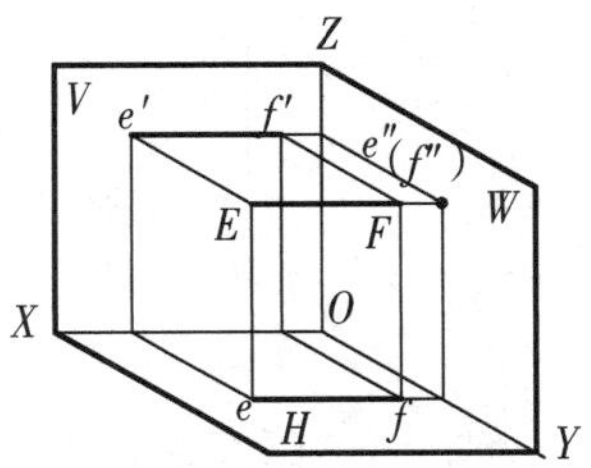
投影	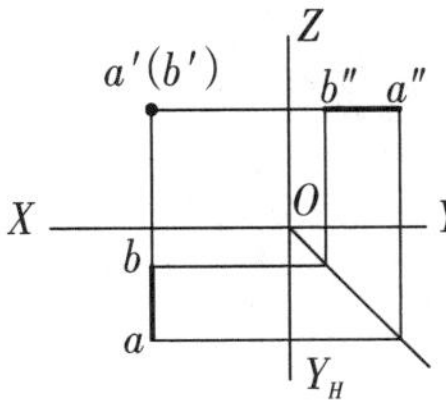	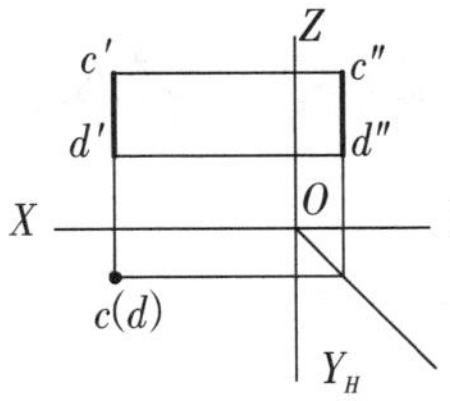	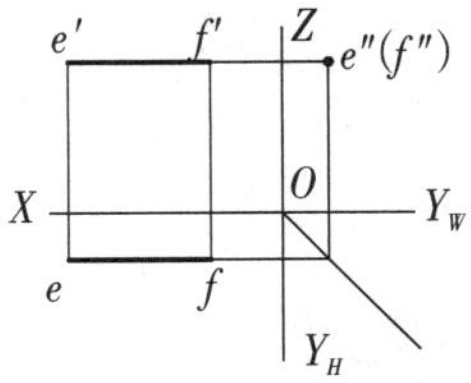
投影特性	①正面投影积聚成一点 $a'(b')$ ② $ab = a''b'' = AB$，且 $ab \perp OX$ 轴，$a''b'' \perp OZ$ 轴	①水平面投影积聚成一点 $c(d)$ ② $c'd' = c''d'' = CD$，且 $c'd' \perp OX$ 轴，$c''d'' \perp OY$ 轴	①侧面投影积聚成一点 $e''(f'')$ ② $ef = e'f' = EF$，且 $ef \perp OY$ 轴，$e'f' \perp OZ$ 轴
	①直线在所垂直的投影面上的投影，积聚成一点 ②直线在其他两个投影面上的投影反映该直线的实长，且垂直于相应的投影轴		

投影面垂直线的投影可概括为“一点两垂线”。画图时，应先画积聚为点的那个面的投影。读图时，当直线的三个投影中，只有一个投影积聚为一点，则该直线一定是投影面垂直线，且一定垂直于积聚为一点的那个投影面，即“点在哪面垂哪面”。

3.一般位置直线

与三个投影面都处于倾斜位置的直线称为一般位置直线。

一般位置直线的投影特性：

(1)三个投影的长度都小于实长。

(2)三个投影都倾斜于投影轴。

(3)投影与投影轴的夹角不反映直线与投影面的实际倾角。

任务实施

已知直线 AB 和 CD 的两面投影，如图 3-4-3 所示，作出它们的第三面投影，并指出直线的名称。

作图：如图 3-4-3(b) 所示，根据已知一点的两面投影作第三面投影的方法可求出 a'' 和 b''，连接 a''、b'' 即为所求。由于 $ab//OX$ 轴，A、B 两点的 Y 坐标相等，则 $a''b''//OZ$ 轴。根据直线 AB 的三面投影特征，可知 AB 是一条正平线。同理，如图 3-4-3(d) 所示，可作出 CD 的侧面投影 $c''(d'')$，由于 $c''(d'')$ 积聚成一点，根据直线 CD 的三面投影特征，可知 CD 是一条侧垂线。

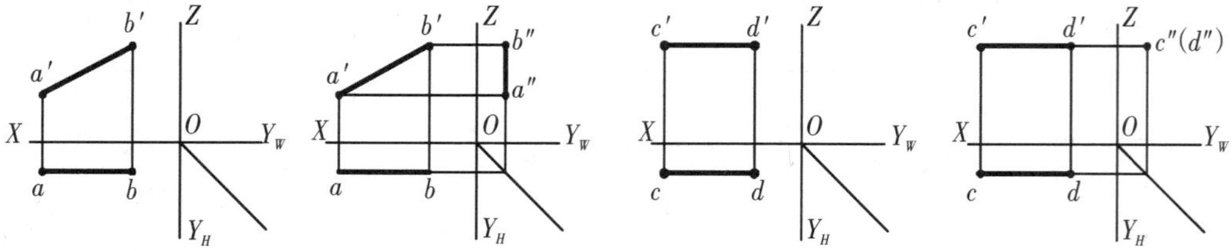

(a)AB 线题图　(b)作图结果　(c)CD 线题图　(d)作图结果

图3-4-3　根据直线的两面投影作第三面投影

实际上，只要根据图(a)和图(c)的已知条件就可指出 AB、CD 的名称，想一想，为什么？

任务五　绘制平面的投影

任务目标

1. 能够描述平面相对于投影面的三种位置关系。
2. 能够叙述特殊位置平面的投影特性。
3. 能够正确绘制各种平面的投影。

任务准备

一、平面对一个投影面的投影特性

平面相对于一个投影面的投影，有以下三种情况。

1. 平面垂直于投影面

如图 3-5-1(a) 所示，当平面 $ABCD$ 垂直于投影面 H 时，其投影积聚成一条直线，体现了投影的积聚性。

2. 平面平行于投影面

如图 3-5-1(b) 所示，当平面 $ABCD$ 平行于投影面 H 时，其投影反映真实的形状和大小，体现了投影的真实性。

3. 平面倾斜于投影面

如图 3-5-1(c)所示，当平面 $ABCD$ 倾斜于投影面 H 时，其投影和原图形类似，但比原平面小，体现了投影的类似性。

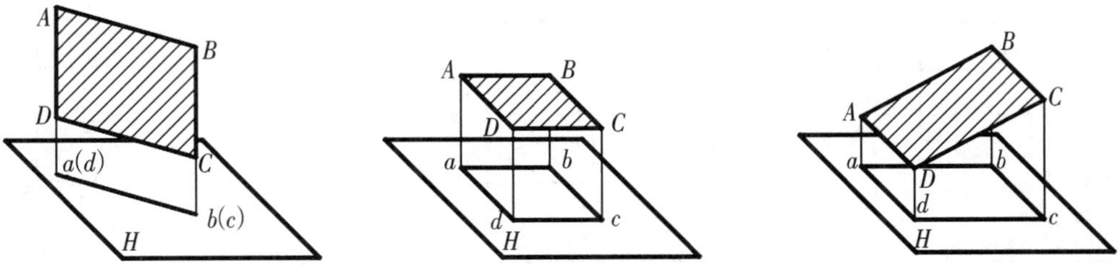

(a)垂直于投影面　(b)平行于投影面　(c)倾斜于投影面

图3-5-1　平面的投影特性

二、平面在三投影面体系中的投影特性

根据平面在三投影面体系中的位置可分为投影面平行面、投影面垂直面和一般位置平面三类。前两类又统称为特殊位置平面。

1. 投影面平行面

平行于某一个投影面的平面称为投影面平行面，其投影特性如表 3-5-1 所示。投影面平行面分为三种：

正平面，平行于 V 面的平面。

水平面，平行于 H 面的平面。

侧平面，平行于 W 面的平面。

表 3-5-1　投影面平行面的投影特性

名称	正平面(//V)	水平面(//H)	侧平面(//W)
实例	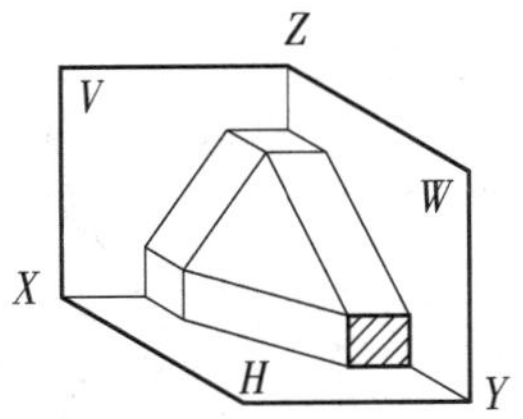	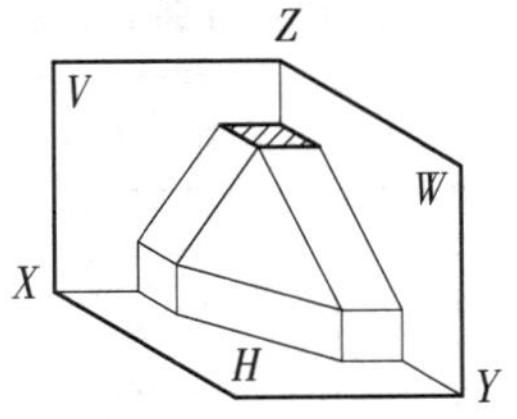	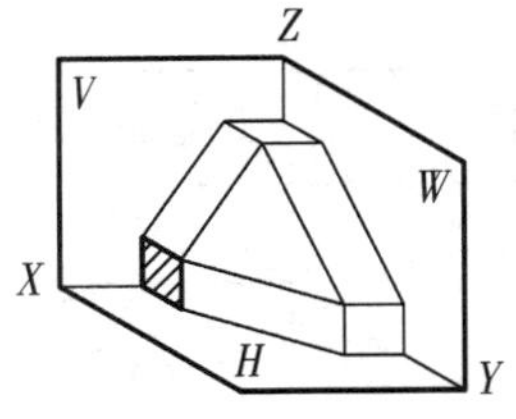
直观图	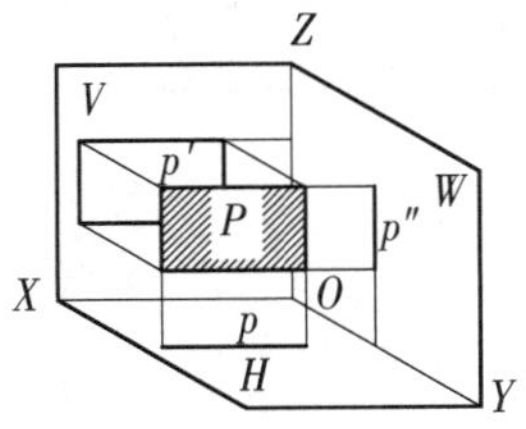	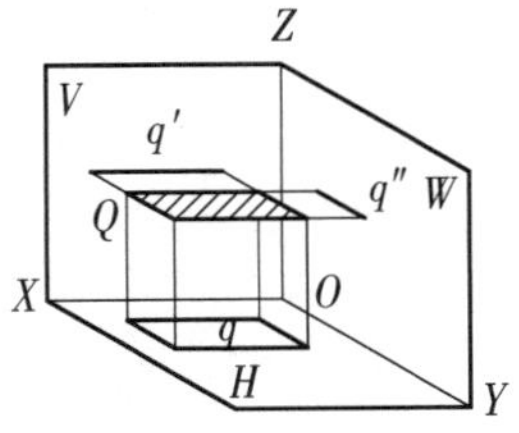	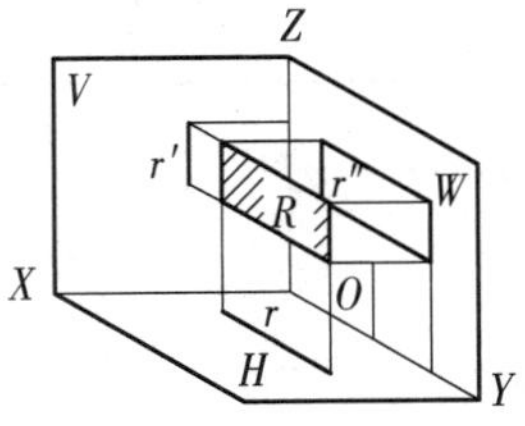

续表

名称	正平面(//V)	水平面(//H)	侧平面(//W)
投影	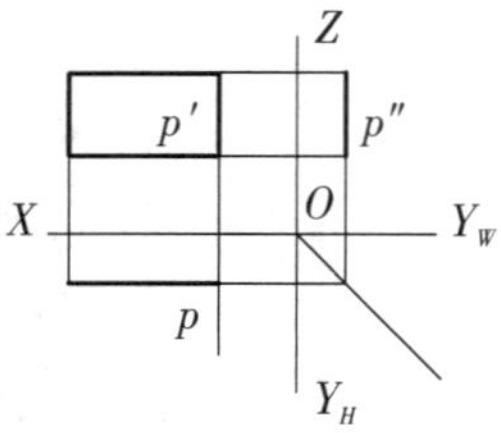	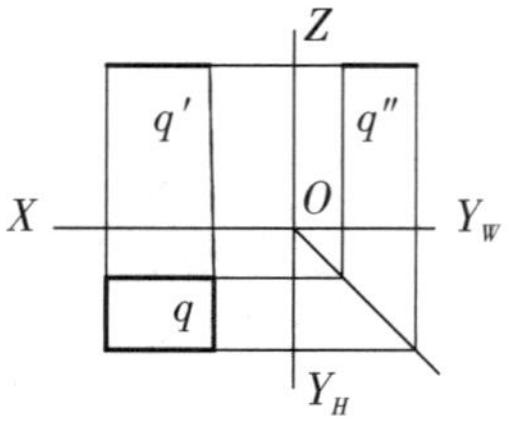	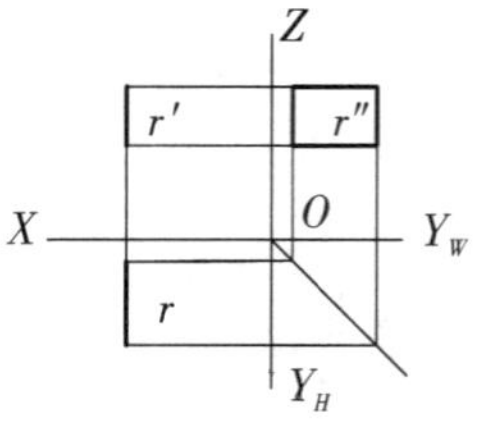
投影特性	①V面投影反映实形 ②H面、W面投影积聚成一条直线，且分别平行于OX轴、OZ轴	①H面投影反映实形 ②V面、W面投影积聚成一条直线，且分别平行于OX轴、OY_W轴	①W面投影反映实形 ②H面、V面投影积聚成一条直线，且分别平行于OY_H轴、OZ轴
	①平面在所平行的投影面上的投影反映实形 ②平面在其他两个投影面上的投影积聚成直线，且分别平行于相应的投影轴		

投影面平行面的投影可概括为“一框两平线”。画图时，应先画反映实形的那个投影（线框）。读图时，当平面的三个投影中，只有一个投影是线框，其他两个投影为直线，则该平面一定是投影面平行面，且平行于投影为线框的那个投影面，即“框在哪面平哪面”。

2. 投影面垂直面

垂直于某一个投影面，且与另外两个投影面倾斜的平面称为投影面垂直面。投影特性如表3-5-2所示，投影面垂直面分为三种：

正垂面，垂直于V面，且与H面、W面倾斜的平面；

铅垂面，垂直于H面，且与V面、W面倾斜的平面；

侧垂面，垂直于W面，且与H面、V面倾斜的平面。

表3-5-2　投影面垂直面的投影特性

名称	正垂面（$\perp V$）	铅垂面（$\perp H$）	侧垂面（$\perp W$）
实例	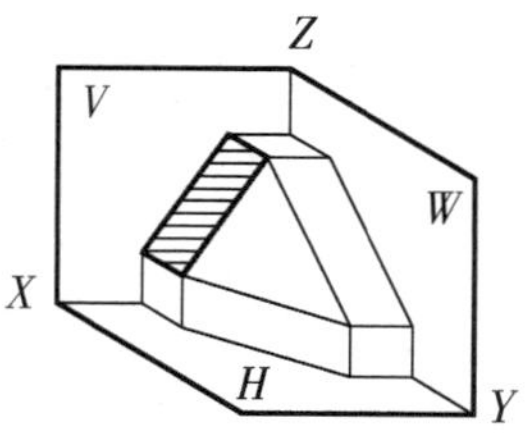	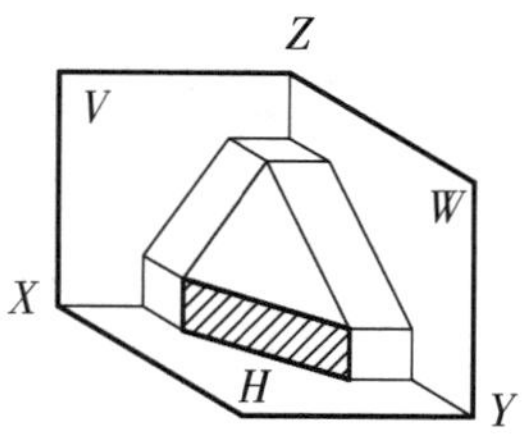	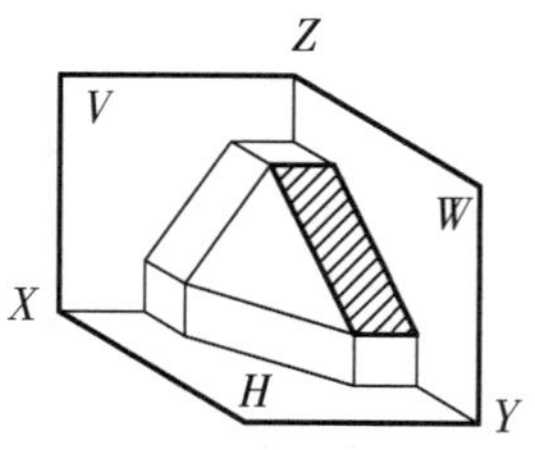

续表

名称	正垂面(⊥ V)	铅垂面(⊥ H)	侧垂面(⊥ W)
直观图	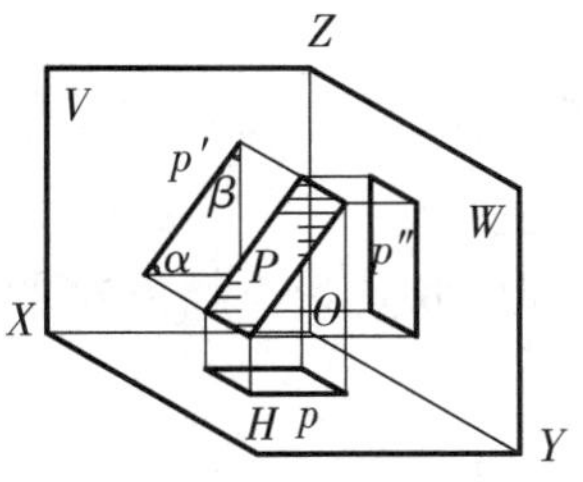	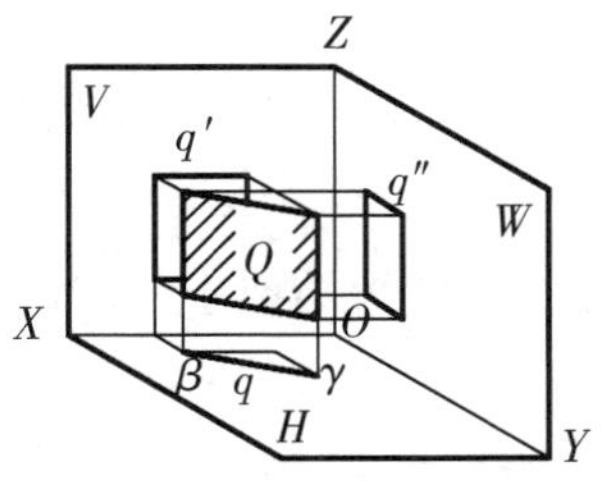	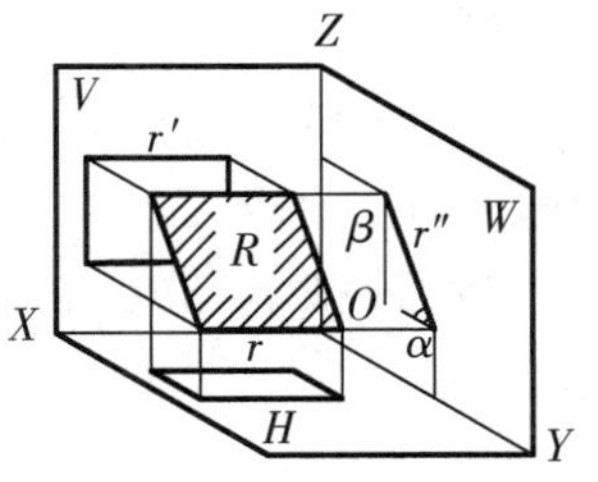
投影	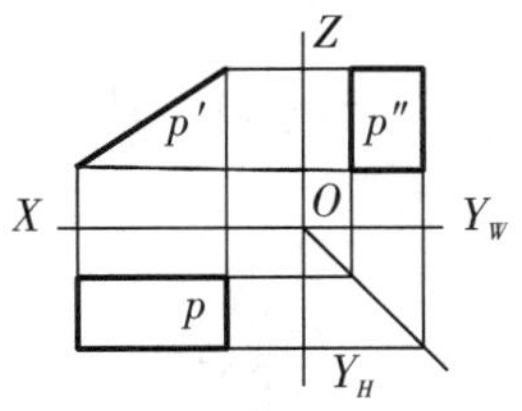	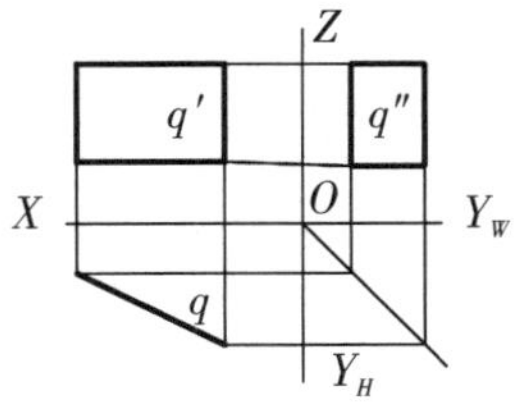	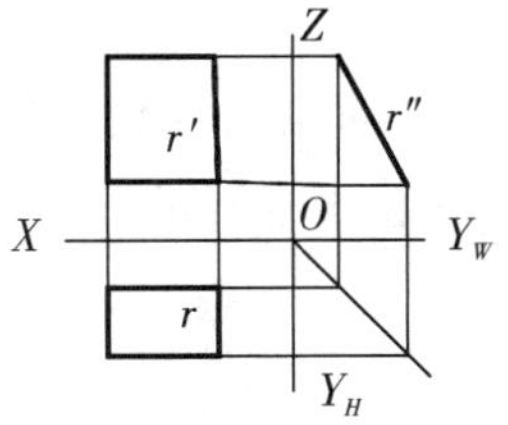
投影特性	①V面投影积聚成直线，且倾斜于投影轴，其与OX、OZ轴的夹角为α、γ，等于平面对H面、W面的倾角 ②H面、W面投影均小于实形，具有类似性的线框	①H面投影积聚成直线，且倾斜于投影轴，其与OX轴、OZ轴的夹角β、γ，等于平面对V面、W面的倾角 ②V面、W面投影均小于实形，具有类似性的线框	①W面投影积聚成直线，且倾斜于投影轴，其与OX轴、OZ轴的夹角α、β，等于平面对H面、V面的倾角 ②H、V面投影均小于实形，具有类似性的线框
	①平面在所垂直的投影面上的投影为积聚线，且倾斜于投影轴 ②平面在其他两个投影面上的投影均小于实形，具有类似性的线框		

投影面垂直面的投影可概括为“两框一斜线”。画图时，应先画具有积聚性的那个面的投影(斜线)。读图时，当平面的三个投影中，只有一个投影是斜线，则该平面一定是投影面垂直面，且垂直于投影为斜线的那个面，即“线在哪面垂哪面”。

3. 一般位置平面

与三个投影面都倾斜的平面称为一般位置平面。一般位置平面的三面投影均不反映实形，都与原平面具有类似性，如图3-5-2所示。

如果平面的三面投影均为平面的类似性，则该平面一定是一般位置平面，如果只有两个类似的投影，则不可断然判断其就是投影面垂直面，必须求得第三投影才可确定其位置。

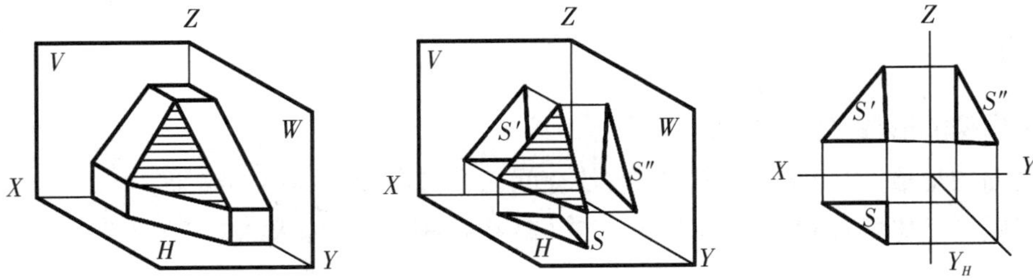

图3-5-2　一般位置平面

任务实施

分析图3-5-3所示正三棱锥侧面和底面与投影面的相对位置。

分析：

①侧面*SAB*。*SAB*在三面的投影均为类似于*SAB*的三角形，故其为一般位置平面，如图3-5-3所示。

②侧面*SBC*。*SBC*在三面的投影均为类似于*SBC*的三角形，故其为一般位置平面，如图3-5-3所示。

③侧面*SAC*。*SAC*在*W*面的投影为倾斜于*OY*轴、*OZ*轴的直线，故其为侧垂面，如图3-4-3所示。

④底面*ABC*。*ABC*在*V*面的投影平行于*OX*轴，在*W*面的投影平行于OY_W轴，故其为水平面，如图3-5-3所示。

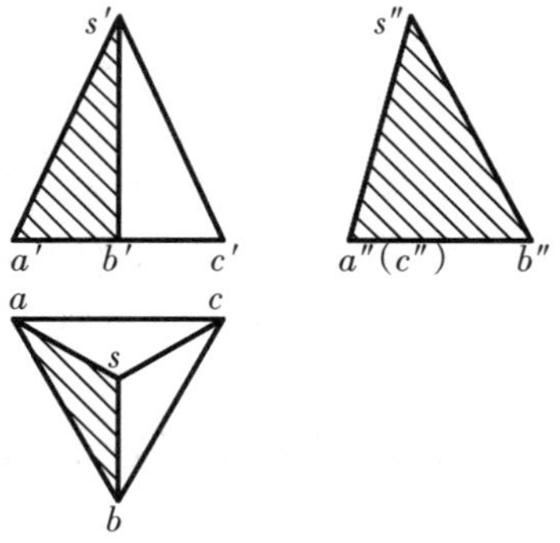

(a)侧面*SAB*示意图

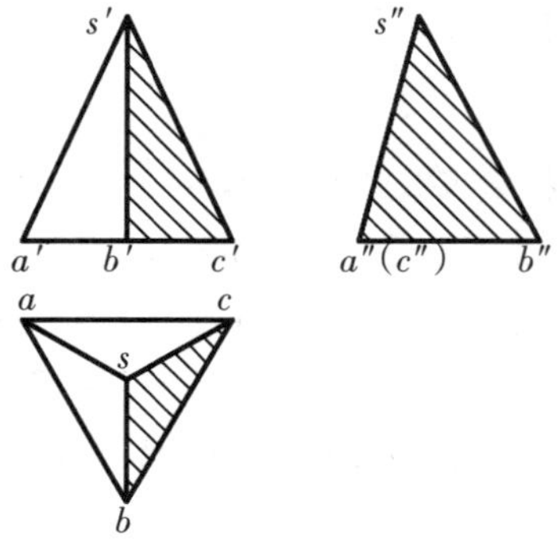

(b)侧面*SBC*示意图

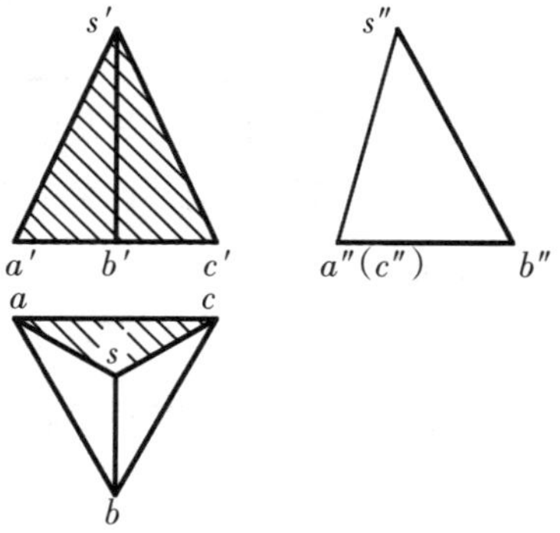

(c)侧面*SAC*示意图

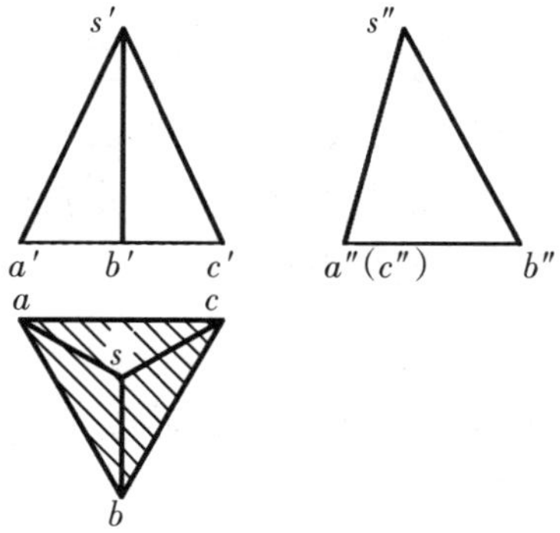

(d)底面*ABC*示意图

图3-5-3　分析正三棱锥底面和侧面与投影面的相对位置

项目总结

1.三视图的形成及投影规律

三视图的形成，是应用正投影原理，从空间三个方向投射物体的结果。

三视图的投影规律可以归纳为：长对正、高平齐、宽相等（简称“三等关系”）。

2. 点的投影

点在三投影面体系中的投影规律是:

(1)点的正面投影与水平面投影的连线一定垂直于OX轴。

(2)点的正面投影与侧面投影的连线一定垂直于OZ轴;

(3)点的水平面投影到OX轴的距离等于点的侧面投影到OZ轴的距离。

点在三投影面体系中的投影规律,实质上是几何体的三视图之间保持“三等”关系的理论基础,几何体上每一个点的投影都应符合这条投影规律。

3. 直线的投影

(1)直线的投影特性。

直线的投影特性可简单归纳为:直线倾斜于投影面,投影变短线;直线平行于投影面,投影实长;直线垂直于投影面,投影聚一点。

(2)直线在三投影面体系中的投影特性。

在三投影面体系中,直线相对于投影面的位置可分为一般位置直线、投影面平行线和投影面垂直线三类。其投影特性总结如下:

①一般位置直线的投影特性。

在三个投影面上的投影均是倾斜直线;投影长度均小于实长。

②投影面平行线的投影特性。

在所平行的投影面上的投影为一段反映实长的斜线;其他两个投影平行于相应的投影轴,长度缩短。

③投影面垂直线的投影特性。

在所垂直的投影面上的投影积聚为一点;其他两个投影垂直于相应的投影轴,反映实长。

4. 平面的投影

(1)平面的投影特性。

平面的投影特性可归纳为:平面平行于投影面,投影原形现;平面倾斜于投影面,投影面积变;平面垂直于投影面,投影聚成线。

(2)平面在三投影面体系中的投影特性。

在三投影面体系中,平面相对于投影面的位置可分为一般位置平面、投影面平行面、投影面垂直面三类。其投影特性总结如下:

①一般位置平面的投影特性。

在三个投影面上的三个投影,均为原平面的类似形,而且面积缩小,不反映真实形状。

②投影面平行面的投影特性。

在所平行的投影面上的投影反映实形,在其他两个投影面上的投影分别积聚为一条直线,且平行于相应的投影轴。

③投影面垂直面的投影特性。

在所垂直的投影面上的投影积聚为一条直线,其他两个投影面上的投影都为原平面缩小的类似形。

项目四　立体及其表面交线的绘制

项目引入

机器上的零件都可以看成是由一些简单的立体组合而成。立体包括基本体、切割体、相贯体和组合体。基本体又分为平面立体和曲面立体两类。表面均为平面的立体，称为平面立体，如棱柱、棱锥、棱台。表面是曲面或曲面和平面的立体，称为曲面立体，如圆柱、圆锥、圆球等。

工程上常见的物体大多具有立体被切割或两立体相交而形成截交线或相贯线(如压块、顶尖和三通管)，如图4-0-1所示。了解这些交线的性质并掌握交线的画法，有助于正确表达机件的结构形状以及读图时对机件进行形体分析。

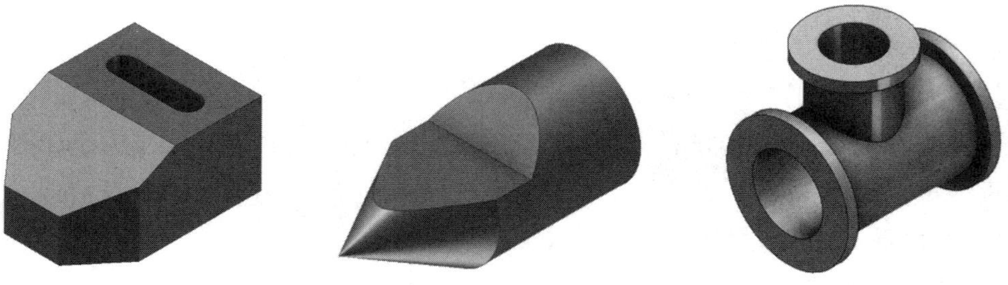

(a)压块　(b)顶尖　(c)三通管

图4-0-1　压块、顶尖、三通管的立体图

项目分析

本项目介绍基本体、切割体及相贯体的投影。其中，绘制切割体和相贯体投影的实质就是绘制截交线和相贯线的投影。这部分内容是绘制点、线、面的基本投影知识的综合应用，同时也为后期学习组合体、零件图、装配图奠定基础。

任务一　绘制平面立体三视图

任务目标

1. 能够正确绘制平面立体的三视图。
2. 掌握在平面立体表面上取点、线的作图方法。

任务准备

一、棱柱

棱柱的棱线相互平行。常见的棱柱有三棱柱、四棱柱、五棱柱和六棱柱等。下面以六棱柱为例，分析其投影特征和作图方法。

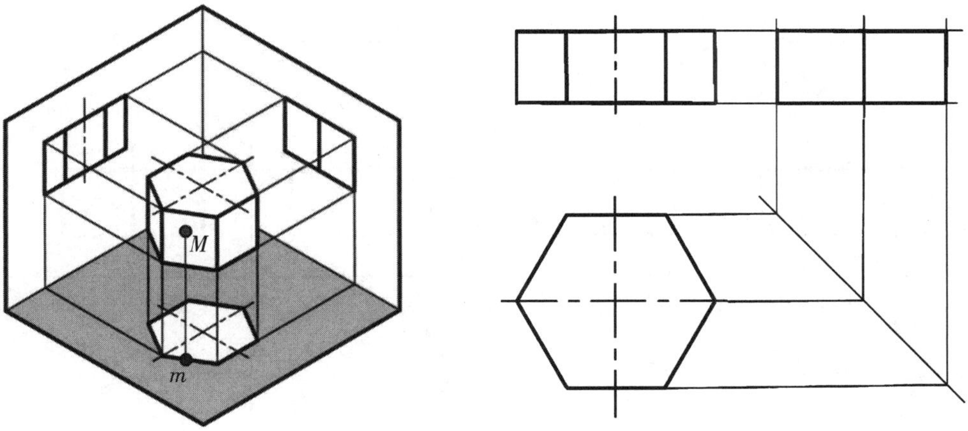

(a) (b)

图4-1-1 正六棱柱的投影

1.投影分析

图4-1-1(a)所示为正六棱柱，顶面和底面是互相平行的正六边形，六个侧面都是相同的长方形并与底面、顶面垂直。图4-1-1(b)为六棱柱的三视图。

(1)俯视图。俯视图为正六边形，是顶面和底面的重合投影，反映实形；六条边是六个棱面的积聚投影。

(2)主视图。主视图为三个矩形线框，中间的矩形是前、后棱面的重合投影，反映实形；左、右两个矩形是其余四个棱面的重合投影，为缩小的类似形；顶面和底面为水平面，其正面投影积聚为上、下两条水平线。

(3)左视图。左视图为两个相同的矩形线框，分别是左、右三个棱面的重合投影，均为缩小的类似形；顶面和底面仍为两条水平线。

2.作图步骤

六棱柱三视图的画图方法如图4-1-2所示，一般先从反映形状特征的视图画起；然后，按视图间投影关系完成其他两面视图。

(1)先画出三个视图的对称线作为基准线，然后画出六棱柱的俯视图，如图4-1-2(a)所示。

(2)根据“长对正”和棱柱的高度画主视图，并根据“高平齐”画左视图的高度线，如图4-1-2(b)所示。

(3)根据“宽相等”完成左视图，如图4-1-2(c)所示。

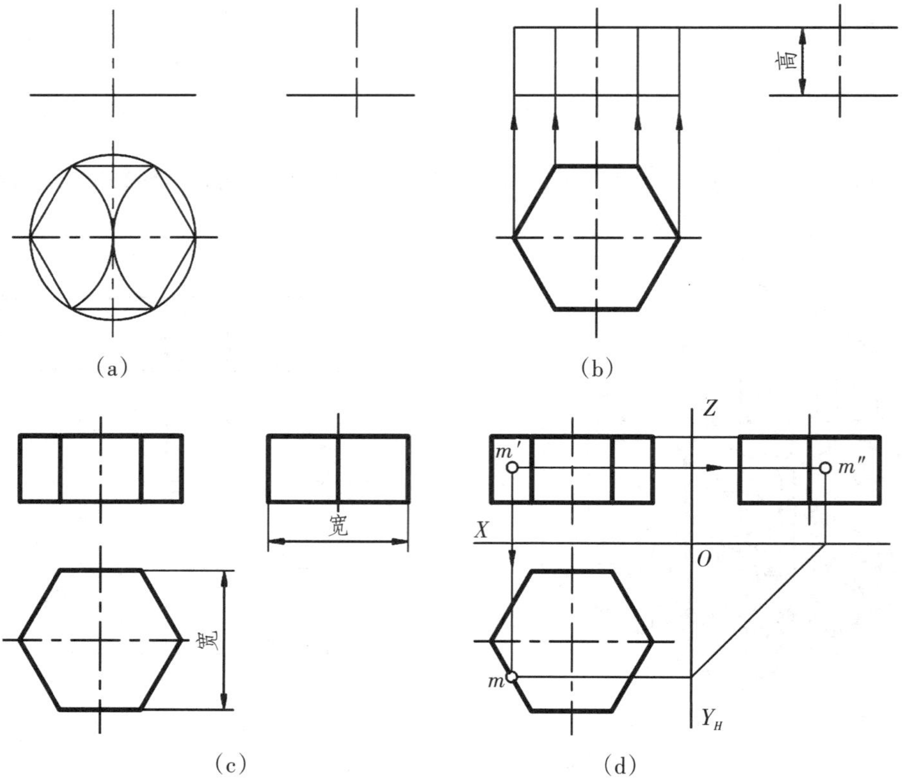

图4-1-2　正六棱柱三视图的作图步骤

二、棱锥

图 4-1-3 所示为正放的正三棱锥直观图及投影图。正三棱锥由底面和三个侧棱面围成。底面由三条底棱线围成(正三角形),三个侧棱面由三条侧棱线和三条底棱线围成(三个实形大小相等的等腰三角形)。

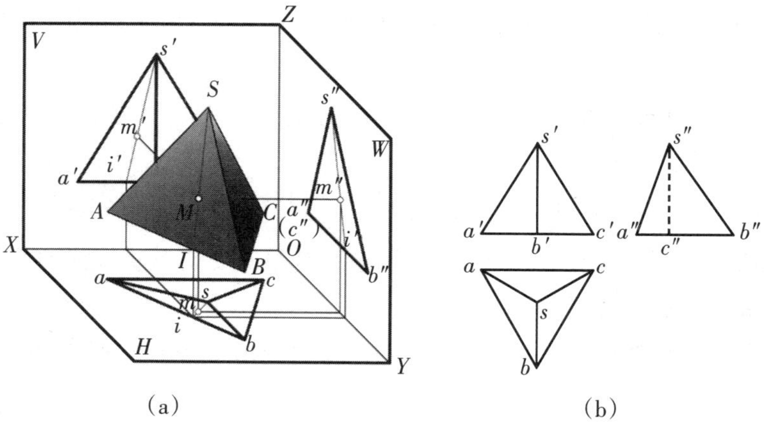

图4-1-3　正三棱锥的投影

1.投影分析

由于底面为水平面,则俯视图反映实形,在主视图积聚为平行于 OX 轴的直线,在左视图积聚为平行于OY轴的直线;锥顶位于棱锥的中心轴线上,到底面的垂直距离为棱锥的高,可在主视图与左视图的对称中心线上直接确定,其俯视图就在正三角形的中心;三条侧棱可直接连接锥顶点和底表面各点的同面投影获得。

2.作图步骤

①以底面三角形基圆的对称中心线作为左右和前后方向的定位基准线,以底面的积聚性投影作为高度方向的基准线,如图4-1-4(a)所示。

②用三等分圆的方法绘制底面俯视图的正三角形,根据长对正、宽相等绘制底面主视图与左视图的积聚直线,如图4-1-4(b)所示。

③根据锥顶的位置特征和三棱锥的高度,绘制锥顶的三视图,如图4-1-4(c)所示。

④根据底面角点的投影,连接锥顶和角点的同面投影,即完成正三棱锥的三视图,如图4-1-4(d)所示。

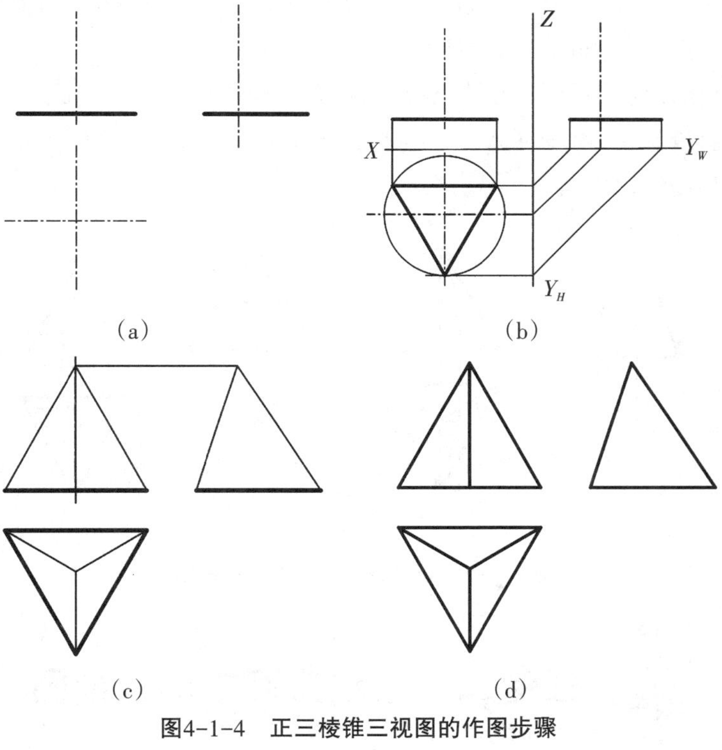

(a) (b)
(c) (d)

图4-1-4 正三棱锥三视图的作图步骤

任务实施

在图4-1-1(a)中,已知六棱柱左前棱面上点M的正面投影m',求其余的两个投影m和m''。

由于图示棱柱的表面都处在特殊位置,所以棱柱表面上点的投影均可用平面投影的积聚性来作图。

作图步骤:

(1)由于左棱面的水平投影积聚成直线,所以点M的水平面投影m一定在左棱面的水平投影上。据此从m'向俯视图作投影连线,与该直线的交点即为m,如图4-1-2(d)所示。

(2)根据“高平齐、宽相等”的投影规律,由正面投影m'和水平面投影m就可求得侧面投影m'',如图4-1-2(d)所示。

任务拓展

棱锥表面上取点,其原理和方法与在平面上取点相同。如果点在立体的特殊平面上,则可利用该平面投影有积聚性作图;如果点在立体的一般位置平面上,则可利用辅助线作图,并标明可见性。

在正三棱锥表面上有一点M,已知其正面投影m'和侧面$\triangle SAC$上点N的H面投影n,试求点M、N的其他两个面的投影。

作图步骤:

①点M在棱面SAB上,过点M在$\triangle SAB$上作AB的平行线,即作$l'm'//a'b'$,$lm//ab$,求出m,由m、m'可求出m'',如图4-1-5(a);也可过锥顶S和点M作一条辅助线,然后求出点M在H面的投影m,进而求出m'',如图4-1-5(b)所示。

②已知点N在H面的投影n可见,点N在侧面$\triangle SAC$上,因此,n''必定在$s''a''(c'')$上,由n、n''可求出V面投影n',由于在$\triangle SAC$面上的点在V面上被$\triangle SAB$和$\triangle SBC$平面遮挡看不见,因此将n'记为(n'),如图4-1-5(c)所示。

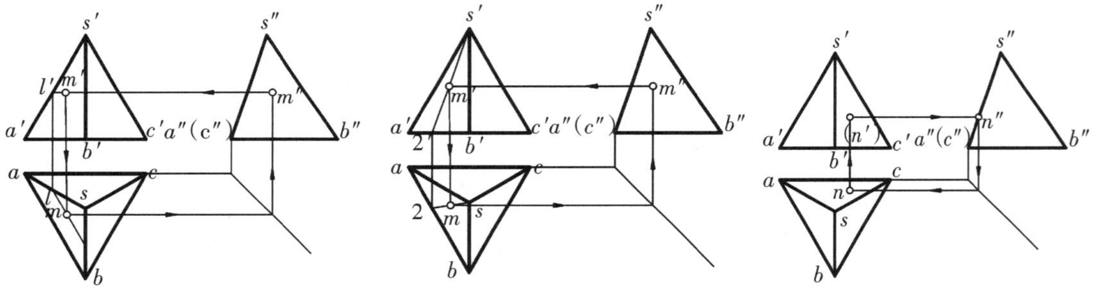

图4-1-5　正三棱锥表面上点的投影

任务二　绘制曲面立体三视图

任务目标

1. 能够绘制曲面立体三视图。
2. 能够绘制常见曲面立体三视图,并能找到其表面点的投影。

任务准备

工程上常见的曲面立体是回转体。

由一母线(直线或曲线)绕某一轴线旋转而形成的曲面称为回转面。由回转面或回转面与平面所围成的立体称为回转体。最常见的回转体有圆柱、圆锥、圆球。

一、圆柱

圆柱是曲面立体,如图4-2-1(a)所示,它由圆柱面和上、下底平面(等大的圆形)围成,而圆柱面是一条与轴线平行的直线(直母线)绕轴线旋转而成。圆柱面上任意一条平行于轴线的直线称为圆柱面的素线,在投影图中处于轮廓位置的素线叫作轮廓素线,它是圆柱的前、后、左、右分界转向的轮廓线。

1.投影分析

投影作图时,若圆柱的上、下底面平行于H面放置,进行三面投影时,得到的主视图是一个矩形线框(圆柱面的投影),顶面和底面都具有积聚性(各自积聚成线)。俯视图是一个圆形线框,圆柱面具有积聚性,顶面和底面反映实形。左视图是一个矩形线框(圆柱面的投影),顶面和底面都具有积聚性(各自积聚成线),如图4-2-1(b)所示。

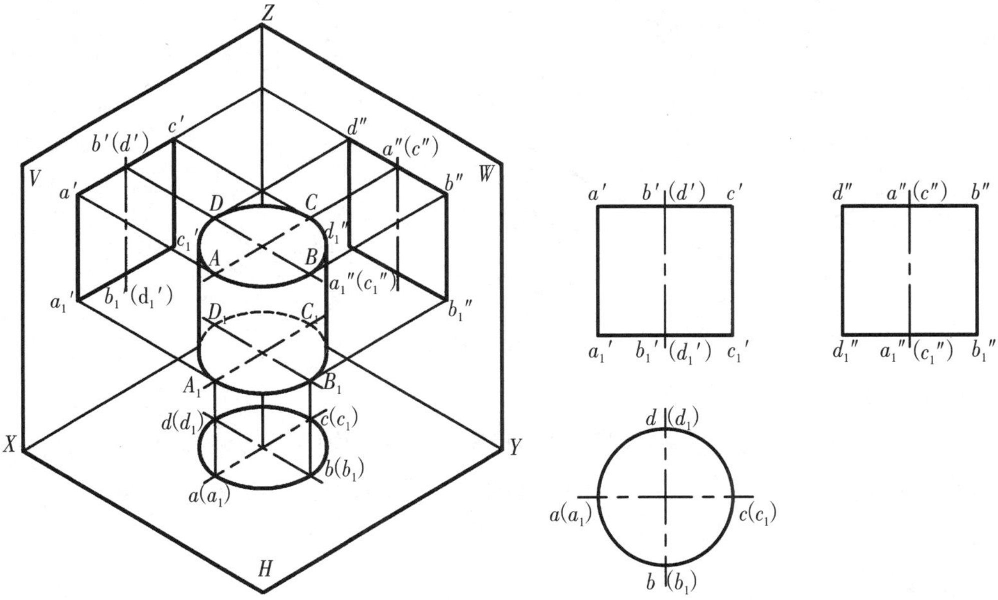

(a)直观图　　(b)投影图

图4-2-1　圆柱的投影

2.作图方法

画圆柱体的三视图时,先画作图基准线(中心线、底面基准线等),再画反映圆柱形状特征的俯视图,然后根据圆柱体的高,按投影关系画出主视图和左视图,如图4-2-1(b)所示。

二、圆锥

圆锥也是曲面立体,如图4-2-2(a)所示,它是由圆锥面和底面(圆形)围成的,而圆锥面是一条与轴线相交的直线(直母线)绕轴线旋转而成。

1. 投影分析

投影作图时，若圆柱的底面平行于H面放置，进行三面投影，得到的主视图是一个三角形线框（圆锥面的投影），底面具有积聚性（积聚成线）。俯视图是一个圆形线框，圆柱面具有收缩性，底面反映实形。左视图也是一个三角形线框（圆锥面的投影），底面具有积聚性（积聚成线），如图 4-2-2(b)所示。

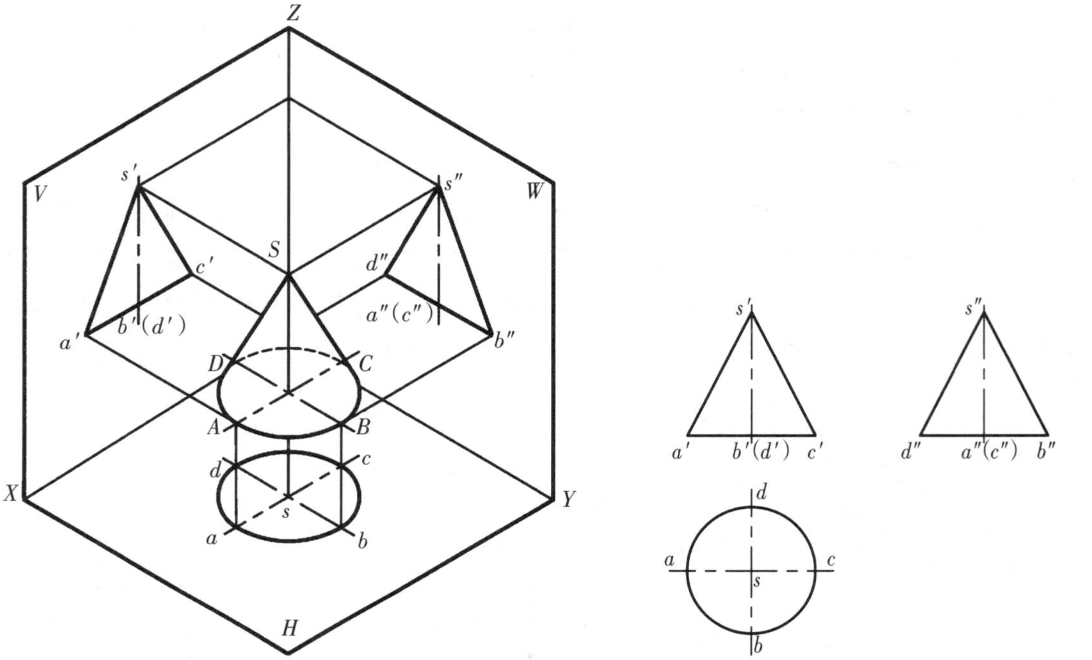

(a)直观图　(b)投影图

图4-2-2　圆锥的投影

2. 作图方法

画圆锥的三视图时，首先布置视图，画各投影的轴线，再画底面圆的各投影，然后画出锥顶的投影和锥面的投影（等腰三角形），完成圆锥的三视图，如图 4-2-2(b)所示。

三、圆球

圆球面可看作由圆母线绕其直径回转而形成的曲面。

1. 投影分析

如图 4-2-3 所示，为圆球直观图及其投影图。圆球的三面投影均为等直径的圆，它们的直径为球的直径。

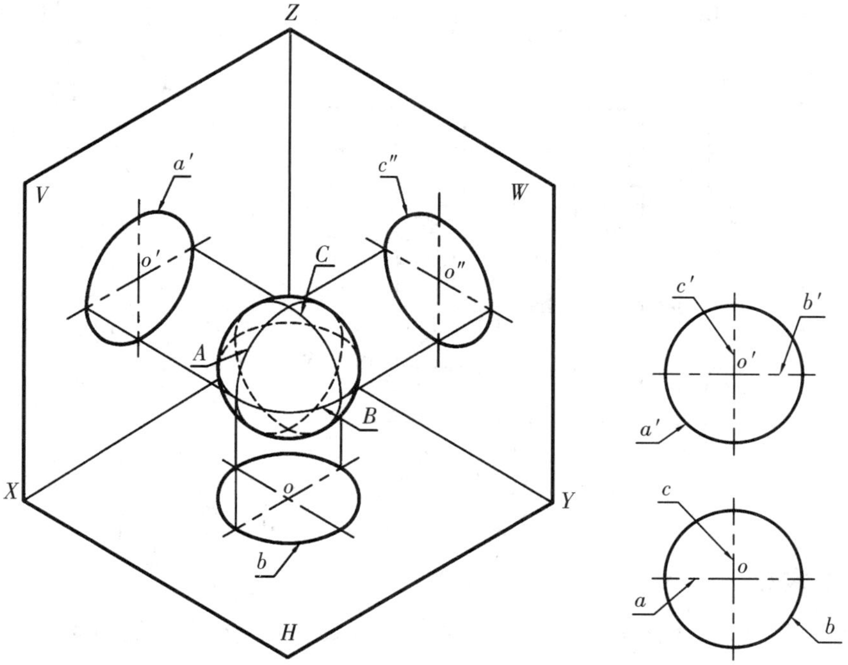

(a)直观图　　　　　　　　　　　　　　(b)投影图

图4-2-3　圆球的投影

（1）正面投影的圆是圆球正视转向轮廓线（过球心平行于正面的转向轮廓线，是前、后半球面的可见与不可见的分界线）的正面投影。而圆球正视转向轮廓线的水平投影与圆球水平投影的水平对称中心线重合；其侧面投影与圆球侧面投影的垂直对称中心线重合，都省略不画。

（2）水平投影的圆是圆球俯视转向轮廓线（过球心平行于水平面的转向轮廓线，是上、下半球面的可见与不可见的分界线）的水平投影。而圆球俯视转向轮廓线的正面投影和侧面投影均分别在其水平对称中心线上，都省略不画。

（3）侧面投影的圆是圆球侧视转向轮廓线（过球心平行于侧面的转向轮廓线，是左、右半球面的可见与不可见的分界线）的侧面投影。而圆球侧视转向轮廓线的正面投影和水平投影均分别在其垂直对称中心线上，都省略不画。

2.作图步骤

画圆球的三面投影图时，可先确定球心的三个面投影，再以球心的三个投影为圆心分别画出三个与圆球直径相等的圆，如图4-2-3（b）所示。

任务实施

一、圆柱表面上取点

轴线处于特殊位置的圆柱，其圆柱面在轴线所垂直的投影面上的投影有积聚性，其顶圆、底圆平面在另外两个投影面上的投影有积聚性。因此，在圆柱表面上取点，可利用积聚性作图。对于圆柱表面上的点（如轮廓线上点），其投影均可直接作出，并标明可见性。

已知圆柱面上点E、点F和点G的正面投影e'、f'和(g')，试分别求出它们的另两个投影，其作法如图4-2-4所示。

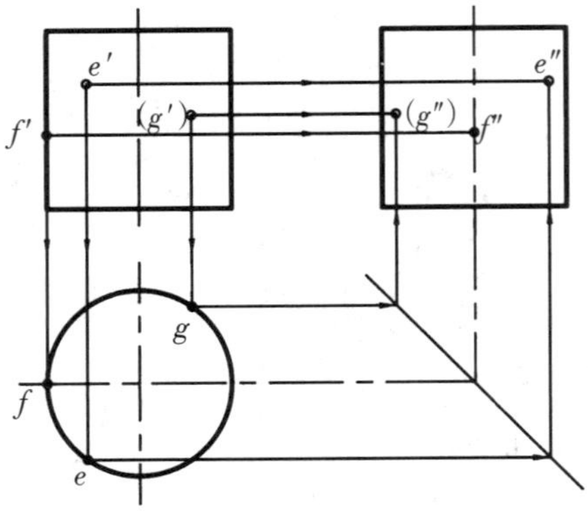

图4-2-4　圆柱表面上取点

二、圆锥表面上取点

如图4-2-5所示，已知圆锥表面上点E和点F的正面投影e'和f'，试求它们的另两个投影，其作法如下：

1. 求e、e''，由于点E为圆锥面上右前方的一般位置点，故需用辅助线作图。

(1)素线法。由于过锥顶的圆锥面上的任何素线均为直线，故可过点E及锥顶S作锥面上的素线SG。即先过e'作$s'g'$，由g'求出g和g''，连接sg和$s''g''$，分别为辅助线sg的水平投影和侧面投影。则点E的水平投影和侧面投影必在SG的同面投影上，从而即可求出e和(e'')。e可见，又因点E在右半个锥面上，所以(e'')为不可见，如图4-2-5(a)。

(2)辅助纬圆法。过点E在圆锥面上作一水平辅助圆（纬圆），点E的投影必在该纬圆的同面投影上。即先过e'作水平线$m'n'$，它是纬圆的正面投影，$m'n'$的长度即为该纬圆的直径，从而可画出圆心与s重合的该纬圆的水平投影；由e'作投影连线，与纬圆的水平投影（圆）交于点e（前方交点），再由e'和e求出(e'')，如图4-2-5(b)。

2. 求f、f''，由于点F在最左正视转向轮廓线SA上，为圆锥面上特殊位置的点，故可直接求出f和f''。由于f'在$s'a'$上，则f必在sa上，f''必在$s''a''$上。且f、f''均为可见，如图4-2-5(c)。

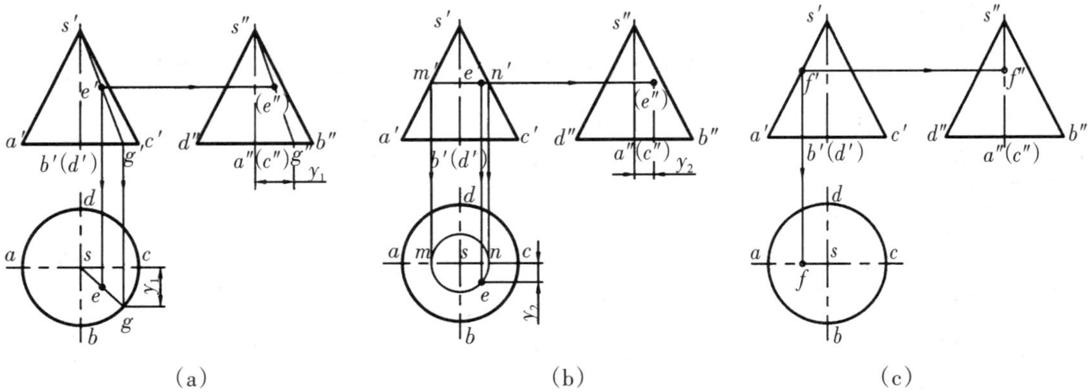

图4-2-5　圆锥表面上取点

任务拓展

已知圆球上已知点G、E、F的正面投影，求作这三个点的其他两个投影。

由于圆球的三个投影均无积聚性，所以在圆球表面上取点，除属于转向轮廓线上的特殊点可直接求出之外，其余处于一般位置的点，都需用辅助线（纬线）作图，并标明可见性。

已知圆球表面上点E、F、G的正面投影e'、f'和(g')，试求其另两个投影，其作法如图4-2-6所示。

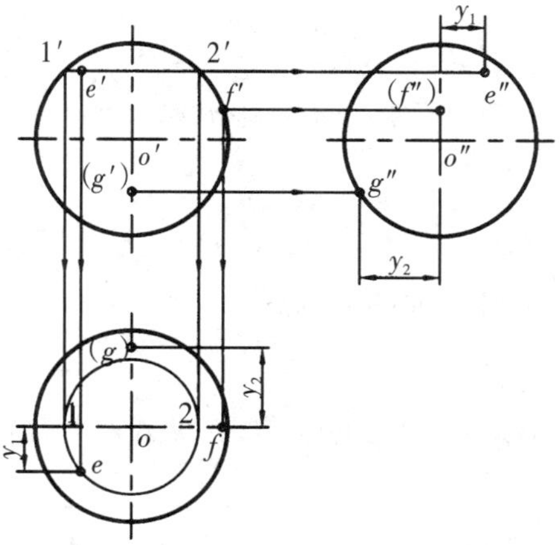

图4-2-6　圆球表面上取点

任务三　绘制平面切割体三视图

任务目标

1. 能描述截交线的性质并能绘制截交线的投影。

2. 能够绘制平面切割体三视图。

任务准备

在实际生产当中，许多机械零件都是由基本立体经截切而成的。基本立体的截切是组合体挖切组合的最基本形式，是单一组合体形式的最简单组合体。因此，研究被截切的基本立体的投影是研究复杂截切体投影的基础。

一、截交线

平面与立体相交，即立体被平面截切所产生的表面交线称为截交线，该平面称为截平面，截交线围成的平面图形称为截断面，如图4-3-1所示。立体表面的形状不同和截平面所截切的位置不同，截交线也表现为不同的形状，但任何截交线都具有下列基本性质：

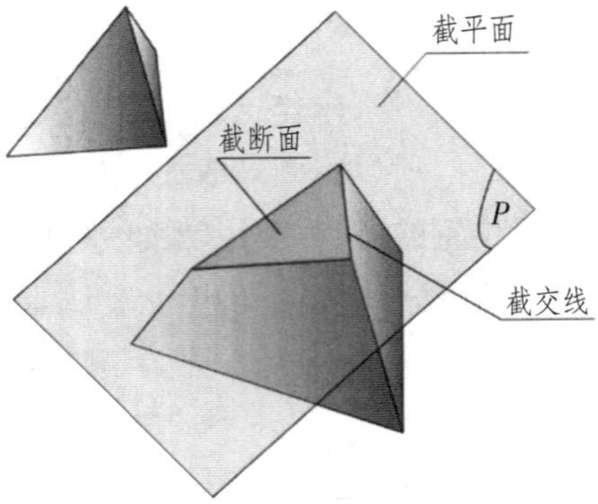

图4-3-1　平面切割体

1.共有性

截交线既属于截平面,又属于立体表面,故截交线是截平面与立体表面的共有线,截交线上的每一点均为截平面与立体表面的共有点。

2.封闭性

由于任何立体都占有一定的封闭空间,而截交线又为平面截切立体所得,故截交线所围成的图形一般是封闭的平面图形。

3.截交线的形状

截交线的形状取决于立体的几何性质及其与截平面的相对位置,通常为平面折线、平面曲线或平面曲线与直线组成。

二、截切平面基本体的投影

一个完整的平面基本体被截平面截切后,变成两个新的不完整的平面基本体。每一个不完整的平面基本体仍为平面基本体。截平面与平面基本体表面的截交线的形状是由直线段围成的封闭的平面多边形。此多边形的各个边为截平面与平面基本体表面的交线,多边形的各个顶点为截平面与平面基本体上某些棱线、边线的交点。

1.截平面与平面基本体上要素相交的基本形式及求其截交线投影的方法

求截平面与平面基本体截交线投影的方法通常可归纳为:①线、面求交点法;②面、面求交线法。

2.被截切的不完整平面基本体的投影

求被截切的不完整平面基本体的投影,实际上是求不完整平面基本体的新表面的投影,即求截交线的投影。

任务实施

一、截切棱柱的投影

如图4-3-2(a)所示,已知斜截切后正六棱柱的正面投影和水平投影,求其侧面投影。

1.分析

由图4-3-2(a)可知：

(1)图为一个完整的正六棱柱被正垂面截切而成的不完整的正六棱柱体，且正垂面仅与正六棱柱体的棱面、棱线相交，截交线是六边形*ABCDEF*，所以可用线、面求交点法求截交线的投影。

(2)由正垂面和正六棱柱棱面的投影特点和截交线的共有性可知，截交线的正面投影积聚为一段直线，水平投影积聚在正六边形的边上，侧面投影为六边形*ABCDEF*的类似形。

2.作图步骤

(1)画出被切割前正六棱柱的左视图(用细线画)，如图4-3-2(b)所示。

(2)根据截交线(六边形)各顶点的正面、水平面投影作出截交线的侧面投影a''、b''、c''、d''、e''、f''，如图4-3-2(c)所示。

(3)按水平投影的顺序，用直线依次连接a''、b''、c''、d''、e''、f''、a''，即得截交线的侧面投影，判别棱线侧面投影的可见性，用相应图线整理确定棱线的侧面投影，检查投影，加深、加粗图线，完成全图，如图4-3-2(d)所示。

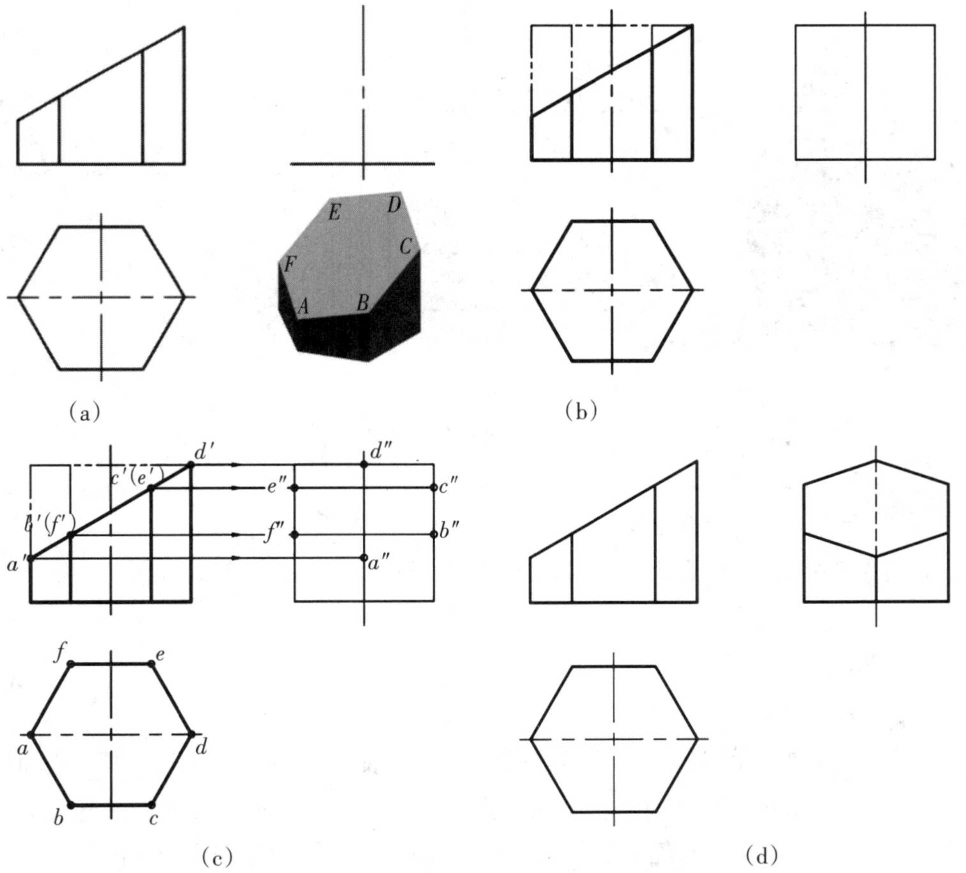

图4-3-2　正垂面截切正六棱柱三视图

二、截切棱锥的投影

如图4-3-3所示，四棱锥被正垂面截切，已知其正面投影，求其侧面投影，并补全其水平投影。

1.分析

由已知条件可知：

(1)图为一个完整的四棱锥被正垂面截切而成的不完整的四棱锥体，且正垂面与四棱锥的四条棱线全部相交，截交线为以截平面与四条棱线的交点为顶点的四边形*ABCD*，故可用线、面求交点法求截交线的投影。

(2)由正垂面的投影特点和截交线的共有性可知，截交线的正面投影积聚为一段直线，其他投影为四边形*ABCD*的类似形。

2.作图步骤

(1)画出完整四棱锥的侧面投影(用细线画)，如图4-3-3(b)所示。

(2)求不完整四棱锥上端面(截断面)的水平和侧面投影。

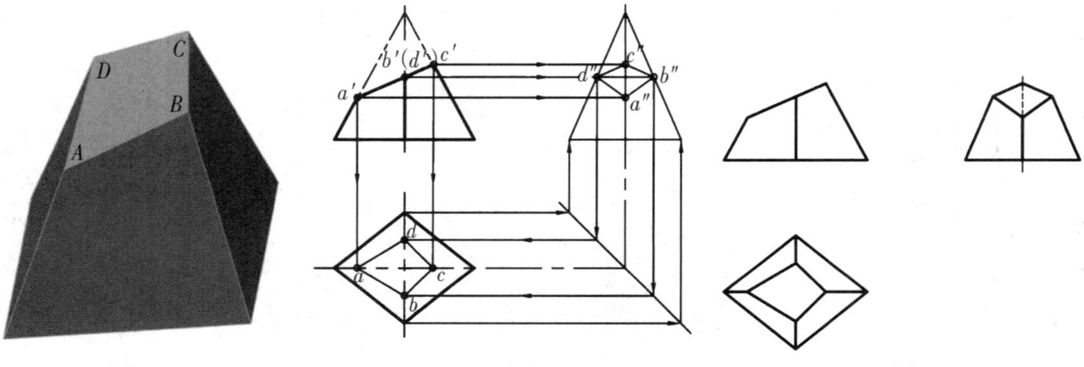

(a)　　(b)　　(c)

图4-3-3　正垂面截切四棱锥三视图

任务拓展

已知图4-3-4(a)所示带切口的正六棱柱的正面投影，求其侧面投影，并补全其水平投影。

1.分析

由已知条件可知：

正六棱柱的切口由两个对称的侧平面和一个水平面截切而成。其截交线的正面投影具有积聚性(为铅垂线和水平线)；平行于水平投影面的截交线的水平投影是由直线围成的多边形(反映实形——真实性)，侧面投影为一直线(积聚性)；平行于侧投影面的截交线的水平投影为一直线(积聚性)，侧面投影为矩形框(反映实形——真实性)。

2.作图步骤

(1)作出完整的正六棱柱的侧面投影(用细线画),如图4-3-4(b)所示。

(2)在切口的正面投影标出a'、(e')、b'、(f')、d'、(h')、c'、(g'),根据P面水平投影的积聚性,完成切口的水平投影a、(b),e、(f),c、(d),g、(h),再根据正面投影和水平投影,求得各截交线a''、b'',e''、f'',(c'')、(d''),(g'')、(h'')等的侧面投影,如图4-3-4(c)所示。

(3)判别棱线水平和侧面投影的可见性,用相应图线整理确定棱线的水平和侧面投影,检查投影,加深、加粗图线,完成全图,如图4-3-4(d)所示。

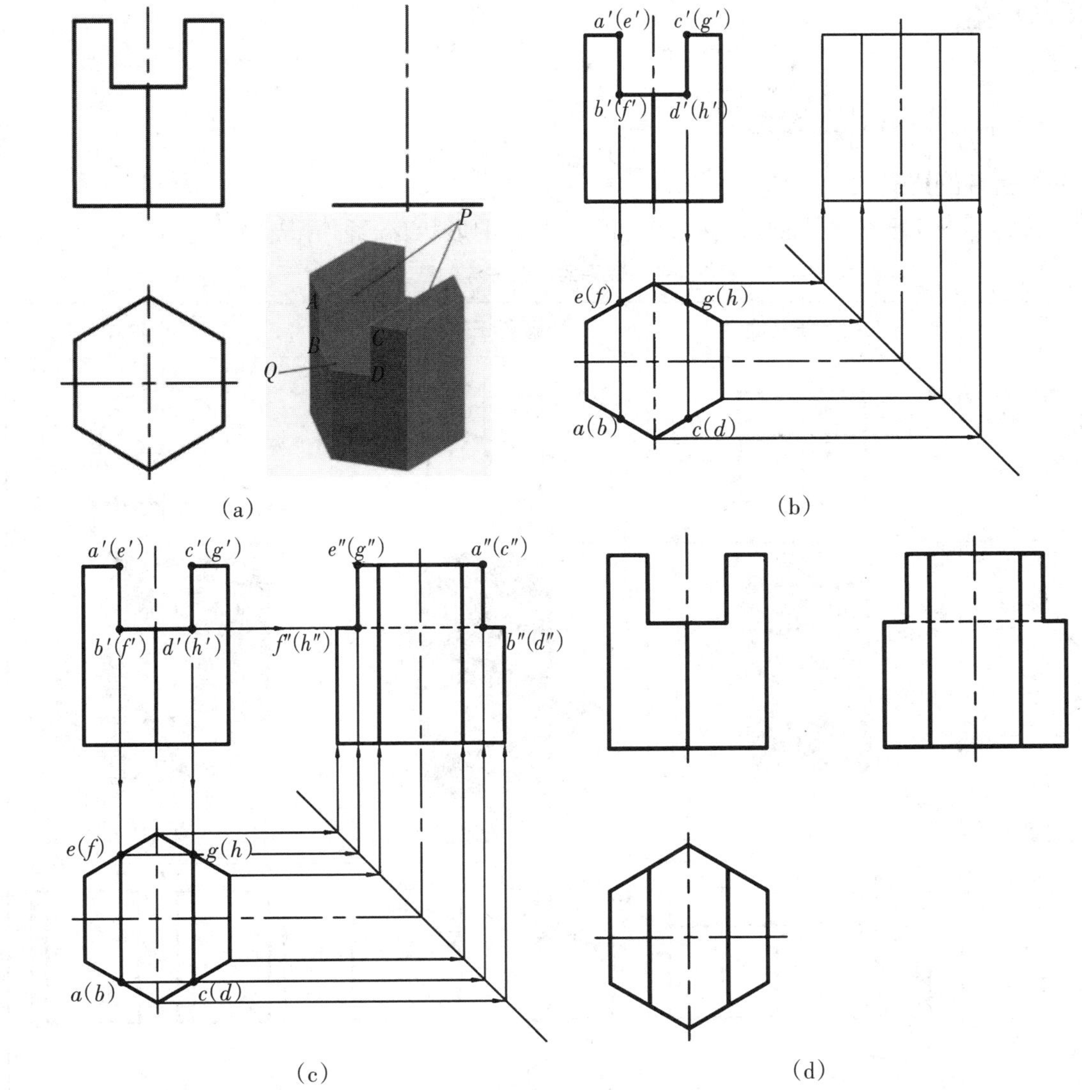

图4-3-4 棱柱截切体三视图

任务四　绘制曲面切割体三视图

任务目标

能够正确绘制曲面切割体的三视图。

任务准备

一、截切圆柱体的投影

1. 圆柱的截交线

圆柱体被不同位置平面截切时，得到的截交线的形状有三种情况，见表4-4-1。

表4-4-1　截平面与圆柱体的截交线

	垂直于轴线	倾斜于轴线	平行于轴线
截平面位置	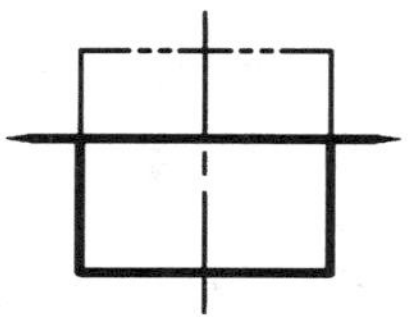	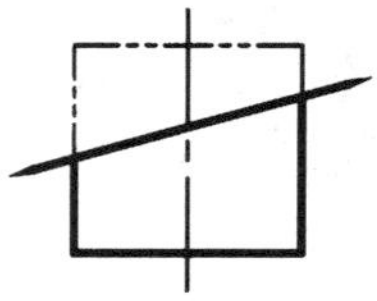	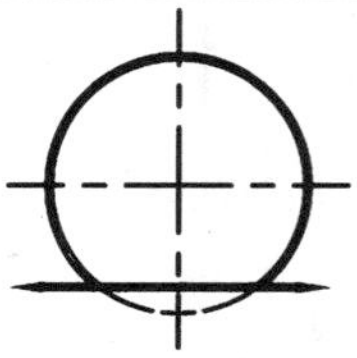
立体图	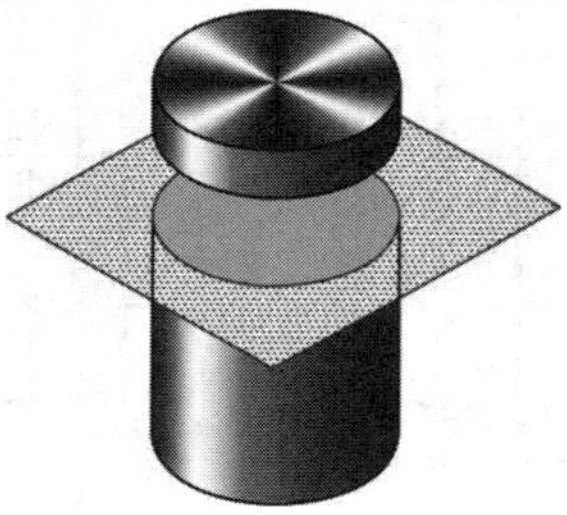	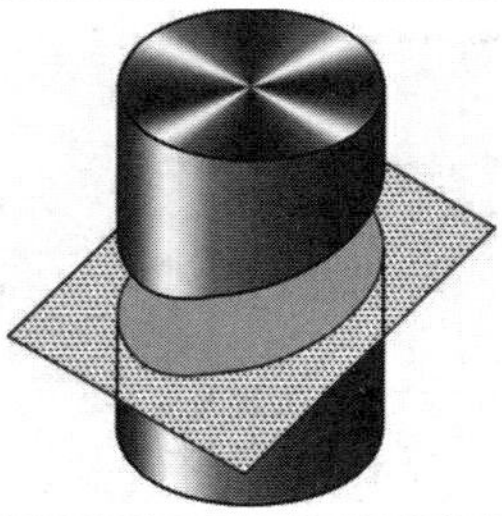	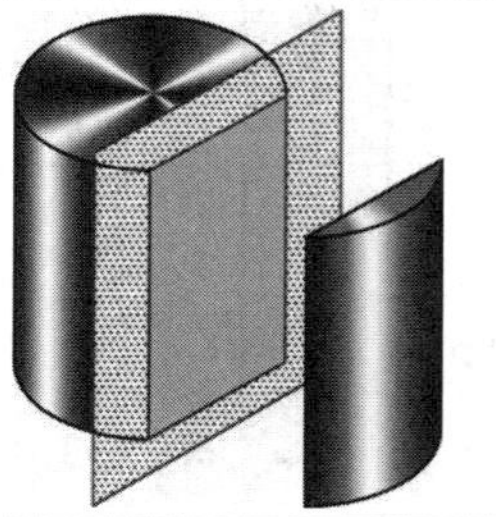
截交线形状	圆	椭圆	矩形
投影图	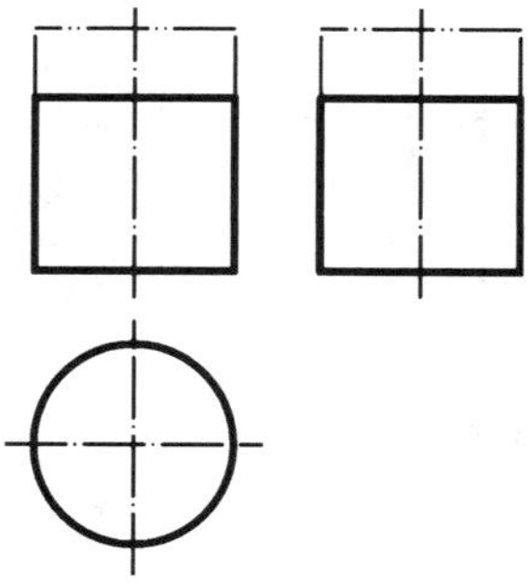	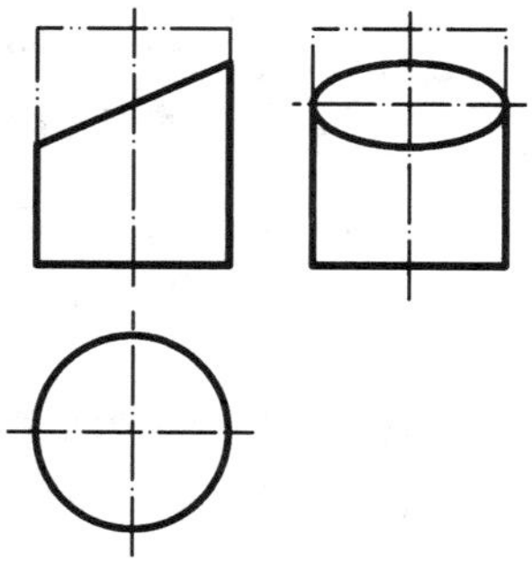	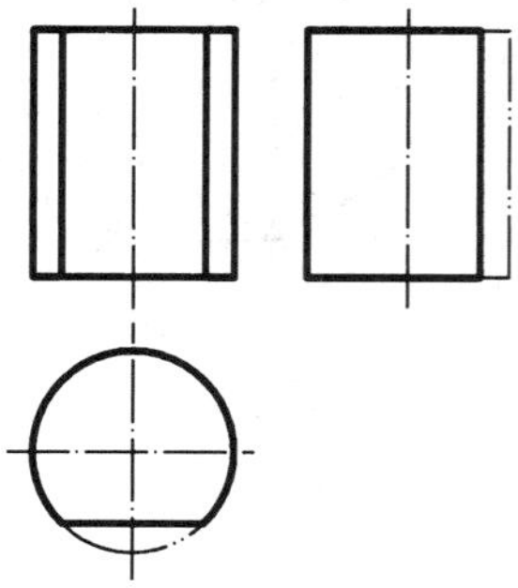

二、圆锥截交线

用一个截平面切割圆锥体，所形成的截交线的形状见表4-4-2。

表 4-4-2　截平面与圆锥的截交线

立体图	投影图	截交线的形状	截平面的位置
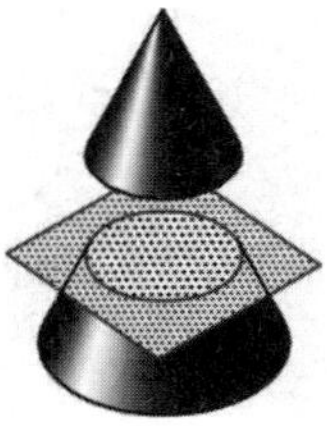	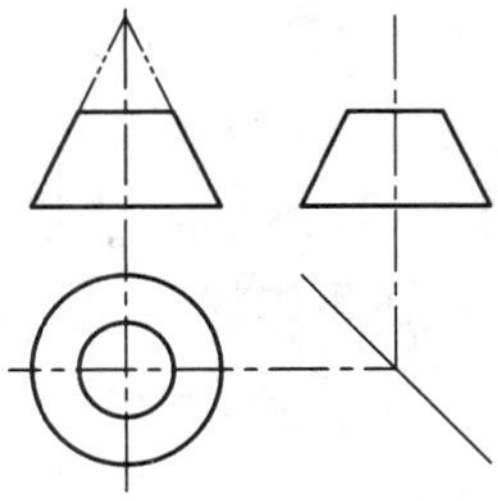	圆	垂直于轴线
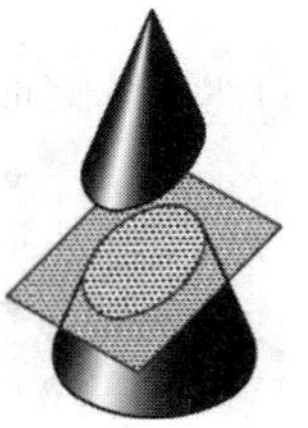	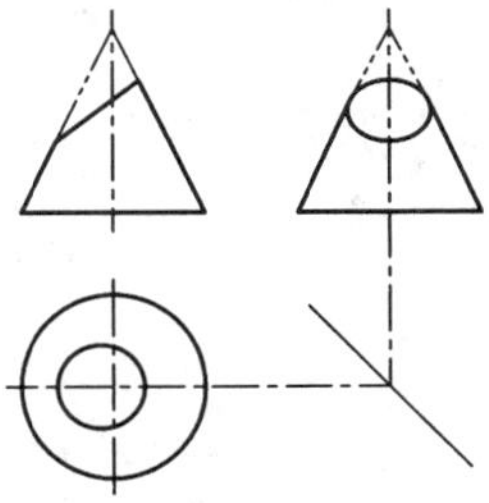	椭圆	倾斜于轴线
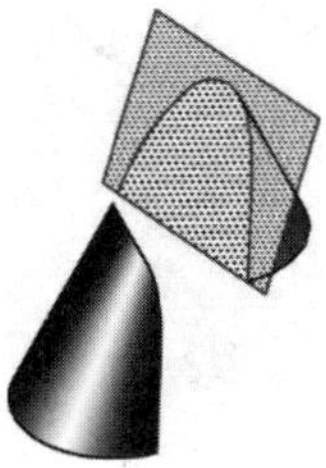	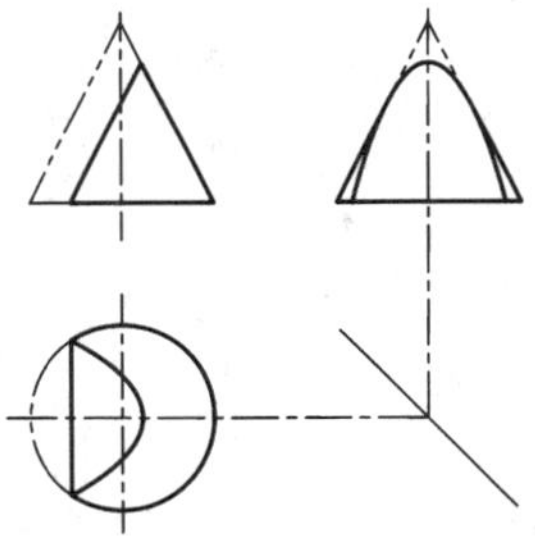	抛物线	倾斜于轴线
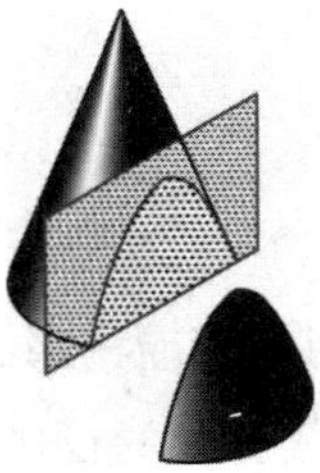	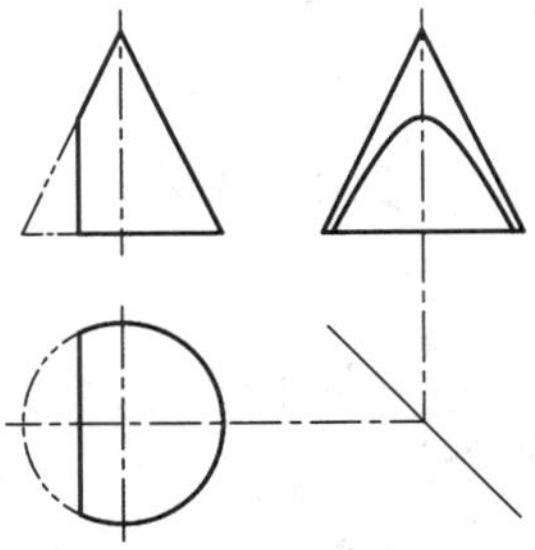	双曲线	平行于轴线
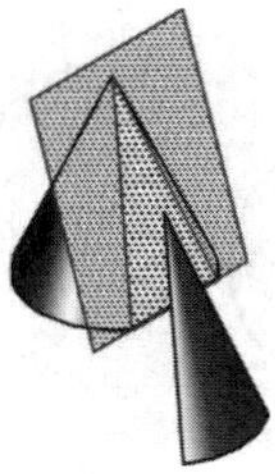	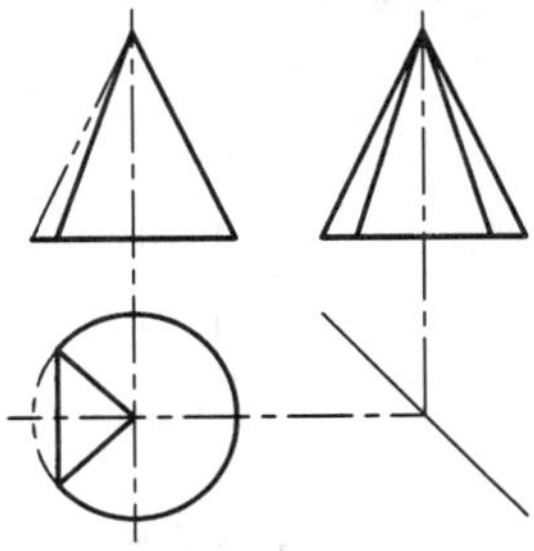	过锥顶的两相交直线（三角形）	过锥顶

三、截切圆球的投影

1. 圆球截交线

平面与圆球相交，不论截平面处于何种位置，其截交线都是圆。当截平面通过球心时，这时截交线(圆)的直径最大，等于球的直径。截平面离球心越远，截交线(圆)的直径越小。

由于截平面对投影面位置的不同，截交线(圆)的投影也不相同。

(1)截平面平行于投影面时，截交线在该投影面上的投影为圆(实形)；另外两个投影都积聚成直线，该直线的长度等于截交线(圆)的直径，如图4-4-1(a)所示。

(2)截平面垂直于投影面时，截交线的投影积聚为直线，如图4-4-1(b)的正面投影所示。

(3)截平面倾斜于投影面时，截交线的投影为椭圆，如图4-4-1(b)的水平、侧面投影所示。

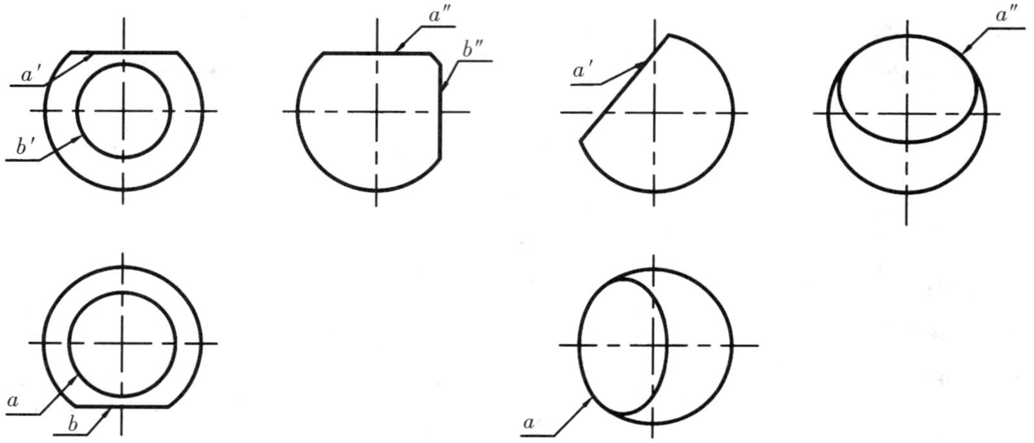

(a)水平面截球后的投影　　(b)正垂面截球后的投影图

图4-4-1　圆球的截交线

2. 求截切圆球的投影

已知图4-4-2(a)所示为圆球被侧平面截切的正面投影，求其水平投影和侧面投影。

分析：圆球被侧平面截切，其左视图反映截交线实形(圆)，另外两个截交线的投影都积聚成直线，该直线的长度等于截交线(圆)的直径。

作图步骤如图4-4-2所示。

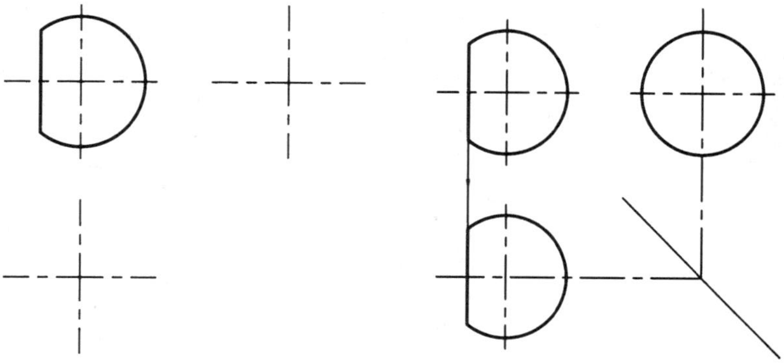

(a)　　(b)

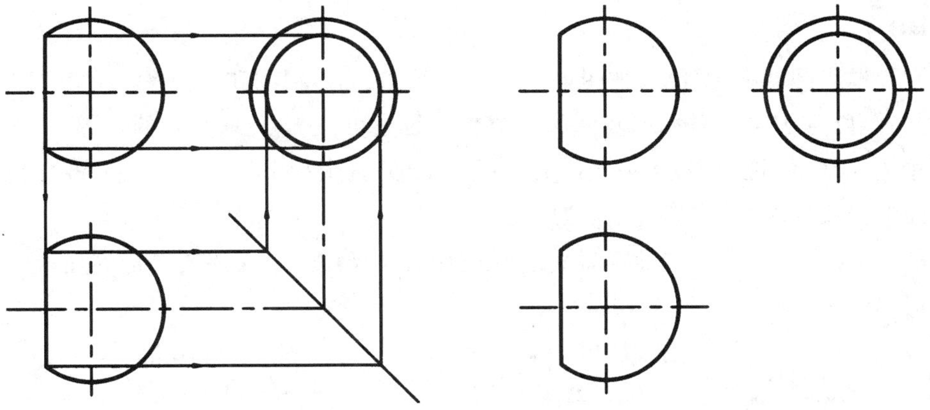

（c）　　　　　　　　　　　　　　（d）

图4-4-2　侧平面截切圆球三视图

任务实施

已知图4-4-3(a)所示圆柱截切体的正面投影,求其侧面投影和水平投影。

作图步骤如图4-4-3所示。

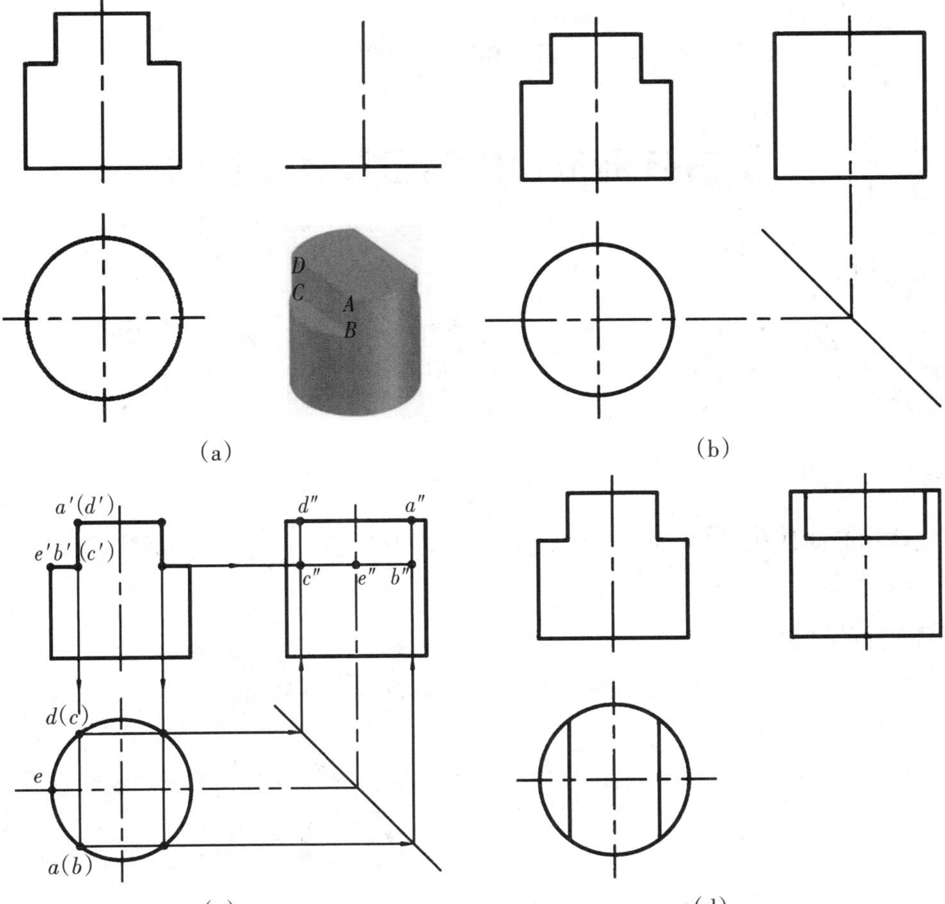

（c）　　　　　　　　　　　　　　（d）

图4-4-3　圆柱截切体三视图绘制步骤

任务拓展

已知开槽半圆球的主视图，如图4-4-4(a)所示，求作俯视图和左视图。

分析：半圆球被两个对称的侧面和一个水平面截切，截交线均为圆的一部分，在主视图中都积聚为直线；俯视图中，水平截面交线反映实形，其余积聚为直线，同理，在左视图中两侧平截面的交线反映实形，其余积聚为直线。

作图：如图4-4-4所示。确定截交线所在圆的半径(R_1、R_2)，在所平行的投影面上分别画出实形，判断可见性。

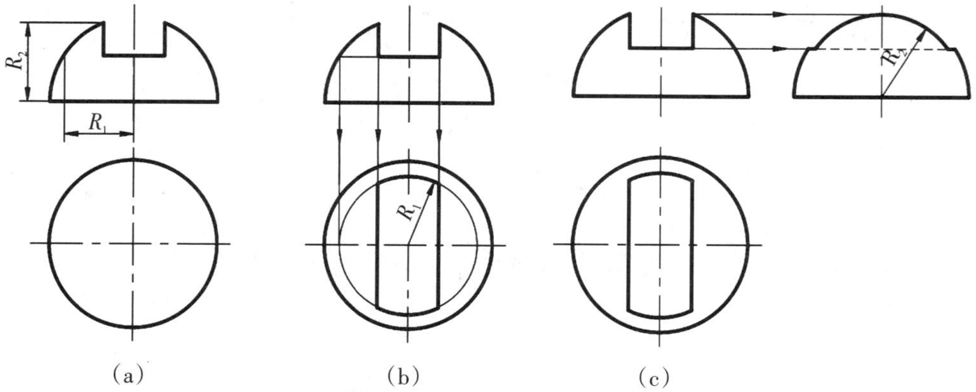

图4-4-4　补画开槽半圆球俯视图、左视图

任务五　绘制相贯体三视图

任务目标

1. 能描述相贯线的性质。
2. 能够绘制相贯体三视图。

任务准备

两立体相交叫作相贯，其表面产生的交线叫作相贯线。两个立体的形状、大小和相对位置不同，相贯线的形状也不同。

1. 相贯线的特性

(1)共有性。相贯线是相交立体的表面交线、共有线、分界线，线上所有点均属于相交立体表面的共有点。

(2)封闭性。相贯线一般是封闭的空间曲线，特殊情况下可能是平面曲线或直线。

图4-5-1　相贯线实例

两圆柱正交是工程上最常见的，如图 4-5-1 所示的三通管就是轴线正交的两圆柱表面所形成相贯线的实例。

2. 相贯线的画法

根据相贯线是两相交立体表面的共有线这一性质，相贯线的画法也和画截交线一样，可归结为求作相交立体表面上的系列的共有点的问题。

相贯线的求作方法要通过分析两相交立体的表面性质、相对位置、投影特性及相贯线的变化趋势来确定。

对有积聚性投影的表面可利用投影积聚性求作；当两相交立体表面的三面投影均无积聚性时，可采用辅助线或辅助平面法求作相贯线投影。

以下仅以两圆柱垂直正交以及相贯线的特殊情况为例阐述其画法。

3. 两圆柱正交的相贯线绘制

(1)投影分析

如图 4-5-2 所示，两不等径圆柱轴线垂直正交，小圆柱的水平投影和大圆柱的侧面投影都积聚为圆，因而两圆柱表面共有的相贯线在俯、左两视图中必然重合在积聚性的投影圆上，所以，对于两圆柱正交的情况，只需求出两相交圆柱的非圆投影上的相贯线即可。

(2)作图步骤

利用圆柱面投影积聚性和投影关系确定出交线上的各个特殊位置点及一般位置点，并依据相贯线变化趋势光滑连接各点即可。

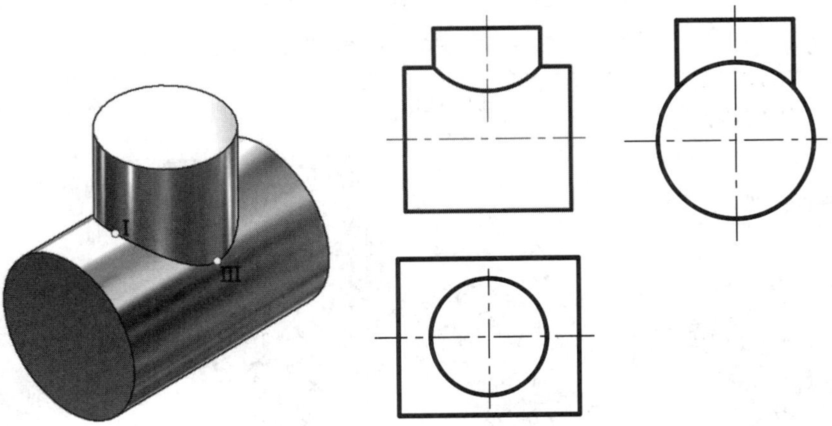

(a)　　　　(b)

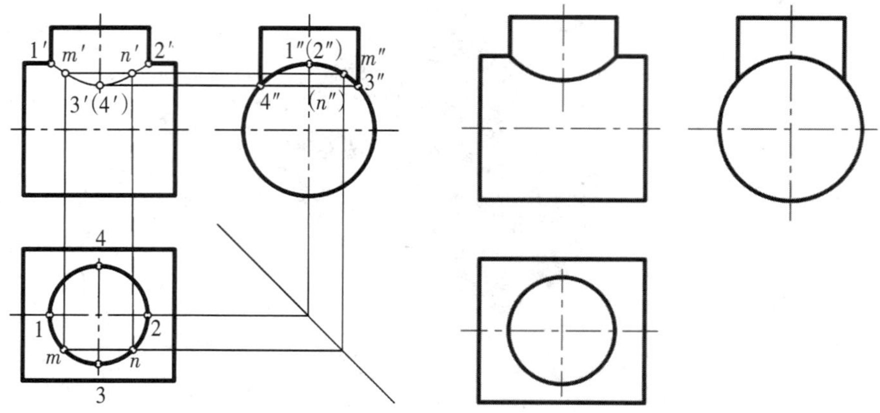

(c)　　　　　　　　　　　　　　　(d)

图4-5-2　不等径两圆柱正交的相贯线画法

一般情况下，两不等径圆柱的相贯线可采用国家标准允许的简化画法，用一段圆弧代替。如图4-5-3(a)所示，相贯线的正面投影以大圆柱的半径画弧，圆弧凸向大圆柱。

需要说明的是，两圆柱正交时，其相贯线会因两圆柱直径的相对变化而变化，其变化规律如表4-5-1所示。

①相贯线的投影曲线始终由小圆柱向大圆柱轴线弯曲。

②两圆柱直径差越小，相贯线的投影曲线越弯，且更趋近大圆柱轴线。

③当两圆柱直径相等时，相贯线为两个相交的椭圆，在与圆柱轴线平行的投影面上为两正交直线。

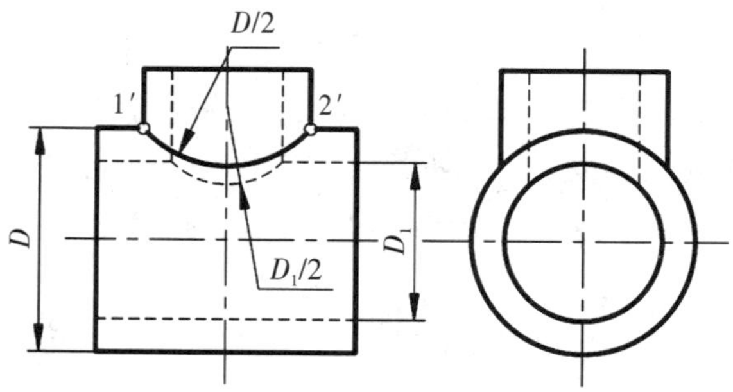

图4-5-3　相贯线的简化画法

表4-5-1　两圆柱正交时相贯线的变化

圆柱正交	水平方向圆柱直径大于铅垂方向圆柱直径，两圆柱直径之差较大时	水平方向圆柱直径大于铅垂方向圆柱直径，两圆柱直径之差较小时	两圆柱直径相等时	水平方向圆柱直径小于铅垂方向圆柱直径，两圆柱直径之差较小时
立体图	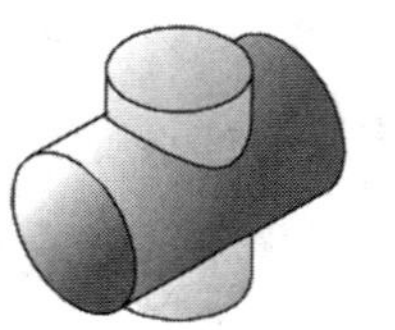	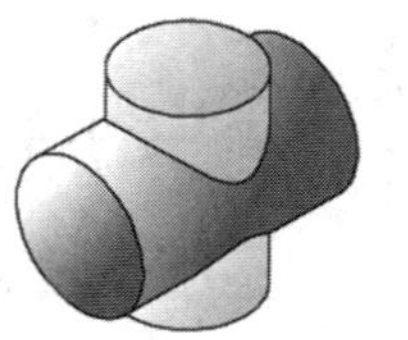	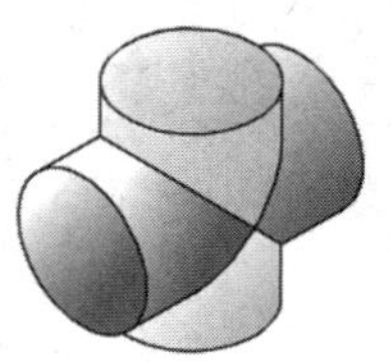	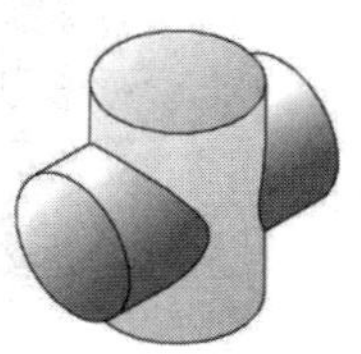

续表

相贯线投影	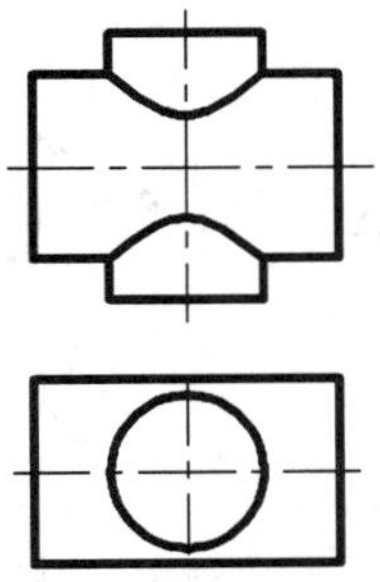	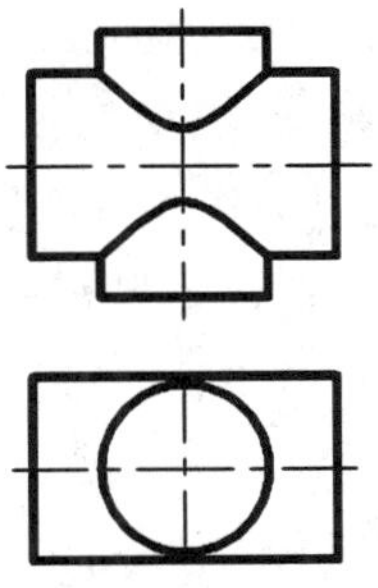	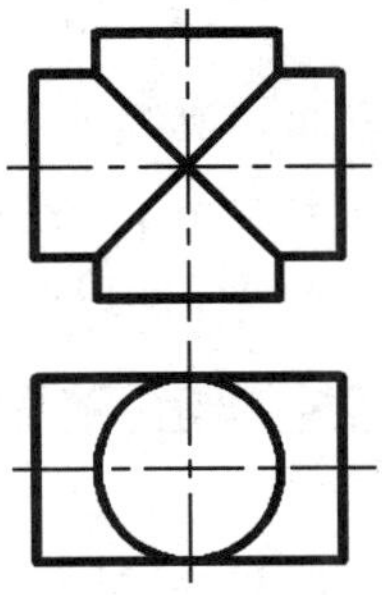	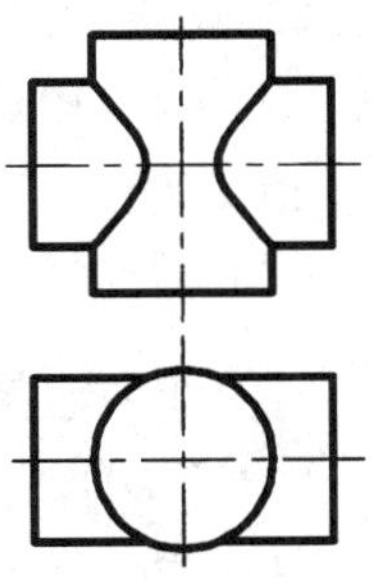

圆柱孔与圆柱面相交或两圆柱孔相交时，所产生的相贯线和两圆柱外表面的相贯线形状及作图方法完全一样，如图4-5-4所示。

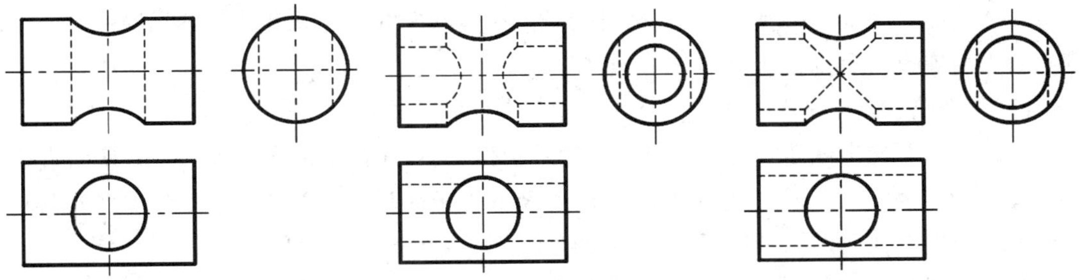

(a)圆柱孔与圆柱面相交　(b)两个直径不同的圆柱孔相交　(c)两个直径相同的圆柱孔相交

图4-5-4　内外圆柱表面交线

任务实施

1.已知相贯体的俯视图、左视图，求作主视图

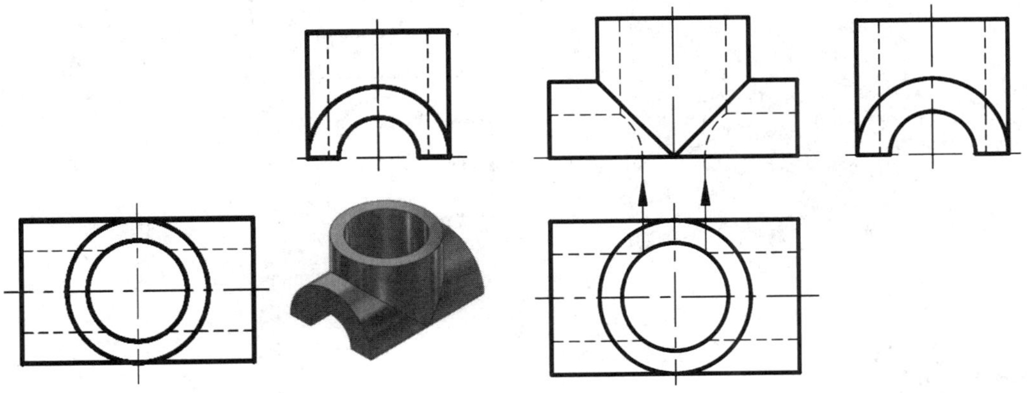

(a)　(b)

图4-5-5　已知相贯体的俯视图、左视图，求作主视图

(1)投影分析

由图4-5-5(a)所示立体图可看出，该相贯体由一个直立圆筒与一个水平半圆筒正交，内外表面都有交线。外表面为两个等径圆柱面相交，相贯线为两条平面曲线(椭圆)，其水平投影和侧面投影都积聚在它们所在圆柱面有积聚性的投影上，正面投影为两段直线。内表面的相贯线为两段空间曲线，水平投影和侧面投影也都积聚在圆柱孔有积聚性的投影上，正

面投影为两段曲线。

(2)作图步骤

①作两等径圆柱外表面相贯线的正面投影,两段45°斜线。

②作圆孔内表面相贯线的正面投影。可以用图4-5-2所示方法作这两段曲线,也可以采用图4-5-3所示的简化画法作两段圆弧。完成后如图4-5-5所示。

2.求作半球与两个圆柱的组合相贯线

(1)投影分析

三个或三个以上的立体相交,其表面形成的交线称为组合相贯线。如图4-5-6所示,相贯体中的大圆柱与半球相切,左侧小圆柱的上半部与半球相交,是共有侧垂轴的同轴回转体,相贯线是垂直于侧大圆柱垂轴的半圆。

小圆柱的下半部与大圆柱相交,相贯线是一条空间曲线。由于相贯体前后对称,所以相贯线的正面投影前后重合。

(2)作图步骤

①小圆柱面与半球面的相贯线是半个侧平圆弧,其正面投影和水平投影均积聚为直线。

②小圆柱面与大圆柱面的相贯线的正面投影采用简化画法画出(半径为$\phi/2$的圆弧);水平投影与大圆柱面的水平投影(积聚圆的虚线部分)重合。

③由于小圆柱轴线是侧垂线,所以相贯线的侧面投影与小圆柱的侧面投影(积聚圆)重合。

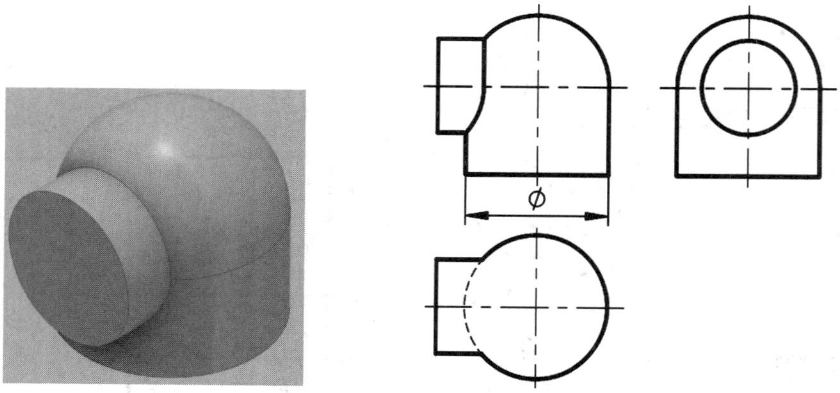

(a) (b)

图4-5-6 半球与两个圆柱的相贯线

任务拓展

同轴回转体的相贯线

同轴回转体是由两个回转体以共轴线的形式相交形成,此时的相贯线已不是空间曲线,而是垂直于回转体轴线的圆,在与轴线平行的投影面上为垂直于轴线的直线,如图4-5-7所示。

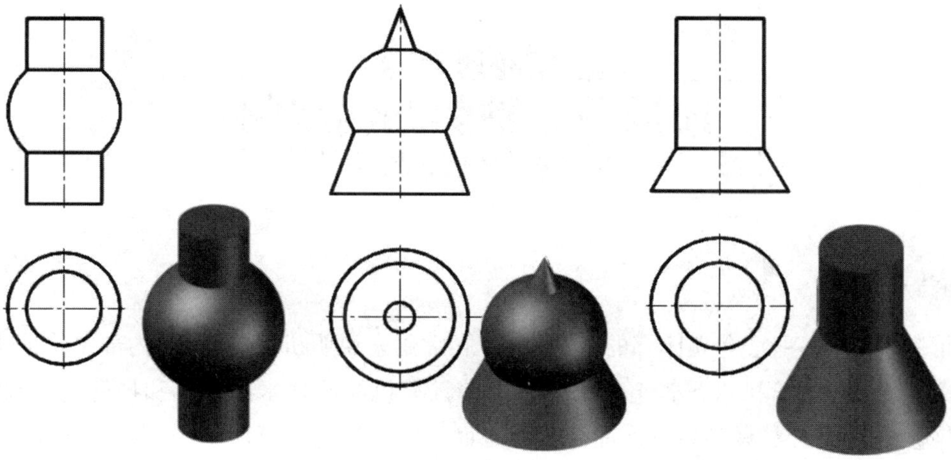

图4-5-7 同轴回转体的相贯线

项目总结

本项目着重学习了基本体、截交线、相贯线的画法。

立体被平面截切，表面就会产生截交线；两几何体相交，表面就会产生相贯线。求截交线和相贯线的组图步骤如下：

(1)分析几何体表面性质，根据基本几何体的投影，求出表面交线的特殊点，以确定表面交线的范围。

(2)选择适当的辅助平面，在特殊点之间的适当位置求一定数目的一般点。

(3)根据表面交线的基本几何体上的位置判断可见性。

(4)根据可见性判断结果，依次光滑连接各点的同面投影，即得表面交线的投影。用粗实线表示表面交线的投影的可见部分，用虚线表示其不可见部分。

项目五　轴测图的绘制

项目引入

轴测图作为一种富有立体感的单面投影图,常用来说明机器的外形、内部结构或工作原理,以及绘制化工、给排水等管道系统图。随着计算机绘图技术的普及和提升,目前轴测图在工艺造型设计、产品样品以及产品广告等方面的应用日趋广泛。

项目分析

本项目的学习要求是熟练掌握轴测图的绘图技能,重点掌握正等测、斜二测的形成条件,平行投影特性和轴间角、轴向伸缩系数等基本概念,正确识别两种轴测图和了解各自的表达优势,熟练掌握其轴测图的绘制方法。注意把握空间物体与视图、轴测图三者之间的投影对应关系,明确尺寸度量关系。三视图、正等测和斜二测都是采用平行投影法获得的图形,都具有平行投影的基本性质。练就绘制轴测图,特别是轴测草图的技能,是掌握物图转换规律,提高表达能力、空间想象能力和构思创新能力的有效手段。所以,理解并熟练运用平行投影性质是作图的关键。

任务一　绘制正等轴测图

任务目标

1. 能描述正等轴测图形成的条件、平行投影特性。
2. 能理解轴间角、轴向伸缩系数等基本概念。
3. 能正确绘制正等轴测图。

任务准备

用平行投影法将物体连同确定该物体的直角坐标系一起沿不平行于任一坐标平面的方向投射到一个投影面上,所得到的图形,叫作轴测图。

应用正投影法绘制的多面视图如图 5-1-1 所示,能够准确表达物体的形状,但直观性差。正等轴测图如图 5-1-1 所示,是在一个投影面上得到的能够反映物体长、宽、高三个方向上尺寸的轴测图,其立体感强,容易看懂,但不能反映物体的准确形状和尺寸,所以只能作为辅助图样。正等轴测图作图比较方便,形象逼真,在工程上应用最广泛。

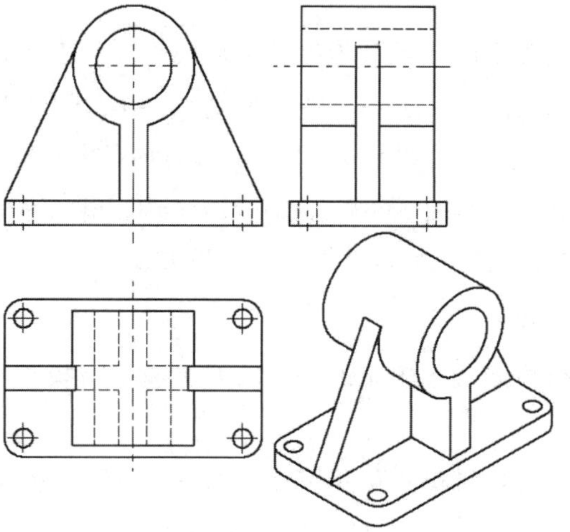

图5-1-1 三视图与轴测图

一、正等轴测图的形成

如图5-1-2所示，在一个立方体上设置直角坐标轴O_1X_1、O_1Y_1、O_1Z_1，将此立方体放在轴侧投影面P的前方，使立方体倾斜放置，令三根坐标轴对P面的倾斜角相等，用平行的投射线垂直于P面进行投射，这样得到的投影即正等轴测投影，也称正等轴测图，简称正等测。

1. 轴测轴

直角坐标在轴测投影面上的投影OX、OY、OZ称为轴测轴，三条轴测轴的交点O称为原点。

2. 轴间角

轴测投影中，任意两个轴测轴之间的夹角$\angle XOY$、$\angle YOZ$、$\angle ZOX$称为轴间角。正等测中的轴间角$\angle XOY=\angle YOZ=\angle ZOX=120°$。作图时，通常将$OZ$轴画成铅垂位置，$OX$轴、$OY$轴分别与水平线成30°角，如图5-1-3所示。

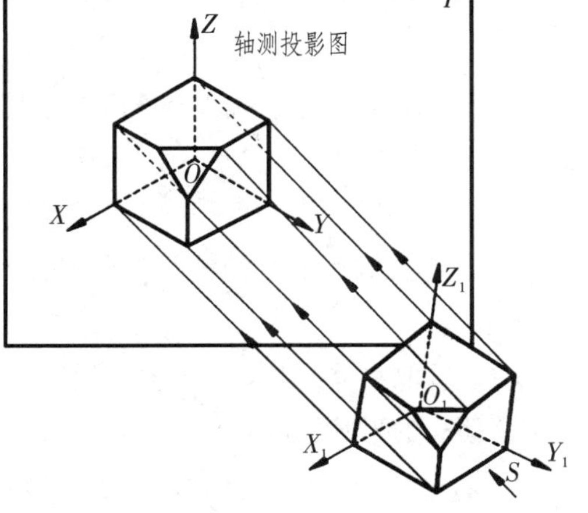

图5-1-2 正等轴测图的形成

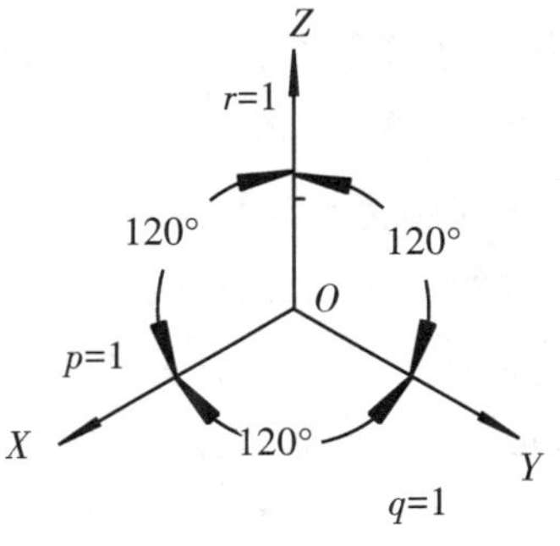

图5-1-3 正等轴测图的轴间角和轴向伸缩系数

3. 轴向伸缩系数

轴向伸缩系数是指轴测轴上的线段与坐标轴上对应线段长度的比值。OX轴、OY轴、OZ轴上的轴向伸缩系数分别用p_1、q_1、r_1表示。实际值$p_1=q_1=r_1=0.82$。为了便于作图，绘制轴测图时，对轴向伸缩系数进行简化，以使其比值成为简单的数值。简化伸缩系数分别用p、q、r表示。正等轴测图的简化轴向伸缩系数$p=q=r=1$，如图5-1-3所示。作图时，凡平行于轴测轴的线段，可直接按物体上相应线段的实际长度量取。

4. 正等轴测图的投影特性

由于轴测图是根据平行投影法画出来的，因此，它具有平行投影的基本性质。其主要投影特性概括如下：

（1）物体上互相平行的线段，轴测投影仍互相平行；平行于坐标轴的线段，轴测投影仍平行于相应的轴测轴，且同一轴向所有线段的轴向伸缩系数相同。

（2）物体上不平行于轴测投影面的平面图形，在轴测图上变成原形的类似形。

物体上凡是与坐标轴平行的直线段，就可沿轴向进行测量和作图。所谓“轴测”就是“沿轴向测量”的意思。与轴测轴倾斜的线段，不能按该轴的轴向伸缩系数进行度量。因此绘制轴测图时，必须沿轴向测量尺寸。

二、平面体正等轴测图绘制方法

画物体轴测图的基本方法是坐标法和切割法。坐标法是沿坐标轴测量画出各顶点的轴测投影，并相连形成物体的轴测图；对于不完整的形体，也可先按完整形体画出，然后用切割的方法画出其不完整部分。

1. 坐标法

根据形体的形状特点选定适当的坐标轴，然后将形体上各点的坐标关系转移到轴测图上，以定出形体上各点的轴测投影，从而作出形体的轴测图。坐标法是绘制轴测图的基本方法。

如图5-1-4所示，已知长方体的三视图，画出它的正等轴测图。

（1）分析

图5-1-4为长方体的三视图。长方体共有八个顶点。用坐标确定各顶点在其轴测图中的位置，然后连接各顶点间的棱线即为所求。

（2）作图步骤

①在三视图上定出原点和坐标轴的位置。设定右侧后上方的棱角为原点，X轴、Y轴、Z轴是过原点的三条棱线方向，如图5-1-4(a)所示。

②用30°的三角板画出三个轴测轴，在X轴上量取物体的长l，在Y轴上量取宽b；然后由端点A和B分别画Y轴、X轴的平行线，画出物体顶面的形状，如图5-1-4(b)所示。

③由长方体顶面各端点向下画Z轴的平行线，并量取物体的高度h，注意，此时只画可见

的三条棱线。连接各点，即得到物体可见的顶面、正面和侧面的形状，如图 5-1-4(c)所示。

④擦去轴测轴，描深轮廓线，即得长方体正等轴测图，如图 5-1-4(d)所示。

从该例看出，将坐标原点取在可见表面上就避免了绘制不可见棱线，使作图简化。

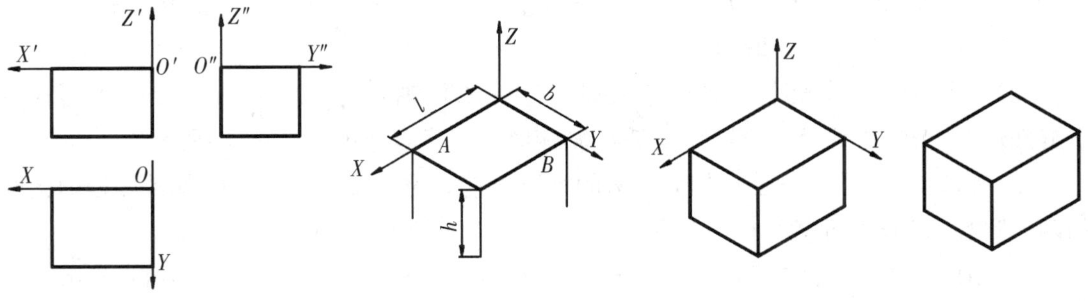

(a)　　(b)　　(c)　　(d)

图5-1-4　长方体的正等轴测图

2. 切割法

对于图 5-1-5(a)所示的楔形块，可采用切割法作图，将它看成由一个长方体斜切一角而成。对于切割后的斜面中与三个坐标轴都不平行的线段，在轴测图上不能直接从正投影图中量取，必须按坐标求出其端点，然后再连接。

作图步骤：

(1)定坐标原点及坐标轴，如图 5-1-5(a)所示。

(2)按给出的尺寸 a、b、h 作出长方体的轴测图，如图 5-1-5(b)所示。

(3)按给出的尺寸 c、d 定出斜面上线段端点的位置，并连成平行四边形，如图 5-1-5(c)所示。

(4)擦去轴测轴，描深轮廓线，完成楔形块的正等轴测图，如图 5-1-5(d)所示。

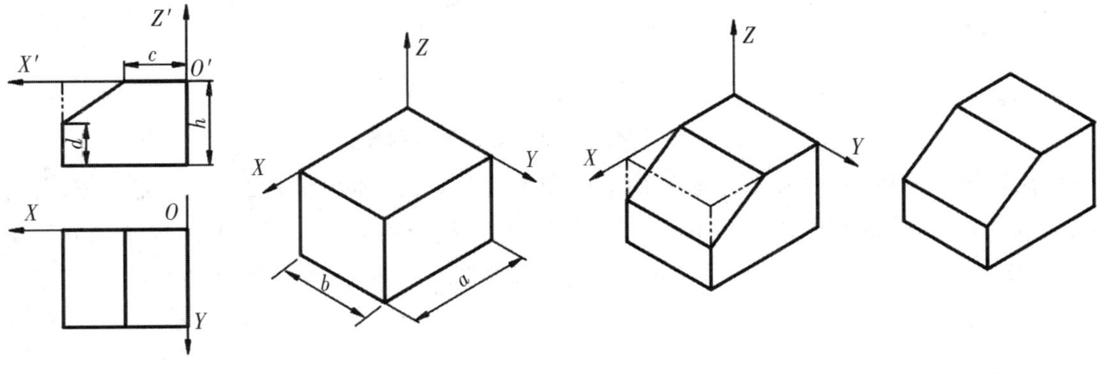

(a)　　(b)　　(c)　　(d)

图5-1-5　切割法画正等轴测图

三、回转体正等轴测图的绘制方法

如图 5-1-6 所示圆柱体的二视图，画出它的正等轴测图。

分析：图 5-1-6(a)为一个圆柱的二视图，因圆柱的顶圆和底圆都平行于面 XOY，所以它们的正等轴测图都是椭圆，将顶面和地面的椭圆画好，再作两个椭圆的轮廓素线即得圆柱的正等轴测图。

作图步骤：

（1）确定X轴、Y轴、Z轴的方向和原点O的位置。在俯视图圆的外切正方形中，切点为1、2、3、4，如图5-1-6（a）所示。

（2）画出顶圆的轴测图。先画出轴测轴X、Y、Z，沿轴向可直接得切点1、2、3、4，过这些点分别作X、Y轴的平行线，即得正方形的轴测图——菱形，如图5-1-6（b）所示。

（3）过切点1、2、3、4作菱形相应各边的垂线。它们的交点O_1、O_2、O_3、O_4就是画近似椭圆的四个圆心，O_2、O_4位于菱形的对角线上。

（4）用四段圆弧连成椭圆。以$O_41=O_42=O_23=O_24$为半径，以O_2、O_4为圆心，画出大圆弧12、34；以$O_11=O_14=O_32=O_33$为半径，以O_1、O_3为圆心，画出小圆弧14、23，完成顶圆的轴测图（四心圆近似绘制方法），如图5-1-6（c）所示。

（5）选OZ轴与圆柱轴线重合，量圆柱体高度H，定出顶面和底面的圆心；再由此画出底面椭圆（圆心平移法），如图5-1-6（c）所示。

（6）画出椭圆的轮廓素线，擦去多余的线条，描深轮廓线，即得圆柱体的正等轴测图，如图5-1-6（d）所示。

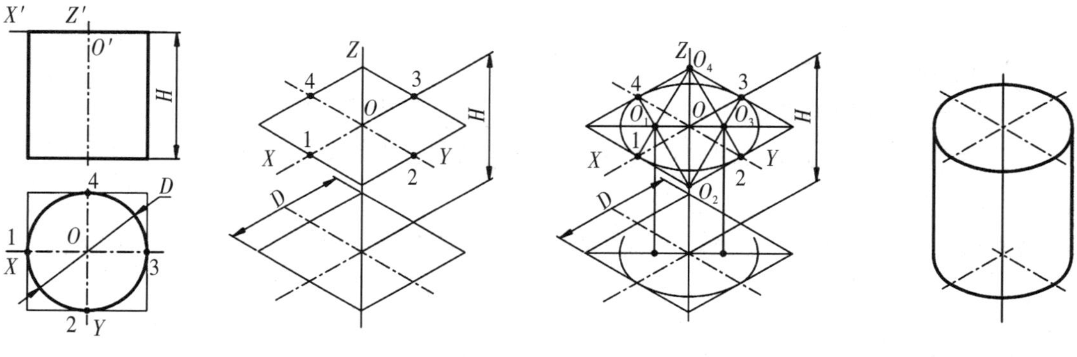

（a）　（b）　（c）　（d）

图5-1-6　圆柱体的正等轴测图绘制方法

在正等轴测图中，圆在三个坐标面上的图形都是椭圆，即水平椭圆、正面椭圆、侧面椭圆，它们的外切菱形的方位有所不同。作图时，选好该坐标面上的两根轴，组成新的方位菱形，按图5-1-6（c）顶面椭圆作法，即得新的方位椭圆。三向正等轴测圆的绘制方法如图5-1-7所示。

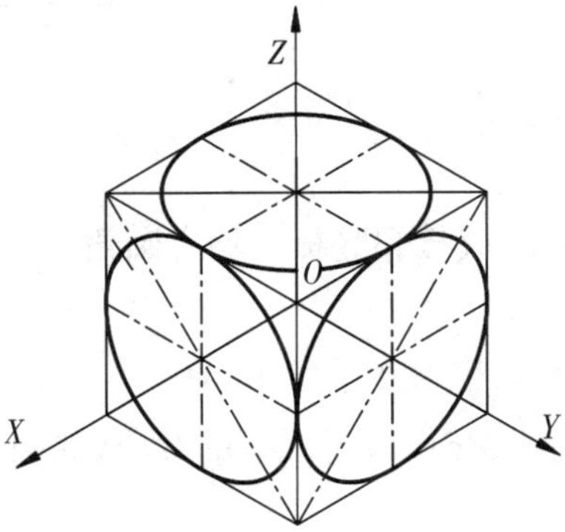

(a)

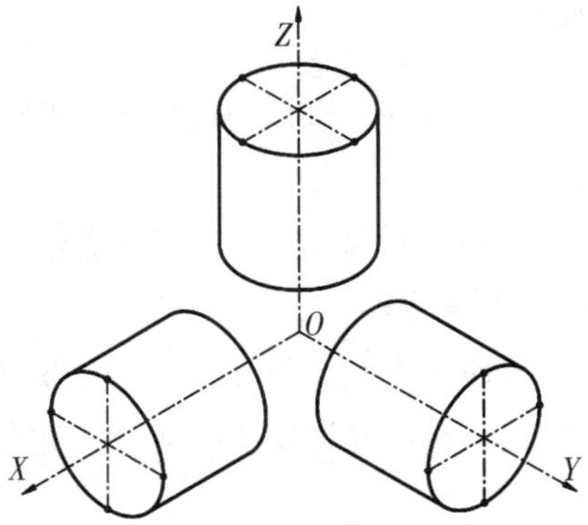

(b)

图5-1-7 三向正等轴测圆的绘制方法

任务实施

绘制如图5-1-8所示正六棱柱的正等轴测图。

(1)分析

正六棱柱的前后、左右对称。设坐标原点O_0为顶面六边形的对称中心,X_0、Y_0轴分别为六边形的对称中心线,Z_0轴与六棱柱的轴线重合,这样便于直接定出顶面六边形各顶点的坐标。从顶面开始作图。

(2)作图步骤

①选定正六棱柱顶面正六边形对称中心O_0为坐标原点,坐标轴为O_0X_0、O_0Y_0、O_0Z_0,如图5-1-8(a)所示。

②画轴测轴OX、OY,由于a_0、d_0和1_0、2_0分别在O_0X_0、O_0Y_0轴上,因此可直接定出A、D和Ⅰ、Ⅱ四点,如图5-1-8(b)所示。

③过Ⅰ、Ⅱ两点分别作OX轴的平行线,在线上定出B、C、E、F各点。依次连接各顶点即得顶面的轴测图,如图5-1-8(c)所示。

④过顶点A、B、C、F沿OZ轴向下画棱线,并在其上量取高度h,依次连接得侧面的轴测图,擦去多余作图线,描深,完成正六棱柱正等轴测图,如图5-1-8(d)。轴测图中的不可见轮廓线一般不要求画出,将原点O设在上底面上,直接画出可见轮廓线使作图过程简化。

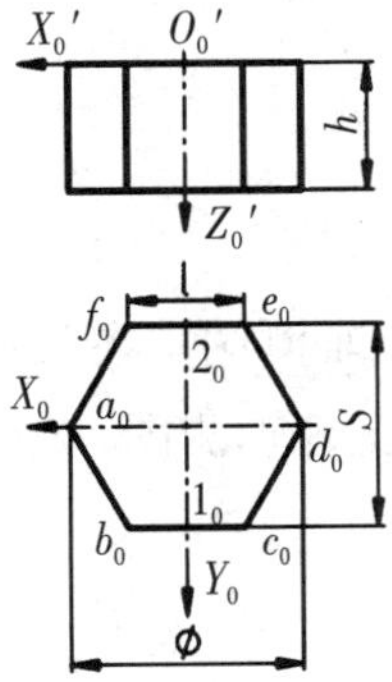

(a)

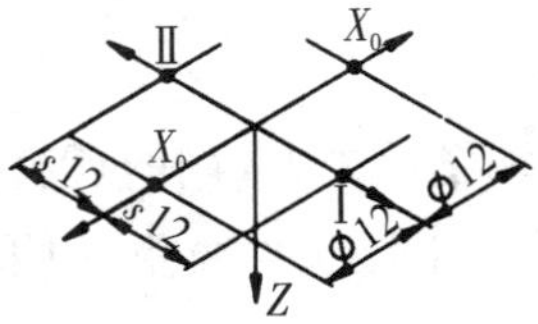

(b)

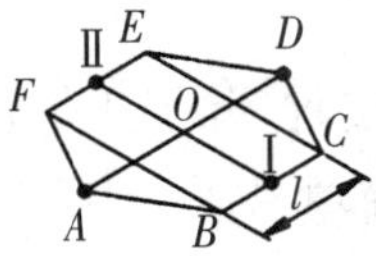

(c)

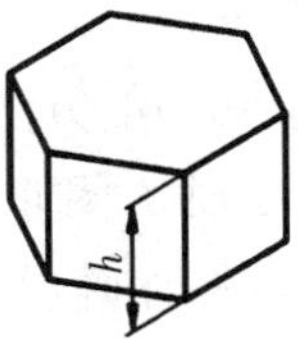

(d)

图5-1-8 正六棱柱的正等轴测图绘制方法

任务拓展

已知直角弯板的三视图，如图5-1-9所示，画出它的正等轴测图。

(1)分析

由图5-1-9(a)可知，直角弯板由底板和竖板组成，底板和竖板上均有圆角。

(2)作图步骤

①根据三视图先画出直角弯板(直角)的正等轴测图，如图5-1-9(b)。

②从顶点以相应R为长度确定切点过切点作垂线，交点即为圆弧的圆心，如图5-1-9(c)所示。

以各圆弧的圆心到其垂足(切点)的距离为半径在两切点间画圆弧，即为该形体上所求圆角的正等轴测图。

③应用圆心平移法，将圆心和切点向厚度方向平移h，如图5-1-9(d)所示，即可画出相同部分圆角轴测图。

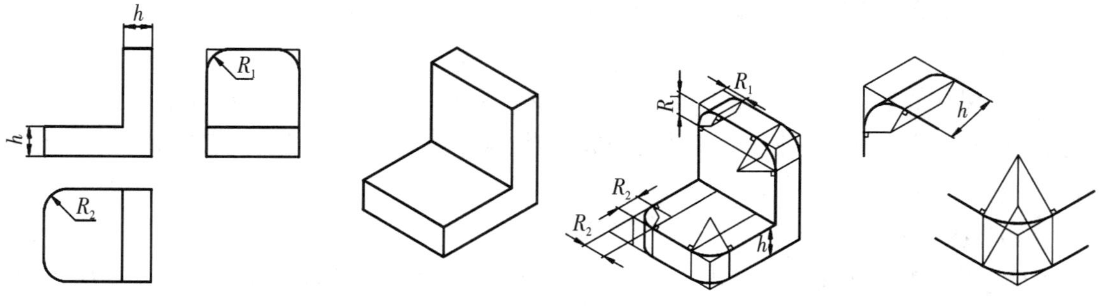

(a) (b) (c) (d)

图5-1-9 正等轴测图中圆角绘制方法

任务二 绘制斜二轴测图

任务目标

1.能描述斜二轴测图形成的条件、投影特性。

2.能正确绘制斜二轴测图。

任务准备

画轴测图的方法有多种，除了正等轴测图以外，常用的还有斜二轴测图。在某种特定条件下，斜二轴测图非常简单易画。如图5-2-1所示的端盖，如果画正等轴测图，必须至少画出九个椭圆，而画斜二轴测图只要画前后若干个圆。

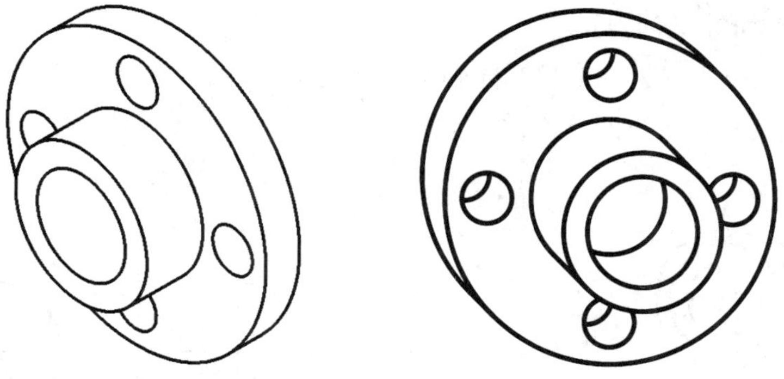

(a)正等轴测图　　(b)斜二轴测图

图5-2-1　端盖

一、斜二轴测图的形成及其投影特性

1.斜二轴测图的形成

如图5-2-2所示，将立方体放在轴测投影面P的前方，并使$X_0O_0Z_0$坐标面与P面平行，使OZ轴成铅垂线，即物体正方。用一束倾斜于P面的平行光线投影，即光线斜射，这种用斜投影法在轴测投影面上所得的轴测投影称为斜二轴测图，简称斜二测。

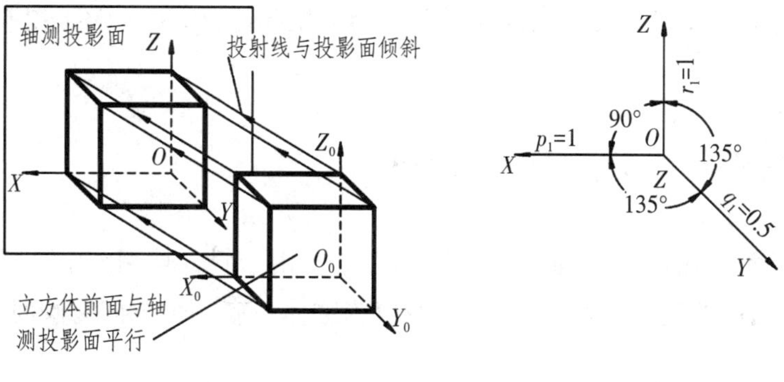

(a)　　(b)

图5-2-2　斜二轴测图的形成

2.轴间角和轴向伸缩系数

由于$X_0O_0Z_0$坐标面平行于轴测投影面，所以轴测轴OX、OZ仍分别为水平方向和铅垂方向，轴测轴OY通常取与水平线呈45°方向，如图5-2-2(b)所示。斜二轴测图的轴间角$\angle XOZ=90°$，$\angle XOY=\angle YOZ=135°$，轴向伸缩系数$p_1=r_1=1, q_1=0.5$。

与正等轴测图比较，斜二轴测图最大的优点是：凡平行于$X_0O_0Z_0$坐标面的平面图形，在斜二轴测图中其轴测投影都反映实形。因此，当物体的正面形状具有较多的圆或圆弧，其他方向图形较简单时，采用斜二轴测图作图十分简便。

二、斜二轴测图绘制方法

如图5-2-3(a)所示为一个具有同轴圆柱孔的圆台,圆台的前、后端面及孔口都是圆。因此,将前、后端面平行于正面放置,作图方便。

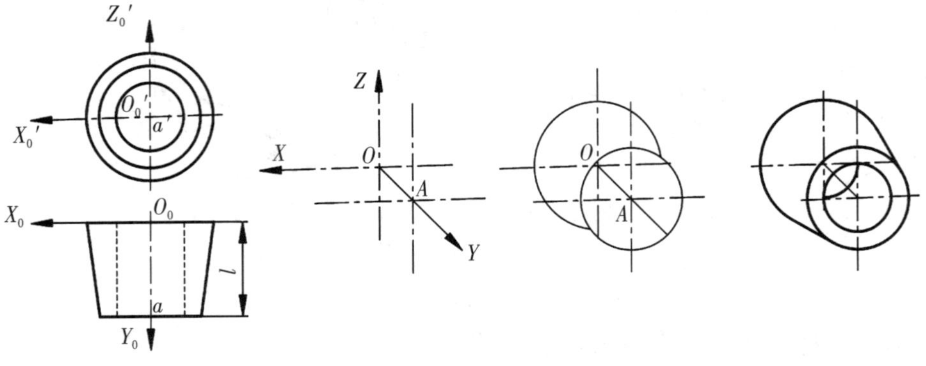

(a) (b) (c) (d)

图5-2-3 圆台的斜二测绘制方法

作图步骤:

1.作轴测图,在Y轴上量取1/2,定出前端面的圆心A,如图5-2-3(b)所示。

2.画出前、后端面圆的轴测图,如图5-2-3(c)所示。

3.作两端面圆的公切线及前孔口和后孔口的可见部分,描深,如图5-2-3(d)所示。

任务实施

画出如图5-2-4所示的支架的斜二轴测图。

(1)分析

此支架的正面有孔且圆弧曲线较多,形状复杂。由于斜二轴测图中,凡是平行于XOZ坐标面的平面图形,其轴测投影均反映实形,所以当物体只有一个方向有圆时宜采用斜二轴测图绘制方法。

(2)作图步骤

①如图5-2-4(b)所示,取圆及孔所在的平面为正平面,在轴测投影面XOZ上得与图5-2-4(a)主视图一样的实形。支架的宽为16,反映在Y轴上应为8。

②在Y轴沿圆心O_1向后移8定点O_2的位置,以点O_2画后面的圆及其他部分,最后作圆头部分的公切线,擦去作图辅助线并描深,完成全图,如图5-2-4(b)所示。

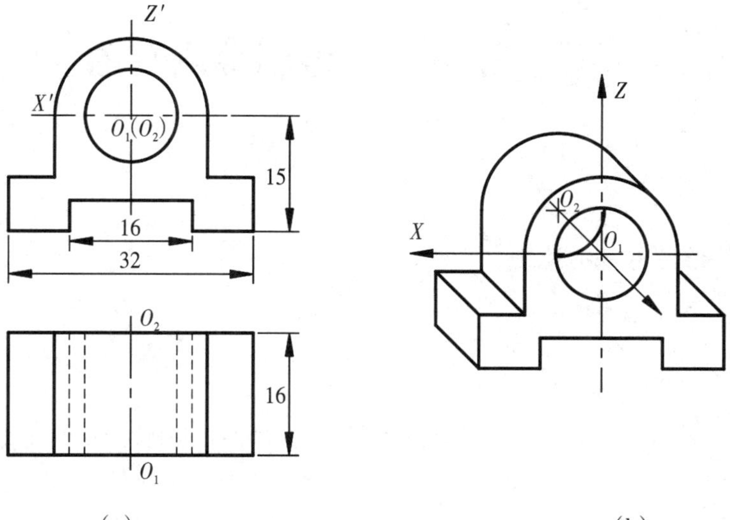

(a)　　　　(b)

图5-2-4　支架的斜二轴测图绘制方法

任务拓展

已知四棱锥台的二视图，如图 5-2-5(a)所示，根据图 5-2-5(b)、图 5-2-5(c)所示，按照标注尺寸画出它的斜二轴测图。

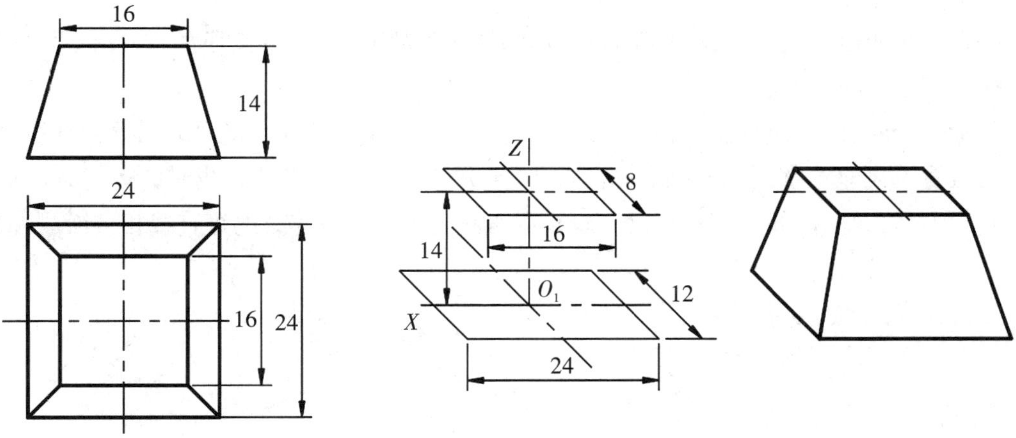

(a)　　　　(b)　　　　(c)

图5-2-5　正四棱台的斜二轴测图绘制方法

任务三　绘制轴测草图

任务目标

1. 掌握徒手绘图的基本技法。

2. 能够徒手绘制轴测草图。

知识准备

不用绘图仪器和工具，通过目测形体各部分的尺寸和比例，徒手画出的图样称为草图。徒手绘制的轴测图也称为轴测草图。如果在识读三视图想象物体形状的过程中，能够一边思考，一边勾画轴测草图，把思维过程及时记录下来，就会不断提高空间想象能力。

徒手绘制草图的原理和过程与尺规作图一样，所不同的是不受条件限制，更灵活快捷，有很大的实用价值。

一、徒手绘图的基本技法

1. 直线的画法

在画直线的运笔过程中，小手指轻抵纸面，视线略超前一些，不宜盯着笔尖，而要目视运笔的前方和运笔的终点。

画水平线时，图纸可放斜一点，不要将图纸固定死，以便随时可将图纸调整到画线最为顺手的位置。画垂直线时，自上而下运笔，如图5-3-1(a)所示。画斜线时的运笔方向如图5-3-1(b)所示，每条图线最好一笔画。较长的直线也可由数段连续的短直线相接而成，但切忌一小段一小段画出。

(a)　　(b)

图5-3-1　徒手画直线

直线的绘制要点为：标记好起始点和终止点，铅笔放在起始点，眼睛看着终止点，眼睛的余光看着铅笔，用较快的速度绘出直线，切忌一小段一小段地画。一般水平线从左向右绘，铅垂线从上向下绘，向右斜的线从左下向右上绘，向左斜的线从左上向右下绘。

2. 等分线段

(1)八等分线段，如图5-3-2(a)所示，先目测取得中点4，再取分点2、6，最后取其余分点

1、3、5、7。

（2）五等分线段，如图5-3-2(b)，先目测以2∶3的比例将线段分成不相等的两段，然后将小段平分，较长段三等分。

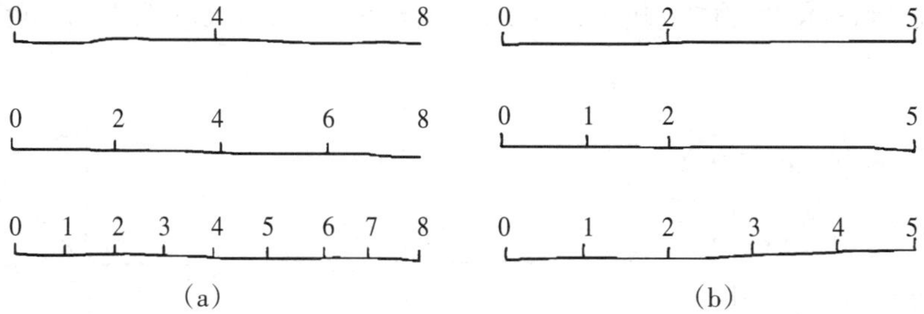

图5-3-2　等分线段

3.常用角度的画法

画轴测草图时，首先要徒手画出轴测轴。如图5-3-3(a)所示，正等测图的轴测轴 OX、OY 与水平线呈30°，斜二测图的轴测轴 OY 与水平线呈45°，可分别利用一套直角三角形两条直角边的长度比定出两端点，连成直线。也可以将1/4圆弧二等分或三等分画出45°和30°斜线，如图5-3-3(b)所示。

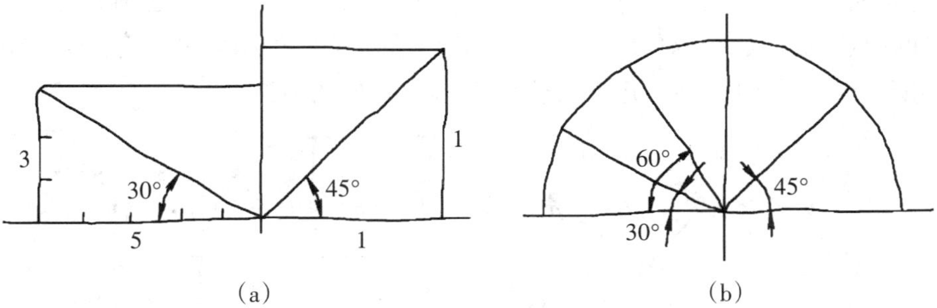

图5-3-3　画常用角度

4.徒手绘制正多边形

徒手画正六边形的方法如图5-3-4所示，以正六边形的对角距(14)为直径画圆，取半径(O1)中点K作垂线与圆周交于点2、6，再作出对称点3、5，连接各点即为正六边形，如图5-3-4(a)所示。按上述绘图方法，也可以绘制正三角形、正四边形等，如图5-3-4(b)所示。同时也可以按此步骤在轴测轴上画出正六边形的正等测图。

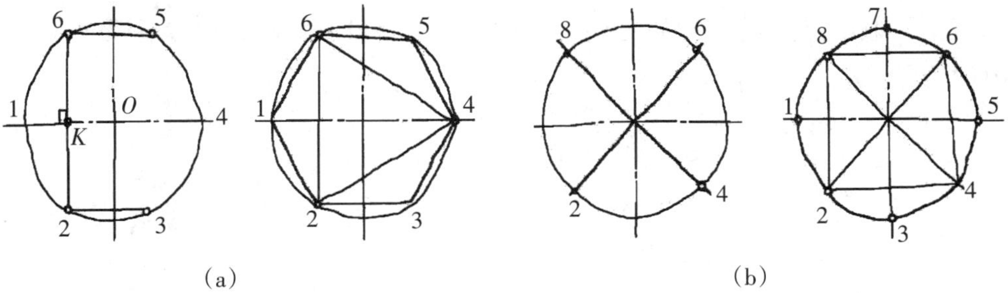

图5-3-4　徒手画正六边形

5. 徒手画圆、圆角和圆弧

画直径较小的圆时，在已绘中心线上按半径目测定出四点，徒手画成圆，如图5-3-5(a)所示。也可以过四点先作正方形，再作内切的四段弧。画直径较大的圆时，取四点作圆不易准确，过圆心再画两条45°斜线，并在斜线上也目测定出四点，过八点画圆，如图5-3-5(b)所示。

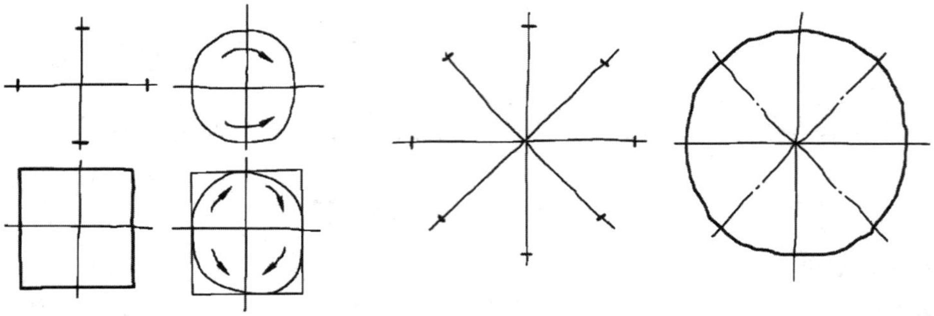

(a)　　　　　　(b)

图5-3-5　徒手画圆

画圆角时，先将直线徒手画成相交，作分角线，如图5-3-6(a)再在分角线上定出圆心位置，使它与角两边的距离等于圆角半径的大小，如图5-3-6(b)所示。过圆心向两边作垂线定出圆弧的起点和终点，在分角线上也定出圆周上的一点，然后徒手把三点连成圆弧，如图5-3-6(b)所示。依次类推，画出几个光滑连线接圆弧，如图5-3-6(c)。

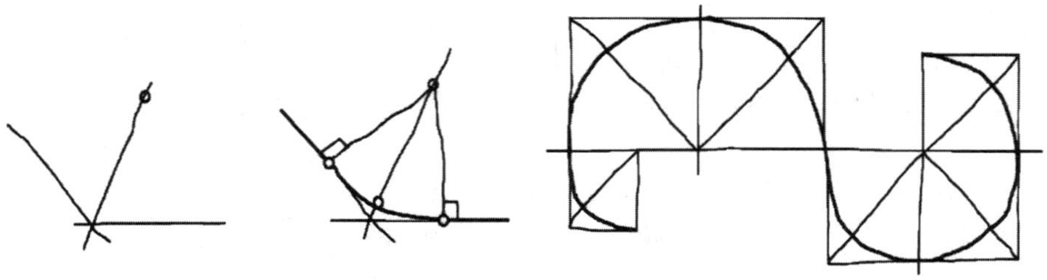

(a)　　　　(b)　　　　(c)

图5-3-6　徒手画圆弧

6. 徒手画椭圆

画较小的椭圆时，先在中心线上定出长短轴或共轭轴的四个端点。作四边形，再作四段椭圆弧，如图5-3-7(a)所示。画较大的椭圆时，可在菱形的四条边上再取四点1、3、5、7，在对角线上再取四点2、4、6、8，如图5-3-7(b)所示，使椭圆分成八段，然后顺次连接，如图5-3-7(c)所示。

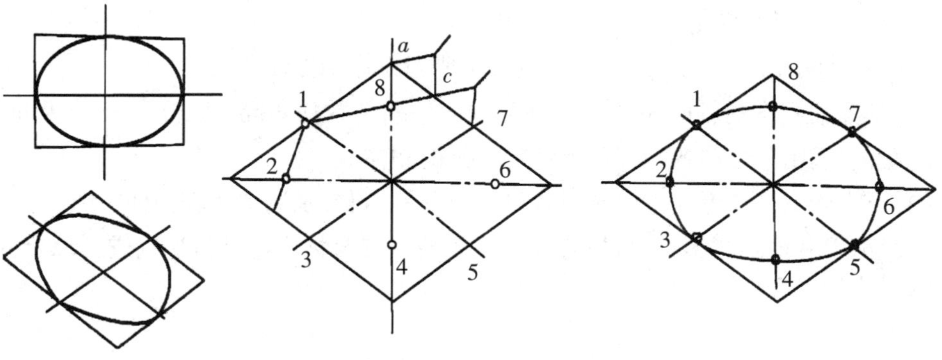

(a) (b) (c)

图5-3-7 徒手画椭圆

任务实施

根据简单形体的两视图徒手画出轴测草图。

作图步骤如下：

先根据图5-3-8(a)所示接头的主、俯视图，画出立方体，采用切割法画出三个四棱柱，如图5-3-8(b)所示。

在正等测图中，平行于坐标面的圆均为椭圆，先画出椭圆的外切菱形，再作椭圆，如图5-3-8(c)所示。

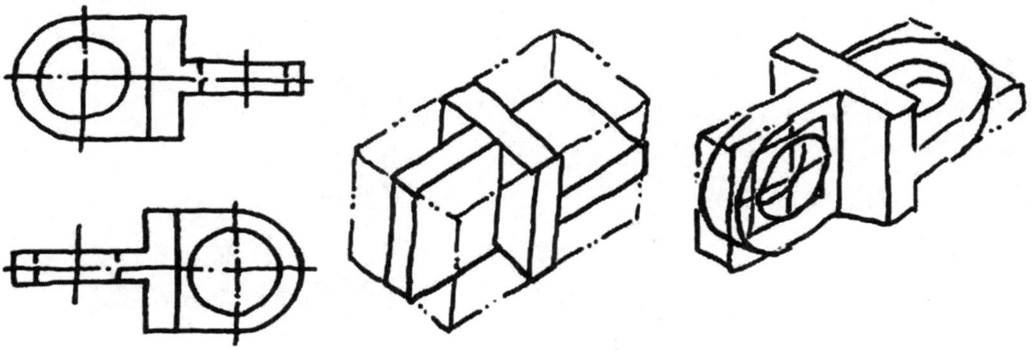
(a) (b) (c)

图5-3-8 徒手画轴测草图

项目小结

1. 轴测投影的特性

(1)空间互相平行的线段，在同一轴测投影中一定互相平行。与直角坐标轴平行的线段，其轴测投影必与相应的轴测轴平行。

(2) 与轴测轴平行的线段，按该轴的轴向伸缩系数进行度量。与轴测轴倾斜的线段，不能按该轴的轴向伸缩系数进行度量。

2. 轴测图的选用原则

在选用轴测图时，既要考虑立体感强，又要考虑作图方便。

(1)正等轴测图的轴间角以及各轴的轴向伸缩系数均相同，用30°的三角板和丁字尺作图较简便，它适用于绘制各坐标面上都带有圆的物体。

(2)当物体上一个方向上的圆及孔较多时，采用斜二轴测图比较简便。

究竟选用哪种轴测图，应根据各种轴测图的特点及物体的具体形状进行综合分析，然后做出决定。

项目六 组合体三视图的绘制

项目引入

组合体是基本体的综合和发展，在生产生活中，常见的形体绝大多数都属于组合体，掌握它们的图示特征和绘制方法能为后续零件图或装配图学习打下坚实的基础。

项目分析

组合体视图的学习，一方面为零件图的学习提供基本方法，同时又是培养制图基本能力的一个重要突破口。通过本项目的学习，要熟练地掌握组合体视图的识读、绘制和尺寸标注，提高分析和解决物图转换问题的综合能力。

任务一 绘制组合体三视图

任务目标

1. 能描述形体分析法和线面分析法的概念。
2. 能正确绘制组合体的三视图。
3. 理解组合体不同组合方式的交线绘制方法。

任务准备

一、组合体的概念和分析方法

任何复杂的机器零件，都可以看成是由若干个基本几何体所组成的。由两个或两个以上的基本几何体构成的物体称为组合体。

在组合体的画图、读图和标注尺寸过程中，通常假想将其分解成若干个基本几何体，弄清楚各基本几何体的形状、相对位置、组合形式以及表面连接关系，从而形成整个组合体的完整概念，这种“化整为零”，使复杂问题简单化的分析方法称为形体分析法。形体分析法是画图和读图的基本方法。

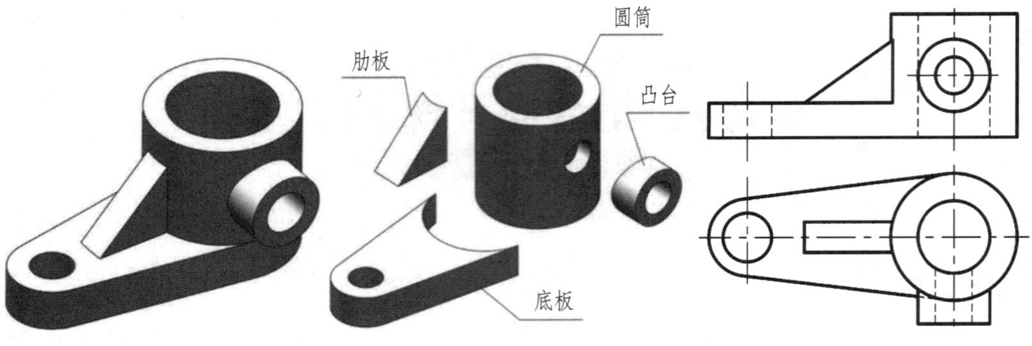

(a)　　(b)　　(c)

图6-1-1　形体分析和视图

图6-1-1(a)所示的支座,可分为图6-1-1(b)所示的几个简单几何体,画出的视图如图6-1-1(c)所示。

从图6-1-1(a)、(b)可以看出:支座的前后表面与圆筒相切,肋板的前后表面和圆筒相交,肋板和底板则以平面相接触。图6-1-1(c)的视图在形体投影的分界处表达了这些情况。可见,应用形体分析法,会给画图和看图带来很大方便。这样,可以把一个较复杂的物体,分解为几个简单的几何体,然后画出或看懂各简单形体的投影及其相互关系,从而看懂或画出组合体的视图。

二、组合体的组合形式

组合体的形状有简有繁,千差万别,但就其组合方式来说,不外乎叠加、切割和综合三种基本组合方式。

(a)叠加型　　(b)切割型　　(c)综合型

图6-1-2　组合体的组合形式

1.叠加型

由若干基本体叠加而成的组合体,是实形体与实形体的组合,如图6-1-2(a)所示的模型。

2.切割型

由基本体经过切割或穿孔后形成的组合体,是将实形体中挖切去一部分,被挖切去的部分形成孔、槽、角等形状,如图6-1-2(b)所示模型。

3.综合型

叠加和切割兼而有之的组合体，大多数零件可看作综合型组合体，如图6-1-2(c)所示的模型。

三、组合体相邻表面间的过渡关系及绘制方法

组合体中的基本几何体经过叠加、切割或穿孔后，几何体的相邻表面之间可能形成平齐或不平齐、相交或相切的连接形式，连接形式不同，连接处投影的绘制方法也不同。在画图时，必须注意分析这些关系，才能不多线、不漏线。看图时，必须看懂几何体间的过渡关系，才能正确想象物体形状。

1.平齐与不平齐

平齐是指相邻两个表面相互平齐(共面)而连接成同一表面，平齐处在视图中不画线，如图6-1-3所示。

不平齐是指相邻两个表面相错(不共面)，在某个方向上错开，处于不同位置的平面上，结合处在视图中应画出交线，如图6-1-3所示。

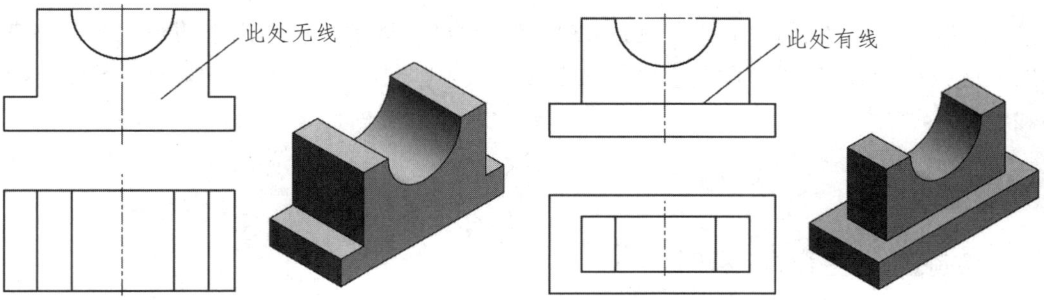

(a)表面平齐　　(b)表面不平齐

图6-1-3　表面平齐与不平齐

2.相切与相交

相切是指相邻两个表面(平面与曲面或是曲面与曲面)之间光滑过渡。当两个表面相切时，相切处不画分界线，如图6-1-4(a)所示。

相交是指相邻两个表面之间以各种相交形式结合。两个形体的相邻表面相交时，它们之间产生明显的转折，因此，在相交处必须画出交线(截交线或相贯线)的投影，如图6-1-4(b)所示。

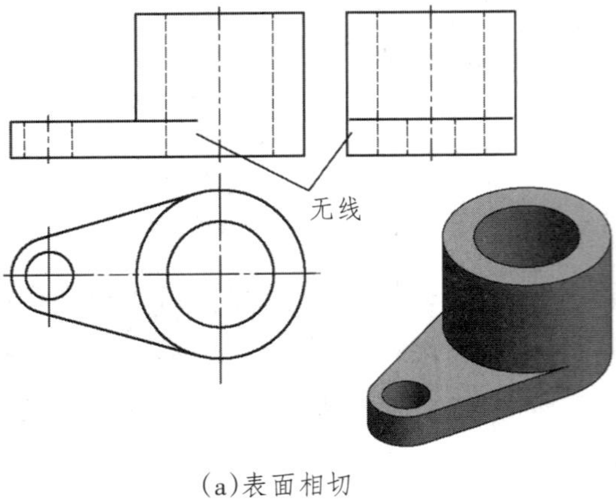

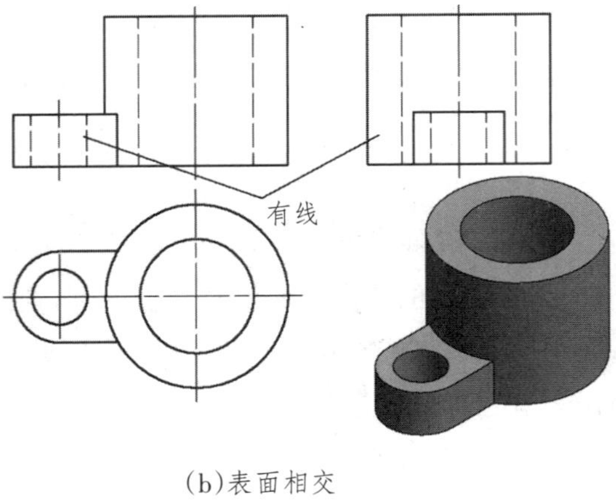

图6-1-4　表面相切与相交

四、画组合体视图的方法与步骤

画组合体的视图时，应该以形体分析法为主，线面分析法为辅。所谓线面分析法是根据面、线的空间性质和投影规律，分析形体的表面或表面间的交线与视图中的线框或图线的对应关系，进行画图、看图的方法。对于切割式的组合体，通常是先画出未切割时的完整基本体的三面投影，然后从投影面垂直面的截平面的投影画起（先画其具有积聚性的投影），再切槽和挖孔。

任务实施

1.绘制叠加型组合体三视图

如图6-1-5所示轴承座为例说明叠加型组合体视图的绘制方法。

（1）形体分析。轴承座由三个基本几何体组成，即底板、轴套和支承板。支承板底面与底板叠合，左右的两侧面与轴套圆柱面相切，三个基本几何体的后端面平齐。

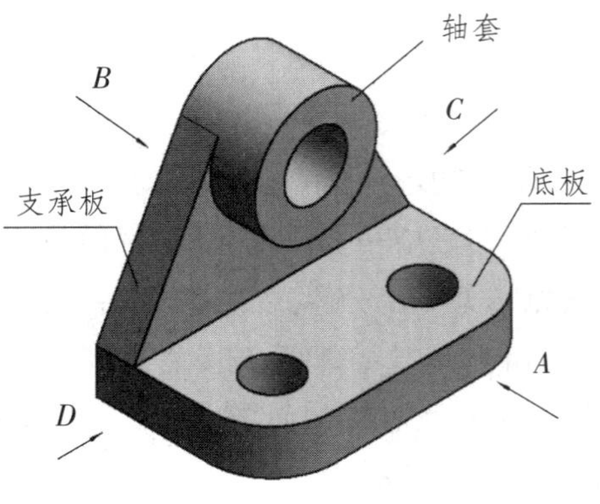

图6-1-5　形体分析与视图选择

（2）视图选择。首先选择主视图。组合体主视图的选择一般应考虑两个方面，即形体的安放位置和主视图的投射方向。为了便于作图并且有较好的度量性，应将组合体的主要表面放置成投影面的平行面，主要轴线放置成投影面的垂直轴套线；选择主视图的投射方向时，应能较全面地反映组合体各部分的形状特征以及它们之间的相对位置。如图6-1-5箭头所示的*A*、*B*、*C*、*D*四个投射方向进行比较，若以支承板底板*B*向作为主视图，如图6-1-6(b)所示，虚线较多，显然没有*A*向清楚；*C*向和*D*向虽然虚、实线情况相同，如图6-1-6(c)、(d)所示，但若以*D*向作为主视图，则左视图上会出现较多虚线，没有*C*向好；再比较*C*向与*A*向，*A*向反映轴承座各部分的轮廓特征比较明显，如图6-1-6(a)所示。所以确定以*A*向作为主视图的投射方向。主视图确定以后,俯视图和左视图的投射方向也就确定了。

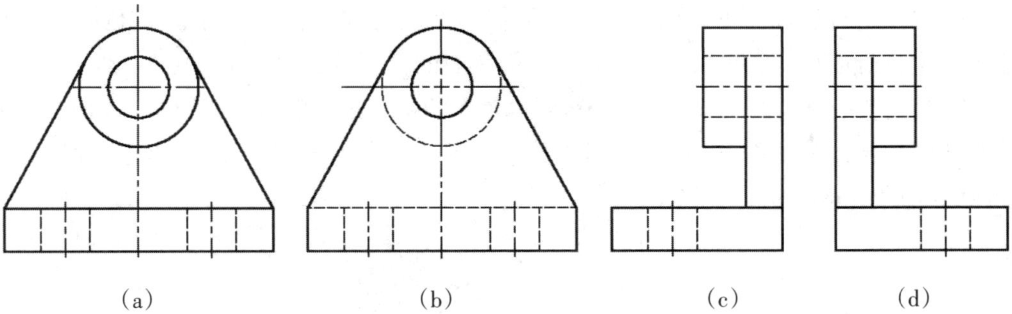

图6-1-6 不同方向的主视图

(3) 布置视图。根据组合体的大小,定比例、选图幅、确定各视图的位置,画出各视图的基线,如组合体的底面、端面、对称中心线等。布置视图时应注意三个视图之间应保持一定间距,以便标注尺寸。

(4)画图步骤。如图6-1-7所示,按形体分析法分解各基本几何体以及确定它们之间的相对位置,逐个画出各基本几何体的视图。画基本几何体时,先从反映特征轮廓的视图入手,如底板上有圆角和圆孔则先画其俯视图,轴套应先画其主视图,并且要先画出两条垂直相交的中心线,确定圆心位置,然后画圆或圆弧。

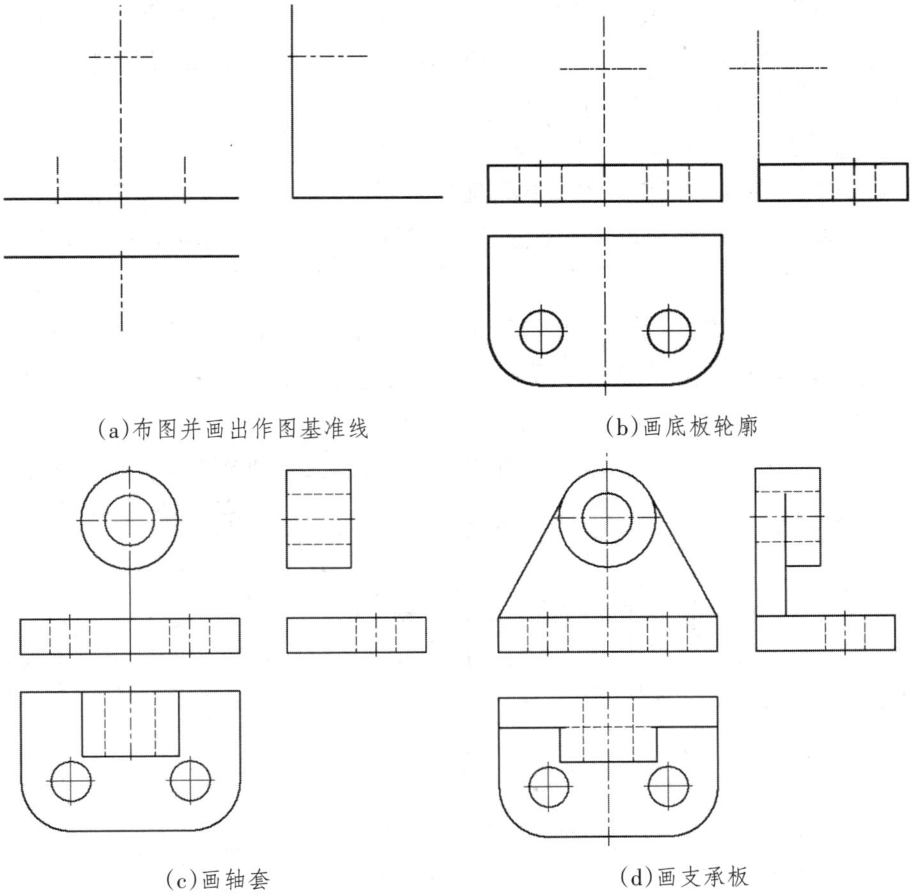

图 6-1-7 叠加组合体的绘图步骤

2. 绘制切割型组合体三视图

对基本体进行切割而形成的组合体称为切割型组合体。绘制切割型组合体视图，在对它进行形体分析以后，可采用线面分析法分析表面的性质、形状和相对位置。绘图时，先画出未切割前完整的基本几何体的投影，然后再依次切割，画出切割后的形体。各切口部分应从反映其形状特征的视图开始画起，再画其他视图。通常先画有斜面（垂直面）的切口的投影，再画方槽或孔的投影。

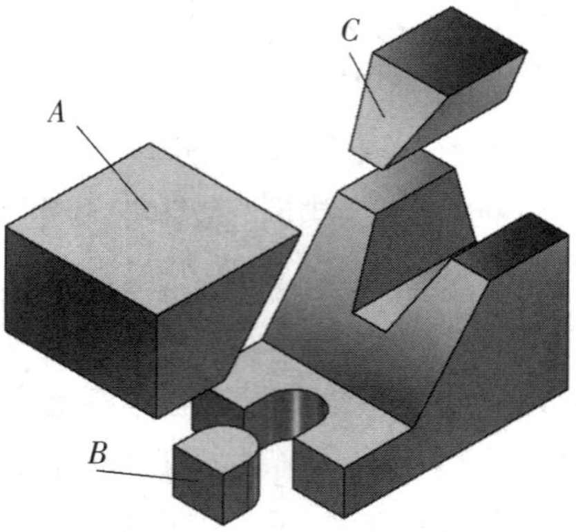

图6-1-8 切割型组合体

如图6-1-8所示的切割型组合体，可以看作由四棱柱切去形体A、B、C后而形成的。

画图时，首先画出四棱柱未切割前的三视图，如图6-1-9(a)所示，然后将A、B、C依次从四棱柱上切去，其作图步骤如图6-1-9所示。

画切割型组合体时，应注意以下三点：

（1）对于切口，应先画出反映其形状特征的视图，即在该视图上截切面的投影具有积聚性。例如，切割形体A，先画切口的主视图；切割形体B，先画切口的俯视图；切割形体C，先画切口的左视图。

（2）画切割型组合体时，不一定从最简单的基本体开始，也可以从一个比较清晰的有一定复杂程度的组合体开始，复杂程度视初学者的画图水平而定。例如，图6-1-9中的切割体，也可从切割形体C直接画起。

（3）检查时，除检查形体的投影外，还要检查面的投影，特别是检查斜面的投影。

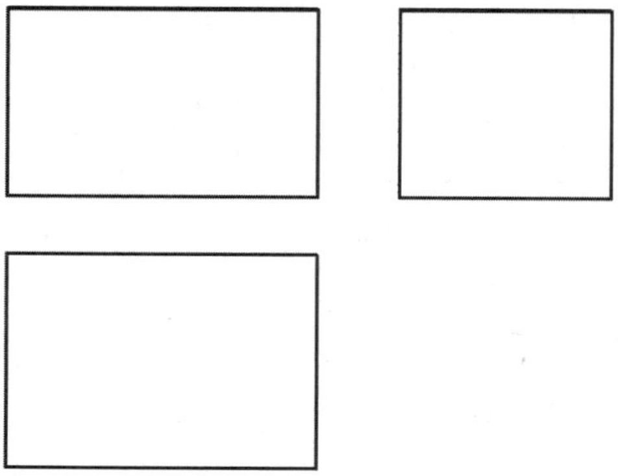

(a)

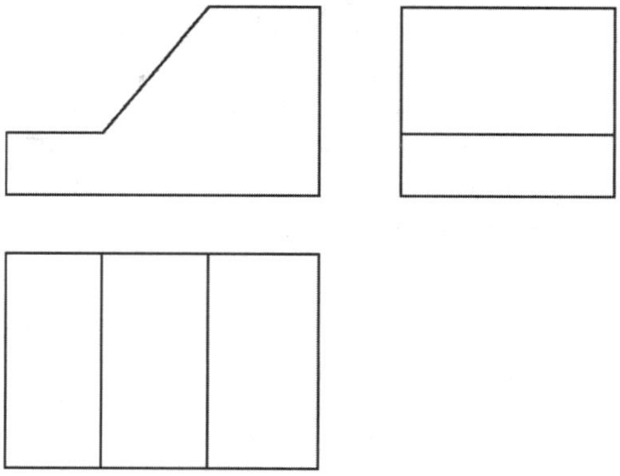

(b)

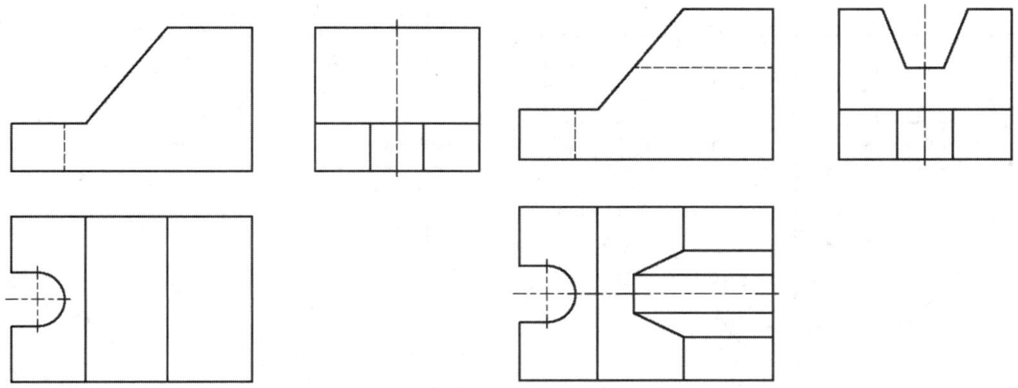

（c）　　　　（d）

图6-1-9 切割型组合体三视图的绘制方法

综合型组合体三视图的绘制步骤，请自己思考，此处不再赘述。

任务拓展

两物体相交时，其相邻表面形成交线，在相交处应画出交线的投影，如图6-1-10(a)所示主视图中，圆柱与耳板叠合处的一段轮廓线是否还要画出？如图6-1-10(b)所示，当半圆柱与四棱柱相贯，试问：半圆柱最高素线上的轮廓线还存在吗？为什么？

分析：物体相交，都是指物体外表面的点相交，而图中所示位置的线，虽然在形体分析时是两个物体，但是在进行叠加时，两者已经融为一体，故而在那些位置，都不应该画分界线，如图6-1-11所示。

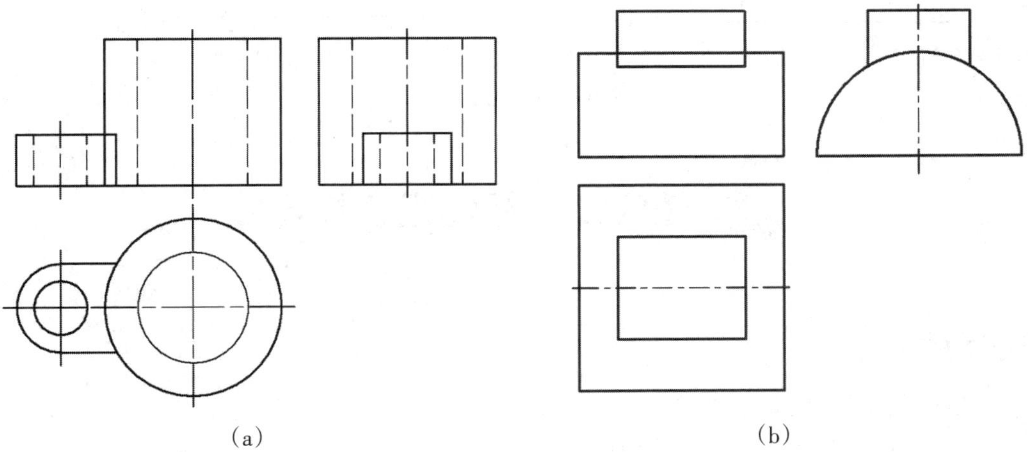

（a）　　　　（b）

图6-1-10 两个相交物体交线投影

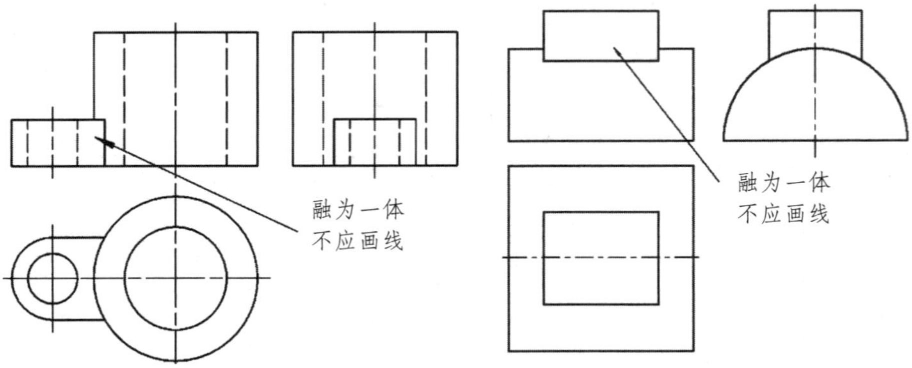

图6-1-11　两个物体融为一体

如图6-1-12所示，对比两张三视图，请分析两图中有几处不同点，并分析哪张图是正确的，为什么？

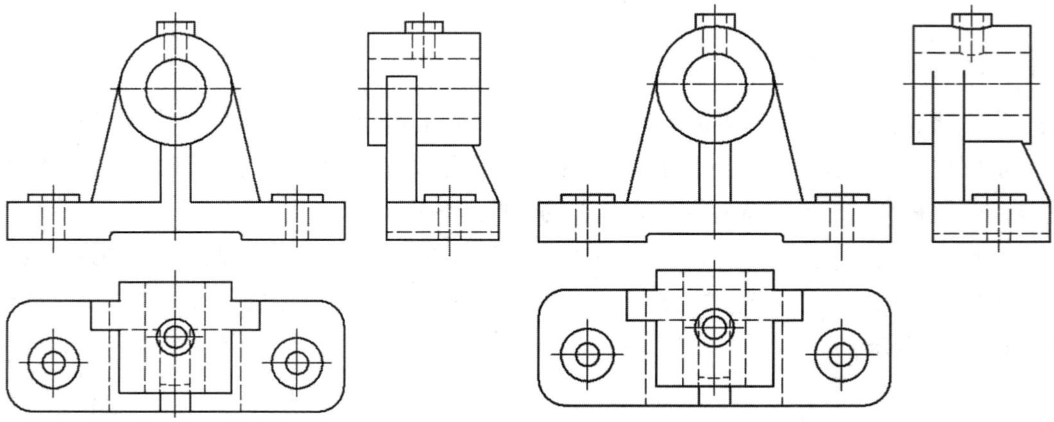

(a)　　　　(b)

图6-1-12　图形对比

任务二　标注组合体尺寸

任务目标

1. 理解标注尺寸的基本要求。
2. 能正确标注基本体和组合体的尺寸。

任务准备

视图只能表达物体的形状，而要表示它的大小，则不仅需要标注出尺寸，而且必须标注正确、完整、清晰。正确指符合国家标准的规定；完整指标注尺寸既不遗漏，也不多余；清晰指尺寸注写布局整齐、清楚，便于看图。

一、基本体尺寸标注

要掌握组合体的尺寸标注，必须熟悉基本体的尺寸标注。基本体的大小通常由长、宽、高三个方向的尺寸来确定。

1. 平面立体的尺寸标注

平面立体的尺寸应根据其具体形状进行标注，具体标注示例见表6–2–1。

表6–2–1　平面立体尺寸标注示例

立体图	视图	立体图	视图
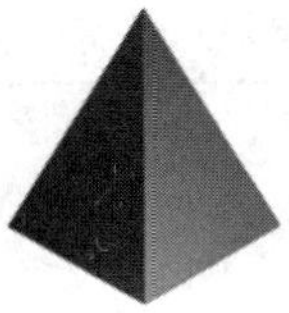	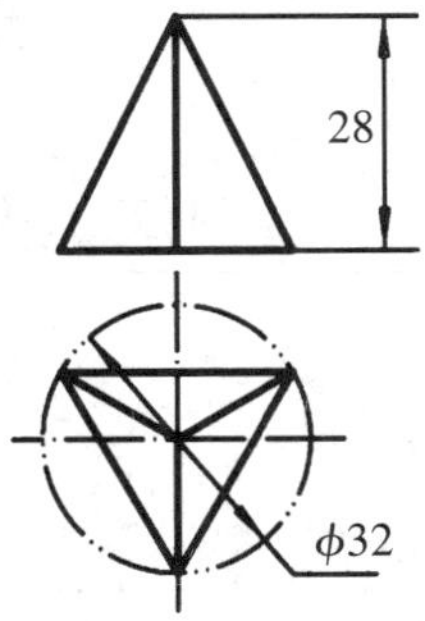 标注外接圆直径及高度尺寸		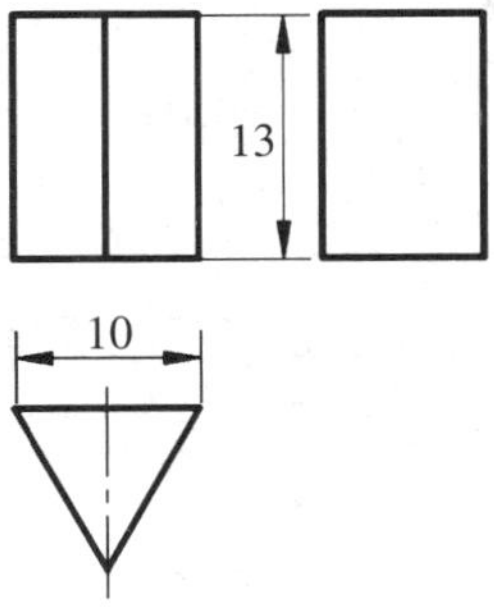 标注边长和高度尺寸
	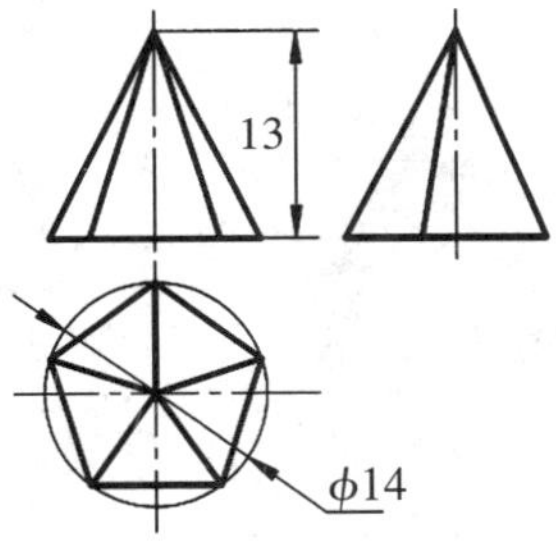 标注外接圆直径和高度		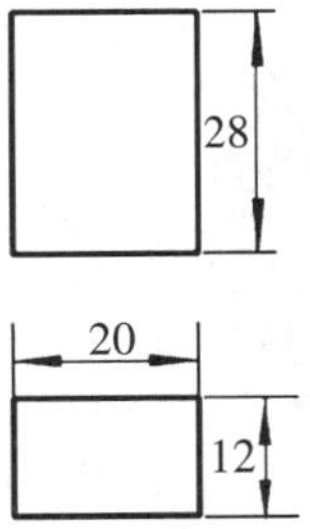 标注长、宽、高方向的尺寸
	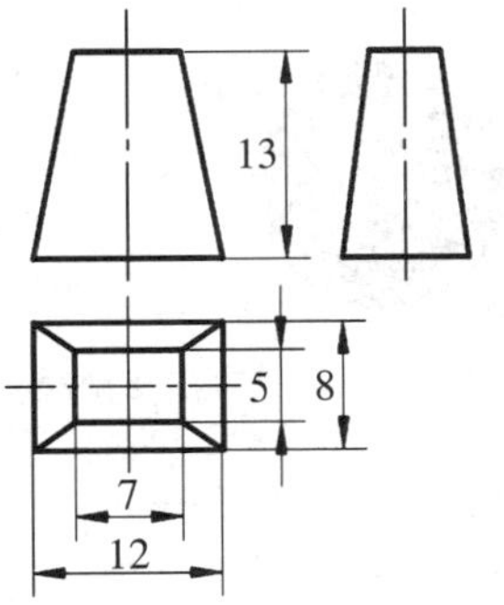 标注上、下底面长、宽尺寸以及锥台高度尺寸		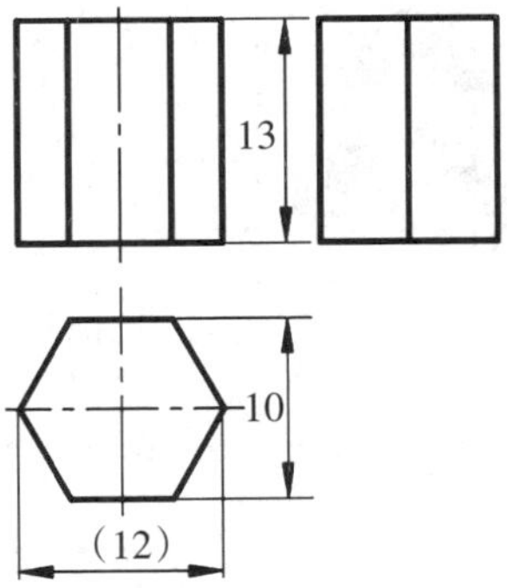 标注高度和底面尺寸

续表

立体图	视图	立体图	视图
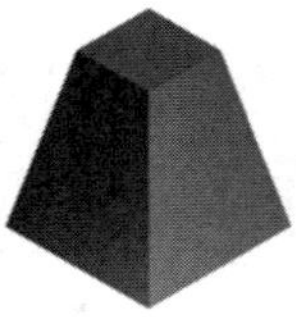	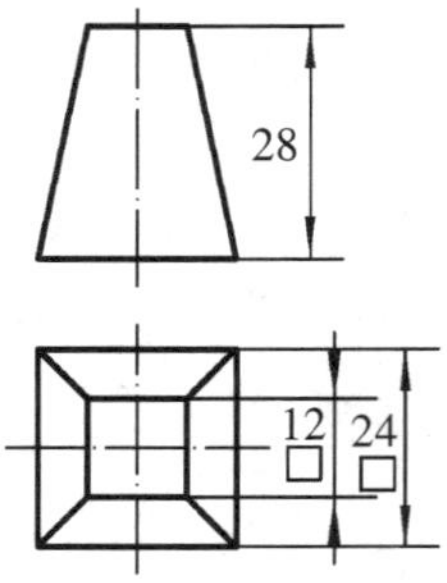 标注上下底面正方形边长及高度尺寸		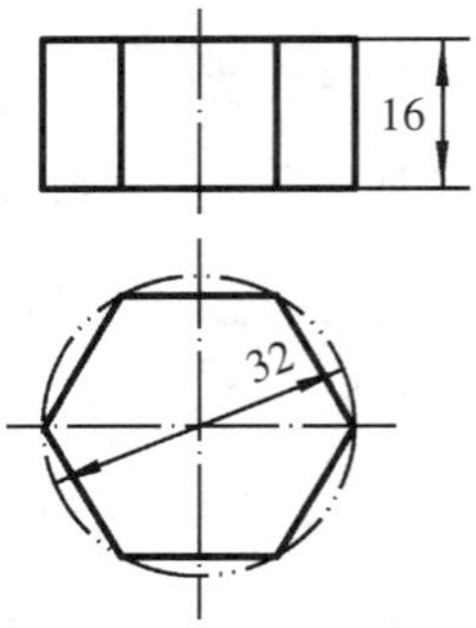 标注外接圆直径及高度尺寸

2. 曲面立体的尺寸标注

曲面立体尺寸标注示例见表6-2-2。

表6-2-2　曲面立体尺寸标注示例

立体图	视图	立体图	视图
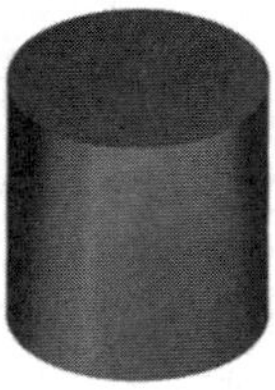	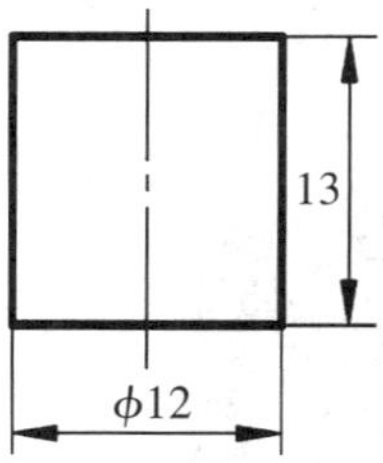 标注圆柱的直径和高度尺寸	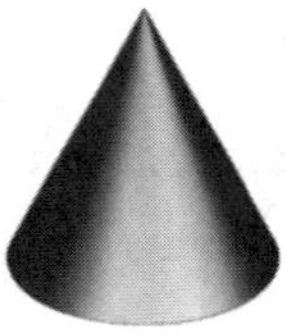	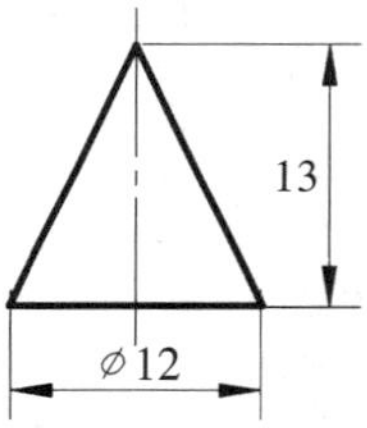 标注圆锥底圆的直径和高度尺寸
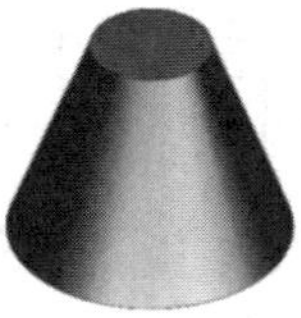	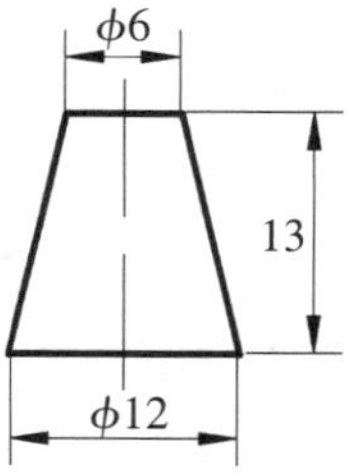 标注上下底直径尺寸和锥台高度尺寸		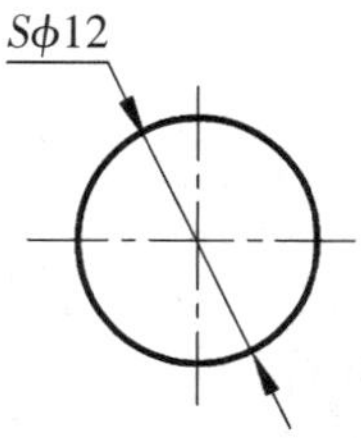 标注球的直径尺寸
	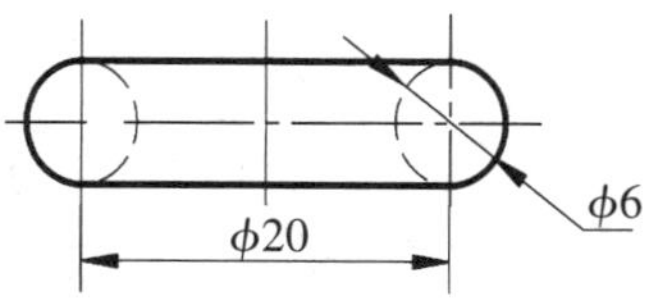 标注圆环中心直径及截面直径尺寸		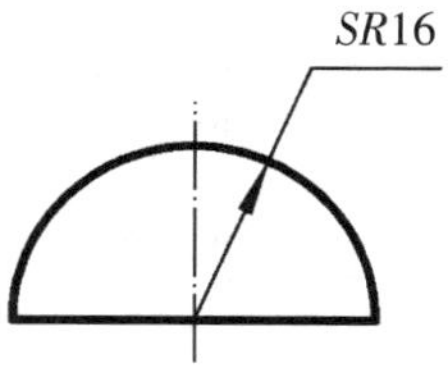 标注半球的半径尺寸

3. 截切体的尺寸注法

截切体是指带有切口、开槽和穿孔的基本体。截切体除标全完整基本几何体的定形尺寸外，还要标注截平面相对于基本立体的定位尺寸以及截平面之间的相对位置尺寸，但不应在交线上标注尺寸，见表6-2-3所示。

表6-2-3 截切体尺寸标注示例

立体图	视图	立体图	视图
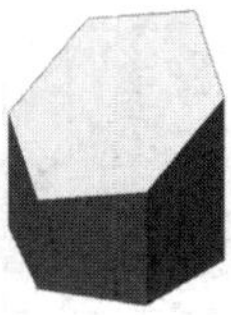	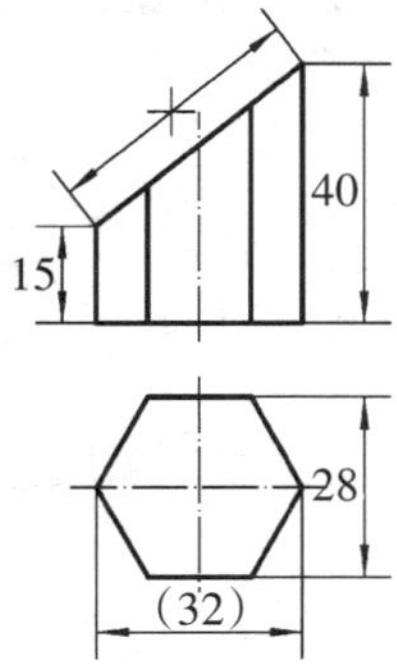		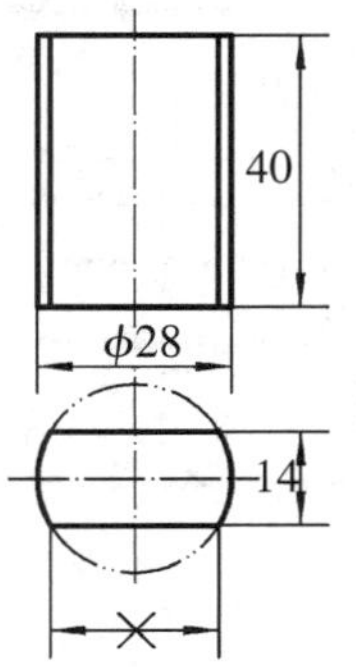
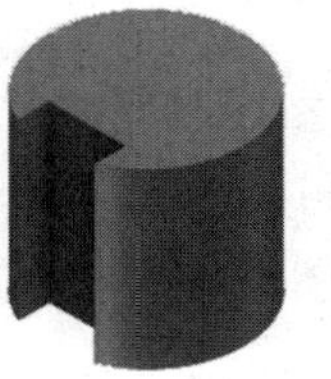	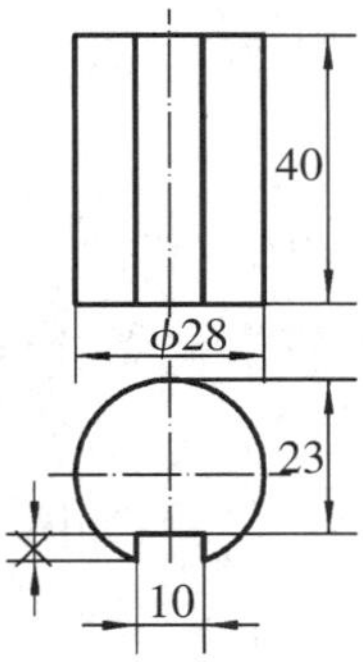	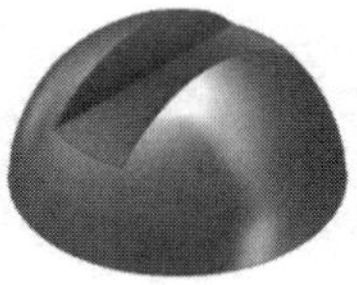	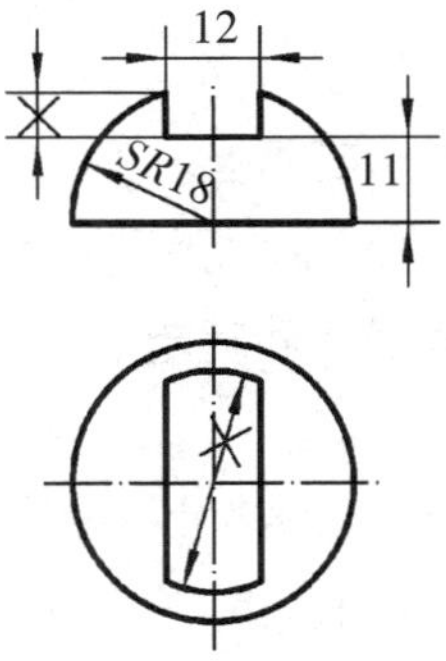
	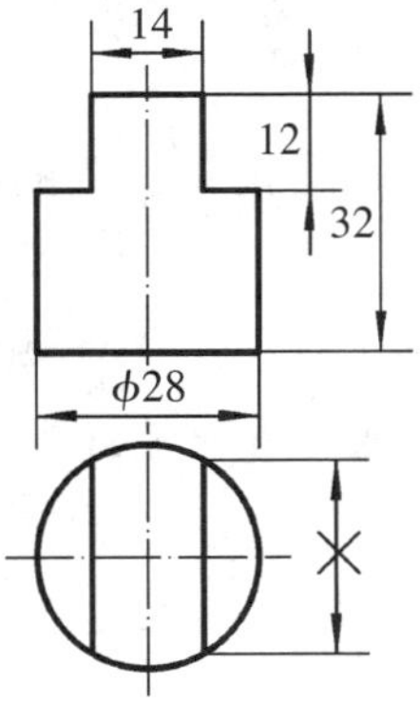		

二、组合体的尺寸注法

以图6-2-1所示组合体为例，说明组合体尺寸标注的基本方法。

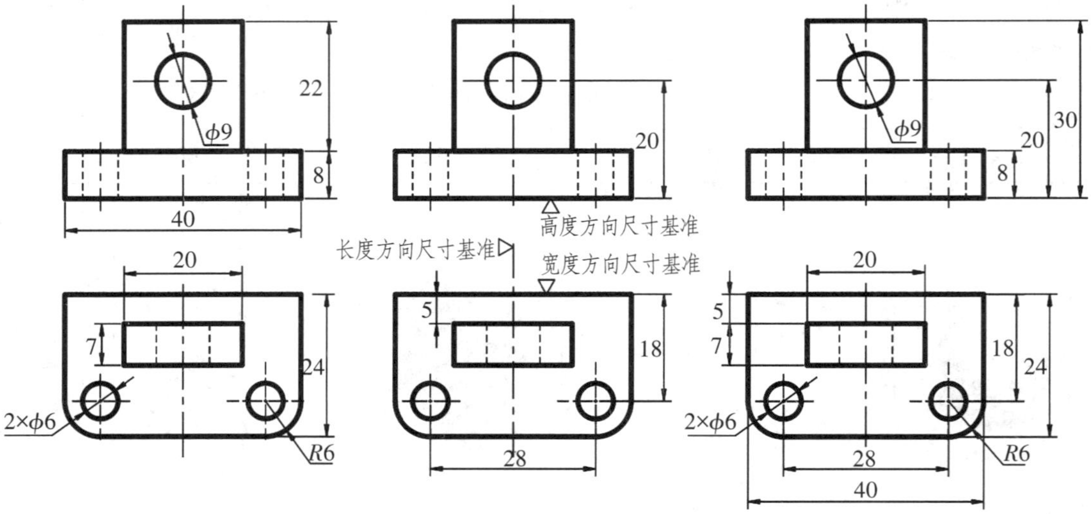

(a)定形尺寸　(b)定位尺寸　(c)总体尺寸

图6-2-1　组合体尺寸标注示例

1.尺寸齐全

要使尺寸标注齐全，既不遗漏，也不重复，应先按形体分析的方法注出各基本几何体的大小尺寸，再确定它们之间相对位置的定位尺寸，最后根据组合体的结构特点注出总体尺寸。

(1)定形尺寸——确定组合体中各基本几何体大小的尺寸，如图6-2-1(a)所示。

底板长、宽、高尺寸(40、24、8)，底板上圆孔和圆角尺寸(2×ϕ6、R6)。必须注意，相同的圆孔ϕ要注写数量，如2×ϕ6，但相同的圆角R6不注数量，两者都不必重复标注。竖板长、宽、高尺寸(20、7、22)和圆孔直径尺寸(ϕ9)。

(2)定位尺寸——确定组合体中各基本几何体之间相对位置的尺寸，如图6-2-1(b)所示。

标注定位尺寸时，必须在长、宽、高三个方向分别选定尺寸基准，每个方向至少有一个尺寸基准，以便确定各基本几何体在各方向上的相对位置。通常选择组合体的底面、端面或对称平面以及回转轴线等作为尺寸基准。如图6-2-1(b)所示，组合体的左右对称平面为长度方向尺寸基准，后端面为宽度方向尺寸基准，底面为高度方向尺寸基准(图中用符号△表示基准位置)。

(3)总体尺寸——确定组合体在长、宽、高三个方向的总长、总宽和总高的尺寸，如图6-2-1(a)所示。该组合体的总长和总宽尺寸即底板的长40和宽24，不再重复标注。总高尺寸30应从高度方向尺寸基准注出。总高尺寸标注以后，原来标注的竖板高度尺寸22取消不注。必须指出，当组合的一端(或两端)为回转体时，通常不以轮廓线为界标注其总体尺寸。

如图6-2-2所示的组合体，其总高尺寸是由28和$R14$间接确定的。长度总体尺寸是由52和$\phi12$间接确定的。但是，为了满足加工要求，既注总体尺寸，又注定形尺寸，如图6-2-2中底板两个角的圆柱，都要注出两孔轴线间的定位尺寸和圆柱面的定形尺寸R，不标注总长和总高尺寸(76、42)。

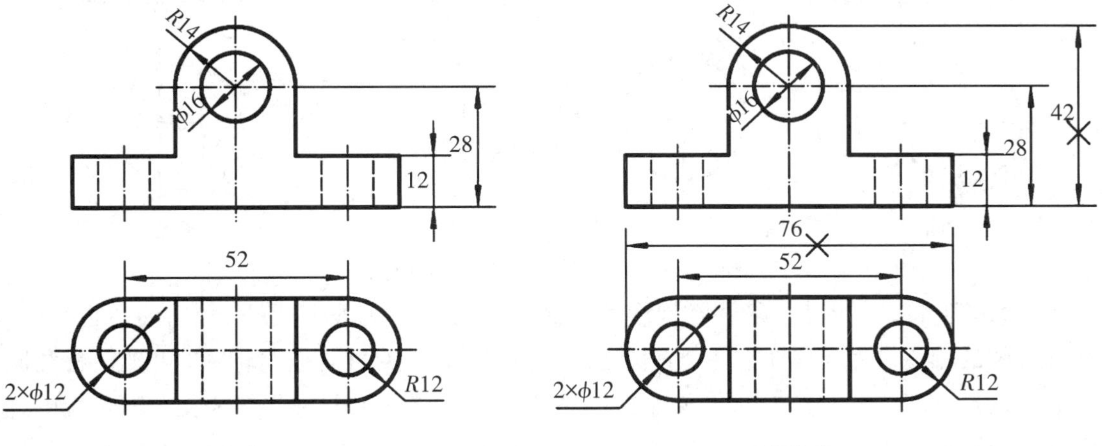

(a)对　　　　(b)不对

图6-2-2　不标注总体尺寸示例

2.尺寸清晰

为了便于看图，标注尺寸应排列适当、整齐、清晰。为此，标注尺寸时要注意以下几点：

(1)突出特征。将定形尺寸标注在形体特征明显的视图上，如图6-2-2(a)所示，底板圆角的半径$R12$应注在反映圆弧的俯视图上；竖板上圆的半径$R14$、直径$\phi16$一般标注在反映圆的视图上。定位尺寸尽可能标注在位置特征清楚的视图上，如图6-2-3所示。

(2)相对集中。同一基本几何体上的几个大小尺寸和有联系的定位尺寸，应尽可能都标注在一个视图上，如图6-2-4所示。

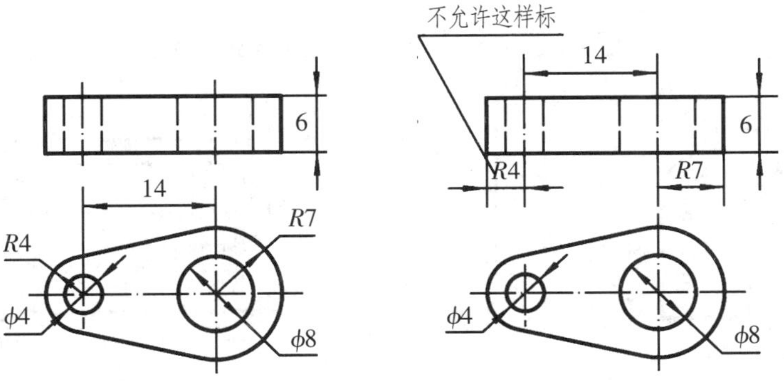

(a)对　　　　(b)不对

图6-2-3　定位尺寸标注在位置特征清楚的视图上

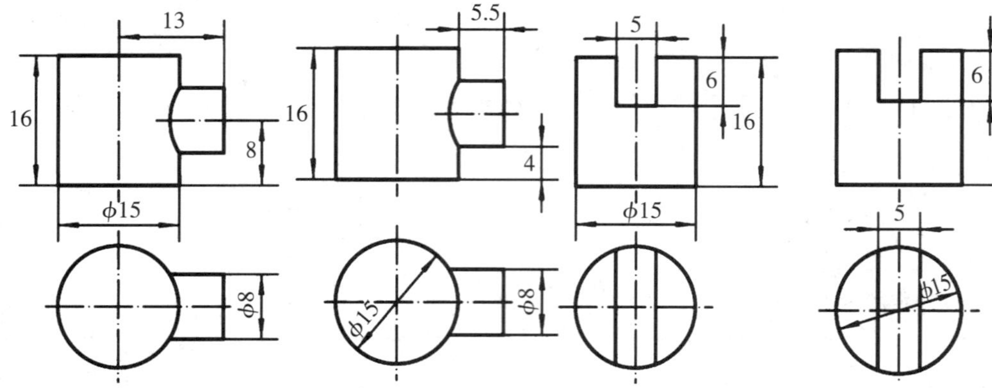

(a)对　　(b)不对　　(c)对　　(d)不对

图6-2-4　同一形体的尺寸应集中标注

(3)排列整齐。尺寸一般注在视图的外面,在不影响清晰的情况下,也可注在视图内。相邻视图的相关尺寸最好注在两个视图之间,避免尺寸线、尺寸界线与轮廓线相交。标注同一方向的尺寸时,小尺寸在内,大尺寸在外,尽量避免尺寸线和尺寸界线相交。两个视图之间同一方向的尺寸不要错开。平行排列的尺寸应使较小尺寸注在里面(靠近视图),大尺寸注在外面,如图6-2-5和图6-2-6所示。

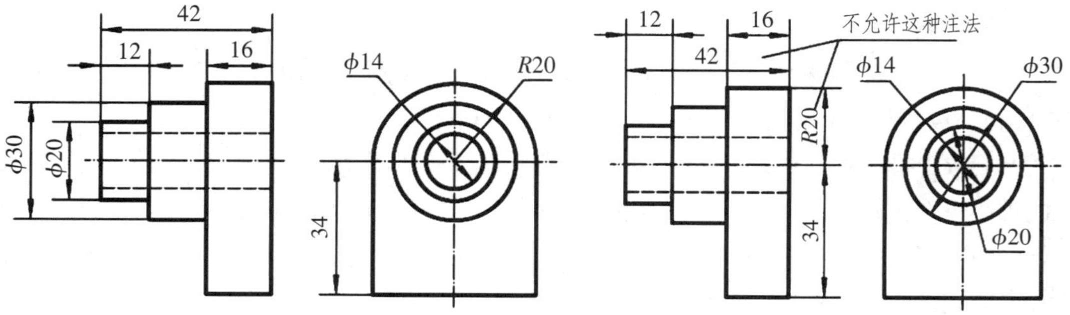

(a)对　　(b)不对

图6-2-5　直径尺寸尽量注在非圆的视图上

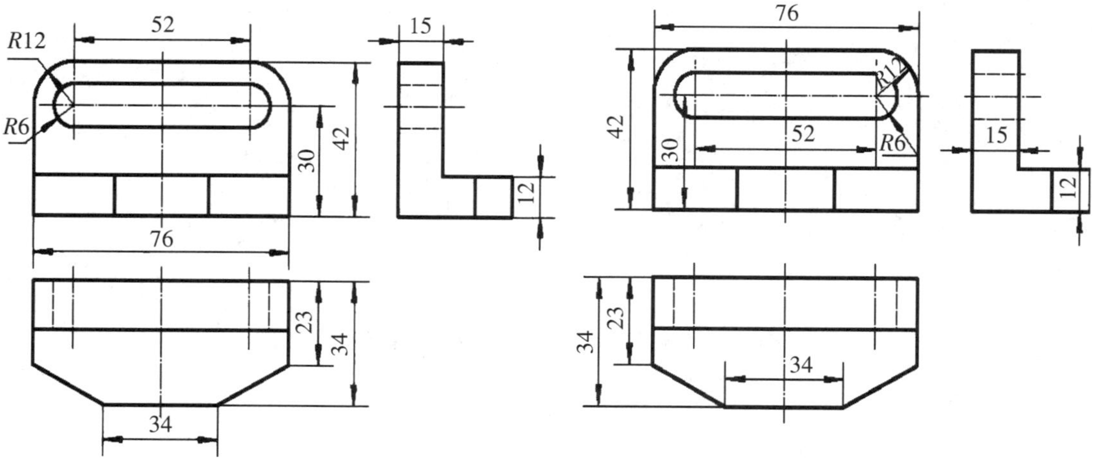

(c)对　　(d)不对

图6-2-6　尺寸应尽量注在视图外部

任务实施

标注图6-2-7轴承座尺寸。

标注组合体尺寸的顺序为逐个注出基本几何体的定形尺寸和定位尺寸，具体步骤如下：

（1）确定尺寸基准。先选定轴承座长、宽、高三个方向的尺寸基准，如图6-2-7所示。长度方向的尺寸基准为对称中心平面，高度方向尺寸基准为底面，宽度方向尺寸基准为后面。

（2）标注定形、定位尺寸。长度方向定位尺寸为44，确定两孔的位置尺寸。高度方向定位尺寸为30，确定圆筒位置尺寸。宽度方向定位尺寸为22，确定两孔位置尺寸，4确定圆筒宽度方向尺寸，14确定小圆筒宽度方向位置尺寸。再依次标注出底板、圆筒、凸台、支撑板、肋板的定形尺寸。

（3）检查、协调、标注总体尺寸。为了表示组合体外形的总长、总宽和总高，应标明相应的总体尺寸 。轴承座的总长尺寸为60。而总高和总宽尺寸则由于注出了定位尺寸，这时一般不再标注其总体尺寸。完成后的尺寸标注如图6-2-8所示。

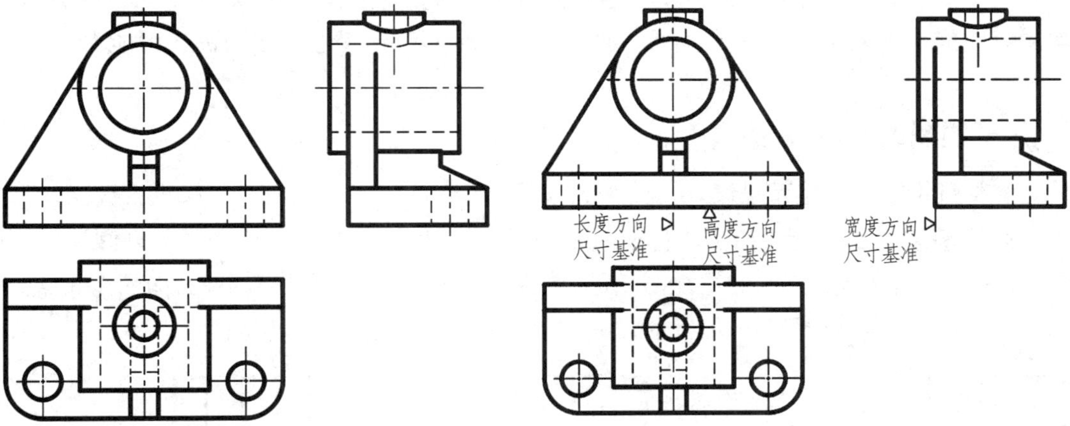

（a）　　　　（b）

图6-2-7　轴承座的基准分析

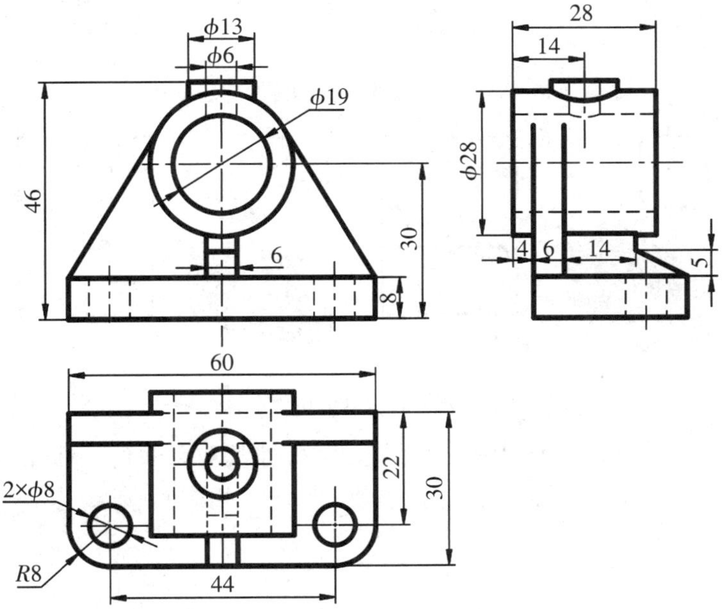

图6-2-8　轴承座的尺寸标注

任务三　识读组合体视图

任务目标

1. 知道组合体的读图方法。
2. 熟练掌握组合体的读图步骤。
3. 能根据视图想象组合体形状。

任务准备

画图是将物体按正投影方法表达在图纸上，将空间物体以平面图形的形式反映出来；读图则是根据投影规律由视图想象出物体的空间形状和结构。要正确、迅速地读懂视图，必须掌握读图的基本方法和步骤，培养空间想象能力，通过不断实践，逐步提高读图能力。

一、读图的基本要领

1. 将几个视图联系起来读

以反映形体形状特征和位置特征明显的视图为基础，将几个视图联系起来阅读。如图6-3-1所示三个物体，它们的主视图相同，俯视图不同，物体的形状就不同，而图6-3-2所示的三个物体，主、俯视图都相同，此时左视图就比较关键，反映其形状特征。

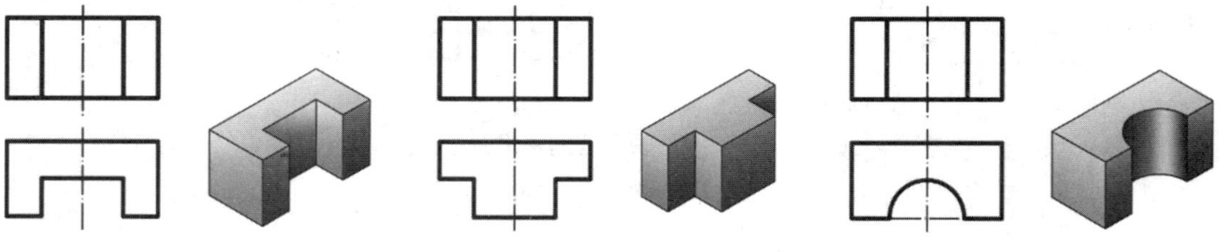

图6-3-1　一个视图不能确定物体的形状

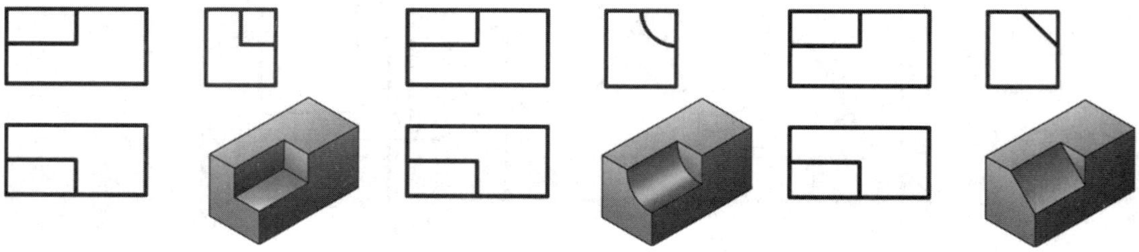

图6-3-2　两个视图不能确定物体的形状

从以上图形可以看出，一个视图或两个视图都不能完整地表达零件外形，读图时必须将几个视图联系起来，互相对照分析，才能正确地想象出该物体的形状。

2.理解视图中图线的含义

视图中的图线,在不同的物体上代表的意义是不同的。

(1)粗实线和虚线的含义,如图6-3-3所示:

①代表面与面(平面或曲面)的交线,如图6-3-3(b)中的相贯线和截交线。

②代表具有积聚性表面(平面或曲面)的投影,如图6-3-3(b)中几条水平实线。

③代表回转体转向轮廓素线的投影,如图6-3-3(b)中的虚线及左右两边的实线。

(2)中心线的含义,如图6-3-3(b)中所示。

①代表孔或圆的中心线,如图6-3-3(b)中所示。

②代表图形的对称中心线,如图6-3-3(b)中所示。

(a)实体

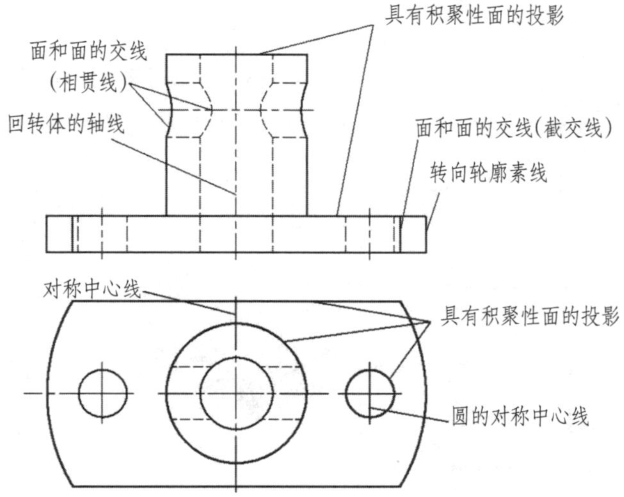

(b)图线的含义

图6-3-3 图线的含义

3.理解视图中线框的含义

视图中线框表示的含义如下:

(1)表示物体的一个面(平面、曲面、组合面)或孔洞的投影,如图6-3-4(a)中的白色线框表示平面,而阴影部分表示柱面。而图6-3-4(b)中的阴影部分表示平面和曲面的组合面。

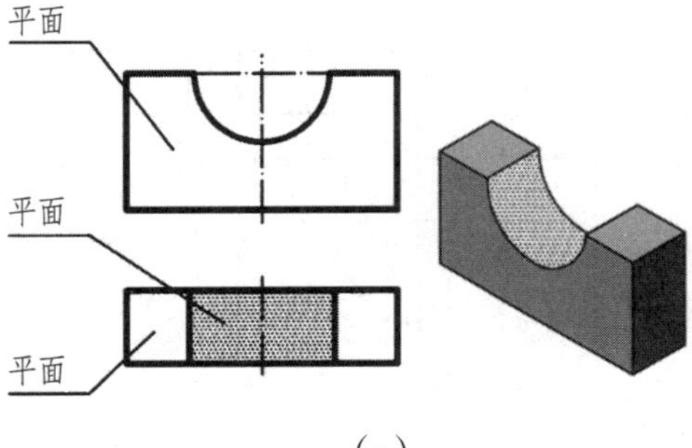

(a)

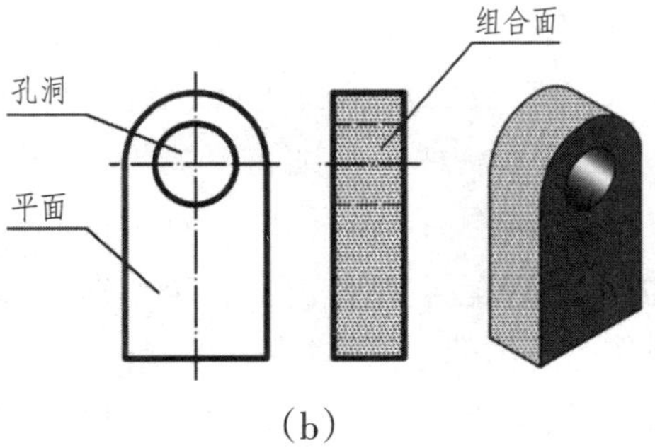

(b)

图6-3-4 线框表示平面、曲面或组合面

(2)表示物体上位置不同的两个面。如图6-3-5(a)俯视图中左右两个线框分别表示一高一低两个不同位置平面,而6-3-5(b)中则表示相交的两个斜面。

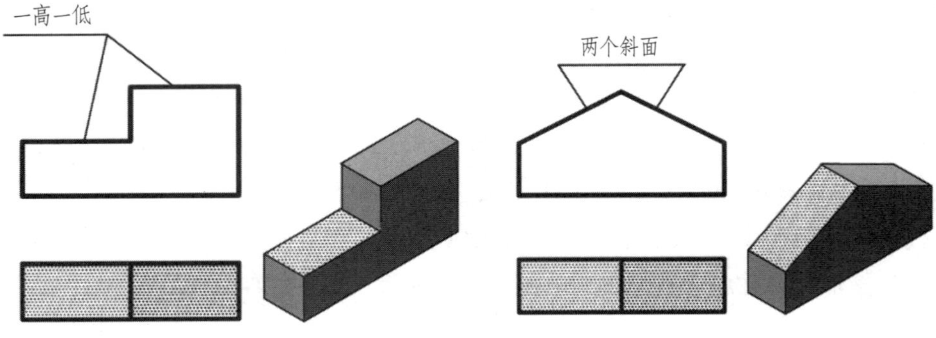

(a) (b)

图6-3-5 线框表示位置不同的两个平面

(3)大线框包含小线框表示在大立体上凸出或凹进小立体,如图6-3-6所示。

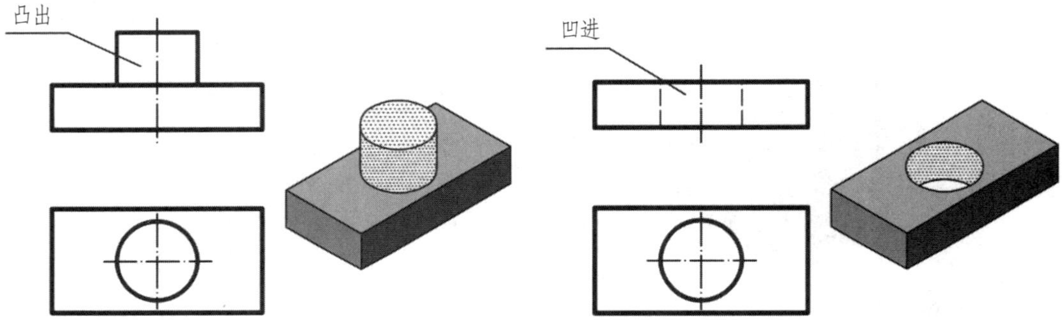

(a) (b)

图6-3-6 大线框包含小线框

4.从反映形体特征的视图入手

形体特征是指:

(1)能清楚表达物体形状特征的视图,称为形状特征视图。一般主视图能较多反映组合体的整体形状特征,所以读图时常从主视图入手。但组合体各部分的形体特征不一定都集中在主视图上,如图6-3-7所示支架由三部分叠加而成,主视图反映竖板的形状和底板、肋板的相对位置,但底板和肋板的形状则在俯视图、左视图上反映。因此,读图时必须找出能反映各部分形体特征的视图,再配合其他视图,就能快速、准确地想象出该组合体的空间形状。

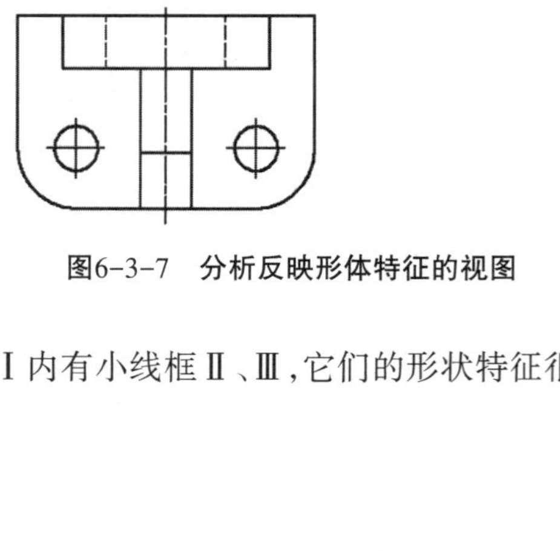

图6-3-7 分析反映形体特征的视图

(2)能清楚表达构成组合体的各基本几何体之间的相互位置关系的视图,称为位置特征视图。如图6-3-8所示的两个物体,主视图中的线框Ⅰ内有小线框Ⅱ、Ⅲ,它们的形状特征很明显，但相对位置不清楚。如前所述，若线框内有小线框，则表示物体上有不同位置的两个表面。对照俯视图可看出，矩形和圆形线框中一个是孔，另一个是向前凸出的圆柱，但并不能确定哪个形体向前凸出，只有对照左视图识读才能确定。

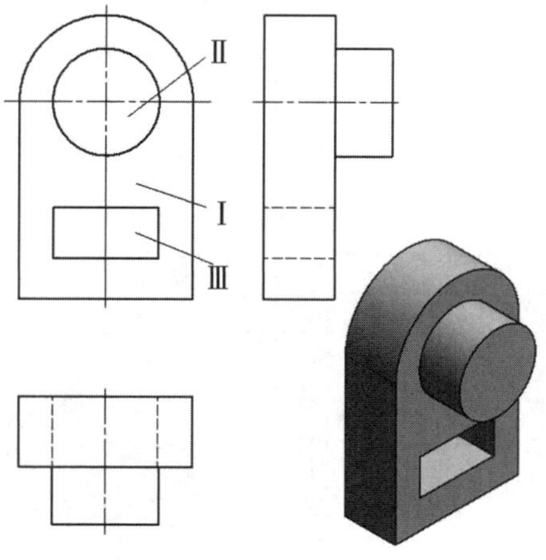

(a)

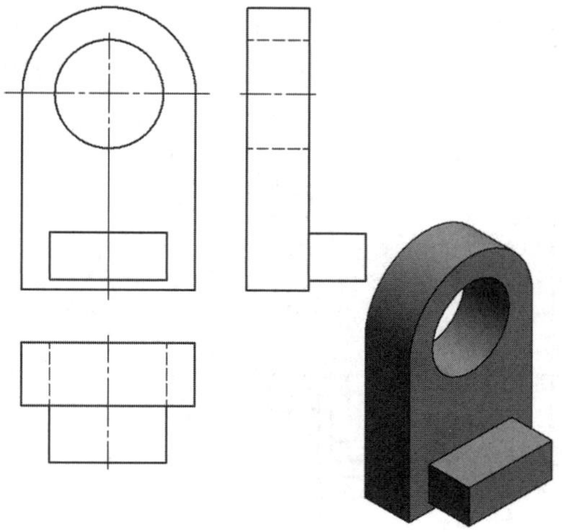

(b)

图6-3-8　分析反映位置特征的视图

二、读图的基本方法

1.形体分析法

读图的基本方法与画图一样，也是运用形体分析法。一般从反映组合体形状特征明显的视图着手，把视图划分为若干部分，找出各部分在其他视图中的投影，然后逐一想象出各部分的形状以及各部分之间的相对位置，最后综合起来想象出组合体的整体形状。

用形体分析法读图的步骤及方法如下：

(1)认识视图，抓住特征

认识视图就是先弄清图样上共有几个视图，然后分清图样上其他视图与主视图之间的位置关系。抓住特征就是先找出最能代表物体构形的特征视图，通过与其他视图的配合，对物体的空间构形有一个大概的了解。

(2)分析投影，联想形体

参照物体的特征视图，从图上对物体进行形体分析，按照每一个封闭线框代表一个形体轮廓的投影原理，把图形分解成几个部分。再根据三视图"长对正""高平齐""宽相等"的投影规律，划分出每一块的三个投影，分别想出它们的形状。一般顺序是先看主要部分，后看次要部分；先看容易确定的部分，后看难于确定的部分；先看整体形状，后看细节形状。

下面以轴承座为例，说明用形体分析法看图的方法。

图6-3-9(a)为轴承座的三视图，反映形状特征较多的是主视图，它反映了Ⅰ、Ⅱ两块形体的特征形状。

从形体Ⅰ的主视图入手，根据三视图的投影规律，可找到俯视图上和左视图上相对应的投影，如图6-3-9(b)封闭的红线框所示。可以想象出形体Ⅰ是一个长方体，上部挖了一个半圆槽。

同样，找出耳板Ⅱ的其他两个投影，如图6-3-9(c)所示的封闭红线框。可以想象出它的形状，左边、右边各一个。

最后再来看底板Ⅲ，如图6-3-9(d)所示的封闭红线框，俯视图反映了它的形状特征。再配合左视图可以想象出它的形状是中间挖槽的板，前边有一个斜面。

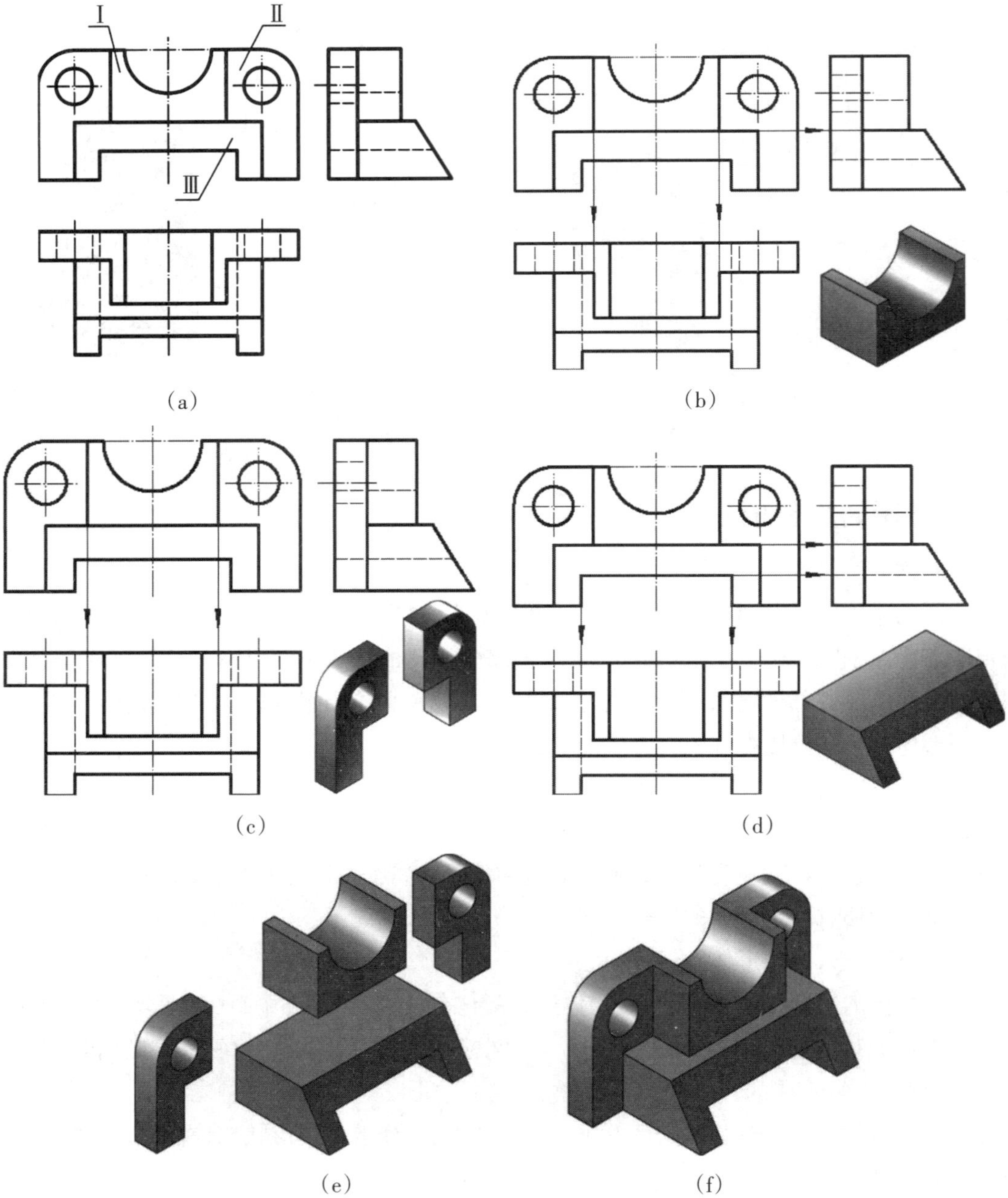

图6-3-9　轴承座的看图方法

(3)综合起来，想象整体

在看懂了每块形体形状的基础上，再根据整体的三视图，找它们之间的相对位置关系，逐渐想象出一个整体形状。

通过对轴承座的分析可知，长方体Ⅰ在底板Ⅲ的上面并居中靠后。耳板Ⅱ在长方体Ⅰ的左、右两侧，并与后面平齐。底板Ⅲ从左视图中可见其后面与Ⅰ、Ⅱ后面平齐，中间挖槽，前面有斜面。这样综合起来想其整体形状为如图6-3-9(e)、(f)所示的空间物体。

2.线面分析法

在一般情况下，只用形体分析法看图就可以了，但是对于一些比较复杂的物体（如较复杂的切割类组合体），单用形体分析法还不够，还要应用另一种分析方法——线面分析法来进行分析，集中解决看图的难点。

线面分析法就是运用线面的投影规律，分析视图中的线条、线框的含义和空间位置，从而看懂视图。

下面以图6-3-10所示的压块为例，说明用线面分析法看图的方法。

(1)用形体分析法先做主要分析

从图6-3-10所示压块的三个视图中，可看出其基本形体是个长方体。从主视图可看出，长方体的中上部有个阶梯孔，在它的左上方切掉一角；从俯视图可知，长方体的左端切掉前、后两个角；由左视图可知，长方体的前、后两边各切去一块长条。

(2)用线面分析法再作补充分析

从图6-3-10(b)可知，在俯视图中有梯形线框a，而在主视图中可找出与它对应的斜线a'，由此可见A面是垂直于V面的梯形平面，长方体的左上角是由A面截切而成的。平面A与W面和H面都处于倾斜位置，所以它的侧面投影a''和水平面投影a是类似图形，不反映A面的真实形状。

从图6-3-10(c)可知，在主视图中有七边形线框b'，而在俯视图中可找出与它对应的斜线b，由此可见B面是垂直于H面的。长方体的左端，就是由这样的两个平面截切而成的。平面B对V面和W面都是处于倾斜位置，因而侧面投影b''也是个类似的七边形线框。

从图6-3-10(d)可知，由主视图上的长方形线框d'入手，可找到D面的三个投影；由俯视图的四边形线框(c)入手，可找到C面的三个投影；从投影图中可知D面为正平面，C面为水平面。长方体的前、后两边是由这两个平面截切而成的。

(3)综合起来想整体

通过以上分析，逐步弄清了各部分的形状和其他一些细节，最后综合起来，就可以想象出压块的整体形状，如图6-3-10(e)所示。

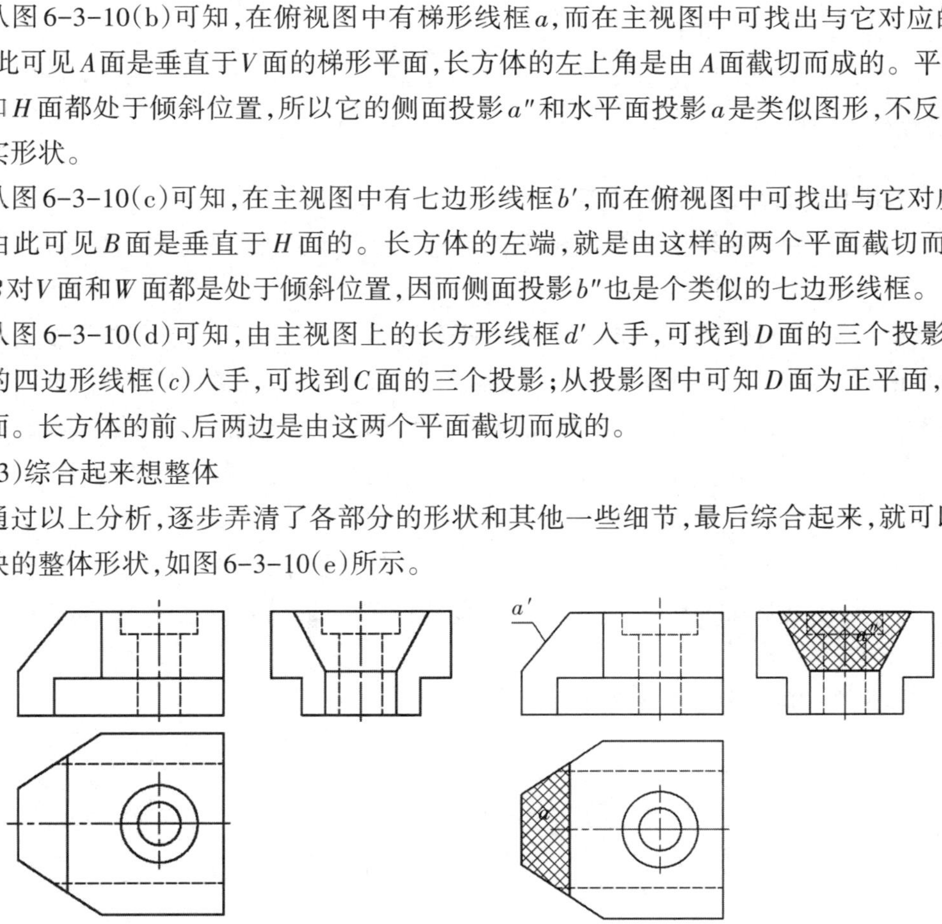

(a)　　　　(b)

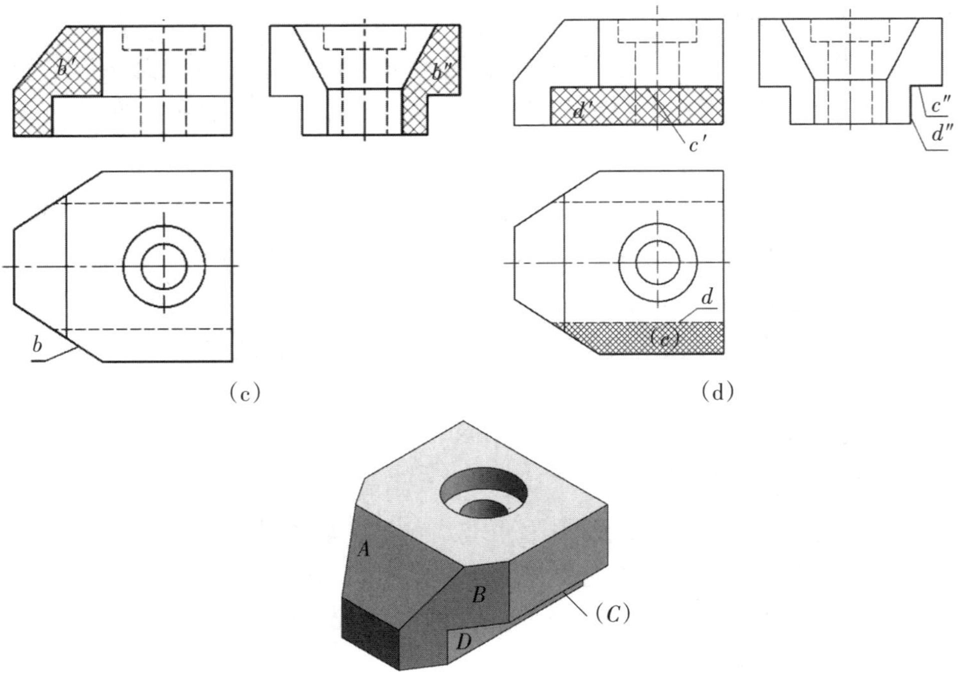

图6-3-10　用线面分析法读图

任务实施

1.补画图6-3-11所示支座的左视图

分析:补视图和补缺线是培养看图、画图能力和检验看懂视图的一种有效手段,其基本方法是形体分析法和线面分析法。

补视图的主要方法是形体分析法。在由两个已知视图补画第三视图时,可根据每一个封闭线框的对应投影,按照基本几何体的投影特性,想出已知线框的空间形体,从而补画出第三投影。对于一时搞不清的问题,可以运用线面分析方法,补出其中的线条或线框,从而达到正确补画第三视图的要求。补图的一般顺序是先画外形,再画内腔;先画叠加部分,再画挖切部分。

形体分析:图6-3-11(a)所示支座的主视图可分成四个封闭线框1、2、3、4。通过用三角板、分规等工具找出俯视图上与主视图四个封闭线框对应的投影,经过分析后可画出支座的左视图。

画支座左视图的步骤如图6-3-11所示。

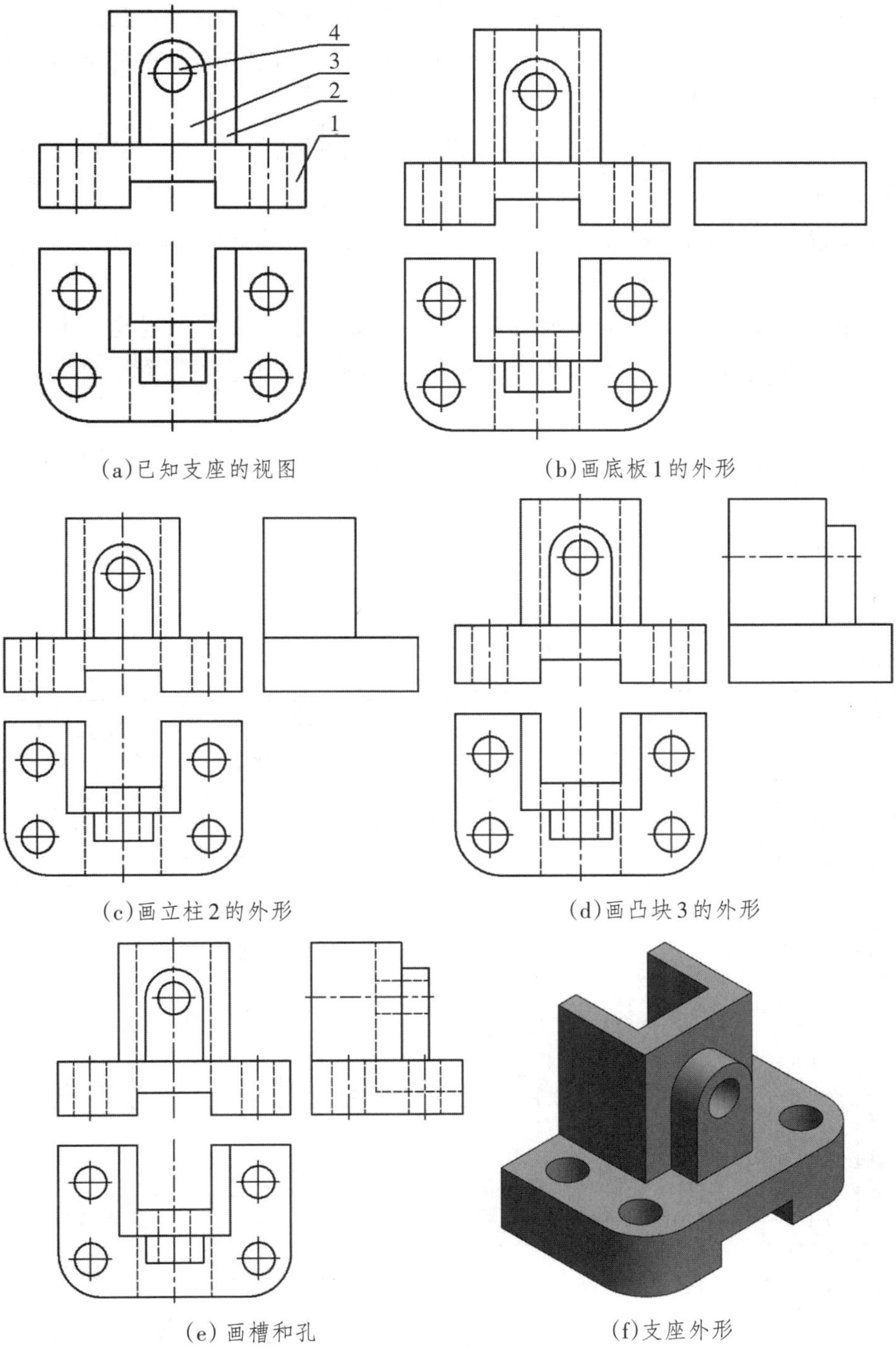

(a)已知支座的视图　(b)画底板1的外形　(c)画立柱2的外形　(d)画凸块3的外形　(e) 画槽和孔　(f)支座外形

图6-3-11　补画支座左视图步骤

后端面有一个长方形缺口通到底，其缺口长度与底板通槽长度一样。所以在左视图上应用虚线表示出来，如图6-3-11(e)所示。此外底板1上有四个圆孔，竖板2和半圆头棱柱3被一圆孔(线框4)穿通，所以在左视图上也应用虚线表示出来，如图6-3-11(e)所示。

校对左视图，描深轮廓线，完成全图6-3-11(e)，想象出其立体外形为图6-3-11(f)所示。

2.如图6-3-12(a)所示,已知支座的三个视图,补画主视图、左视图中的缺线

分析:补缺线主要是利用形体分析法和线面分析法,分析已知视图并补全图中遗漏的图线,使视图表达完整、正确。

形体分析:支座可看成是由一个圆柱底板Ⅰ与一个圆筒Ⅱ叠加组合后,又经切割而成,如图6-3-12(a)所示。

(1)从俯视图中可知,圆柱底板Ⅰ的前后各有一个方槽,且中间有一个圆孔,所以须补画出在主视图与左视图中应有的图线,如图6-3-12(b)所示。

(2)从俯视图、左视图中可知,圆筒Ⅰ前后分别铣切有正平面,故须补全主视图中应有的图线;又由于圆筒Ⅱ有一通孔,所以也须补画出左视图中的圆筒内孔虚线,如图6-3-12(c)所示。

(3)补齐所缺图线,完成其三视图,如图6-3-12(d)所示。想象其外形图如图6-3-12(e)所示。

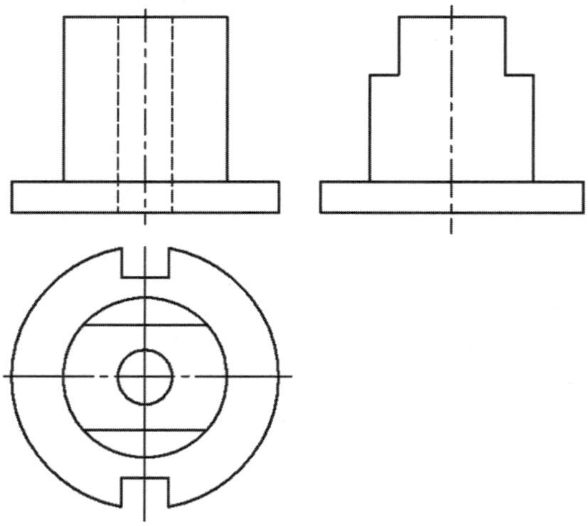

(a)

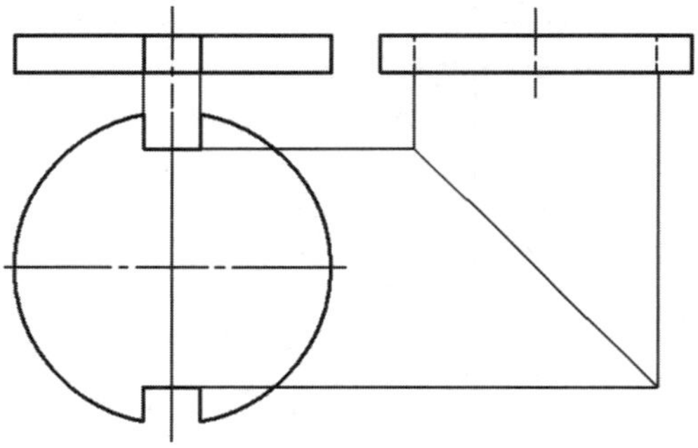

(b)

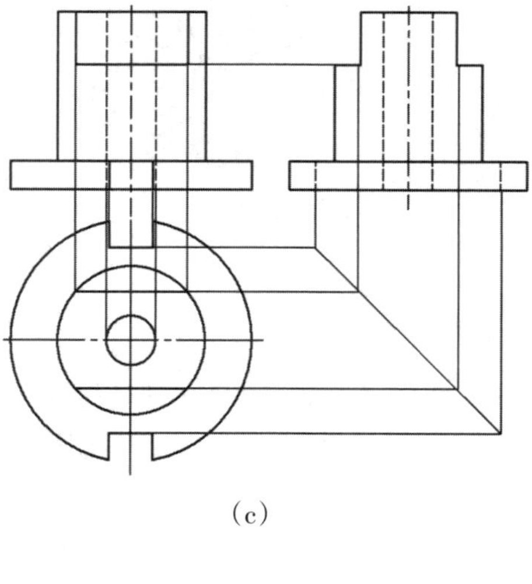

(c)

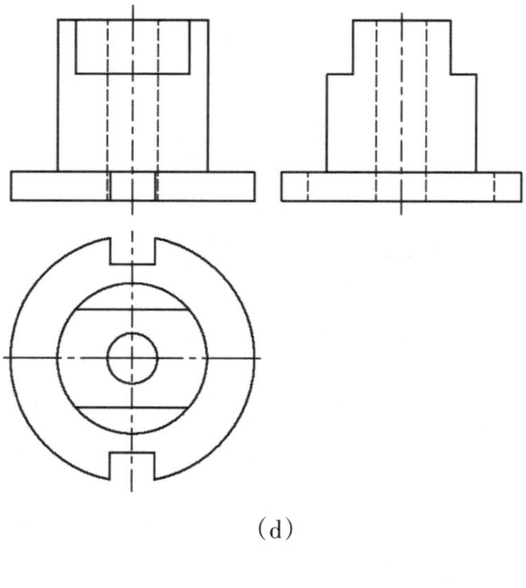

(d)

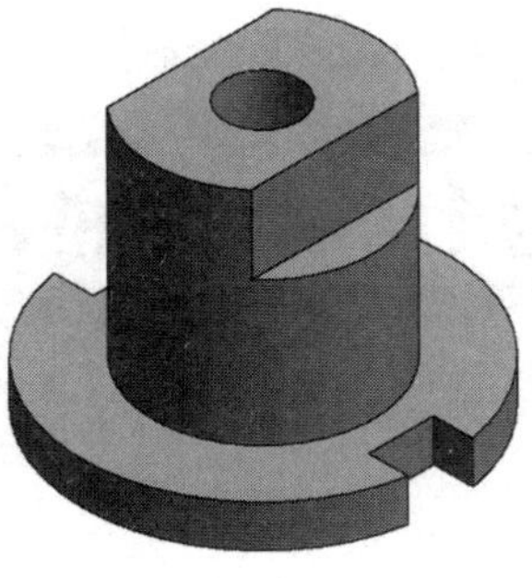

(e)

图6-3-12 支座外形图

项目总结

本项目着重叙述了用形体分析法和线面分析法说明组合体的画图方法、看图方法和尺寸标注方法，为后续项目识读和绘制零件图、装配图做了准备。

(1)用形体分析法画组合体视图就是将比较复杂的组合体分解为若干个简单几何体，按其相互位置画出每个简单几何体的视图，将这些视图组合起来，即可得整个组合体的视图。

(2)用形体分析法看组合体视图就是通过形体分析把组合体视图分离为若干个简单几何体的视图，并分别想象出它们的形状，从而想象出组合体的整体形状。

(3)用形体分析法标注组合体尺寸，就是将组合体分解成若干个简单几何体后，逐个标出其定形尺寸及定位尺寸，然后标出组合体的总体尺寸。通常容易遗漏的是定位尺寸，因此在标注和检查尺寸时应特别注意。

(4)组合体的画图和看图主要运用形体分析法。由于组合体的基本形体经常是不完整的，有表面交线出现。因此，除用形体分析方法外，还要从表面交线入手，运用线面分析法进行分析，并应注意：画图时求交线，看图时分析交线，标注尺寸时不注交线。

项目七　机件的表达

项目引入

在生产实际中，由于物体的作用不同，物体的结构形状是多种多样的。为了正确、完整、清晰地表达物体的内部和外部结构形状，国家相关标准规定了各种图样的绘制方法，如视图、剖视图、断面图、局部放大图和简化绘制方法等。掌握这些图样的绘制方法，是正确绘制和阅读机械图样的基本条件。

项目分析

视图是根据国家标准有关规定绘制的，主要用来表示机件的外部形状。简单的形体用三视图就可以表达清楚，但对于形体复杂、变化多端的机件，仅采用三视图显然不够。因此，究竟需要几个视图，才能将机件完整清晰地表达，必须多思考、多实践，才能正确选择视图，才能提高绘图效率。

任务一　绘制机件的视图

任务目标

1. 能描述基本视图、向视图、局部视图和斜视图的概念。
2. 能根据机件的外形，选用合适的表达方案。

任务准备

视图是根据有关标准和规定，用正投影法绘制出的机件的图形。视图主要用来表示机件的外部形状。视图分为基本视图、向视图、局部视图和斜视图。

一、基本视图

1. 基本视图的名称和投射方向

用正六面体的六个面作为六个投影面，称为六个基本投影面，如图 7-1-1 所示。将物体置于六面体中，分别向六个基本投影面进行正投射，所得的视图称为基本视图，六个基本视图的名称、投射方向分别如下：

主视图——由前向后投射所得的视图；后视图——由后向前投射所得的视图；

左视图——由左向右投射所得的视图；右视图——由右向左投射所得的视图；
俯视图——由上向下投射所得的视图；仰视图——由下向上投射所得的视图；

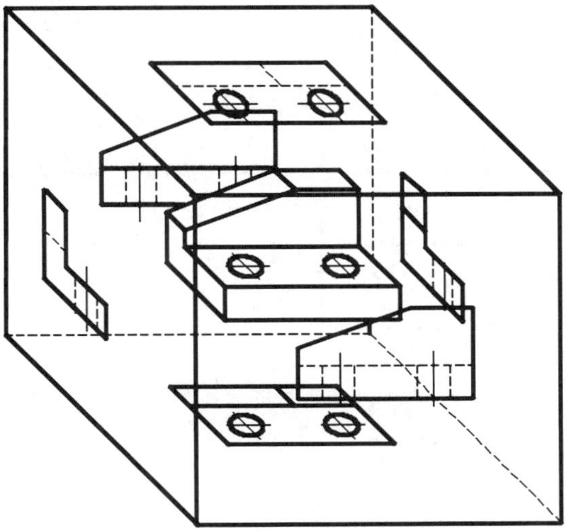

图7-1-1 基本视图的形成

将六个基本投影面展开，使六个基本视图排列在同一个平面上。展开方法如图7-1-2所示。

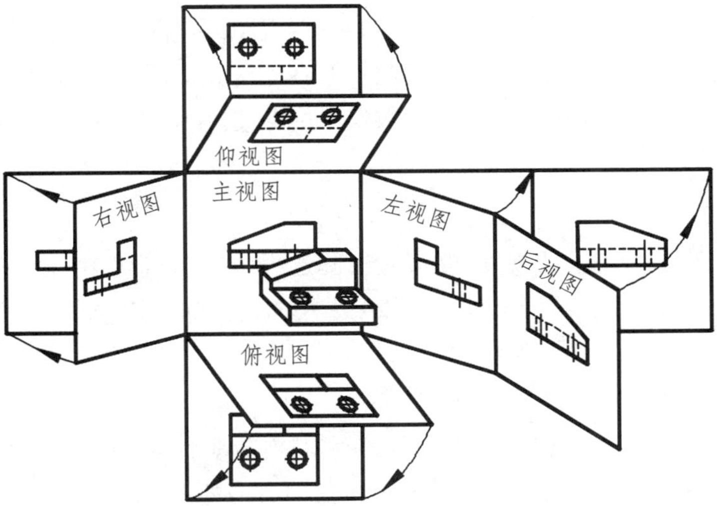

图7-1-2 六个基本投影面的展开

六个基本视图的配置关系如图7-1-3所示。

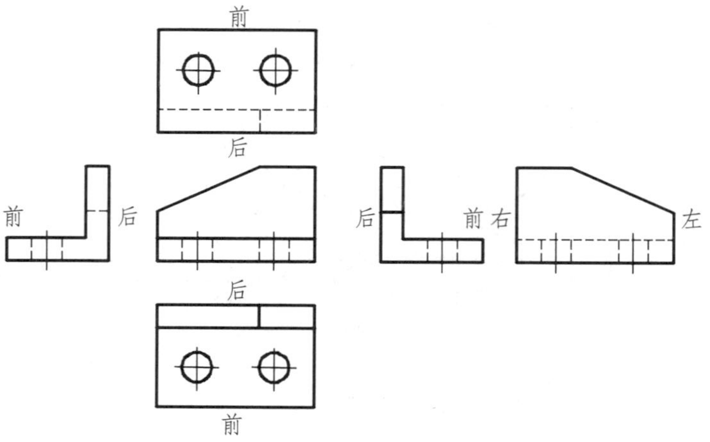

图7-1-3　六个基本视图的配置和方位对应关系

六个基本视图之间,仍然保持着与三视图相同的投影规律,为:

主、俯、仰、后(视图)——等长;

主、左、右、后(视图)——等高;

俯、左、仰、右(视图)——等宽。

基本视图的绘制方法与三视图的绘制方法一样,可见轮廓用粗实线表达,不可见轮廓用虚线表达。在不考虑线型的前提下,六个视图有这样的特点:左、右视图以主视图为轴线对称布置;仰、俯视图以主视图为轴线对称布置;主、后视图以左视图为轴线对称布置。六个基本视图同时表达一个物体形状的情况是很少的,在实际绘图时,应根据机件外形的复杂程度,灵活选用必要的基本视图,应使视图的数量尽量少,但其中必须有主视图。

二、向视图

向视图是可以自由配置的视图,在实际绘图过程中,有时难以将六个基本视图按如图7-1-2所示的形式画在一张图纸上,此时,如果采用向视图的形式,即可使问题得到解决,如图7-1-4所示。

在实际应用时,应注意以下几点:

(1)向视图是基本视图的另一种表达形式,它们主要差别在于视图的配置位置发生了变化,而内在联系保持不变。所以,向视图中表示投射方向的箭头应尽可能配置在主视图上,以使所获得的视图与基本视图一致。而表示后视图的投射箭头应配置在左视图或右视图上。

(2)向视图的视图名称和箭头旁的字母一律采用大写字母,且永远应与读图方向一致,以便于识别。

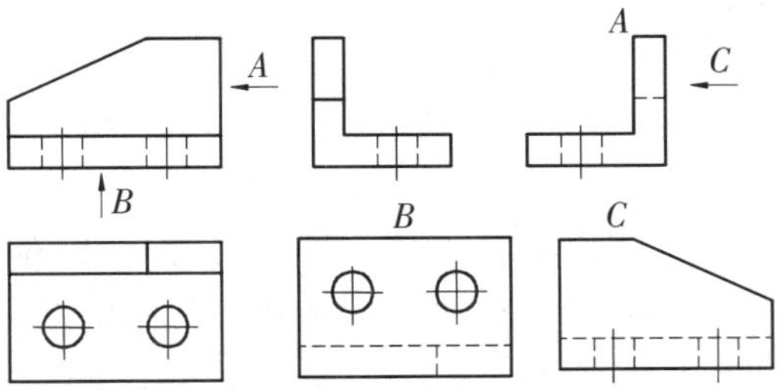

图7-1-4 向视图

三、局部视图

将物体的某一部分向基本投影面投射所得的视图称为局部视图。局部视图相当于基本视图的一部分。

如图7-1-5(a)所示物体，在图7-1-5(b)中主、俯两个基本视图已将其基本部分的结构表达清楚，但左、右两边凸台尚未表达清楚，需采用局部视图来表示，这样不但节省了两个基本视图，而且表达清楚，重点突出，简单明了。

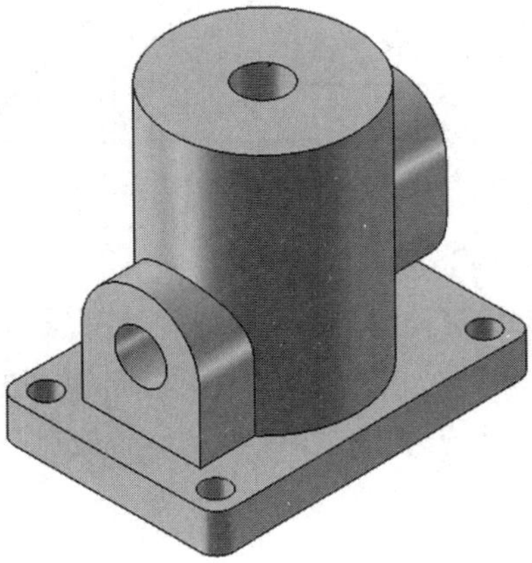

(a)

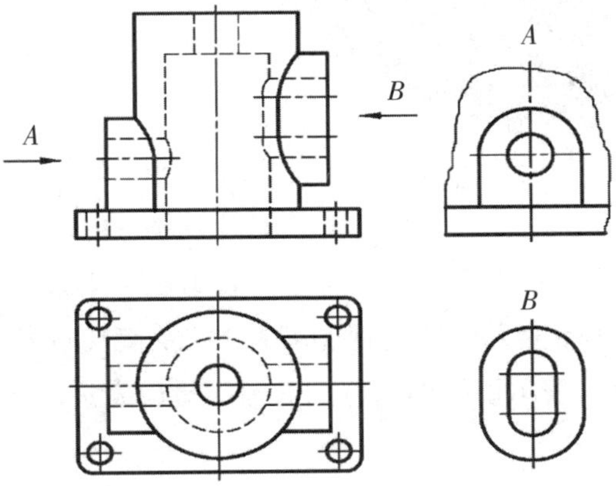

(b)

图7-1-5 局部视图

局部视图应尽量按基本视图的位置配置。有时为了合理布置图面，也可按向视图的配置方式配置。

画局部视图时，应在局部视图上方用大写字母标出视图的名称“*X*”。画局部视图应注意如下几点：

(1)在相应的视图上用带字母的箭头指明所表示的投影部位和投影方向，并在局部视图上方用相应的字母标明。

(2)局部视图最好画在相关视图的附近，并直接保持投影联系，也可以画在图纸内的其他地方，如图7-1-5(b)中右下角画出的*B*向视图。当表示投影方向的箭头标在不同的视图上时，同一部位的局部视图的图形可能不同。

(3)局部视图断裂处的边界线应以波浪线表示。但要注意波浪线不能超出实体，也不应画在中空处。当所表示的局部结构是完整的，且外形轮廓线又自成封闭时，波浪线可省略不画，如图 7-1-5(b)所示。

四、斜视图

将物体向不平行于任何基本投影面的平面投射所得的视图，称为斜视图。

如图 7-1-6(a)所示是一个弯板形机件，它的倾斜部分在俯视图和左视图上的投影都不是实形。此时可增加平行于该倾斜结构的表面，如图 7-1-6(b)所示，且垂直某一基本投影面的辅助投影面，然后倾斜结构向该辅助投影面投射，在该投影面上得到的倾斜部分反映实形的投影，即斜视图。

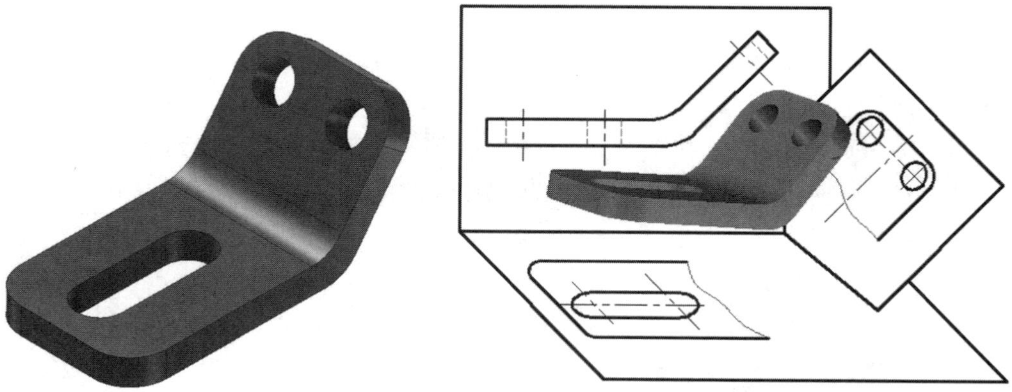

(a)　　　　(b)

图7-1-6　斜视图

斜视图通常按向视图的配置形式配置并标注。必要时，允许将斜视图旋转配置，在旋转后的斜视图上方应标注视图名称“X”及旋转符号，旋转符号的箭头方向应与斜视图的旋转方向一致，表示该视图名称的大写字母应靠近旋转符号的箭头端，如图 7-1-7 所示。

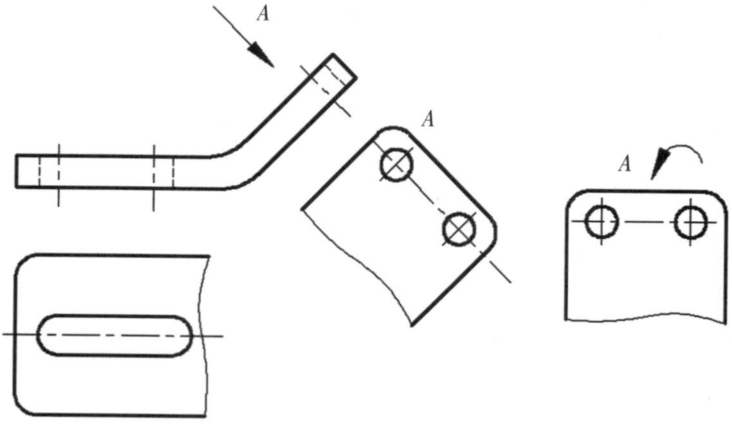

图7-1-7　斜视图的表达及标注

斜视图主要用来表达物体上倾斜结构的实形，其余部分不必全部画出，用波浪线断开即可。

斜视图往往只画机件的倾斜部分，容易被误认为是局部视图。局部视图画在基本投影面上，表示投射方向的箭头为水平方向或竖直方向。斜视图画在辅助投影面上，表示投射方向的箭头是斜的。

需要画斜视图的机件，往往同时要画局部视图，这两种图经常是相伴的。但需要画局部视图的机件却不一定要画斜视图。

任务实施

1. 如图 7–1–8 所示，已知主、俯、左视图，补画右、仰、后视图。

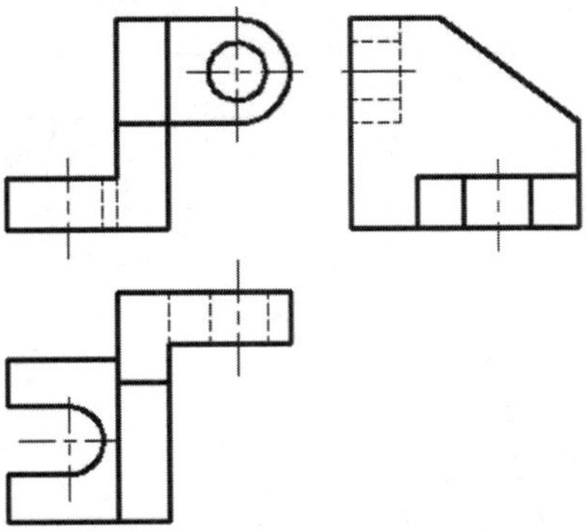

(a)已知的三视图　　(b)零件外观

图7–1–8　零件外观及其已知的三视图

根据视图绘制的基本规则，按照投影规律绘制的另外三个视图如图 7–1–9 所示。在绘图过程中，要保证六个视图中的长、宽、高的尺寸及对应位置正确。

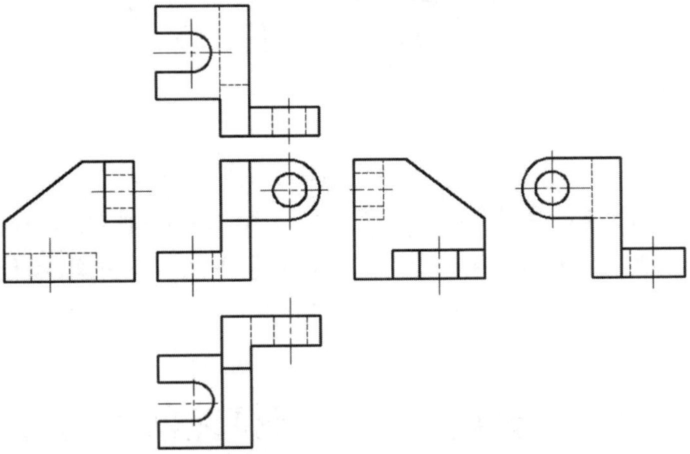

图7–1–9　零件六个基本视图

2. 确定如图 7–1–10(a)所示压紧杆的表达方案哪种更合理，并说明理由。

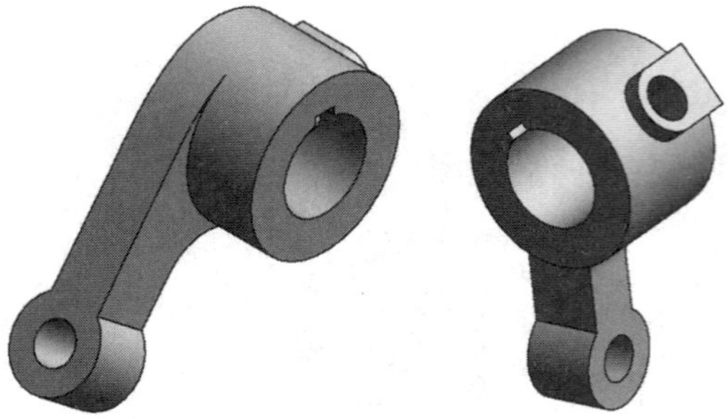

(a)

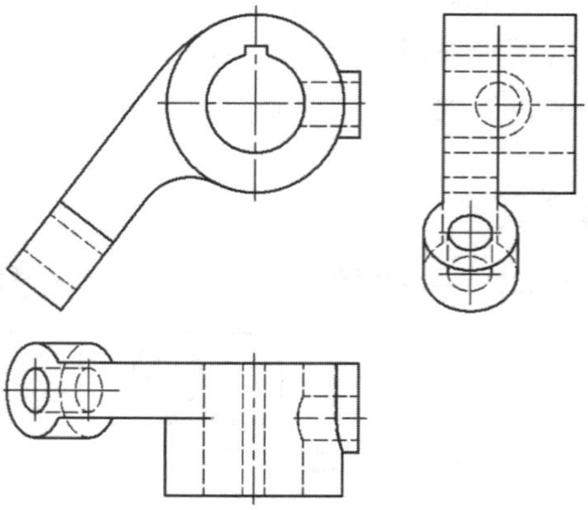

(b)

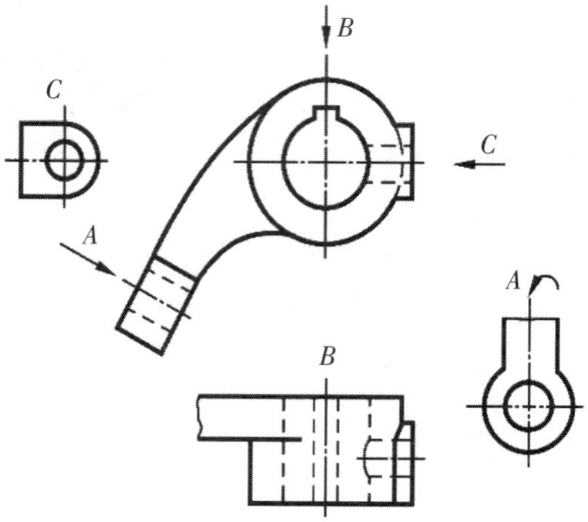

(c)

图7-1-10　压紧杆表达

分析:由于压紧杆左端耳板是倾斜的,所以7-1-10(b)中的俯视图和左视图都不反映实形,表达不清楚。而7-1-10(c)采用了局部视图和斜视图的表达方案,不仅表达出了倾斜部分的真实形状,而且画图更简洁,表达更清晰,所以比较好的表达方案是7-1-10(c)。

任务二　绘制机件剖视图

任务目标

1.理解剖视的概念。

2.掌握画剖视图的方法与标注。

任务准备

视图主要用来表达机件的外部形状。在视图中,不可见的内部结构用虚线表示,当机件具有比较复杂的内部结构时,视图就会有很多虚线,从而影响视图的清晰度,给绘图、识图带来不便。为了能够清晰地表达出零件的内部形状，在机械制图中，常采用剖视图的方法。绘制剖视图应遵循国家标准《技术制图 图样画法 剖视图和断面图》(GB/T 17452—1998)和《机械制图 图样画法 剖视图和断面图》(GB/T 4458.6—2002)中的有关规定。

一、剖视图概述

1.剖视图的概念

假想用剖切平面剖开物体，将处在观察者和剖切面之间的部分移去，而将其余部分向投影面投射所得的图形，称为剖视图，简称剖视，如图7-2-1(a)所示。

如图7-2-1(b)所示，在零件的视图中，主视图用虚线表达其内部形状，不够清晰。如按图7-2-1(a)所示，假想用一个剖切平面(通过零件的轴线并平行于V面)将零件剖开。移去剖切平面与观察者之间的部分，而将其余部分向V面进行投射，就得到一个剖视的主视图，如图7-2-1(c)所示。这时，原来看不见的内部形状变为看得见，虚线也就成为实线了。

2.有关术语

(1)剖切面。剖切被表达物体的假想平面或曲面。

(2)剖面区域。假想用剖切面剖开物体，剖切面与物体的接触部分。

(3)剖切线。指示剖切面位置的线(用细点画线)。

(4)剖切符号。指示剖切面起讫和转折位置(用粗短画线表示)及投射方向(用箭头或粗短画线表示)的符号。

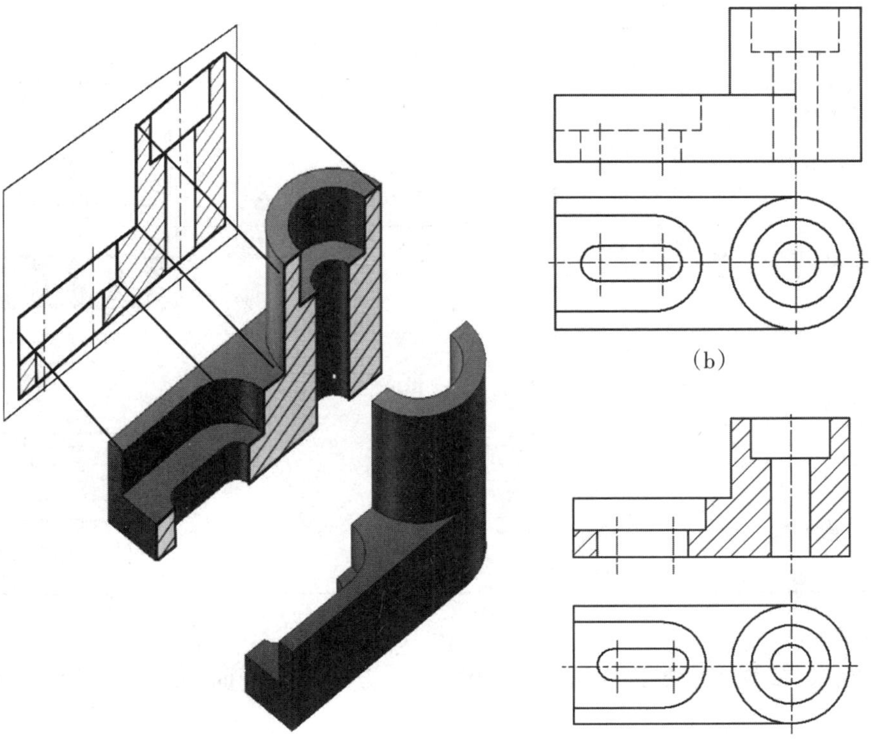

(a)　(b)　(c)

图7-2-1　剖视图

二、剖面区域的表示法

1.剖面符号

剖视图中，对剖面区域一般应画出特定的剖面符号，物体材料不同，剖面符号也不相同。画机械图样时应采用GB/T 4457.5—2013中规定的剖面符号，见表7-2-1。

表7-2-1　不同材料的剖面符号（摘自GB/T 4457.5—2013）

材料	符号	材料	符号
金属材料	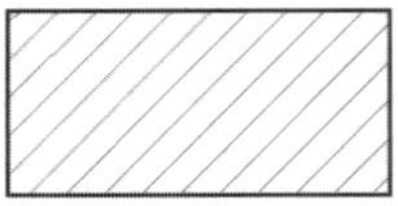	木质胶合板	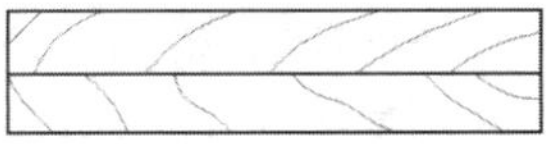
组圈绕组元件	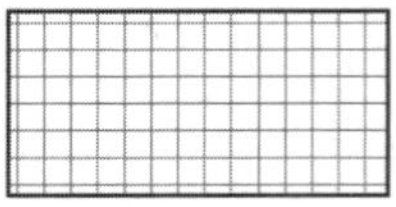	基础周围的泥土	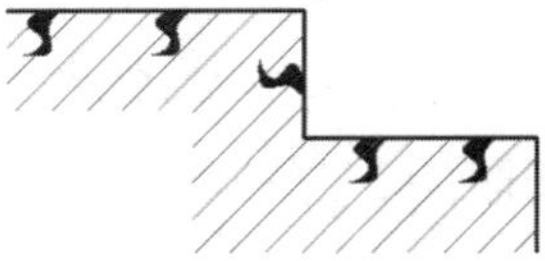
转子、电枢、变压器和电抗器等叠钢片	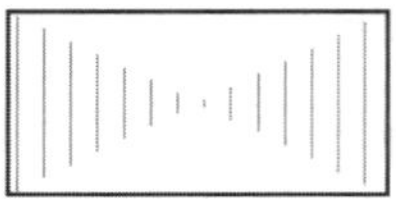	混凝土	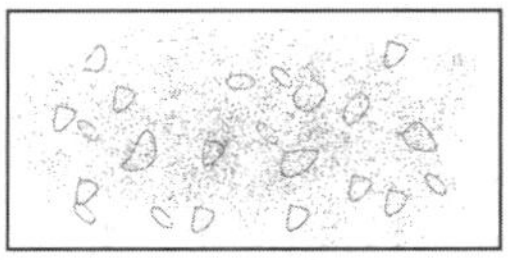
非金属材料（已有规定剖面符号者除外）	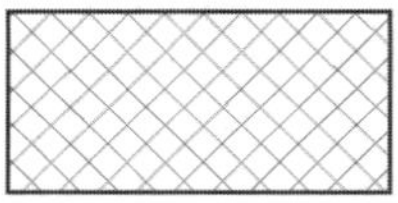	钢筋混凝土	
型砂、填砂、粉末冶金、砂轮、陶瓷刀片、硬质合金刀片等	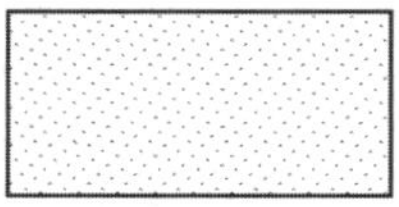	砖	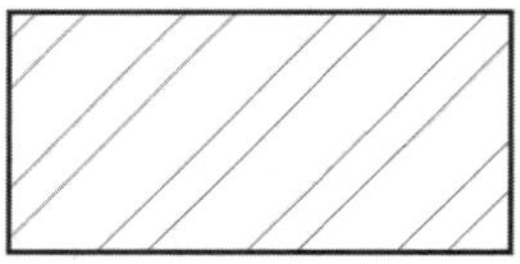
玻璃及供观察用的其他透明材料	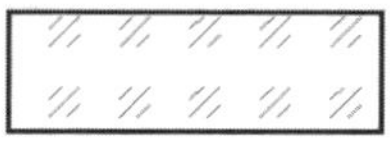	格网	
木材　横断面	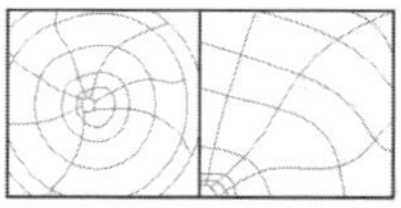	液体	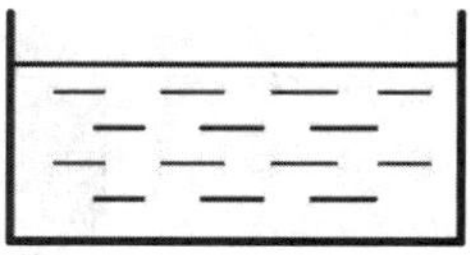
木材　纵断面	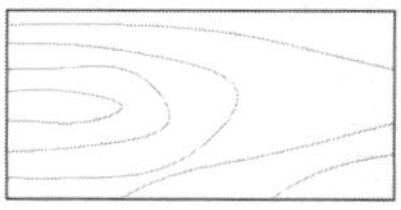		

2.剖面线

剖面线应以适当角度的细实线绘制，最好与主要轮廓或剖面区域的对称线呈45°，如图7-2-2所示。

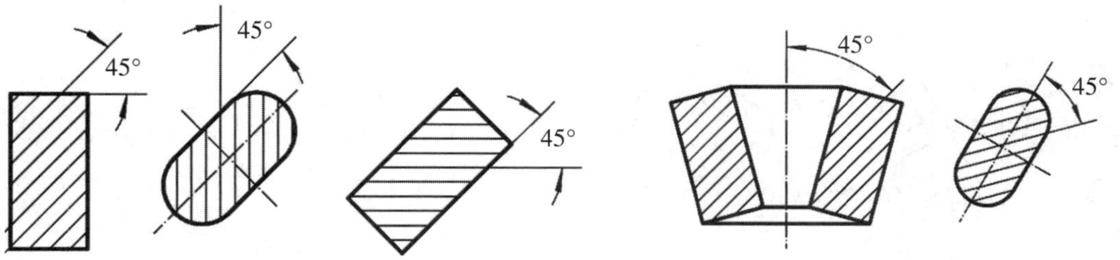

图7-2-2 通用剖面线的绘制

同一基本几何体的各个剖面区域，其剖面线绘制方法应一致。相邻基本几何体的剖面线必须以不同的方向或以不同的间隔画出，如图7-2-3所示。

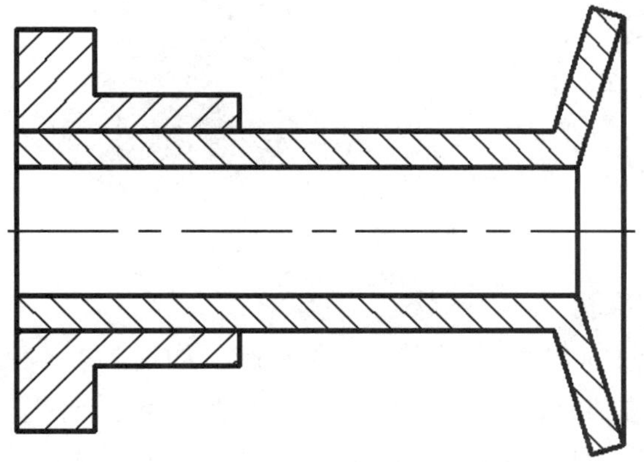

图7-2-3 不同基本几何体剖面线的绘制

三、剖切面的种类

由于物体的结构形状千差万别，因此画剖视图时，应根据物体的结构特点，选用不同的剖切面，以更清晰、准确地表达物体的内部形状。

常用的剖切面有以下三种：

1. 单一剖切面

单一剖切面可以是平行于基本投影面的剖切平面，也可以是不平行于基本投影面的斜剖切平面，如图7-2-4所示的$B-B$剖视。这种剖视图一般应与倾斜部分保持投影关系，但也可配置在其他位置。为了画图和读图方便，可把视图转正，但必须按规定标注，如图7-2-4所示。

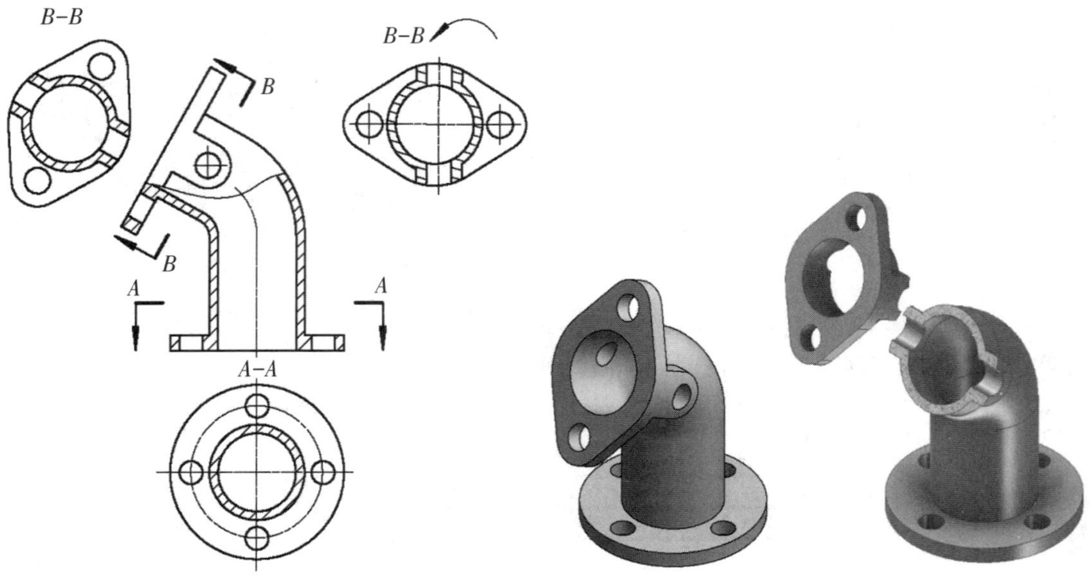

图7-2-4　单一剖切面

2.几个平行的剖切平面

用几个平行的剖切平面剖开机件获得的剖视图。如图7-2-5所示轴承挂架，其左右对称，如果用单一剖切面在机件的对称平面处剖开，则上部两个小圆孔不能剖到，若采用两个平行的剖切平面将机件剖开，可同时将机件上、下部分的内部结构表达清楚，如图7-2-6所示中的*A-A*剖视。

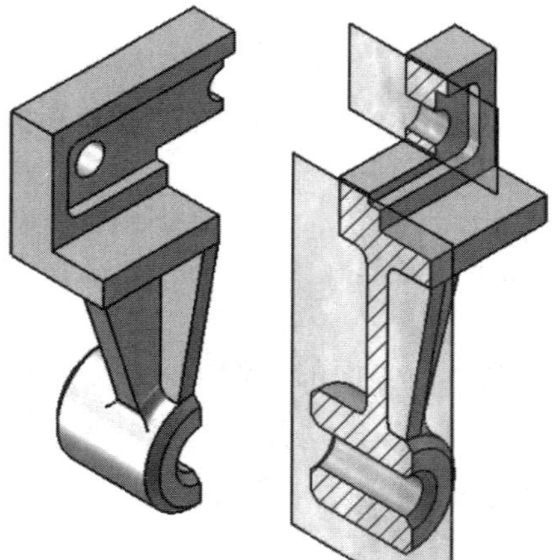

图7-2-5　平行剖切外观

用这类剖切面绘制剖视图时应注意：

(1)因为剖切平面是假想的，所以不应画出剖切平面转折处的投影，如图7-2-6所示。

(2)剖视图中不应出现不完整结构要素，如图7-2-6所示。但当两个要素在图形上具有公共对称中心线或轴线时，可各画一半，此时应以对称中心线或轴线为界，如图7-2-7所示。

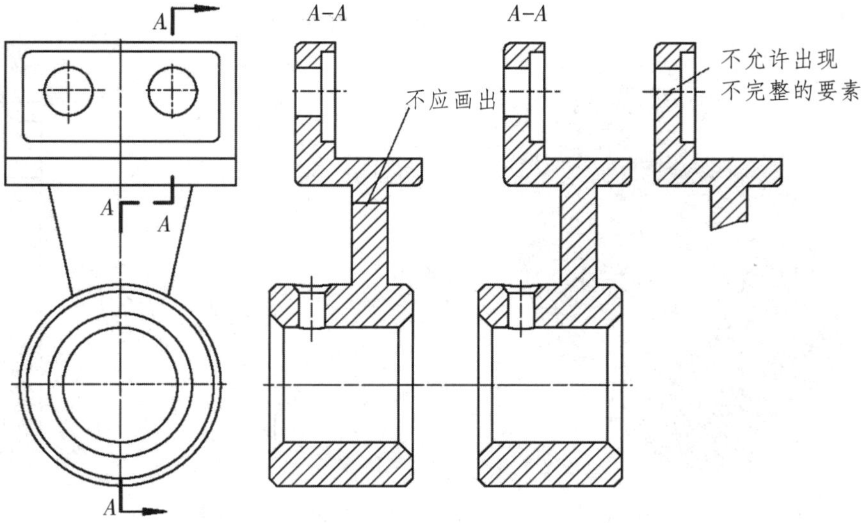

图7-2-6 用两个平行剖切平面剖切时剖视图的绘制方法

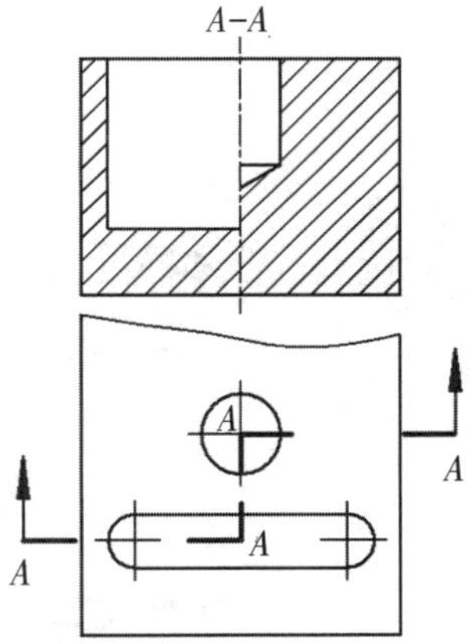

图7-2-7 具有公共对称中心线要素的剖视图绘制方法

3.几个相交的剖切面,即其交线垂直于某一投影面

用几个相交的剖切面剖开机件获得的剖视图。图7-2-8所示为圆盘状机件,若采用单一剖切面只能表达中间剖切位置上的孔的形状,不能反映圆形孔的形状。为了在主视图上同时表达机件的这些结构,只有用两个相交的剖切面剖开机件。

采用这种剖切面画剖视图应注意:

(1)相邻两剖切面的交线(一般为轴线)应垂直于某一投影面。

(2)用几个相交的剖切面剖开机件时,应先剖切后旋转,使剖开的结构及其有关部分旋转至平行于某一选定的投影面再投射。此时,旋转部分的某些结构与原图形不再保持投影关系。在剖切面后的其他结构一般仍应按原来位置投影,如图7-2-9所示。

(3)采用这种剖切面剖切后,应对剖视图加以标注。剖切符号的起讫及转折处用相同字母标出。但当转折处空间狭小又不致引起误解时,转折处允许省略字母。

应该指出,上述三种剖切面可以根据机件内形特征的表达需要任意选用。此外剖切面是一个假想的面,因此采用后两种剖切面时,在剖面区域内,对应于剖切符号的转折处均不应画投影线(图7-2-9)。

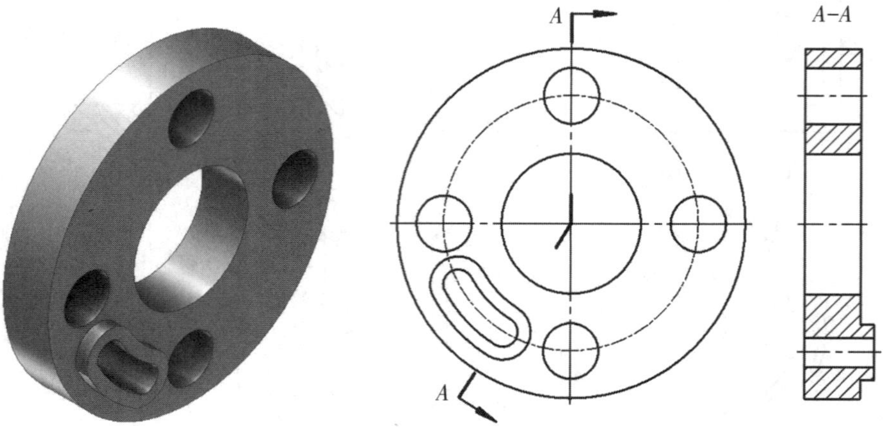

图7-2-8 用两个相交剖切面剖切时的剖视图

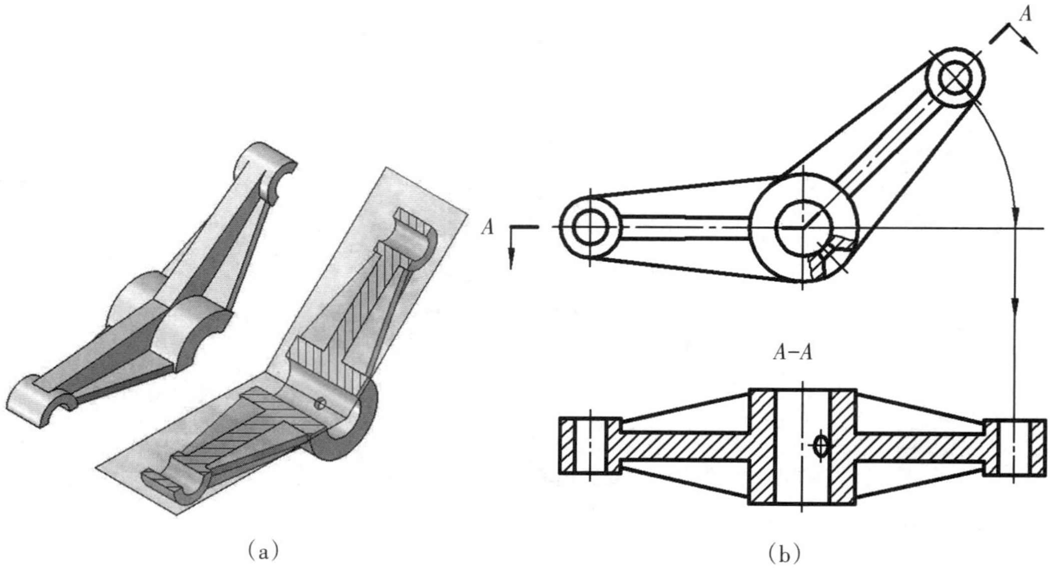

图7-2-9 用相交剖切面剖切时未切部分仍按原位置投射

四、剖视图的种类

按剖切的范围,剖视图可分为全剖视图、半剖视图和局部视图。

1. 全剖视图

用剖切面完全地剖开物体所得的剖视图称为全剖视图,如图7-2-1、图7-2-8、图7-2-9所示。

全剖视图一般适用于表达内形比较复杂、外形比较简单或外形已在其他视图上表达清楚的零件。

2. 半剖视图

当零件具有对称平面时,向垂直于对称平面的投影面上投射所得的图形,可以对称中心线为界,一半画成剖视图,另一半画成视图,这样的图形称为半剖视图。

图 7-2-10(a)所示零件,左右对称(对称平面是侧平面),所以在主视图上可以一半画成剖视,另一半画成视图,如图 7-2-10(b)所示。

由于半剖视图既充分地表达了机件的内部形状,又保留了机件的外部形状,所以常用它来表达内、外形状都比较复杂的对称机件。

当机件的形状接近于对称,且不对称部分已另有图形表达清楚时,也可以画成半剖视图,如图 7-2-10(b)所示。

画半剖视图时应注意:

(1)视图与剖视图的分界线是对称中心线(细点画线),而不应画成粗实线,也不应与轮廓线重合。

(2)机件的内部形状在半剖视图中已表达清楚,在另一半视图上就不必再画出虚线,但对于孔或槽等,应画出中心线位置。

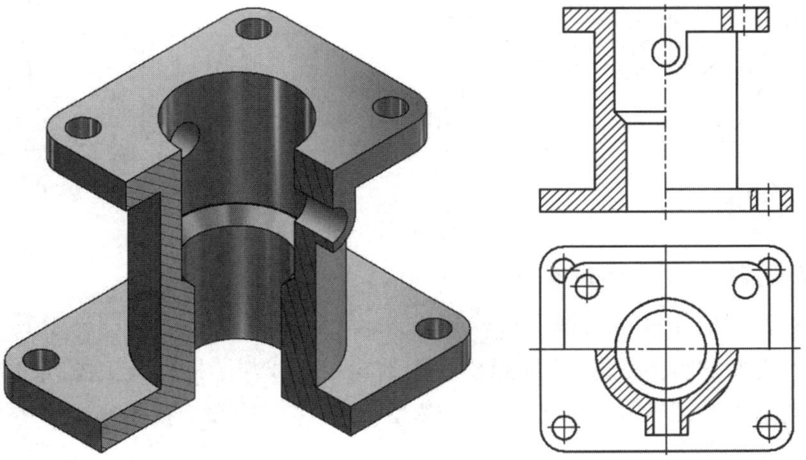

(a)　　(b)

图7-2-10　半剖视

3.局部剖视图

用剖切面局部地剖开物体所得的剖视图称为局部剖视图,如图 7-2-11 所示。

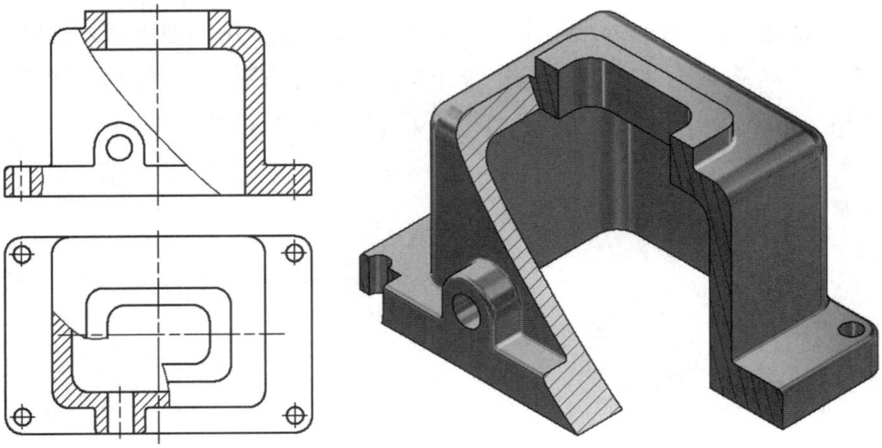

(a)　　(b)

图7-2-11　局部剖视图

局部剖视图的剖切位置和剖切范围根据需要而定，是一种比较灵活的表达方法，运用得当，可使图形表达得简洁而清晰。

(1)局部剖视图通常使用的情况

①当不对称机件的内、外形状均需要表达，或者只有局部结构的内形需要剖切表示，而又不宜采用全剖视图时，如图7-2-12(a)所示。

②当对称机件的轮廓与中心线重合，不宜采用半剖视图时，如图7-2-12(b)所示。

③当实心机件(如轴、杆等)上面的孔和槽等局部结构需剖开表达时，如图7-2-12(c)所示。

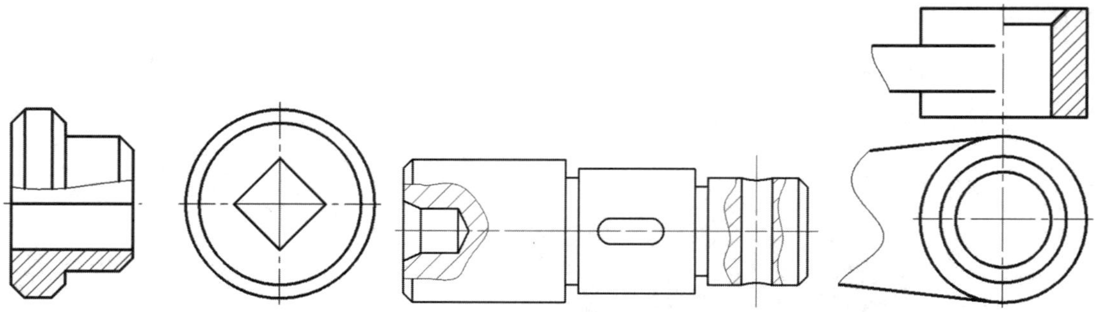

(a)　(b)　(c)

图7-2-12　局部剖视图的应用场合

(2)画局部剖视图时的注意事项

①局部剖视图应用波浪线或双折线分界，波浪线、双折线不应和图样上其他图线重合。波浪线应画在机件的实体部分，不能超出视图的轮廓线或与图样上其他图线重合。

②当被剖结构为回转体时，允许将该结构的轴线作为局部剖视图与视图的分界线，如图7-2-12(c)所示。

③局部剖视图是一种比较灵活的表达方法，哪里需要哪里剖。但在同一个视图中，使用局部剖这种表示法的次数不宜过多，否则会显得零乱而影响图形清晰。

④局部剖视图的标注方法与全剖视图相同。但单一剖切平面的剖切位置明显时，局部剖视图的标注可省略。

⑤当机件剖切后，仍有内部结构未表达完全，而又不宜采用其他方法表达时，允许在剖视图中再作一次局部剖，俗称“剖中剖”。采用这种绘制方法时，两者的剖面线应同方向、等间隙，但要相互错开，并用引出线注其名称“$X-X$”，如图7-2-13所示。

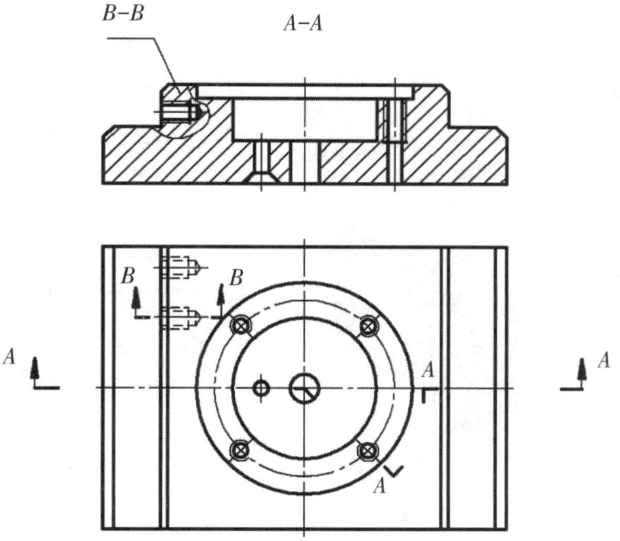

图7-2-13 全剖视图中的局部剖

局部剖视图既能把物体局部的内部形状表达清楚，又能保留物体的某些外形，其剖切的位置和范围可根据需要而定，因此是一种极其灵活的表达方法。

五、画剖视图的注意事项

（1）剖视图是用剖切面假想地剖开物体，所以，当物体的一个视图画成剖视图后，其他视图的完整性应不受影响，仍按完整视图画出，如图7-2-13所示的俯视图画成完整视图。

（2）在剖切面后方的可见部分应全部画出，不能遗漏，也不能多画。如图7-2-14所示是画剖视图时几种常见的漏线、多线现象。

（3）在剖视图上，对于已经表示清楚的结构，其细虚线可以省略不画。但如果仍有表达不清楚的部位，其细虚线则不能省略。如图7-2-15所示。在没有剖切的视图上，细虚线的问题也按同样原则处理。

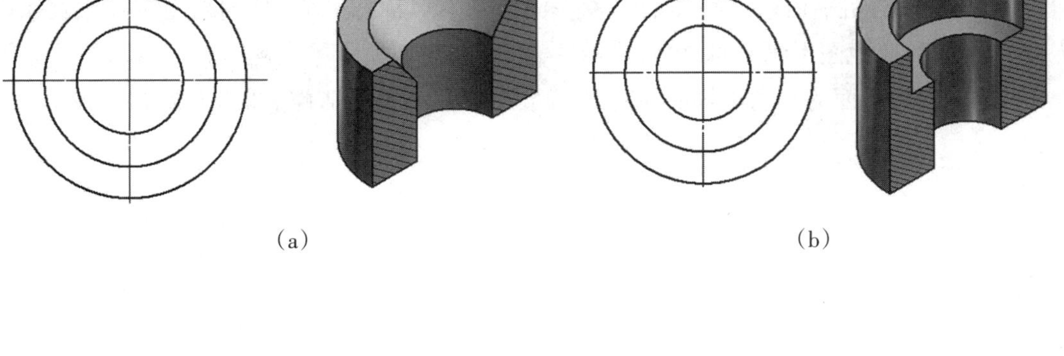

（a） （b）

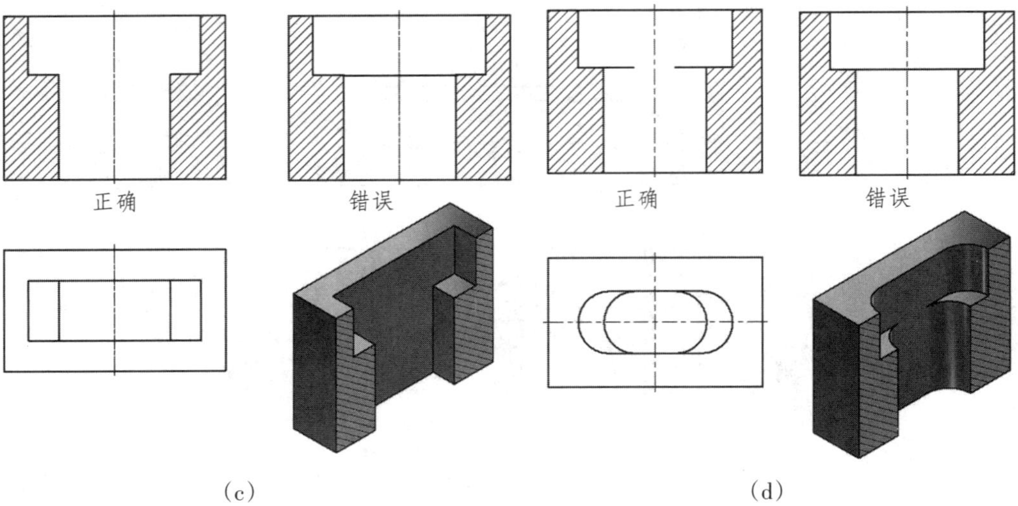

图7-2-14　剖视图中的漏线和多线

六、剖视图的标注

1.标注方法

一般应在剖视图的上方标注剖视图的名称“*X* － *X*”(*X*为大写字母或阿拉伯数字)。在相应的视图上用剖切符号表示剖切位置和投射方向(用箭头表示),并标注相同的字母(图7-2-13)。

(1)剖切符号。表示剖切面的起止和转折位置(粗短画线),不得与图形的轮廓线相交或重合。

(2)投射方向。在剖切符号的两端外侧,用箭头(垂直于粗短画线)指向剖切后的投射方向。

(3)剖视图的名称。在剖视图的上方,用大写的字母标注剖视图的名称(如*A*－*A*、*B*－*B*等),并在剖切符号的侧边标注同样的字母。

2.一些可以省略标注的场合

(1)剖切符号之间用剖切线(细点画线)相连。剖切线也可省略不画,如图7-2-13所示。

(2)转折处位置较小,难以注写又不致引起误解时,也可省略字母,如图7-2-13所示。

(3)当剖视图按投影关系配置,中间又没有其他图形隔开时,可省略箭头,如图7-2-16所示。

(4)当单一剖切平面通过物体的对称平面或基本对称的平面,且剖视图按投影关系配置,中间又没有其他图形隔开时,可省略标注,如图7-2-15所示的主视图。

当单一剖切平面的剖切位置明显时,局部剖视图的标注可省略,如图7-2-17所示。

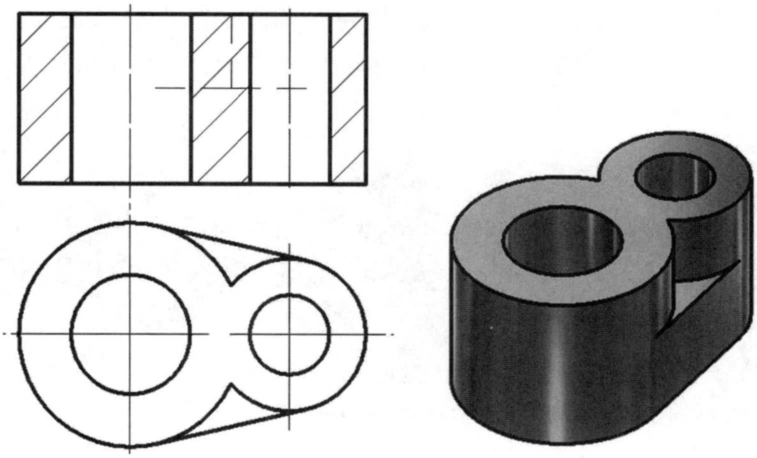

图7-2-15 剖视图中的细虚线

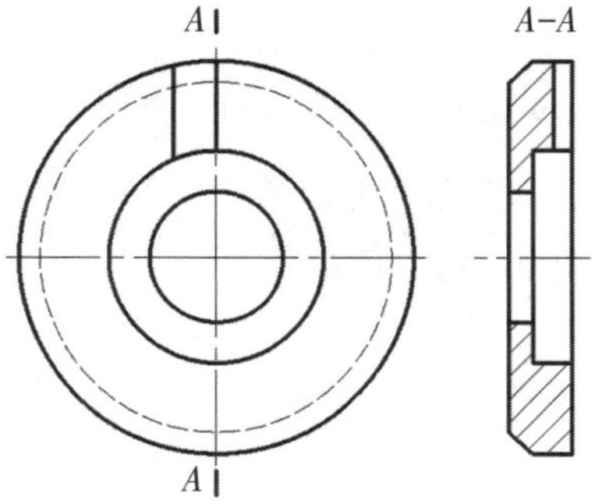

图7-2-16 省略箭头

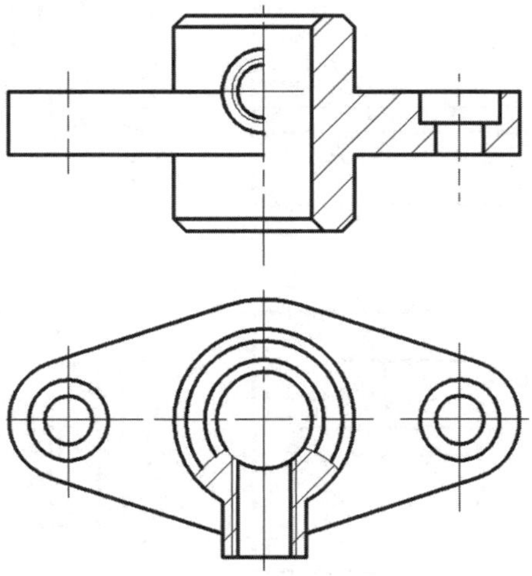

图7-2-17 省略标注

任务实施

绘制图7-2-18所示定位块的剖视图。

(1)形体分析

定位块外形简单而内部结构很复杂。可根据需要在某视图上采用剖视，也可以同时在其他视图上采用剖视。如图7-2-18所示，在主视图上采用全剖视，以表示定位块中间的横向阶梯孔以及上部凸缘与槽的结构；定位块内部的其他结构还需采用另外两个剖切平面“A”和“B”来表达。在图7-2-19中画出相应的A－A和B－B剖视图。

图7-2-18　定位块内、外结构图

(2)表达方案分析

①主视图采用全剖视图，表示横向孔与后壁小孔的相对位置，以及上部凸缘与槽的结构。

②A－A剖视图进一步表示后壁上的小孔是与横向孔相通的通孔。由于A－A剖视图处于左视图的位置，中间没有其他图形隔开，可省略箭头。

③B－B剖视图表示定位块左端两个阶梯通孔，按投射方向看，B－B剖视图应该画在右视图的位置，但为了合理利用图纸，可将它布置在右下角，这时，主视图上应标注剖切符号、箭头和字母。

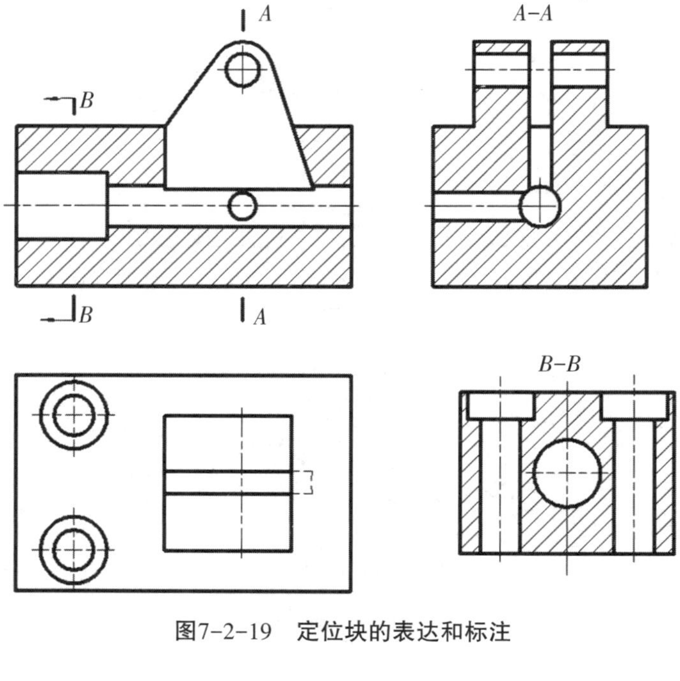

图7-2-19　定位块的表达和标注

任务三　绘制机件断面图

任务目标

1.理解断面图的概念及种类。

2.掌握移出断面图和重合断面图的绘制方法及标注。

任务准备

一、断面图的基本概念

轴类机件是生产生活中最常见的机件之一，如图7-3-1(a)所示。若想了解该机件的孔和键槽的结构，若使用剖视图还需要将除断面外的可见部分全部画出，比较麻烦，此时可采用断面图。

假想用剖切平面将机件在某处切断，只画出切断面形状的投影并画上规定的剖面符号的图形称为断面图，简称断面，如图7-3-1(b)所示。

断面图与剖视图的主要区别在于，断面图是仅画出机件断面的真实形状，如图7-3-1(b)所示，而剖视图不仅要画出其断面形状，还要画出剖切平面后所有的可见轮廓线，如图7-3-1(c)所示。

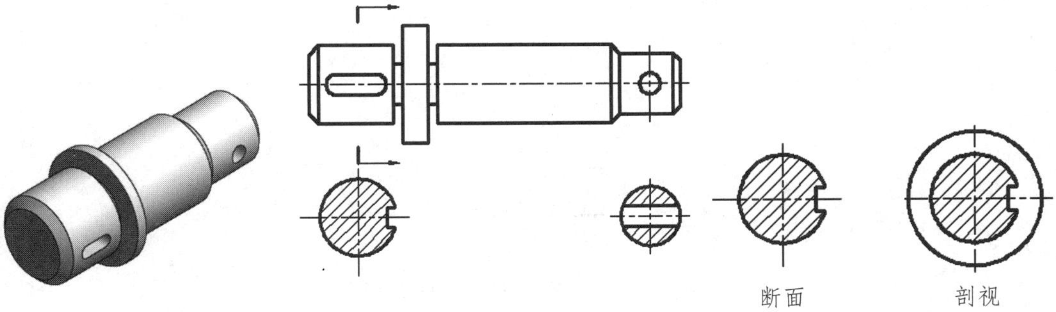

(a)　(b)　(c)

图7-3-1　断面

二、断面图的分类

国家标准规定，按所画的位置不同，断面图可分为移出断面图和重合断面图两种。

1.移出断面图

画在轮廓之外的断面图称为移出断面图。如图7-3-2所示就是移出断面图，移出断面的轮廓线用粗实线画出，并按以下原则绘制和配置。

(1)移出断面应尽量配置在剖切平面的延长线上，必要时也可以画在图纸的其他位置，但要标注清楚，如图7-3-2所示。

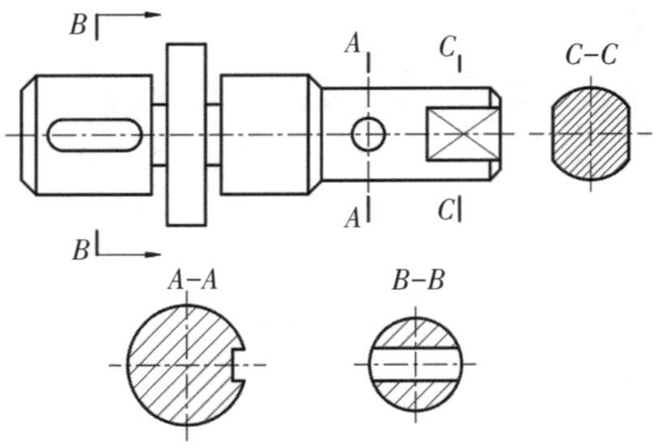

图7–3–2　移出断面标注形式

断面图在剖切线或者剖切符号的延长线上，如图7–3–2所示，如果图形为对称图形则可以省略剖切符号和字母；如果图形为不对称图形，则应标注剖切符号，不必标注字母。

断面图不在其延长线上，如图7–3–2所示，如果图形为对称图形，可不必标注箭头，但应配有字母，如图7–3–2的*A–A*断面图；如果图形为不对称图形，必须标注剖切符号、字母和箭头，如图7–3–2的*B–B*断面图。

断面图按投影关系配置，则不必标注箭头，如图7–3–2的*C–C*断面图。

（2）国标规定，当剖切平面通过回转形成的孔或凹坑的轴线时，这些结构按剖视图绘制，如图7–3–3所示。

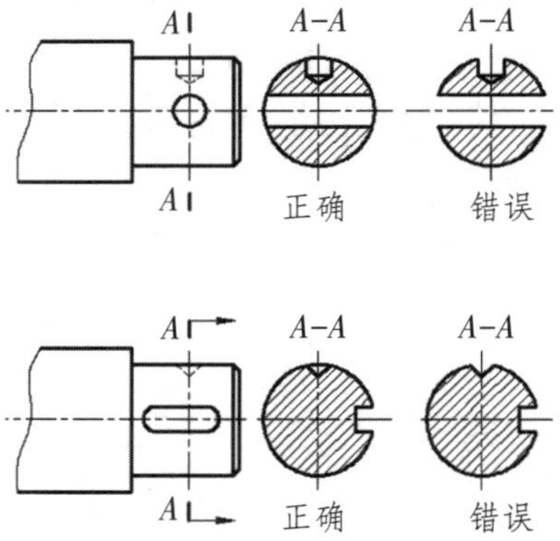

图7–3–3　带有孔或凹坑的断面图

（3）当剖切面通过非圆孔，导致断面图出现分离的两个断面时，这些结构也应按剖视图绘制，如图7–3–4所示。

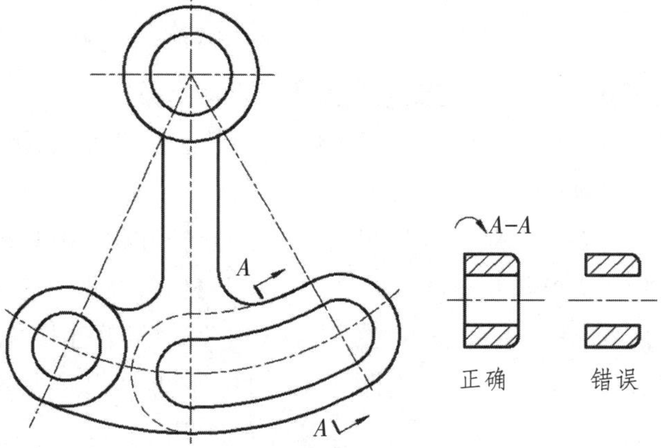

图7-3-4 按剖视图绘制的移出断面图

(4)当断面图的图形对称时,可画在视图的中断处,如图7-3-5(a)所示;当移出断面图是由两个或多个相交的剖切平面组成时,断面图的中间应断开,如图7-3-5(b)所示。

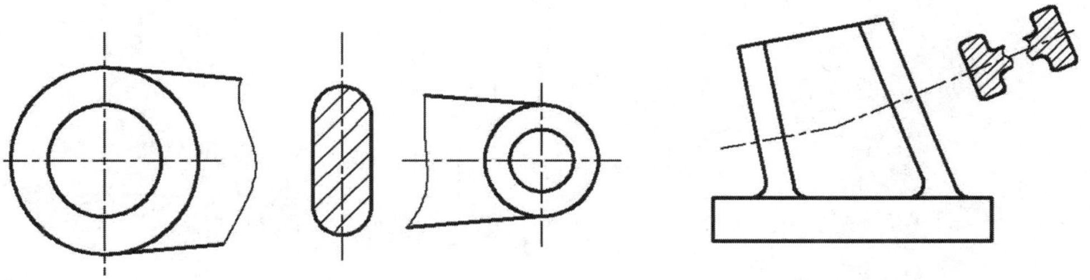

(a)图形对称断面图　　(b)多个剖切平面断面图

图7-3-5 画在视图中断处及断开的移出断面图

2.重合断面图

画在视图轮廓之内的断面图称为重合断面图。为了使图形清晰,避免与视图中的线条混淆,重合断面的轮廓线用细实线画出。当重合断面的轮廓线与视图的轮廓线重合时,仍按视图的轮廓线画出,不应中断,如图7-3-6(a)所示。

重合断面图的标注规定不同于移出断面图。对称的重合断面不必标注,不对称的重合断面在不致引起误解时可省略标注,如图7-3-6(b)所示。

因重合断面的位置固定,配置在剖切符号上的不对称重合断面,不必标注字母。对称的重合断面也不必标注。断面图一般用来表达孔、槽、轮辐、肋板等结构。

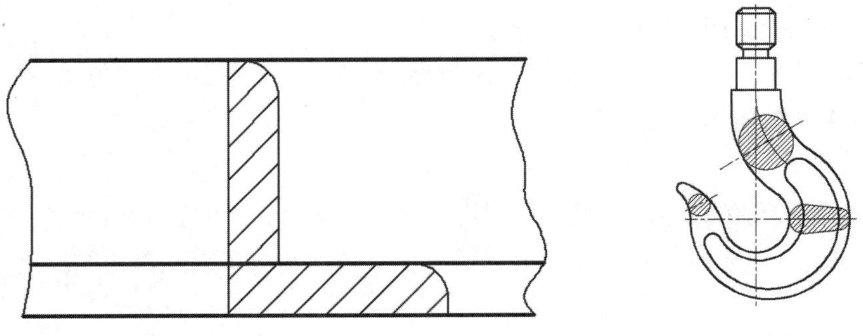

(a)　　(b)

图7-3-6 重合断面图绘制方法

任务实施

1. 分析图7-3-7支架外观，请确定支架最合适的表达方案

形体分析：如图7–3–7所示，该支架由三部分构成：上部是圆筒，下部是底板，中间部分通过十字肋板连接圆筒与底板。

表达方法选择：如图7–3–7所示，为了表达支架的内外形状，主视图采用局部剖视，这样既表示了水平圆柱、十字肋板和倾斜底板的外部形状与相对位置，又表示了水平圆柱上的通孔和底板上小孔的内部形状。为了表示水平圆柱和十字肋板的连接关系，采用了一个局部视图（配置在左视图的位置上）；为了表示倾斜底板的实形和四个小孔的分布情况，采用了*A*向斜视图；为了表示十字肋板的断面形状，采用移出断面。这样，支架用了四个图形，就完整、清晰地表达了结构形状。

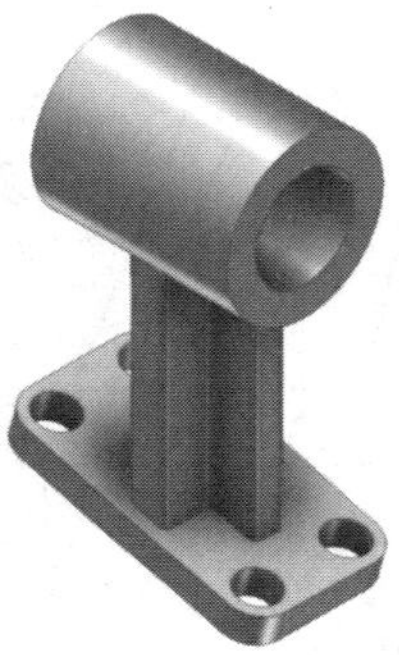

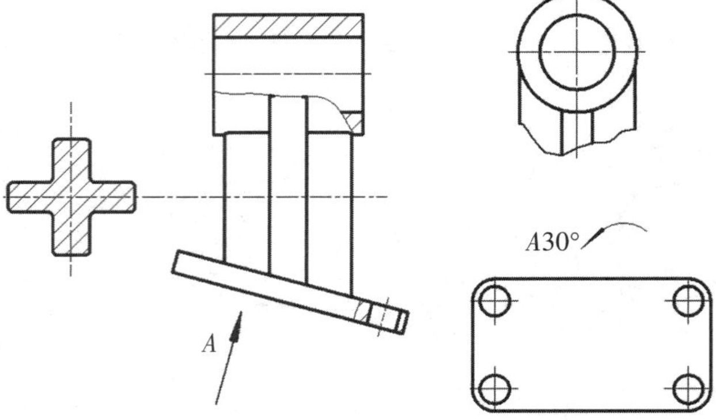

（a）（b）

图7–3–7　支架

2. 看轴的立体图、剖视图及断面图，分析其表达方案及图形标注

看剖视图和断面图时，首先要根据剖视图和断面图的概念看清楚是何种剖视图或断面图，同时还要搞清楚剖切平面对物体及投影面的位置，然后按照看视图的步骤和方法看图，就可以想出图示物体的形状了。

图7–3–8共有三个图形，上面为主视图，下面是两个移出的断面图。

主视图中剖与未剖部分是以曲线为界的，所以主视图采用局部剖视，单一剖切平面通过轴的轴线，并平行于正面。

在两个移出断面图中，左面的*A*–*A*断面图是用通过两个小孔的中心线，并平行于侧面（垂直于轴）的剖切平面剖切后画出的。由于图形对称，省去了投射方向的箭头。

右面的*B*–*B*断面图所用的剖切平面的位置、投射方向，可根据图7–3–8中的标注自行分析。

主视图反映了轴的主体，采用局部剖视是为了清晰地（不用虚线）表示轴上的大孔。采用*A*–*A*断面是为了表示轴上的两个小孔。采用*B*–*B*断面是为了表示键槽的深度。

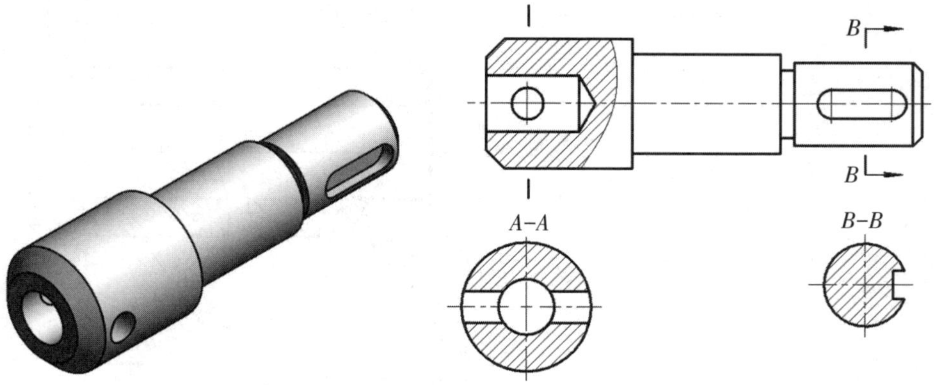

（a）　　　　　　　　　　　　（b）

图7-3-8　轴

任务四　学习局部放大图和简化画法

任务目标

1.知道局部放大图的概念。

2.能够正确绘制并标注机件的局部放大图。

任务准备

当机件上的细小结构在视图中表达不清楚，或不便于标注尺寸和技术要求时，可采用局部放大图。

为了制图简便，可在保证不引起误解的前提下，使用国家标准规定的简化绘制方法。

一、局部放大图

将机件的部分结构，用大于原图形所采用的比例画出的图形，称为局部放大图。当同一机件上有几处需要放大时，可以用细实圆圈出被放大部位，用罗马数字依次标明放大的部位，并在局部放大图的上方标注相应的罗马数字所采用的比例，如图7-4-1(a)所示。对于同一机件上不同部位，但图形相同或对称时，只需画出一个局部放大图，如图7-4-1(b)所示。当物体上只有一处被放大时，在局部放大图的上方只需注明所采用的比例，如图7-4-1(c)所示。

这里要特别注意：局部放大图上标注的比例是指该图形与零件的实际尺寸之比，而不是与原图形之比。

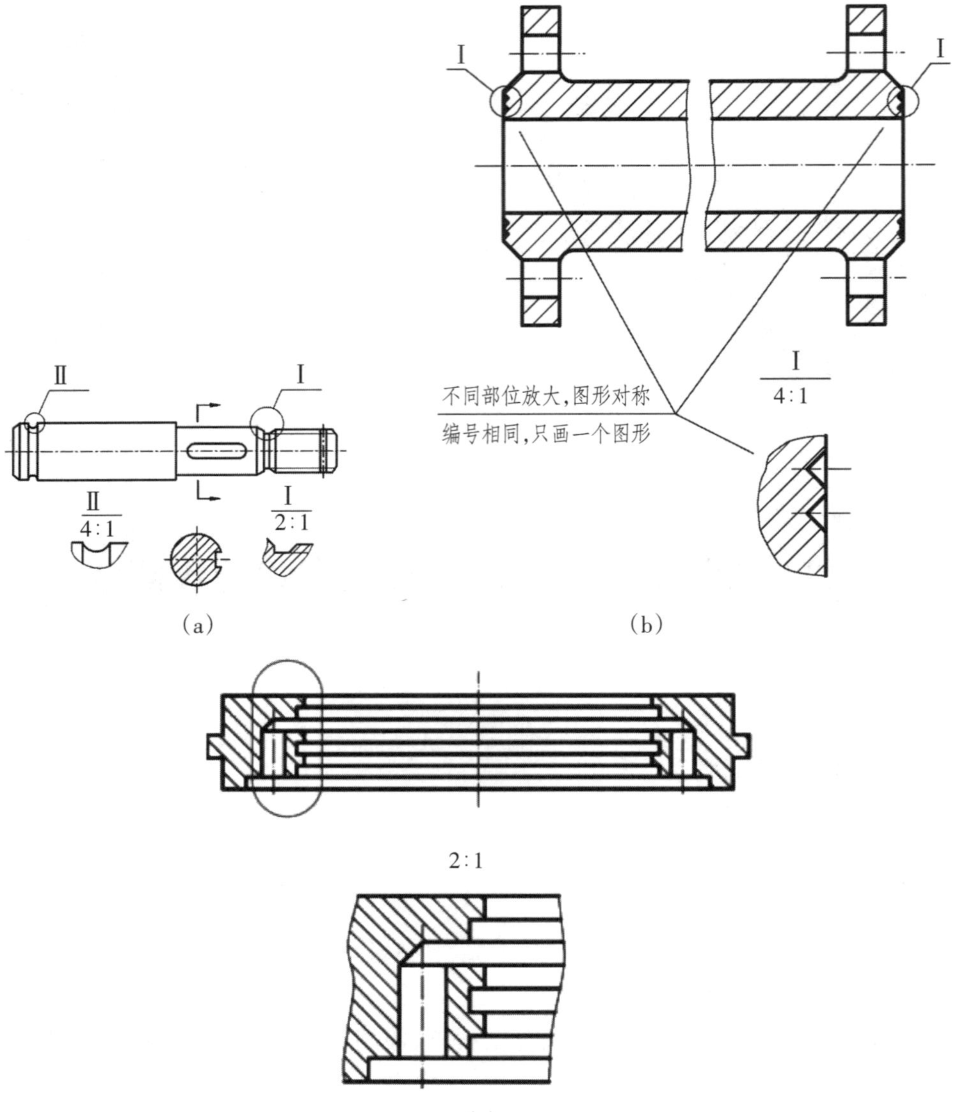

图7-4-1　局部放大图

二、简化绘制方法及其他规定绘制方法

1.肋板、轮辐及薄壁等结构的简化

对于机件上的肋板、轮辐及薄壁等结构,当剖切平面沿纵向剖切时,这些结构上都不画剖面符号,而用粗实线将它与其邻接部分分开;当剖切平面沿横向剖切时,这些结构仍需画上剖面符号,如图7-4-2所示。

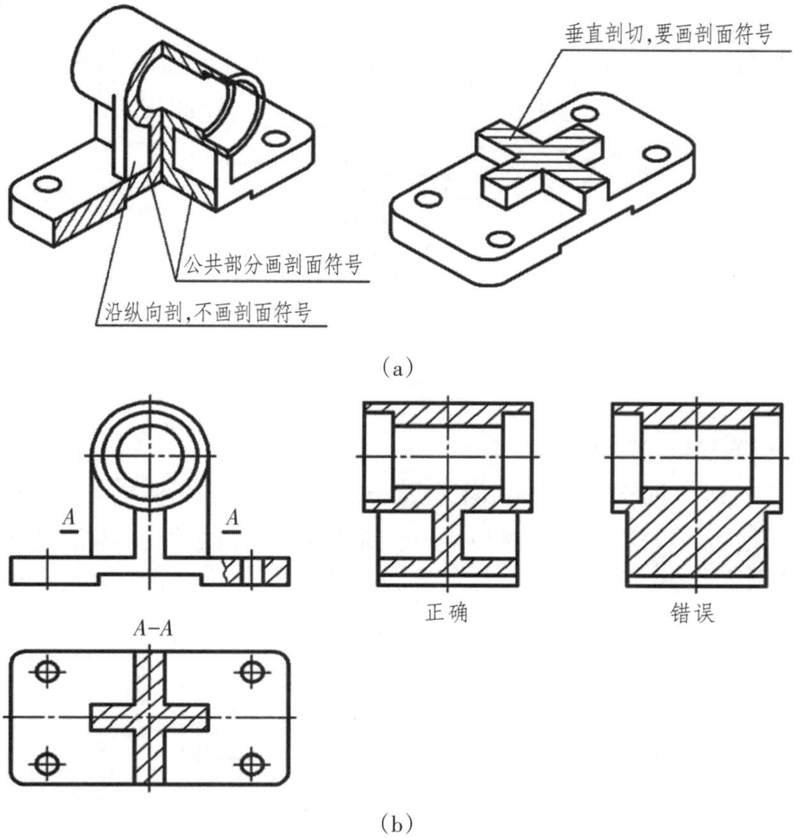

图7-4-2　肋板、轮辐等结构的简化绘制方法

当需要表达的形状为回转体的机件上均匀分布的肋板、轮辐、孔等不处于剖切平面上的结构时，可将这些结构假想旋转到剖切平面上画出，且不需加任何标注，如图7-4-3所示中的肋板和孔的绘制方法。

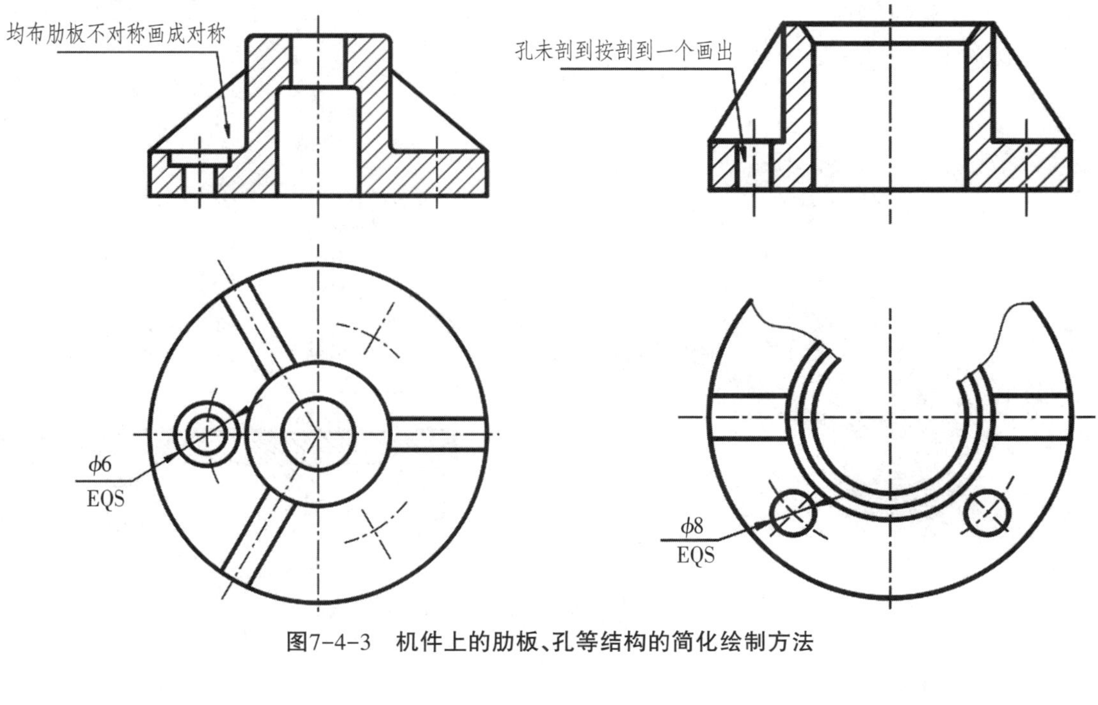

图7-4-3　机件上的肋板、孔等结构的简化绘制方法

2. 移出断面图的简化

在不致引起误解时，机件的移出断面允许省略剖面符号，但剖切符号和字母是否标注，必须遵照前面所述的断面的标注方法及省略标注的情况而定，如图7-4-4所示。

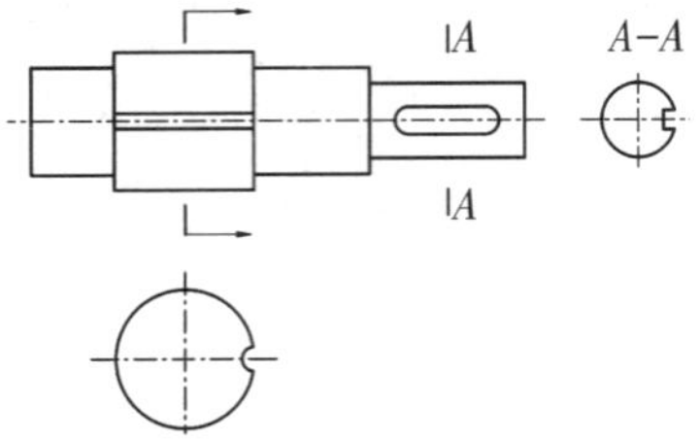

图7-4-4　移出断面可省略剖面符号

3. 相同结构的简化绘制方法

（1）当机件上具有若干相同结构（如齿、槽等）并按一定规律分布时，只需画出几个完整的结构，其余用细实线连接，在图上必须注明该结构的总数，如图7-4-5（a）、（b）所示。

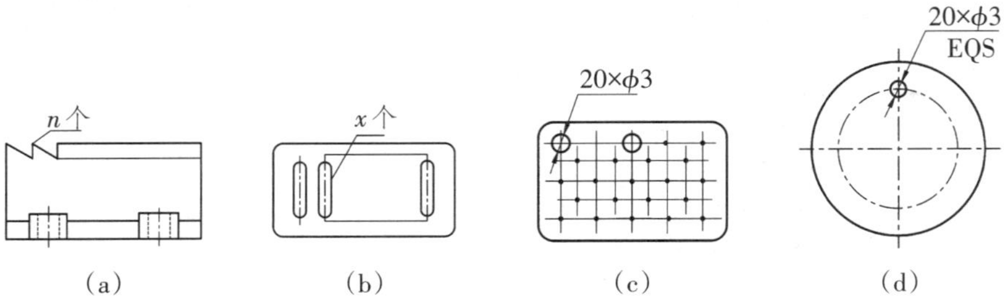

图7-4-5　相同要素的简化绘制方法

（2）当机件上具有若干直径相同且成规律分布的孔（圆孔、螺孔、沉孔等），可以仅画出一个或几个，其余只需用细点画线表示其对称中心线（确定圆心的位置）、对称线，在图上注明孔的总数，如图7-4-5（c）、（d）所示。图7-4-5（d）中的EQS表示"呈放射状均布"。

（3）圆柱形凸缘（法兰）和类似机件上均匀分布在圆周上直径相同的孔，可按图7-4-6所示的方法绘制。

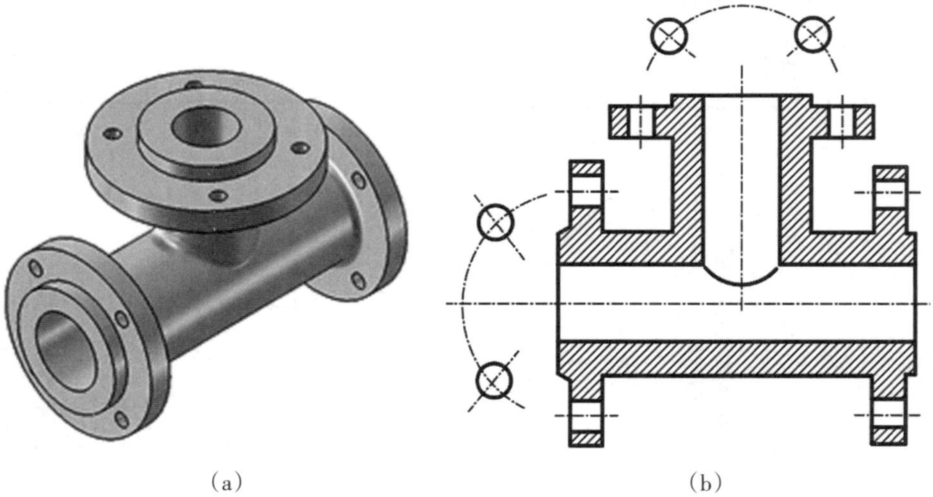

图7-4-6　圆周上直径相同的孔的绘制方法

4.对称图形的简化绘制方法

(1)在不致引起误解时,对于对称机件的视图可只画一半或四分之一,并在图形对称中心线的两端分别画两条与其垂直的平行细实线(细短画),如图7-4-7(a)、(b)所示。也可画出略大于一半并以波浪线为界线的圆,如图7-4-3所示。

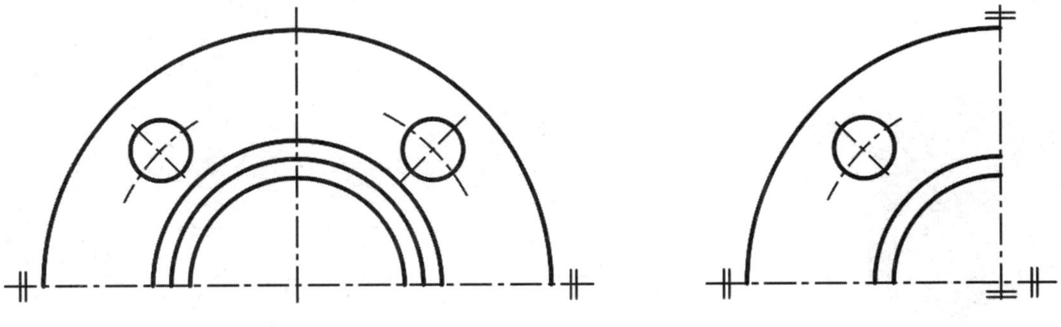

(a)　　(b)

图7-4-7 对称机件的简化绘制方法

(2)机件上对称结构的局部视图,可按图7-4-8所示的方法绘制。

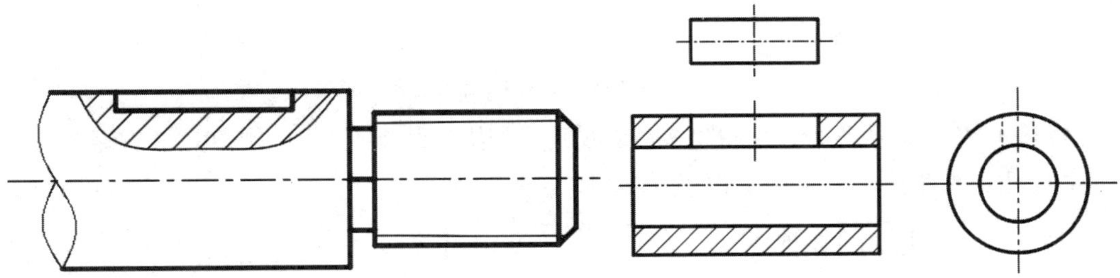

图7-4-8 对称结构局部视图的简化绘制方法

5.某些投影的简化绘制方法

(1)机件上较小结构所产生的交线(截交线、相贯线、过渡线),如在一个图中已表示清楚时,则在其他图形中该交线允许简化或省略,如图7-4-9所示。

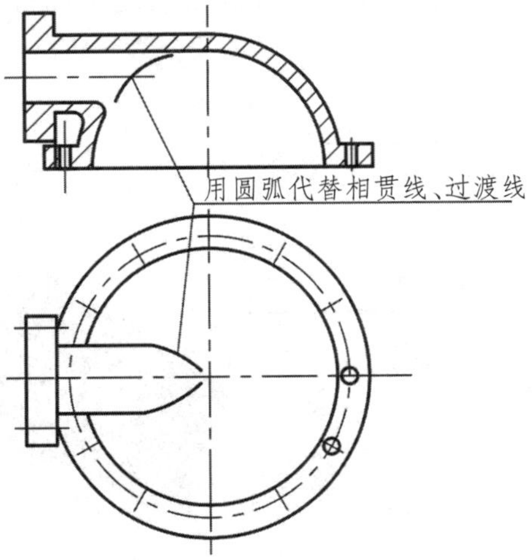

(a)相贯线、过渡线简化

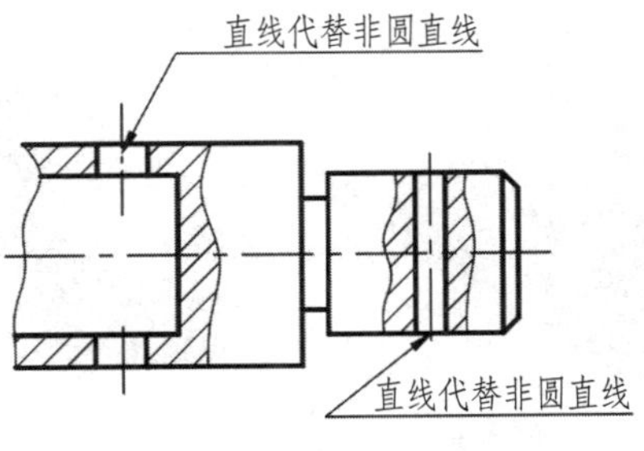

(b)相贯线简化绘制方法

图7-4-9 过渡线和相贯线的简化绘制方法

（2）机件上斜度不大的结构，如在一个图形中已表达清楚时，其他图形可按小端画出，如图7-4-10（a）所示。

（3）与投影面倾斜角度小于30°的圆或圆弧，其投影可用椭圆或椭圆弧代替，如图7-4-10（b）所示。

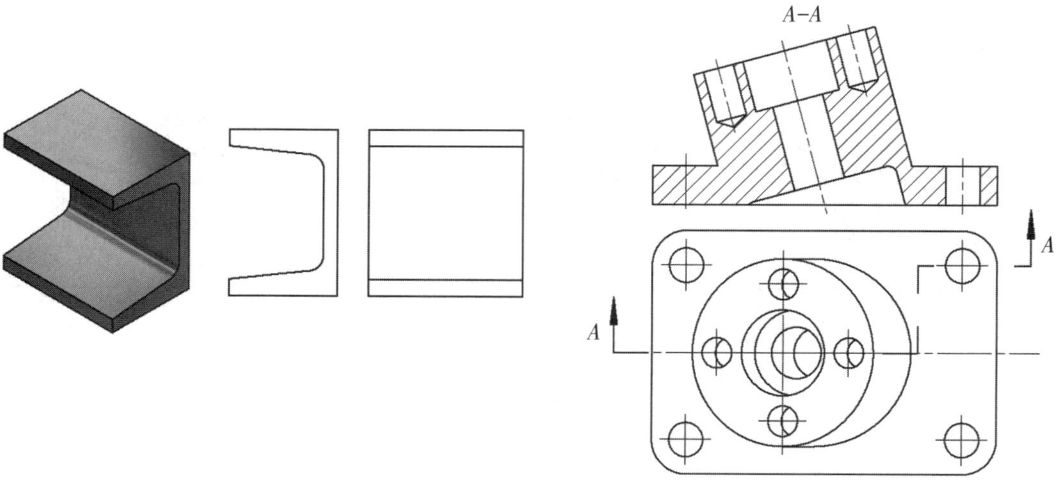

（a）按小端画出　　（b）以圆代替椭圆

图7-4-10　斜度不大的结构简化绘制方法

（4）在不致引起误解时，零件图中的小圆角、锐边小倒圆或45°小倒角允许省略不画，但必须注明尺寸或在技术要求中加以说明，如图7-4-11所示。

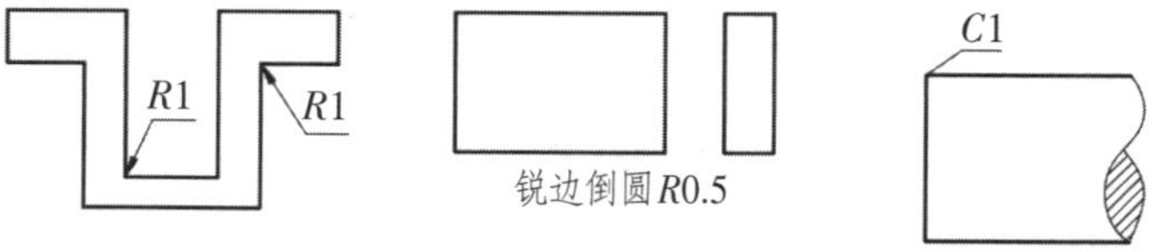

图7-4-11　小圆角、小倒圆、小倒角的简化绘制方法和注法

（5）当图形不能充分表达平面时，可用平面符号（相交细实线）表示，如图7-4-12（a）所示。机件较小结构，如在一个图形中已表达清楚时，其他图形可简化或省略平面符号，如图7-4-12（b）所示。

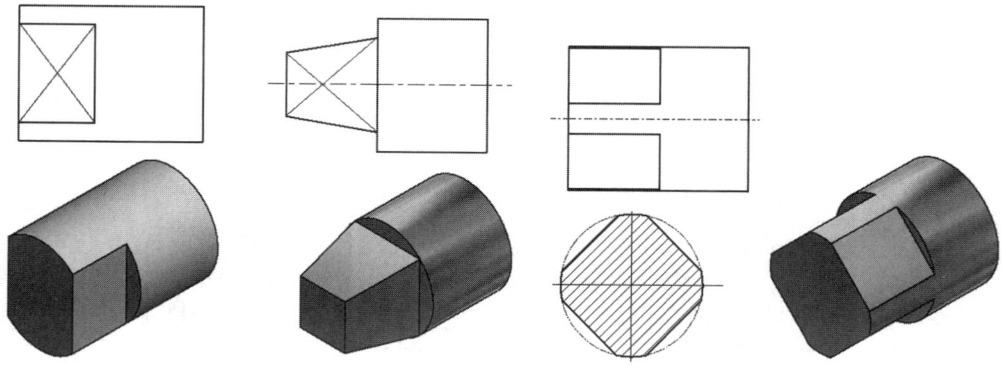

（a）用平面符号表示平面　　（b）省略平面符号表示平面

图7-4-12　回转体上小平面简化绘制方法

6. 长机件的简化绘制方法

较长的机件（如轴、杆、型材、连杆等），沿长度方向形状一致或按一定规律变化时，可断开后缩短画出，但要按实际长度标注尺寸，如图 7-4-13 所示。断裂的边界线可用双点画线或波浪线绘制，如图 7-4-13（b）、（c）所示，对于实心圆柱和空心圆柱可按图 7-4-13（a）、（c）绘制。对于较大的机件可用双折线绘制，如图 7-4-13（d）所示。

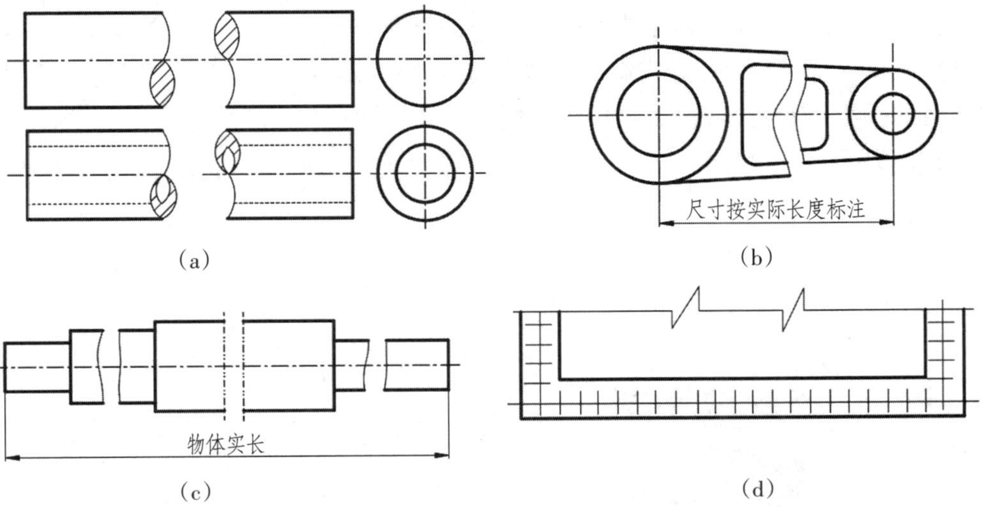

图7-4-13 较长机件的简化绘制方法

任务五 学习第三角绘制方法

任务目标

1. 知道第三角投影的原理，能够描述第三角绘制方法的概念。
2. 能够识别第三角绘制方法的三视图。

任务准备

国际标准规定，在表达物体结构时，第一角绘制方法和第三角绘制方法等效使用。我国国家标准《技术制图 图样画法 视图》（GB/T 17451—1998）规定优先采用第一角画法。而美国、日本等国家采用第三角画法。为适应国际技术交流的需要，我们应了解第三角绘制方法。

一、第三角投影的形成与视图

如图7-5-1所示，三个相互垂直相交的投影面，把空间分成八个分角(Ⅰ、Ⅱ、Ⅲ...)。

与第一角绘制方法不同，第三角绘制方法是将物体放在第三分角内(H面之下，V面之后、W面之左)，使投影面处于观察者和物体之间，即始终保持人(视线)—投影面(视图)—物体相对位置关系，假定投影面是透明的，观察者是透过透明的投影面看物体，然后也按正投影法获得视图，如图7-5-2所示。

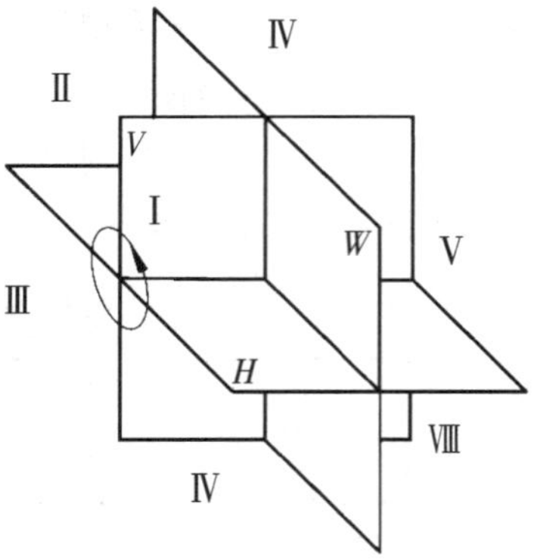

图7-5-1　八个分角

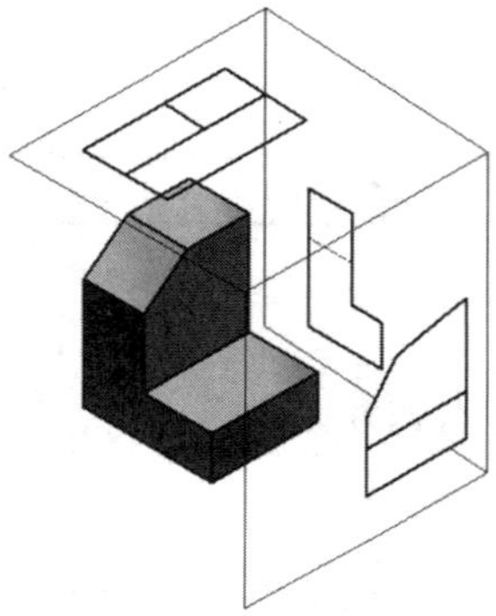

(a)

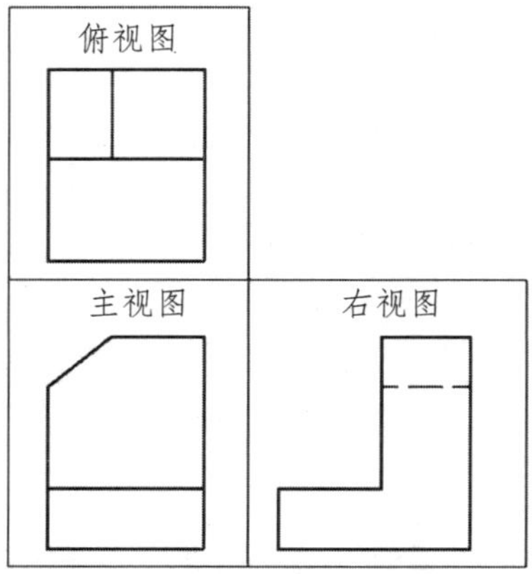

(b)

图7-5-2　第三角绘制方法三视图的形成与配置

和第一角绘制方法一样，第三角绘制方法也有六个基本视图。

将物体置于透明的正六面体内，观察者在外，将物体从六个方向进行投射，在六个基本投影面上得到六个基本视图。

如图7-5-3及图7-5-4所示是第三角绘制方法和第一角绘制方法的基本视图配置及投影面展开。

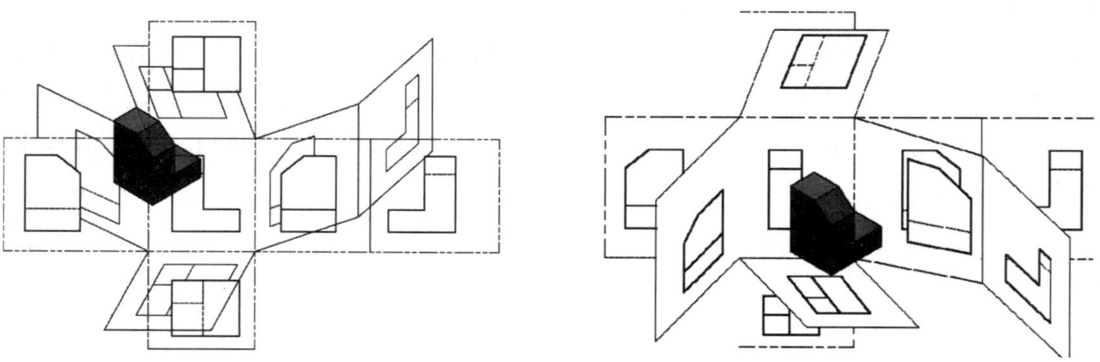

(a)第三角绘制方法的展开　　(b)第一角绘制方法的展开

图7-5-3　第三角绘制方法和第一角绘制方法中六个基本视图的展开

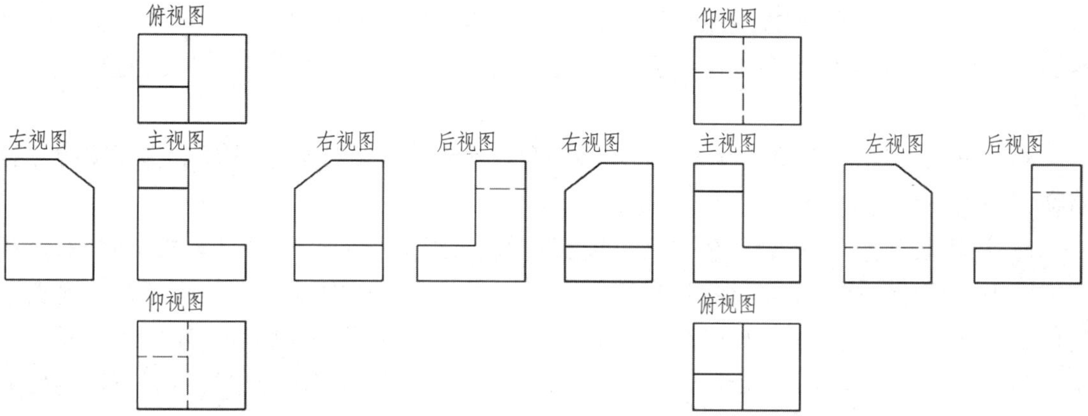

(a)第三角绘制方法的六个基本视图 (b)第一角绘制方法的六个基本视图

图7-5-4 第三角绘制方法和第一角绘制方法的基本视图对比

国家标准规定,优先采用第一角绘制方法。采用第一角绘制方法和第三角绘制方法均可用识别符号表示,如图7-5-5所示。采用第一角绘制方法时,通常不必画出识别符号;采用第三角绘制方法时,必须在图样的标题栏或其他适当位置画出第三角投影的识别符号。

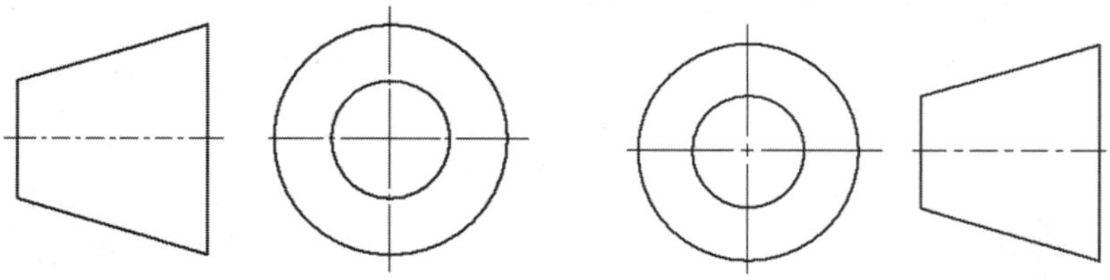

(a)第一角绘制方法 (b)第三角绘制方法

图7-5-5 第一角、第三角绘制方法的识别符号

如图7-5-6所示,只有弄清该机件是采用第三角绘制方法还是第一角绘制方法,才能确切知道机件圆盘上的小孔在前方还是在后方。读图时,特别是技术交流中的图样,要留意识别符号,避免误读。

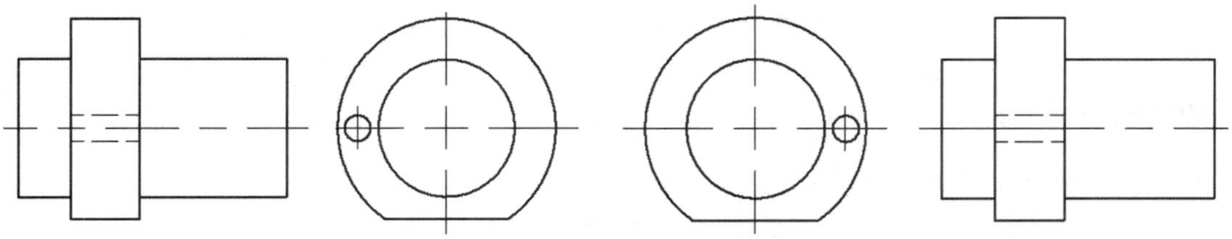

(a)第三角绘制方法——小孔位于后方 (b)第一角绘制方法——小孔位于前方

图7-5-6 第三角绘制方法和第一角绘制方法对比

二、第三角绘制方法和第一角绘制方法的比较

(1)共同点。两者都是采用正投影法所得的多面投影图,正投影法的投影规律对两者同样适用,两者的六个基本视图的名称相同。

(2)不同点。投影要素的相对位置不同:第三角绘制方法,观察者→投影面→物体;第一角绘制方法,观察者→物体→投影面。

基本投影面的展开方式不同，如图 7-5-3 所示。视图的配置位置不同，如图 7-5-4 所示，投影要素的相对位置和投影面展开方式的不同决定了两者六个基本视图的配置位置不同。

对比可见，将第三角绘制方法中的左视图和右视图的位置对换，俯视图和仰视图的位置对换即为第一角绘制方法的基本视图配置。

此外，需要注意的是，物体的前后位置在视图中的反映不同。因展开方式不同，六个基本视图中，俯视图、仰视图、左视图和右视图在第三角绘制方法中，距离主视图近的一面表示物体的前面，第一角绘制方法中四个基本视图距离主视图近的一面则表示物体的后面。和第一角绘制方法一样，第三角绘制方法中的主视图、俯视图、右视图也保持着“长对正、高平齐、宽相等”的投影关系。

第三角绘制方法和第一角绘制方法一样，除了六个基本视图外，也有局部视图、斜视图以及断裂绘制方法、局部放大图等，以适应表达各种机件内外结构的需要。

任务实施

请分别按第三角绘制方法和第一角绘制方法绘制如图 7-5-7 所示零件的三视图。

分别按照第三角绘制方法和第一角绘制方法完成的三视图，如图 7-5-7(b)、(c)所示。

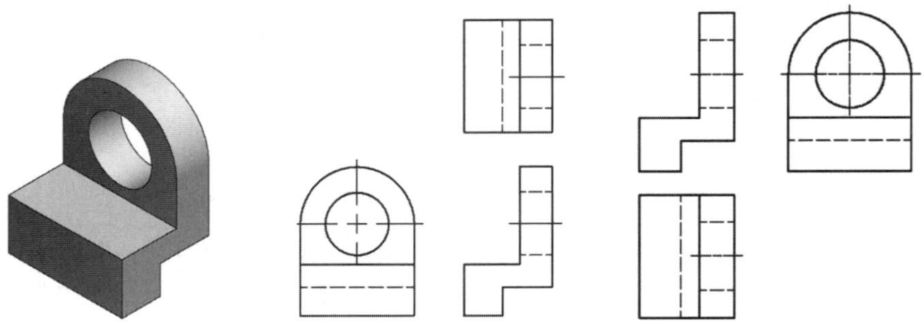

(a)图形位置及外观　　(b)第三角绘制方法　　(c)第一角绘制方法

图7-5-7　第三角绘制方法与第一角绘制方法

项目总结

1. 机械图样常用的表示法归纳见表 7-5-1：

表 7-5-1　机械图样常用的表示法

分类		适用情况	配置及标注
视图——主要用于表达物体的外部结构形状	基本视图	用于表达物体的外形	各视图按规定位置配置，并标注
	向视图		可自由配置，标注时应在视图的上方标注“*X*”，在相应视图附近用箭头指明投射方向，并标注相同的字母
	局部视图	用于表达物体的局部外形	可按基本视图或向视图的配置形式配置并标注
	斜视图	用于表达物体倾斜部分的外形	按向视图的配置形式配置并标注

续表

<table>
<tr><th colspan="2">分类</th><th>适用情况</th><th>配置及标注</th></tr>
<tr><td rowspan="3">剖视图——主要用于表达物体的内部结构形状</td><td>全剖视图</td><td>用于表达物体的整个内形(剖切面完全切开物体)</td><td rowspan="3">一般应在剖视图上方标注剖视图的名称“X—X”。在相应的视图上用剖切符号表示剖切位置和投射方向,并标注相同的字母。当单一剖切平面通过物体的对称平面,按投影关系配置且中间又无其他图形隔开时,可省略标注</td></tr>
<tr><td>半剖视图</td><td>用于表达物体有对称平面的外形与内形(以对称线分界)</td></tr>
<tr><td>局部剖视图</td><td>用于表达物体的局部内形(局部地剖切)</td></tr>
<tr><td rowspan="2">断面图——主要用于表达物体断面的形状</td><td>移出断面图</td><td rowspan="2">用于表达物体断面形状</td><td>配置在剖切线或剖切符号的延长线上时:
断面为对称——不标注
断面不对称——画剖切符号(含箭头)
移位配置时:
断面为对称——画剖切符号(省箭头)、注字母
断面不对称——不按投影关系配置时,画剖切符号(含箭头),注字母;按投影关系配置时,画剖切符号,注字母,省略箭头</td></tr>
<tr><td>重合断面图</td><td>一律不标注</td></tr>
</table>

2. 画图时,对物体结构要进行详细的形体分析,对表达方案的选择,应考虑看图方便,并在完整、清晰地表达物体各部分结构的前提下,力求看图简便。

3. 第三角绘制方法是将物体置于第三分角内,并使投影面处于观察者与物体之间而得到的多面正投影的一种方法。采用第三角绘制方法时,可假想投影平面是透明的。

第三角绘制方法和第一角绘制方法的六个基本视图名称相同,但两种绘制方法的展示方式和六个基本视图的配置不同。我国规定在采用第三角绘制方法绘制图样时,必须在图样中画出第三角投影的识别符号。

项目八　常用标准件的表达

项目引入

在机器中应用广泛，起连接、紧固、传递运动、控制调节等重要作用的螺栓、螺母、键、销、齿轮、弹簧、轴承等零件，其中结构、尺寸和技术要求的绘制方法和标记均已标准化的零件称为标准件。有些零件的一些结构要素（如螺纹、齿轮的轮齿等）的几何参数也已标准化。

项目分析

为了简化作图，制图标准中规定了标准件和常用结构要素的简化绘制方法。标准还规定了这些标准件、结构要素的标记及其标注方法。本项目主要介绍几种标准件及结构要素的表示法。

任务一　认识螺纹

任务目标

1. 能识别内外螺纹。
2. 掌握螺纹的代号和标注方法。
3. 能够绘制内螺纹、外螺纹及它们的连接图样。

任务准备

机器设备通常要用螺纹紧固件来连接相关零件，以实现零件的装配安装。螺纹紧固件包括螺栓、螺柱、螺钉、螺母、垫圈等，如图 8-1-1 所示。在绘图时，这些标准件的结构和形状，不是按其真实投影画出，而是根据相应的国家标准规定的绘制方法、代号和标记进行绘图和标注。

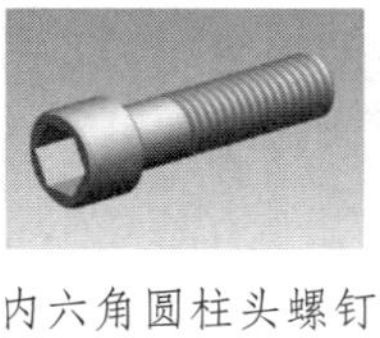
内六角圆柱头螺钉

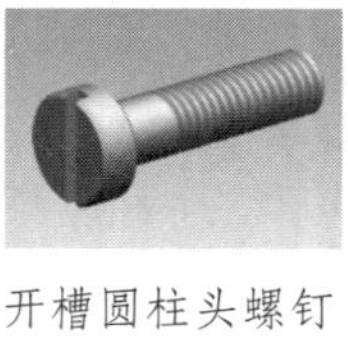
开槽圆柱头螺钉

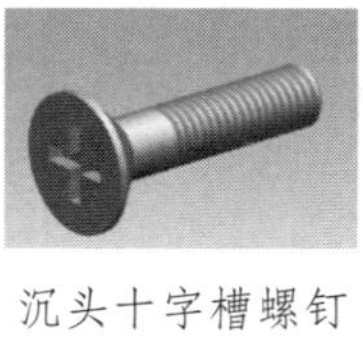
沉头十字槽螺钉

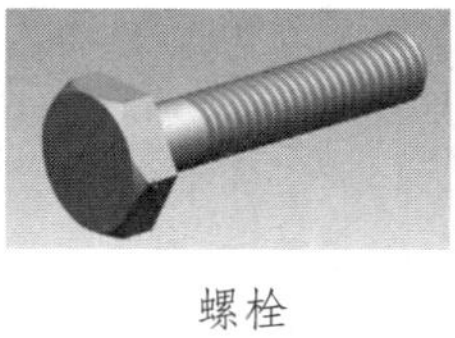
螺栓

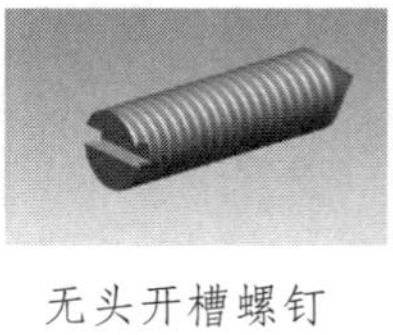
无头开槽螺钉

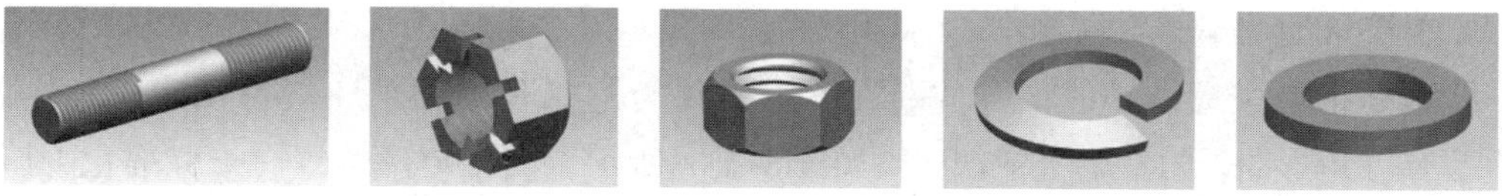

双头螺柱　开槽六角螺母　六角螺母　弹簧垫圈　平垫圈

图8-1-1　螺纹种类

一、螺纹的加工

螺纹指的是在圆柱或圆锥母体表面上制出的螺旋线形的、具有特定截面的连续凸起部分。螺纹按其母体形状分为圆柱螺纹和圆锥螺纹；按其在母体所处位置分为外螺纹、内螺纹，按其截面形状（牙型）分为三角形螺纹、矩形螺纹、梯形螺纹、锯齿形螺纹及其他特殊形状螺纹。

在机械加工中，螺纹是在一根圆柱形的轴上（或内孔表面）用刀具或砂轮切成的，此时工件转一转，刀具沿着工件轴向方向移动一定的距离，刀具在工件上切出的痕迹就是螺纹。工厂中加工螺纹的方法很多，如图8-1-2(a)所示为在车床上车削内螺纹和外螺纹。若加工直径较小的螺孔，可如图8-1-2(b)所示，先用钻头钻孔（由于钻头顶角为118°，所以钻孔的底部按120°简化画出），再用丝锥加工内螺纹。

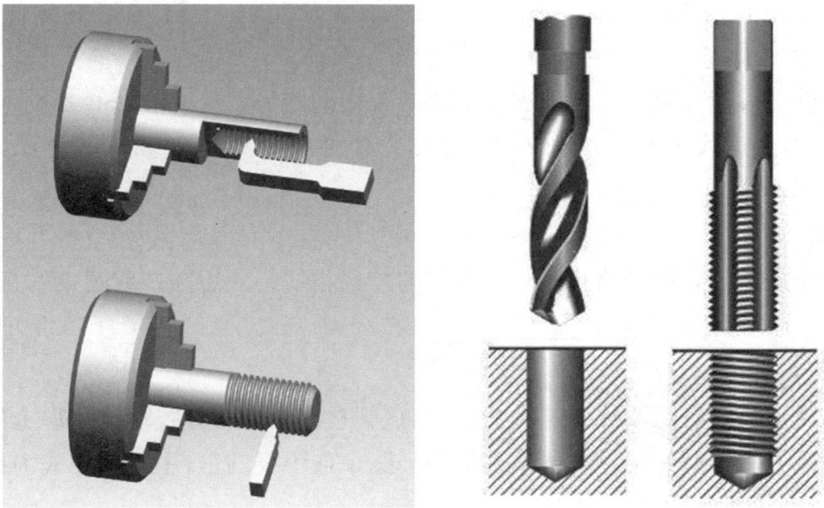

(a)车螺纹　(b)加工直径较小的内螺纹

图8-1-2　螺纹的加工方法

二、螺纹的基本要素

在圆柱（或圆锥）外表面上制出的螺纹称为外螺纹，在圆柱（或圆锥）内表面上制出的螺纹称为内螺纹，如图8-1-2(a)所示。

螺纹的基本要素有5个，即牙型、直径、螺距、线数和旋向。内、外螺纹配合时，两者的五要素必须相同，才能正常地旋合。

1.螺纹牙型

牙型是指通过螺纹轴线剖开的断面图上螺纹的轮廓形状,如图8-1-3所示。常用的螺纹牙型有三角形、梯形、锯齿形和矩形,如图8-1-4所示。其中矩形螺纹尚未标准化,其余牙型的螺纹均为标准螺纹。

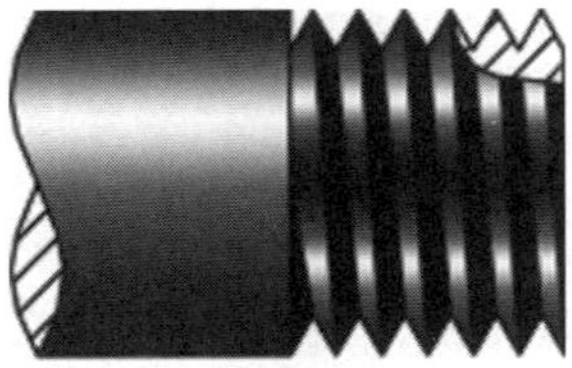

图8-1-3　螺纹牙型

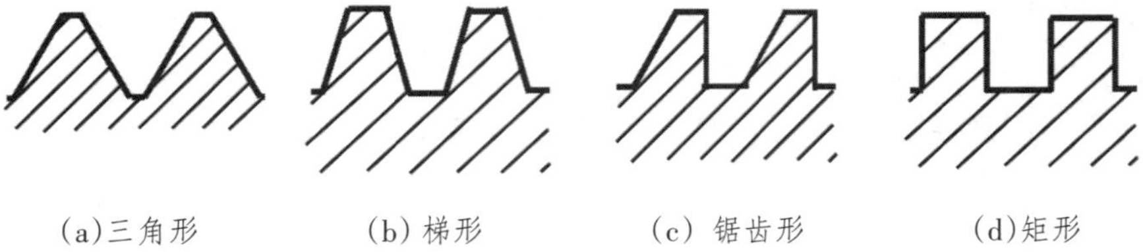

图8-1-4　牙型的种类

2.螺纹直径

如图8-1-5所示,螺纹直径分别为大径、小径和中径。

(1)螺纹大径。

螺纹大径是指与外螺纹牙顶或内螺纹牙底相切的假想圆柱或圆锥的直径。国标规定:米制螺纹的大径是代表螺纹尺寸的直径,称为公称直径(内、外螺纹的中径分别用D、d表示)。

(2)螺纹小径。

螺纹小径是指与外螺纹的牙底与内螺纹的牙顶相切的假想圆柱或圆锥的直径。(内、外螺纹的中径分别用D_1、d_1表示)。

(3)螺纹中径。

螺纹中径是一个假想圆柱或圆锥的直径,该圆柱或圆锥的母线通过牙形上沟槽和凸起宽度相等的地方。该假想圆柱或圆锥称为中径圆柱或中径圆锥,中径圆柱或中径圆锥的直径称为中径(内、外螺纹的中径分别用D_2、d_2表示)。

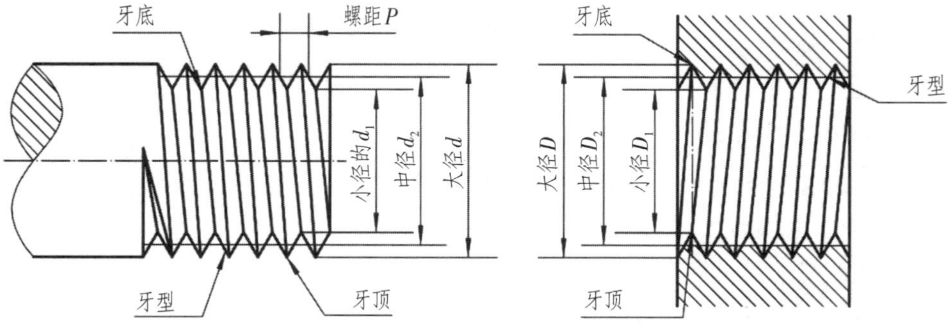

图8-1-5　螺纹的直径

3.螺纹的螺距(P)与导程(Ph)

(1)螺距(P)。螺距是指相邻两牙在中径线上对应两点间的轴向距离。

(2)导程(Ph)。螺纹上任意一点沿同一条螺旋线转一周所移动的轴向距离。

4.螺纹的线数(n)

螺纹线数是指一个圆柱表面上的螺旋线数目。它分单线螺纹、双线螺纹和多线螺纹。沿一条螺旋线所形成的螺纹称为单线螺纹;沿两条或多条轴向等距离分布的螺旋线所形成的螺纹称为双线螺纹或多线螺纹,如图8-1-6所示。

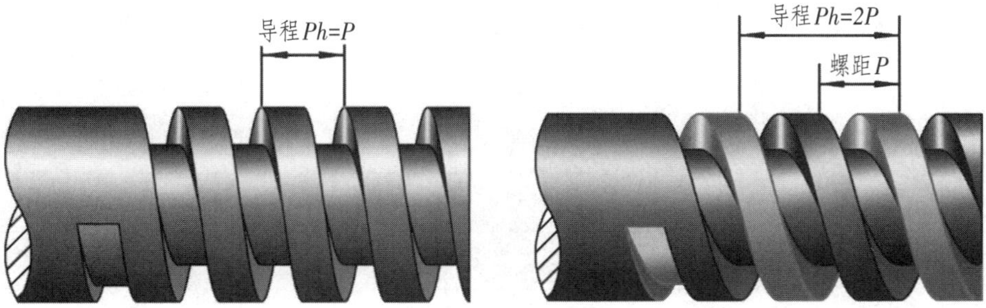

(a)单线螺纹 (b)双线螺纹

图8-1-6 螺纹的螺距与导程

由图8-1-6可知,螺距、导程和线数存在以下关系:螺距 $=\dfrac{\text{导程}}{\text{线数}}$。

单线螺纹 $Ph = P$; 多线螺纹 $Ph = n \times P, n = 2$时,称为双线螺纹。

5.螺纹的旋向

螺纹按旋进的方向不同,可分为右旋螺纹和左旋螺纹,如图8-1-7所示。顺时针旋转时旋入的螺纹,称为右旋螺纹(俗称正扣),其螺旋线的特征是左低右高;逆时针旋转时旋入的螺纹,称为左旋螺纹(俗称反扣),其螺旋线的特征是左高右低。右旋螺纹最常用。

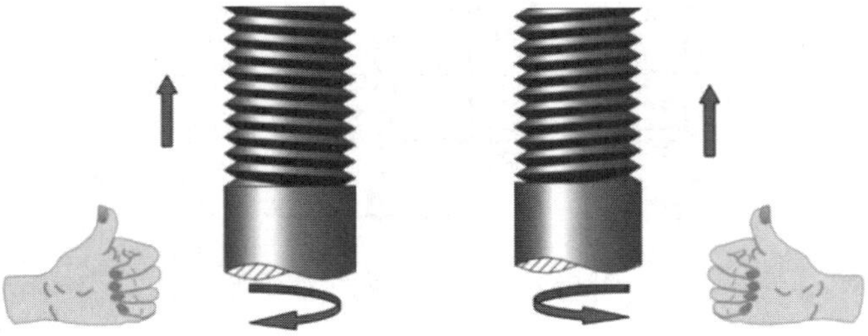

(a)左旋螺纹 (b)右旋螺纹

图8-1-7 螺纹的旋向

三、螺纹的种类

螺纹按其用途可分为四类:

(1) 紧固(连接)螺纹,如普通螺纹、小螺纹;

(2) 传动螺纹,如梯形螺纹、锯齿形螺纹、矩形螺纹;

(3)管螺纹,如螺纹密封的管螺纹、非螺纹密封的管螺纹、60°圆锥管螺纹;

（4）专门用途螺纹，如自攻螺钉用螺纹等。

此外，螺纹还可按牙型分为5种螺纹，即三角形、梯形、锯齿形、矩形和圆形螺纹；按螺纹的标准化程度则可分为标准螺纹和非标准螺纹。在标准螺纹中，除管螺纹采用英制外，其他螺纹一般采用米制。标准螺纹的分类见表8–1–1。

表8–1–1　标准螺纹的分类

<table>
<tr><td rowspan="8">标准螺纹</td><td rowspan="2">普通螺纹</td><td colspan="2">粗牙普通螺纹</td></tr>
<tr><td colspan="2">细牙普通螺纹</td></tr>
<tr><td rowspan="4">管螺纹</td><td rowspan="3">用螺纹密封的管螺纹</td><td>圆锥内螺纹</td></tr>
<tr><td>圆锥外螺纹</td></tr>
<tr><td>圆柱内螺纹</td></tr>
<tr><td>非螺纹密封的管螺纹</td><td>圆柱管螺纹</td></tr>
<tr><td>梯形螺纹</td><td></td><td></td></tr>
<tr><td>锯齿形螺纹</td><td></td><td></td></tr>
</table>

四、螺纹的规定绘制方法

1. 外螺纹的规定绘制方法

螺纹牙顶（大径）及螺纹终止线用粗实线表示；牙底（小径）用细实线表示（小径近似地画成大径的0.85倍），并画出螺杆的倒角或倒圆部分。在垂直于螺纹轴线的投影面的视图中，表示牙底圆的细实线只画约3/4圈，此时轴与孔上的倒角投影不应画出，如图8–1–8所示。

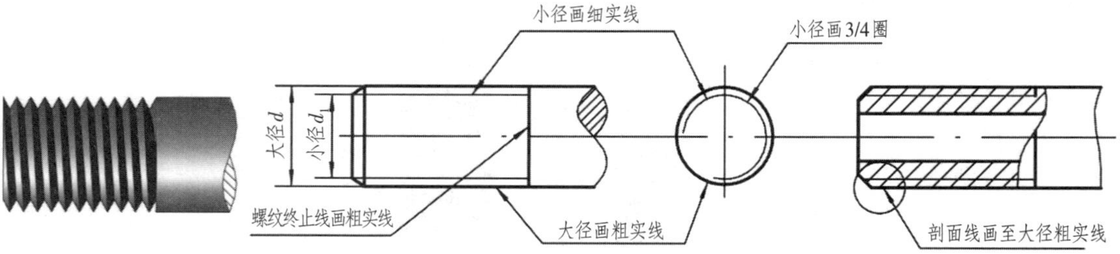

图8–1–8　外螺纹的绘制方法

2. 内螺纹图样的规定绘制方法

内螺纹一般画成剖视图，其牙顶（小径）及螺纹终止线用粗实线表示；牙底（大径）用细实线表示，剖面线画到粗实线为止。在垂直于螺纹轴线的投影面的视图中，小径圆用粗实线表示，大径圆用细实线表示，且只画3/4圈，此时，螺纹倒角或倒圆省略不画，如图8–1–9所示。

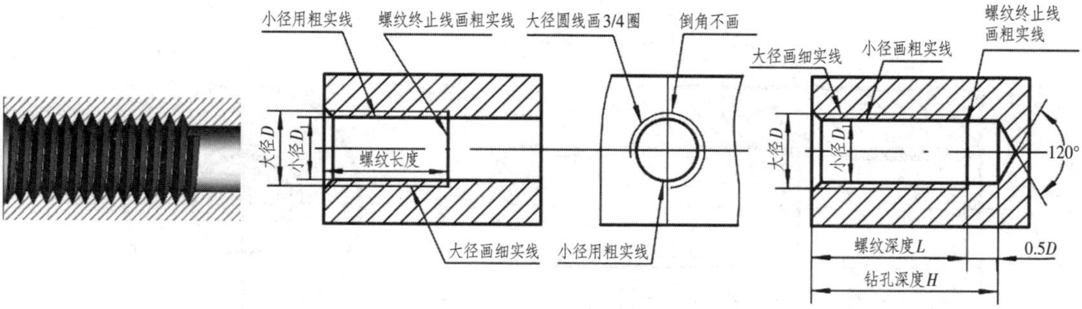

图8-1-9　内螺纹的绘制方法

特别要注意的是，在绘制不通的螺纹孔时，其孔的末端要画成120°。因为在加工螺纹孔之前，要预先用钻头钻一个孔，如图8-1-10所示。不可见的不通孔螺纹绘制方法见图8-1-11所示。

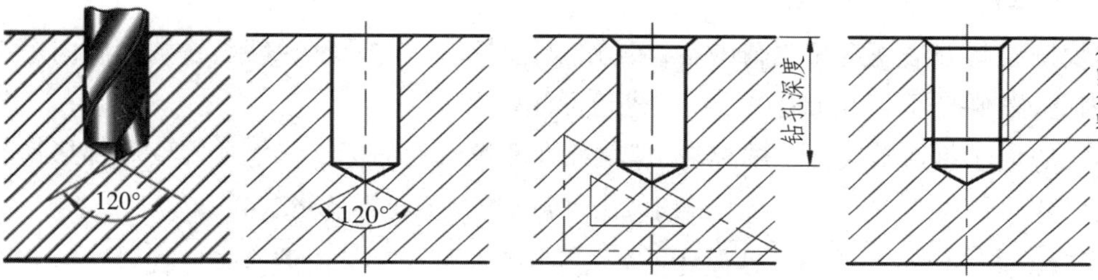

图8-1-10　不通孔的绘制原理

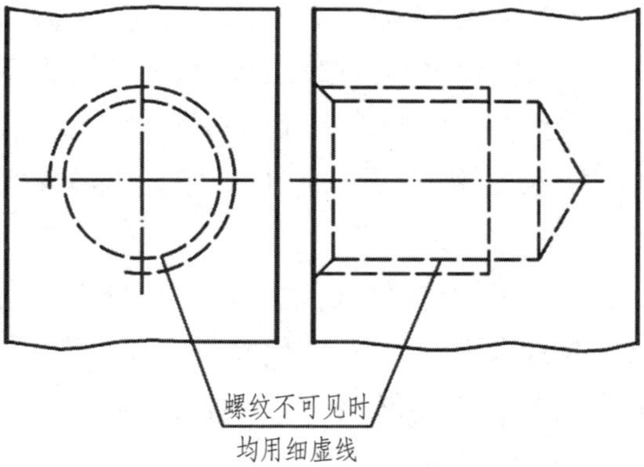

图8-1-11　不可见螺纹绘制方法

五、内、外螺纹连接的绘制方法

如图8-1-12表示装配在一起的内、外螺纹连接的绘制方法。国标规定，在剖视图中表示螺纹连接时，其旋合部分应按外螺纹的绘制方法表示，非旋合部分仍按各自的绘制方法表示。

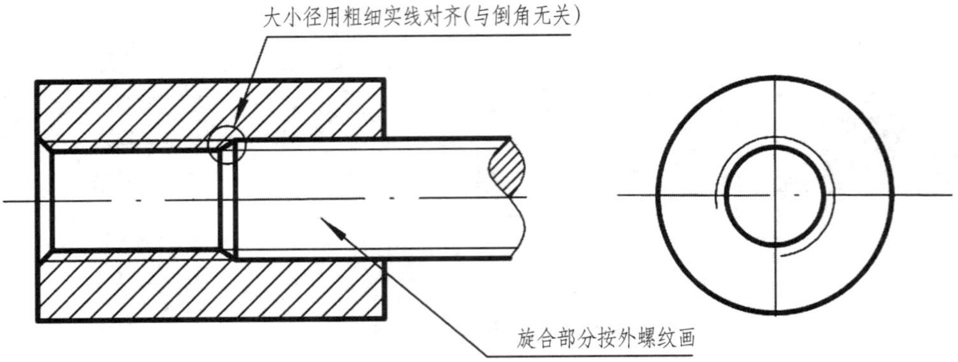

图8-1-12　内外螺纹连接的绘制方法

六、螺纹的代号与标注

螺纹按绘制方法规定简化画出后，在图上不能反映它的牙型、螺距、线数和旋向等结构要素，因此，必须按规定的标记在图样中进行标注。

螺纹的标注包括螺纹标记的标注、螺纹长度和螺纹副的标注。普通螺纹和梯形螺纹是用标注尺寸的形式注在大径上或其引出线上，螺纹的标记内容及格式为：

特征代号 公称直径 × 导程(P螺距) - 公差带代号 - 旋合长度代号 - 旋向

例如：M20×1.5-5g6g-S-LH，其含义为：普通螺纹（M），公称直径为20 mm，螺距为1.5 mm，左旋（LH）；中径公差代号为5g，顶径公差代号为6g；短旋合长度。

普通螺纹的牙型代号为M，有粗牙和细牙之分，粗牙螺纹的螺距可省略不注；中径和顶径的公差带代号相同时，只标注一次；右旋螺纹可不注旋向代号，左旋螺纹旋向代号为LH；旋合长度为中型（N）时不注，长型用L表示，短型用S表示。特殊需要时，可注明旋合长度的数值，如“M20-5g6g-30”。

公差带代号由数字加字母表示（内螺纹用大写字母，外螺纹用小写字母），如7H、6g等，应特别指出，7H、6g等代表螺纹公差，而H7、g6代表圆柱体公差代号。

管螺纹的标注必须采用从螺纹大径轮廓线上引出的标注方法，标注的顺序如下：

螺纹种类代号、尺寸代号、公差等级代号。

标注螺纹长度时，螺纹长度是不包括螺尾在内的有效螺纹长度，否则应另加说明或按实际需要标注，如图8-1-13所示。常用螺纹的标注见表8-1-2。

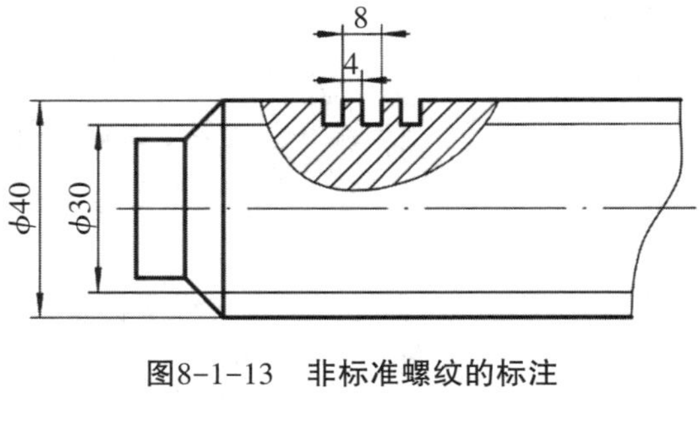

图8-1-13　非标准螺纹的标注

表 8-1-2 常用螺纹的规定标注

类别		标注方式	标记示例	标注说明
连接螺纹	普通粗牙螺纹	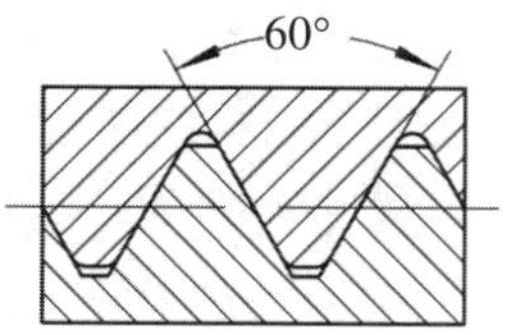	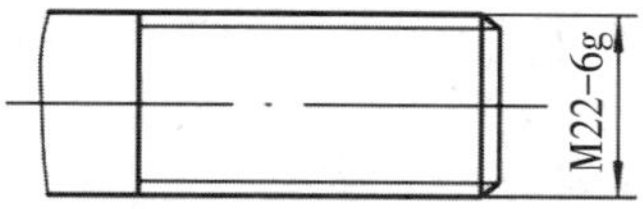	粗牙普通螺纹，公称直径22mm，螺纹公差带：大径、中径均为6g；旋合长度为中（省略旋合长度代号N）
	普通细牙螺纹		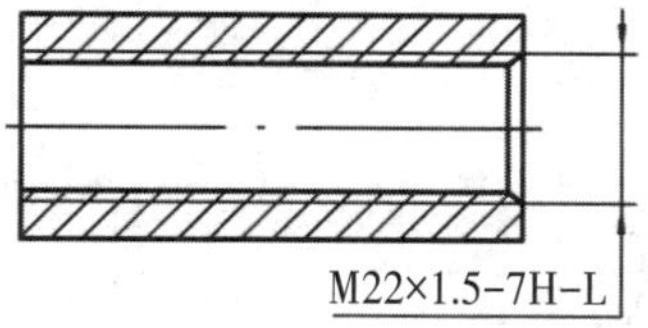	细牙普通螺纹，公称直径22mm，螺距为1.5mm，螺纹公差带：小径、中径均为7H；旋合长度为长
	管螺纹	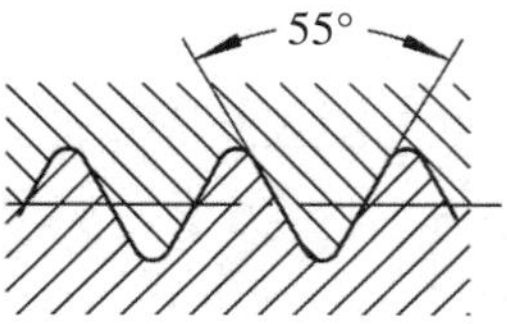	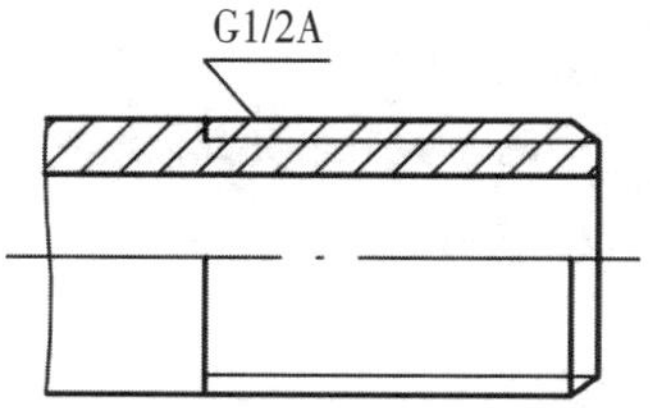	55°非密封管螺纹，尺寸代号1½，公差等级为A级、右旋，用引出标注，代号G
			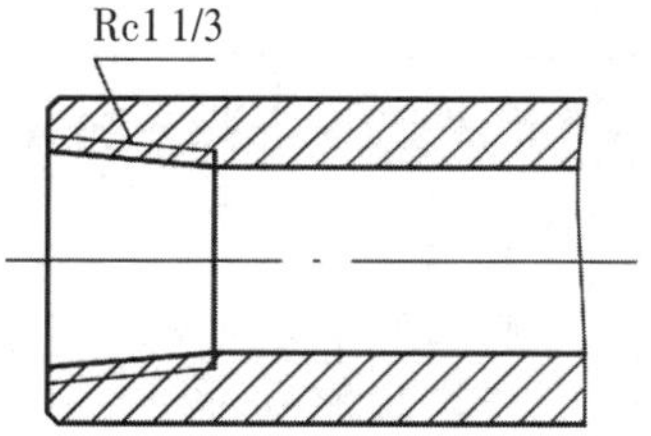	55°密封管螺纹，尺寸代号1½，用引出标注，圆锥内外螺纹旋合代号Rc、R_2，圆柱内螺纹圆锥外螺纹旋合代号Rp、R_1
传动螺纹	梯形螺纹	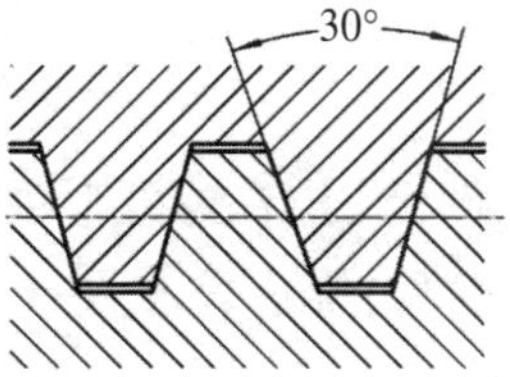	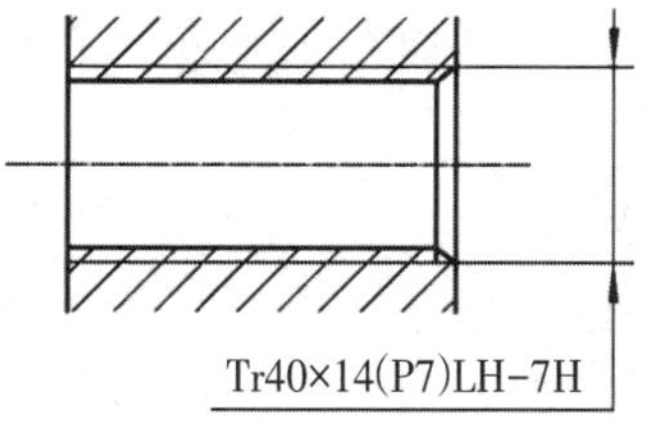	梯形螺纹、公称直径40mm，双线，导程14mm，螺距7mm，左旋LH，中径公差7H，旋合长度中等，代号T_r
	锯齿形螺纹	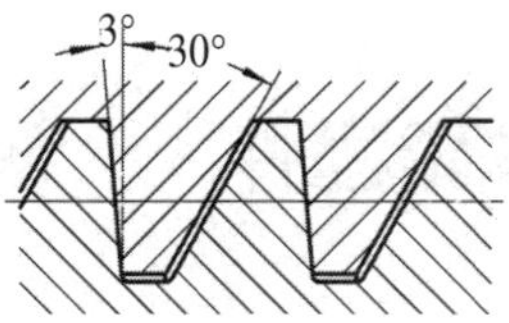	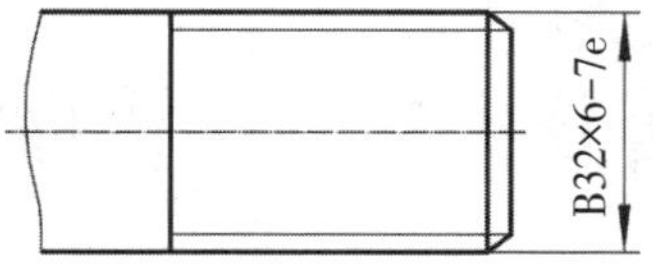	锯齿形螺纹、公称直径32mm，双线，螺距6mm，中径公差7e，旋合长度中等，代号*B*

任务实施

1. 作M22×1.5外螺纹视图。螺杆工艺倒角为C2，螺纹长度为60mm。

［解析］作图步骤如图8-1-14所示：

①布置视图，画作图基准线（图A）；②画圆柱体（图B）；③作出端面C2倒角，螺纹终止线

（图C）；④画出螺纹小径（图D）；⑤加粗线型（图F）；⑥标注螺纹及倒角（图G）。

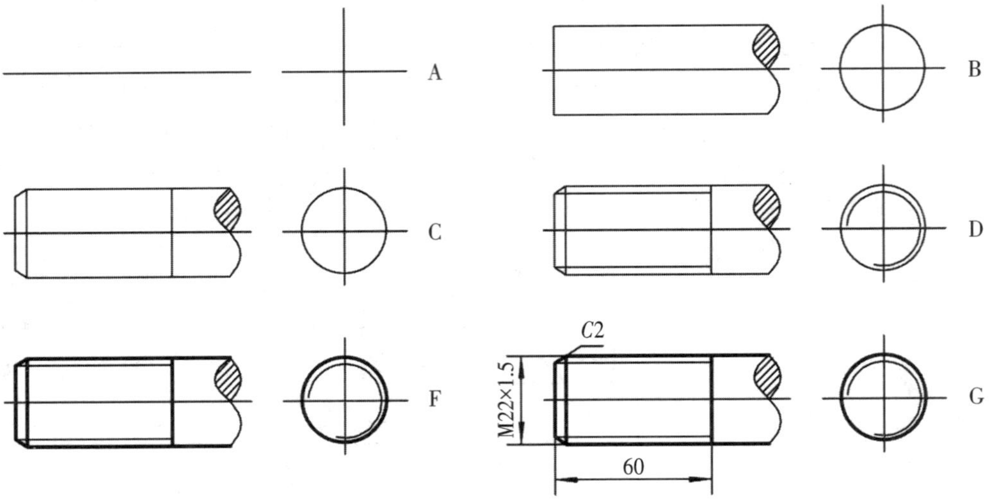

图 8-1-14　外螺纹绘制步骤

2. 解释下列螺纹代号的含义：M20×1.6－5g6g－S

［解析］

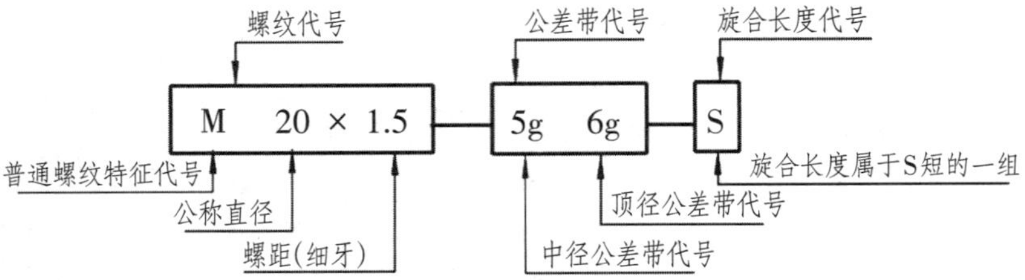

图8-1-15　螺纹代号

3. 现有细牙普通内螺纹，大径为 12 mm，螺距为 1 mm，中径和大径公差带都为6H，中等旋合长度，并且是右旋螺纹，请对该螺纹进行标记。

［解析］普通螺纹代号为M，公称直径为12，因为是细牙，所以，在标注时要标注出其螺距。由于中径和大径公差带相同，规定只需要写一组就可以，当旋合长度为中等和右旋时，标记时都省略不写。所以，这个螺纹的标记为M12×1－6H。

任务二　识读螺纹紧固件

任务目标

1. 能够识读常用螺纹紧固件的标记。
2. 能够识读螺栓连接件的视图。
3. 理解螺栓、螺柱、螺钉紧固件的连接绘制方法。

任务准备

螺纹紧固件是一种有内螺纹或外螺纹的机械零件，一般会作为紧固件使用，方便多个组件的组合。最常见的螺纹紧固件是：垫圈、螺母、螺钉、螺柱及螺栓。不过也有其他的螺纹紧固件，例如笼罩螺帽、螺纹插件、螺纹杆等。

一、螺纹紧固件的种类和标记（见表8-2-1）

表8-2-1 常用螺纹紧固件标记示例

名称及标准号	图例规格尺寸	标记范例
六角头螺栓—A级和B级 GB/T 5782—2016	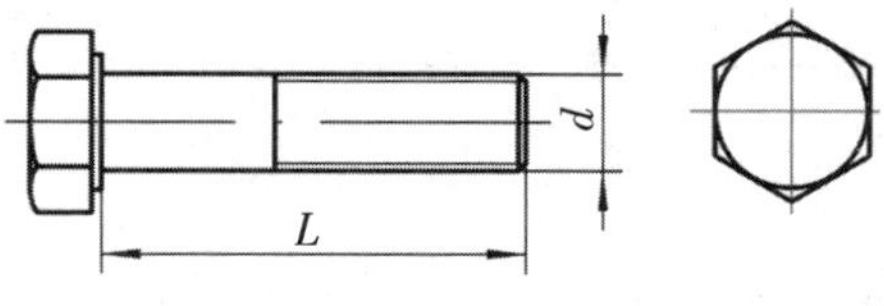	螺栓GB/T 5782 M12×50 螺纹规格 d = M12、公称长度 L = 50 mm、性能等级8.8级、表面氧化A级六角头螺栓
双头螺柱—A级和B级 GB/T 898—1988 GB/T 898—1988 GB/T 899—1988 GB/T 900—1988	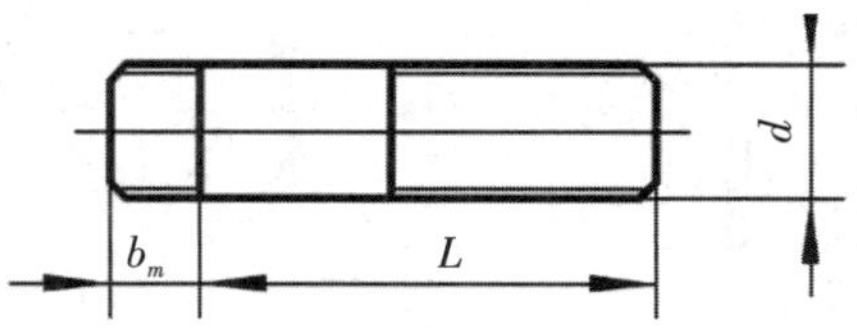	螺柱GB/T 898 M10×60 两端为粗牙普通螺纹、d = M10、公称长度 L = 60 mm、性能等级4.8级、不经表面处理B型 b_m = 1.25d的双头螺柱
Ⅰ型六角螺母—A级和B级 GB/T 6170—2015	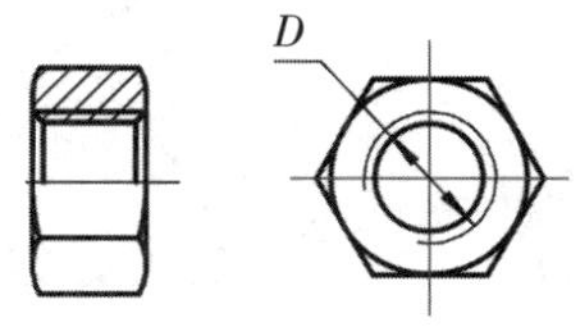	螺栓GB/T 6170 M16 螺纹规格 D = M16、性能等级10级、不经表面处理A级Ⅰ型六角螺母
平垫圈—A级 GB/T 97.1—2002	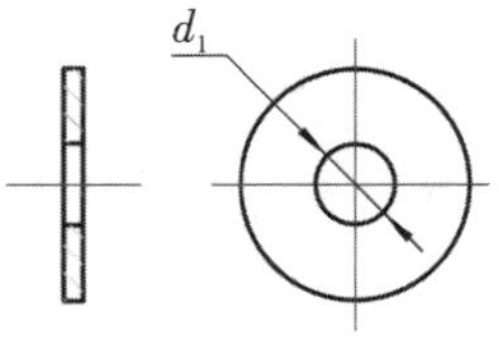	垫圈GB/T 97.1 8 140 HV 标准系列 d=8 mm、硬度等级140HV级、不经表面处理的平垫圈
标准弹簧垫圈 GB/T 93—1987	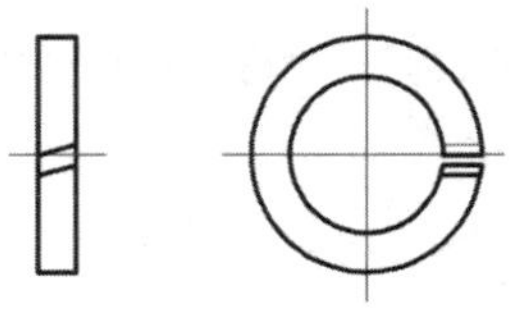	垫圈GB/T 93 8 规格为8mm、表面氧化的标准型弹簧垫圈
开槽沉头螺钉 GB/T 68—2016	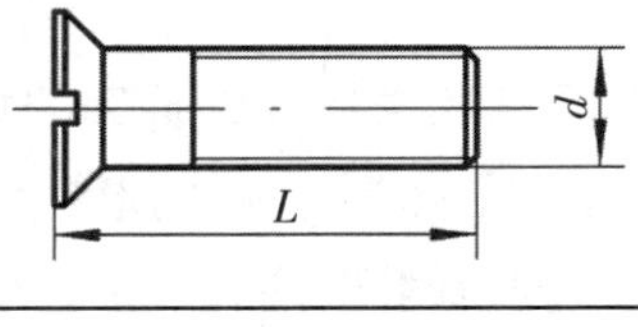	螺钉GB/T 68 M12×50 螺纹规格 d=M12、公称 L=50 mm、性能等级4.8级、不经表面处理的开槽沉头螺钉

二、螺栓、螺母、垫圈比例绘制方法

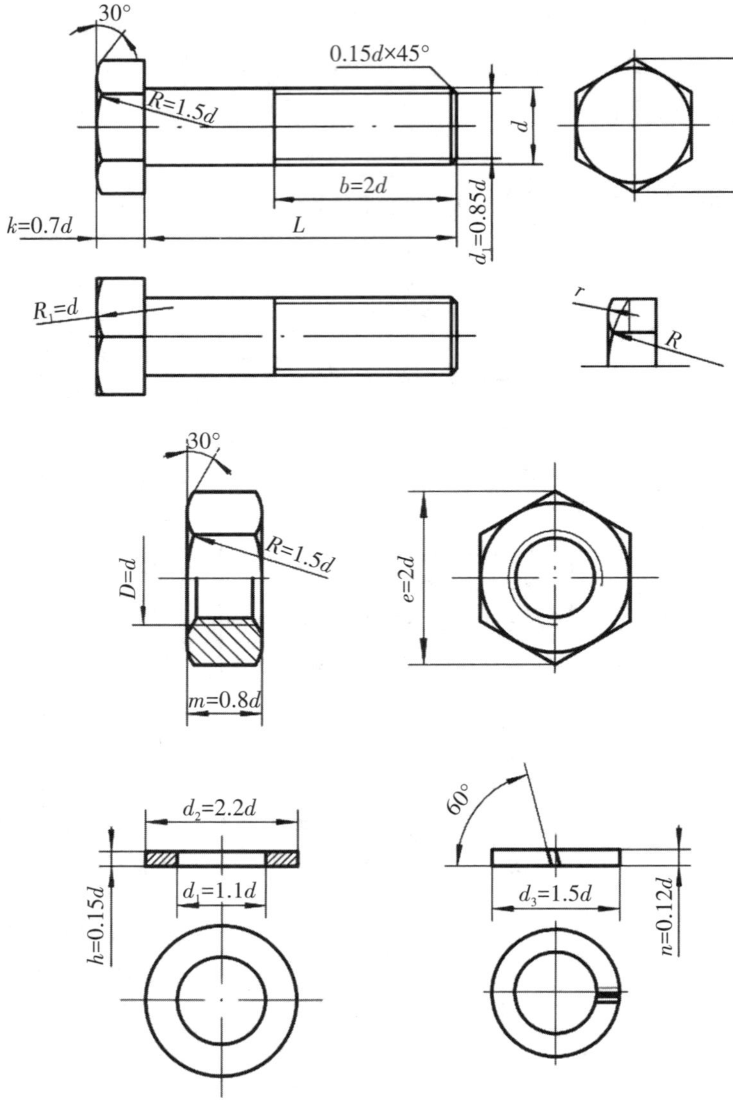

图8-2-1　螺栓、螺母、垫圈绘制方法

三、螺纹紧固件的连接绘制方法

1.螺栓连接

螺栓适用于连接两个不太厚的零件和需要经常拆卸的场合。螺栓穿入两个零件的光孔,再套上垫圈,然后用螺母拧紧。垫圈的作用是防止损伤零件的表面,并能增加支承面积,使其受力均匀。普通螺栓的杆与孔之间有间隙,通孔的加工要求低,结构简单,装拆方便,应用广泛。铰制孔螺栓孔与螺杆常采用H7/m6、H7/n6等过渡配合,可精确固定被连接件的相对位置。适于承受横向载荷,但孔的加工精度要求较高,常采用配钻,铰等方法加工。画螺栓连接图时,应注意以下几点:

(1)螺栓公称长度估算公式为:$L = t_1 + t_2 + m + h + a$,其中$t_1$、$t_2$表示被连接零件的厚度;$m$是垫圈的厚度,为$0.15d$;$h$是螺母高度,为$0.8d$,$a = (0.3 \sim 0.4)d$。螺纹长度$L_0 = (1.5 \sim 2)d$,光孔直径$d_0 = 1.1d$。

(2)在装配图中,当剖切平面通过螺杆的轴线时,对于螺柱、螺栓、螺钉、螺母及垫圈等均按未剖切绘制。

(3)螺纹紧固件的工艺结构,如倒角、退刀槽、缩颈等均可省略不画。

(4)两个被连接零件的接触面只画一条线;两个零件相邻但不接触,画成两条线。

(5)在剖视图中表示相邻两个零件时,相邻零件的剖面线必须以不同的方向或以不同的间隔画出。同一零件的各个剖面区域,其剖面线绘制方法应一致。

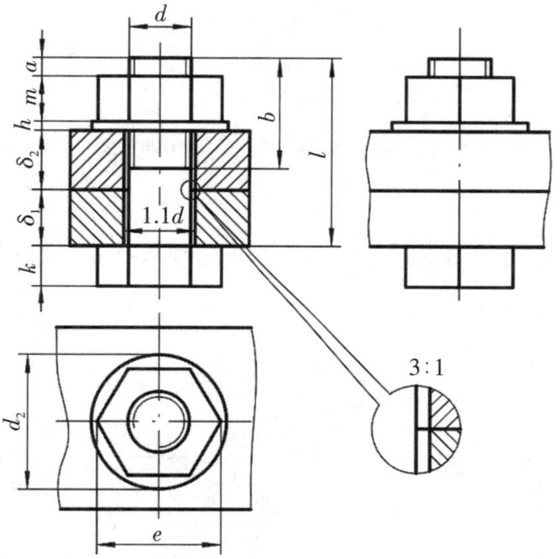

图8-2-2 螺栓连接绘制方法

2.双头螺栓连接

双头螺栓连接用于被连接件之一较厚,不宜于用螺栓连接,较厚的被连接件强度较差,又需经常拆卸的场合。在厚零件上加工出螺纹孔,薄零件上加工光孔,螺栓拧入螺纹孔中,用螺母压紧薄零件。在拆卸时,只需旋下螺母而不必拆下双头螺栓。可避免大型被连接件上的螺纹孔损坏。

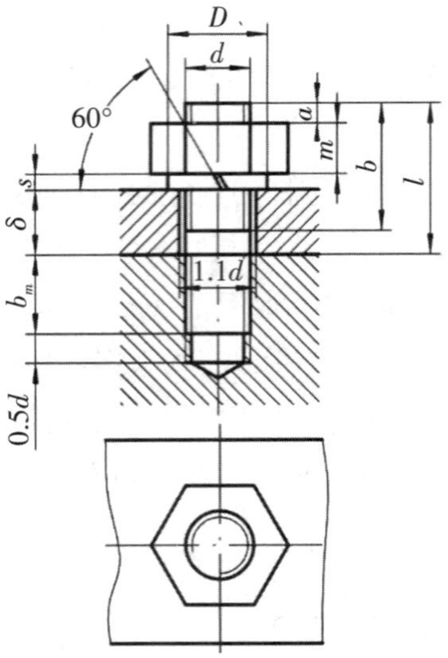

图8-2-3　双头螺柱连接绘制方法

3. 螺钉连接

螺钉连接是螺栓(或螺钉)直接拧入被连接件的螺纹孔中,不用螺母。这种结构比双头螺栓简单、紧凑。

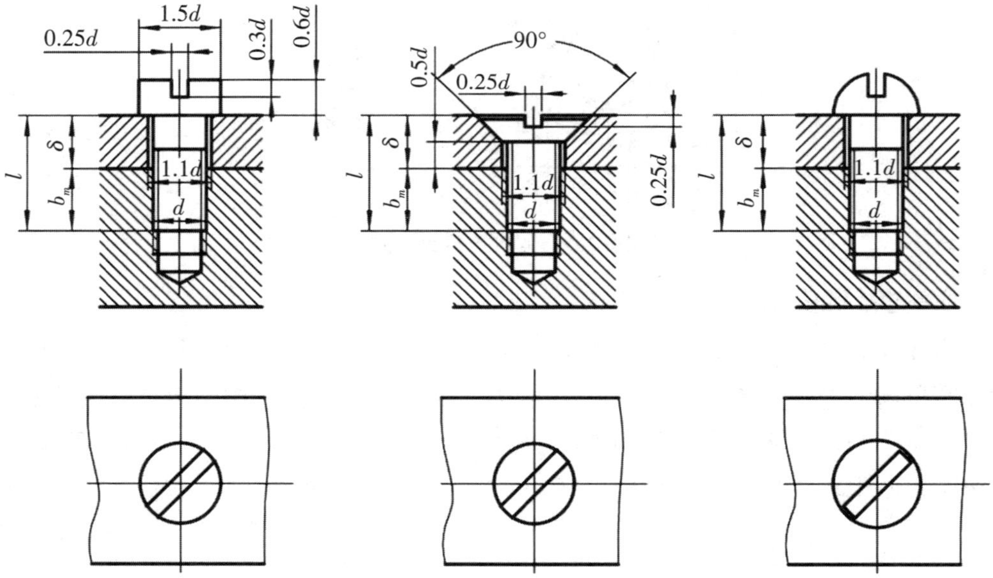

图8-2-4　螺钉连接绘制方法

螺钉连接的特点是:不用螺母,仅靠螺钉与一个零件上的螺孔旋紧连接。

螺钉连接画图时注意以下几点:

(1)螺钉的公称长度L可按右式计算:$L=t+b_m$,式中b_m根据被旋入零件的材料而定。然后将估算出的数值调整成标准系列值。

(2)螺纹终止线应高出螺纹孔端面,以表示螺钉尚有拧紧的余地,而被连接件已被压紧。

(3)在垂直于螺钉轴线的视图中,螺钉头部的一字槽要偏转45°,并采用简化的单线画出。

(4)在投影为圆的视图中,螺钉头部的一字槽画在与中心线倾斜45°的位置。

任务实施

作出螺栓GB/T 5782 M16×50三视图、螺栓连接装配图。

[解析]作图步骤:

①布置视图,画作图基准线,如图8-2-5(A)所示。

②作出三视图中的连接件轮廓,如图8-2-5(B)所示。

③作出螺栓、螺母、垫圈、剖面线、连接件的三视投影,如图8-2-5(C)所示。

④调整线型,如图8-2-5(D)所示。

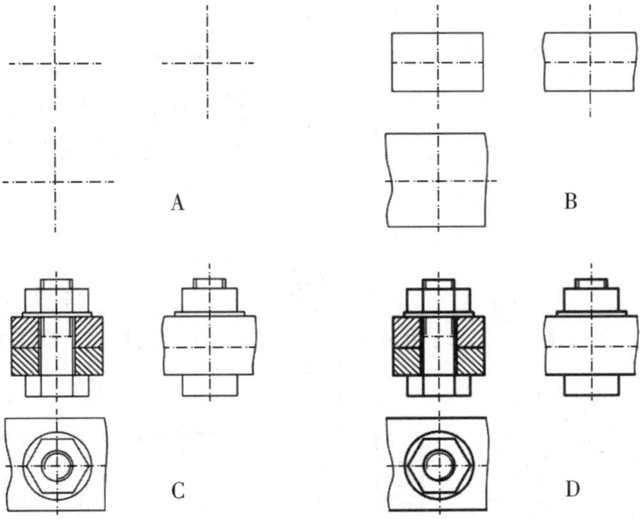

图8-2-5 螺栓连接绘制方法步骤

任务三 识读齿轮

任务目标

1.能识别常用齿轮的种类。

2.能对圆柱齿轮几何要素进行计算。

3.理解齿轮的规定画法。

任务准备

齿轮是机械传动中应用最广泛的一种传动件,它将一个轴上的动力传递给另一个轴;除了传递动力外,齿轮还可以改变轴的转速和方向。常见的齿轮有:

（a）　　（b）　　（c）

图8-3-1　常见齿轮传动

圆柱齿轮——常用于两平行轴的传动，如图8-3-1(a)所示。

锥齿轮——常用于两相交轴的传动，如图8-3-1(b)所示。

蜗轮蜗杆——用于两交叉轴的传动，如图8-3-1(c)所示。

齿轮一般由轮体和轮齿两部分组成。齿轮的齿廓曲线有多种，应用最广的是渐开线。本任务也只学习齿廓曲线为渐开线的标准直齿圆柱齿轮的几何要素及其画法。

一、齿轮各部分名称及计算公式

圆柱齿轮按轮齿方向的不同分为直齿、斜齿和人字齿三种。这里只介绍直齿圆柱齿轮的几何要素及尺寸关系(图8-3-2)。齿轮各部分名称及其绘制方法如图8-3-3所示。

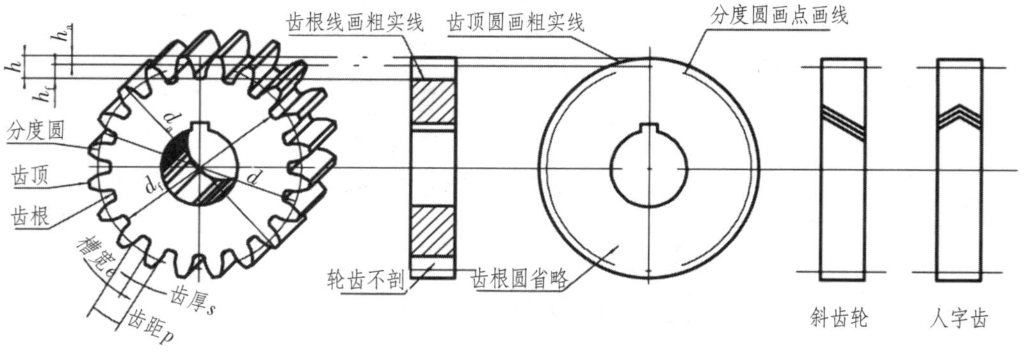

（a）齿轮结构名称　　（b）单个齿轮绘制方法　　（c）斜齿、人字齿轮绘制方法

图8-3-2　齿轮各部分名称及其绘制方法

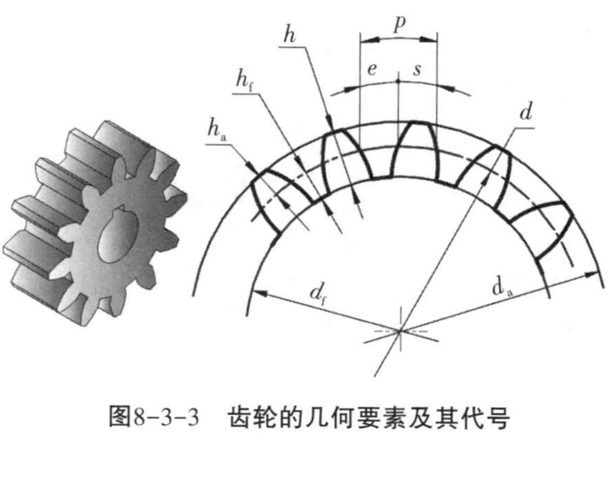

图8-3-3　齿轮的几何要素及其代号

(1)齿顶圆(d_a)。通过轮齿顶部的圆周直径。

(2)齿根圆(d_f)。通过轮齿根部的圆周直径。

(3)分度圆(d)。在标准齿轮上,是齿厚(s)等于齿槽宽(e)处的圆周直径。

(4)齿高(h)。轮齿在齿顶圆和齿根圆之间的径向距离称齿高,用h来表示。分度圆将齿高分为两部分,齿顶圆与分度圆之间的径向距离称为齿顶高,以h_a表示;分度圆与齿根圆之间的径向距离称为齿根高,以h_f表示;齿高$h=h_a+h_f$。

(5)齿距(p)。分度圆上相邻两齿对应点之间的弧长。

(6)齿数(z)。轮齿的数量。

(7)模数(m)。齿轮分度圆周长$\pi d=zp$,则$d=\frac{p}{\pi}z$,令$\frac{p}{\pi}=m$,则$d=mz$。所以模数是齿距p与圆周率π的比值,即$m=\frac{p}{\pi}$,单位为mm。

模数是齿轮的重要参数。模数越大,轮齿各部分尺寸也随之成比例增大,轮齿上能承受的力也越大。为了便于设计加工,国家制定了统一的标准模数系列,见表8-3-1。

表8-3-1 圆柱齿轮的模数(GB/T 1357—2008)

第一系列	1 1.25 1.5 2 2.5 3 4 5 6 8 10 12 16 20 25 32 40 50
第二系列	1.75 2.25 2.75 (3.25) 3. 5 (3.75) 4.5 5.5 (6.5) 7 9 (11) 14 18 22 28 35 45

注:1.对斜齿圆柱齿轮是法向模数m_n。

2.优先选用第一系列,括号内的数值尽可能不用。

二、标准直齿圆柱齿轮几何要素的尺寸计算

标准直齿圆柱齿轮的计算公式见表8-3-2。

表8-3-2 直齿圆柱齿轮几何要素的尺寸计算

名称	代号	计算公式
齿数	z	由传动比$i_{12}=\omega_1/\omega_2=z_2/z_1$
模数	m	由强度计算决定,并选用标准模数
分度圆直径	d	$d=mz$
齿顶圆直径	d_a	$d_a=d+2h_a=m(z+2)$
齿根圆直径	d_f	$d_f=d-2h_f=m(z-2.5)$
中心距	a	$a=\frac{1}{2}(d_1+d_2)=\frac{1}{2}m(z_1+z_2)$
齿顶高	h_a	$h_a=m$
齿根高	h_f	$h_f=1.25m$
全齿高	h	$h=h_a+h_f=2.25m$
齿距	p	$p=\pi m$

注:d_1、d_2是相啮合的两个齿轮的分度圆直径;z_1、z_2是两个齿轮的齿数;ω_1、ω_2是两个齿轮的角速度。

三、直齿轮的规定绘制方法

1. 单个圆柱齿轮的画法

齿轮上的轮齿是多次重复出现的结构，国标对齿轮的画法做了如下规定（图8-3-4）：

（1）齿顶圆和齿顶线用粗实线表示；分度圆和分度线用细点画线表示；齿根圆和齿根线用细实线绘制，可省略不画。

（2）在剖视图中，齿根线用粗实线表示，轮齿部分不画剖面线。

（3）对于斜齿或人字齿的圆柱齿轮，可用三条细实线表示轮齿的方向。齿轮的其他结构，按投影画出。

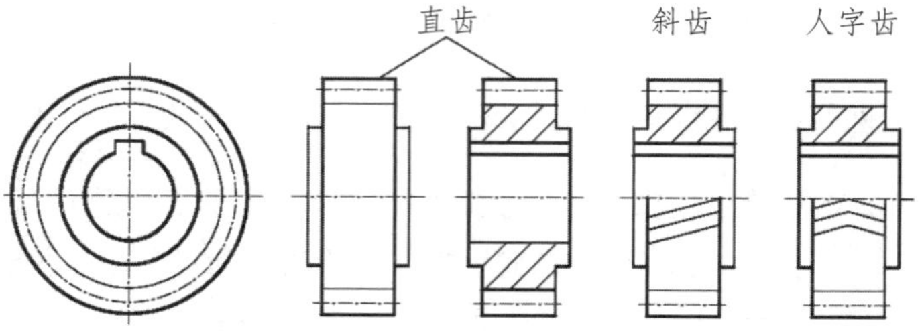

图8-3-4　单个圆柱齿轮的画法

2. 两圆柱齿轮啮合的画法

作出图8-3-5所示的齿轮啮合装配图，要求尺寸正确、图线清晰、符合规定。

画啮合图时，一般可采用两个视图。在垂直于圆柱齿轮轴线的投影面的视图中，啮合区内的齿顶圆均用粗实线绘制，节圆（两标准齿轮相互啮合时，分度圆处于相切的位置，此时分度圆又称为节圆）相切，如图8-3-5(a)所示；也可用省略绘制方法，如图8-3-5(b)所示。

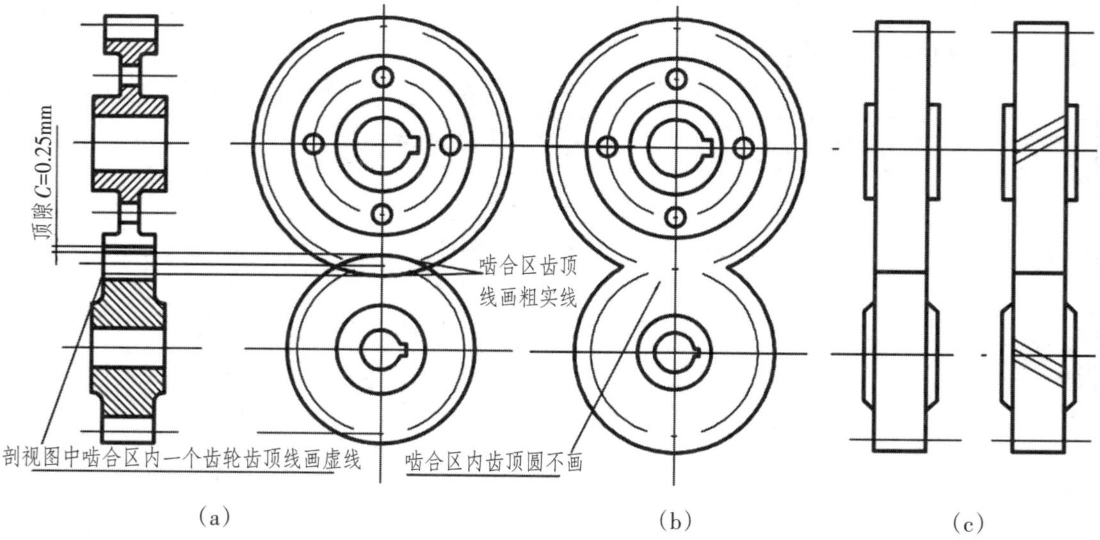

图8-3-5　圆柱齿轮啮合的绘制方法

在圆柱齿轮啮合的剖视图中，当剖切平面通过两啮合齿轮的轴线时，在啮合区内，将一个齿轮的轮齿用粗实线绘制，另一个齿轮的轮齿被遮挡部分用虚线绘制；也可省略不画被遮挡的轮齿。

在平行于圆柱齿轮轴线的投影面的视图中，啮合区的齿顶线不需画出，分度圆相切处用粗实线绘制；其他处的节线仍用细点画线绘制，如图8-3-5(c)所示。

任务实施

作出模数为2.5，齿数为18，轴孔直径为20 mm，采用平键与齿轮轴连接的直齿圆柱齿轮零件图。

［解析］

作图步骤：

①根据已知条件求齿轮的齿顶圆直径d_a、齿根圆直径d_f、分度圆直径d。

$d=mz=2.5\times18=45$(mm)

$d_a=m(z+2)=2.5\times(18+2)=50$(mm)

$d_f=m(z-2.5)=2.5\times(18-2.5)=38.75$(mm)

②根据齿轮轴直径为20 mm采用平键连接查表，查表知键槽宽度为6 mm，键槽高度为(20+2.8)mm。

③绘制齿轮零件图，完成后的零件图如图8-3-6所示。

提示：在齿轮零件图中，除具有一般零件图的内容外，齿顶圆直径、分度圆直径要直接注出，齿根圆直径一般由加工时刀具的尺寸决定，图上可以不注，其他主要参数要在图纸右上角列表说明。

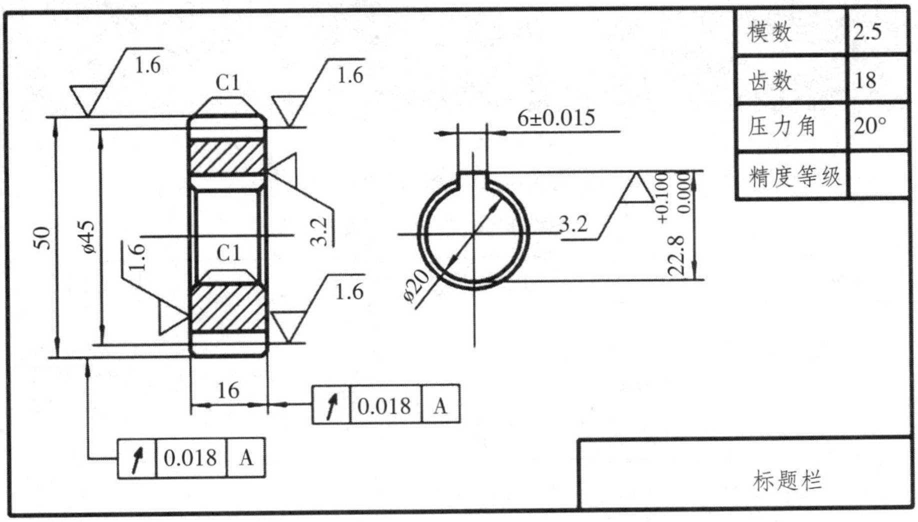

图8-3-6 圆柱直齿轮绘制方法

任务四 识读键和销

任务目标

1. 能掌握常用键的种类及标记。
2. 能掌握常用键的连接绘制方法。

任务准备

一、键连接

键用来连接轴和装在轴上的转动零件，如齿轮、皮带轮、联轴器等，起传递转矩的作用。常用的键有普通平键、半圆键和钩头楔键等，如图8-4-1所示。由于它们均为标准件，其结构和尺寸以及相应的键槽尺寸都可以在相应的国家标准中查得，常用键的形式、简图、规定标记见表8-4-1。

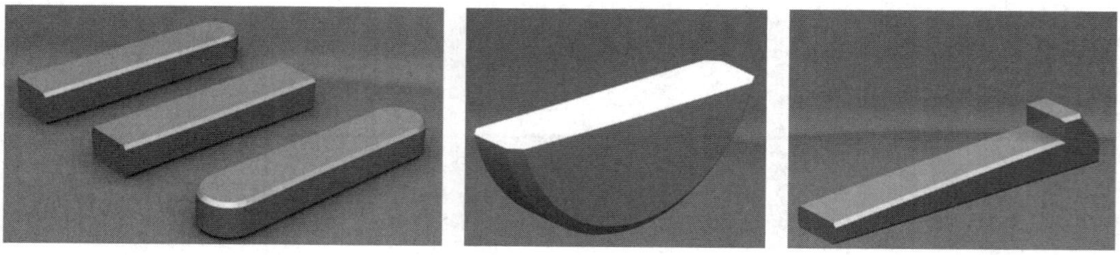

(a)普通平键　　(b)半圆键　　(c)钩头楔键

图8-4-1　键的种类

表8-4-1　键的形式、键的绘制方法及标记

名称	标准号	图例	标记示例
普通平键	GB/T 1096—2003	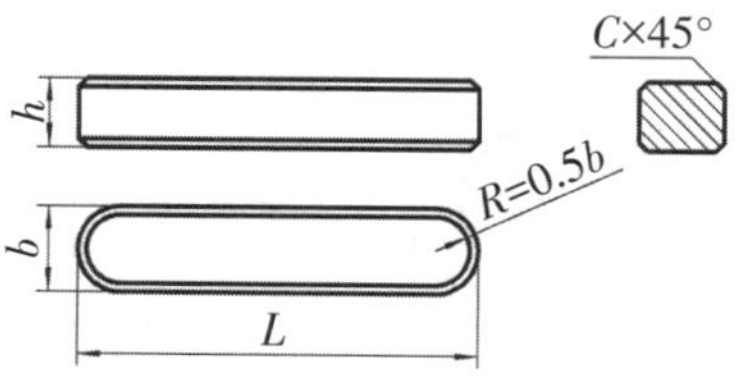	b=18，h=11，L=100的圆头普通平键(A型)：GB/T 1096—2003 键 18×100
半圆键	GB/T 1099.1—2003	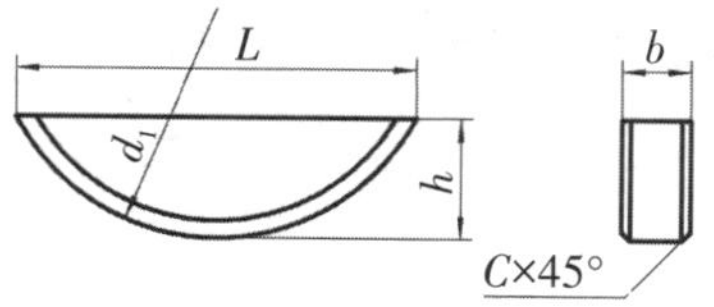	b=6，h=10，d_1=25的半圆键：GB/T 1099.1—2003 键 6×25

续表

名称	标准号	图例	标记示例
钩头楔键	GB/T 1565—2003	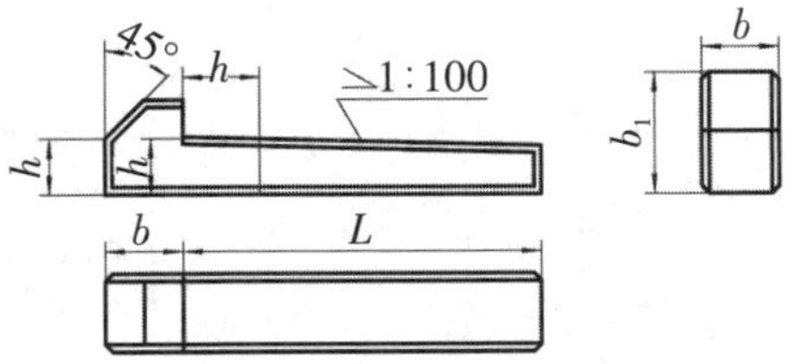	b=18，h=11，L=100的钩头楔键：GB/T 1565—2003 键 18×100

二、销连接

销在机器中主要起定位和连接作用，连接时，只能传递不大的扭矩。常用的有圆柱销、圆锥销和开口销等。销是标准件，其结构形式、尺寸和标记都可以在相应的国家标准中查得，常用销的形式、简图、规定标记见表 8-4-2。

表 8-4-2　销的形式、标准绘制方法及标记

名称	图　例	标记示例
圆柱销	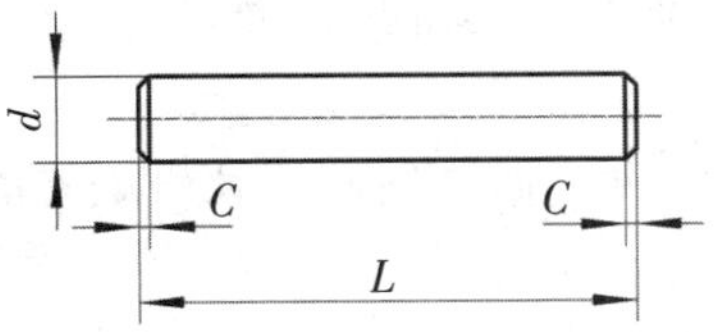	公称直径 d=8 mm、长度 L=18 mm、材料为 35 钢、热处理后硬度为 28~38HRC、表面氧化处理的 A 型圆柱销：A8×18
圆锥销	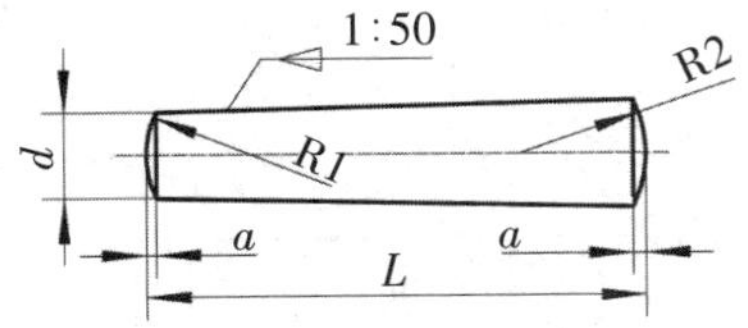	公称直径 d=10 mm、长度 L=60 mm、材料为 35 钢、热处理后硬度为 28~38HRC、表面氧化处理的 A 型圆柱销：A10×60
开口销	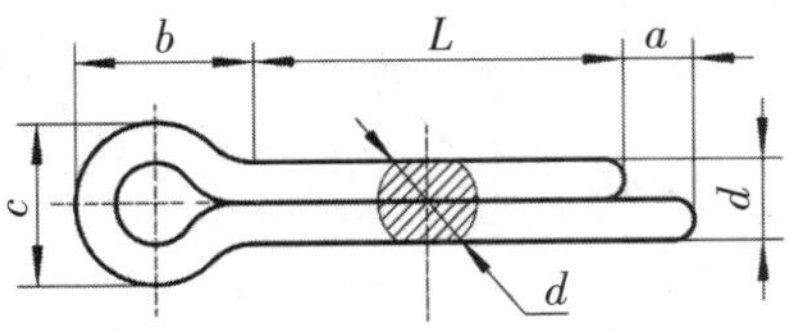	公称直径 d=5 mm、长度 L=50 mm、材料为低碳钢、不经表面处理的开口销：5×50

任务实施

1. 绘制键槽

在轴上或孔内加工出一条与键相配的槽，在轴上或孔内加工出一条与键相配的槽，用来安装键，以传递扭矩，这种槽就叫键槽。画平键连接装配图前先要知道轴的直径和键的形式，然后查有关标准确定键的公称尺寸 b 和 h 及轴和轮子的键槽尺寸，并选定键的标准长度 L。

例如：已知轴的直径为 24 mm，采用 A 型普通平键，由标准 GB/T 1095—2003 查得键的尺寸 b = 8 mm，h = 7 mm；轴和轮（毂）上键槽尺寸 t = 4 mm，t_1 = 3.3 mm，键长 L 应小于轮厚

$B=25$ mm，从标准GB/T 1096—2003中选取键长$L=22$ mm，其零件图中轴和轮上键槽尺寸标注如图8-4-2所示。

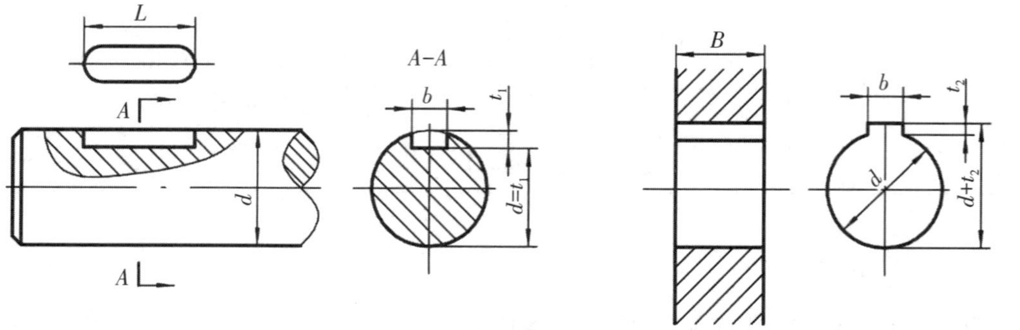

(a)轴上键槽的绘制方法及尺寸注法　　(b)轮上键槽的绘制方法及尺寸注法

图8-4-2　键槽的绘制方法

2. 绘制普通平键连接

普通平键是用两侧面为工作面来做周向固定、传递运动和动力，因此，其两侧面和下底面均与轴上、轮毂上键槽的相应表面接触，而平键顶面与轮子键槽顶面之间不接触，留有间隙。其装配图绘制方法如图8-4-3所示。

国家标准规定，在装配图中，对于键等实心零件，当剖切平面通过其对称平面纵向剖切时，键按不剖绘制。

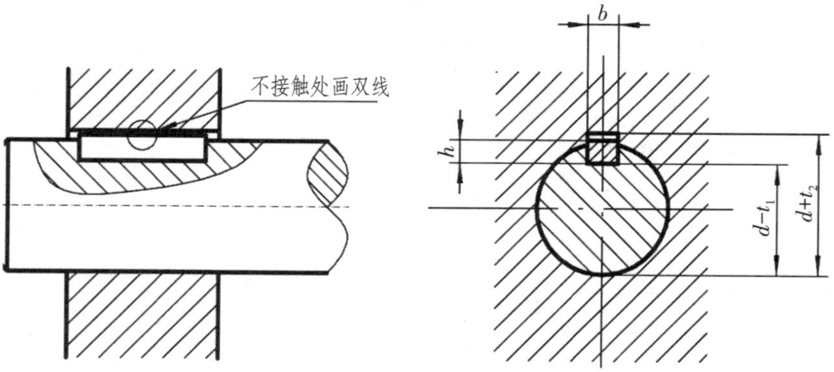

图8-4-3　平键连接装配图绘制方法

圆柱销和圆锥销的绘制方法与一般零件相同。如图8-4-4所示，在剖视图中，当剖切平面通过销的轴线时，按不剖处理。画轴上的销连接时，通常对轴采用局部剖，表示销和轴之间的配合关系。开口销常与槽形螺母配合使用，它穿过螺母上的槽和螺杆上的孔以防止螺母松动。各种销连接绘制方法如图8-4-4(a)、8-4-4(b)所示。

用圆柱销和圆锥销连接零件时，装配要求较高，被连接零件的销孔一般在装配时同时加工，并在零件图上注明“××配做”(圆柱销与圆锥销标注相同)，如图8-4-4(c)所示。

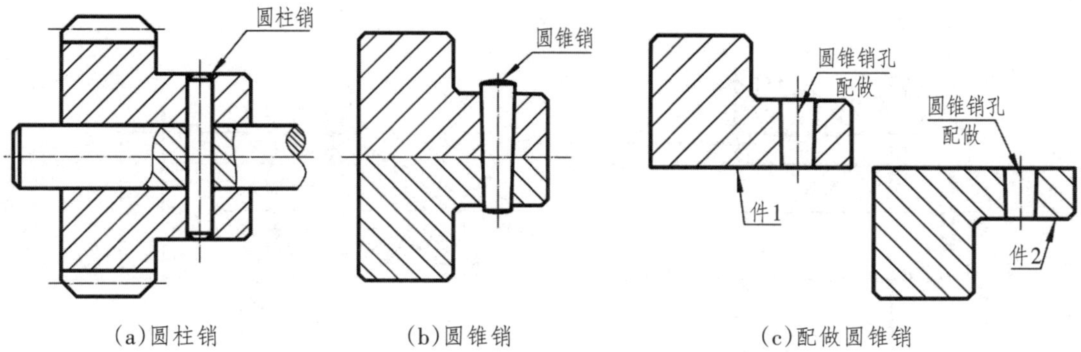

图8-4-4　各种销连接绘制方法

任务拓展

1.半圆键连接

半圆键的两侧面为工作面，与轴和轮上的键槽两侧面接触，而半圆键的顶面与轮子键槽顶面之间不接触，留有间隙。由于半圆键在键槽中能绕槽底圆弧摆动，可以自动适应轮毂中键槽的斜度，因此适用于具有锥度的轴。

半圆键连接与普通平键连接相似，其装配图绘制方法如图8-4-5所示。

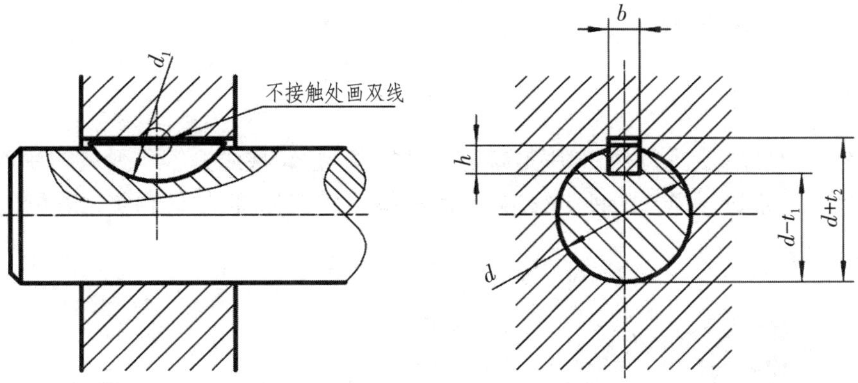

图8-4-5　半圆键连接装配图绘制方法

2.钩头楔键连接

钩头楔键的上下两面是工作面，而键的两侧为非工作面，楔键的上表面有1∶100的斜度，装配时打入轴和轮毂的键槽内，靠楔面作用传递扭矩，能轴向固定零件和传递单向的轴向力。钩头楔键连接的装配图绘制方法如图8-4-6所示。

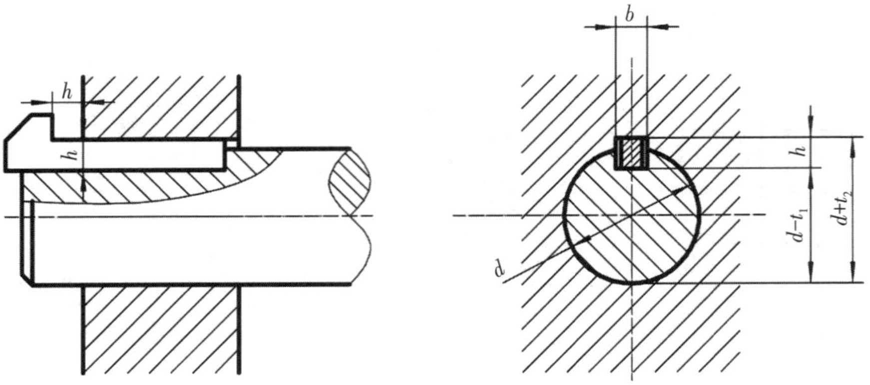

图8-4-6　钩头楔键连接装配图绘制方法

任务五　识读弹簧

任务目标

1. 能掌握常用弹簧的种类及相关参数。
2. 能够理解弹簧的画法,能正确识别弹簧。

任务准备

弹簧是一种常用零件,它的作用是减震、夹紧、测力、储藏能量等。弹簧的特点是外力去掉后能立即恢复原状。弹簧的种类很多,有圆柱螺旋压缩弹簧、拉伸弹簧、扭转弹簧、蜗卷弹簧等,如图8-5-1所示。

(a)圆柱螺旋压缩弹簧　(b)拉伸弹簧　(c)扭转弹簧　(d)蜗卷弹簧

图8-5-1　常用弹簧

一、圆柱螺旋压缩弹簧

此处主要介绍圆柱螺旋压缩弹簧。圆柱螺旋压缩弹簧各部分名称及其相互关系见表8-5-1。

表 8-5-1 圆柱螺旋压缩弹簧各部分名称和基本参数

名称	符号	说明
型材直径	d	制造弹簧用的材料直径
弹簧的外径	D	弹簧的最大直径
弹簧的内径	D_1	弹簧的最小直径，$D_1 = D - 2d$
弹簧的中径	D_2	弹簧的平均直径，$D_2 = \frac{D + D_1}{2} = D_1 + d = D - \mathrm{d}$
有效圈数	n	为了工作平稳，n一般不小于3圈
支承圈数	n_0	弹簧两端并紧和磨平(或锻平)，仅起支承或固定作用的圈数(一般取1.5、2或2.5圈)
总圈数	n_1	有效圈数与支承圈数之和，$n_1 = n + n_0$
节距	t	相邻两有效圈上对应点的轴向距离
自由高度	H_0	未受负荷时的弹簧高度：$H_0 = nt + (n_2 - 0.5)d$
展开长度	L	制造弹簧所需钢丝的长度$L \approx \sqrt{(\pi D)^2 + t^2}$

在 GB/T 2089—2009 中对圆柱螺旋压缩弹簧的d、D、t、H_0、n、L等尺寸都已做了规定，使用时可查阅该标准。

二、圆柱螺旋压缩弹簧的规定绘制方法

(1)在平行于螺旋弹簧轴线的投影面的视图中，各圈的外轮廓线应画成直线。

(2)螺旋弹簧均可画成右旋，但左旋螺旋弹簧不论画成左旋或右旋，必须加写“左”字。

(3)对于螺旋压缩弹簧，如要求两端并紧且磨平时，不论支承圈数多少和末端贴紧情况如何，均按图 8-5-2(有效圈是整数，支承圈为2.5圈)的形式绘制，必要时也可按支承圈的实际结构绘制。

(4)当弹簧的有效圈数在四圈以上时，可以只画出两端的1～2圈(支承圈除外)，中间部分省略不画，用通过弹簧钢丝中心的两条点画线表示，并允许适当缩短图形的长度。

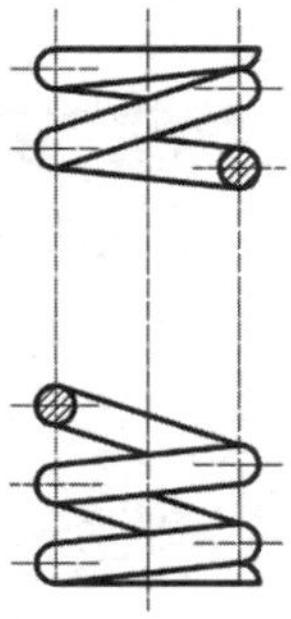

(a)剖视图

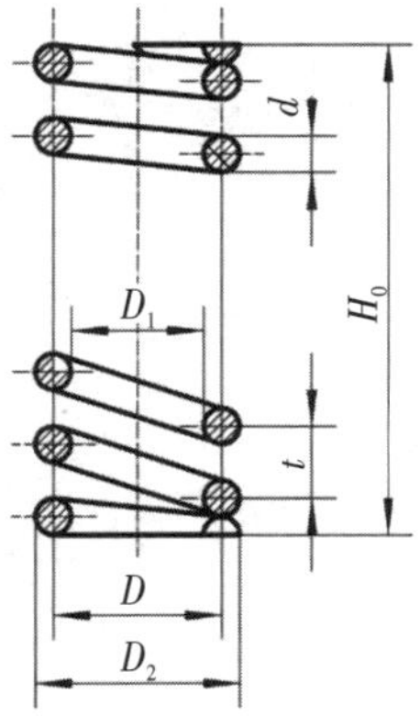

(b)视图

图8-5-2 圆柱螺旋压缩弹簧的规定绘制方法

(5)在装配图中，型材直径或厚度在图形上小于或等于1 mm的螺旋弹簧，允许用示意图

绘制，如图8-5-3(c)所示。当弹簧被剖切时，剖面直径或厚度在图形上小于或等于2 mm时，也可用涂黑表示，且各圈的轮廓线不画，如图8-8-3(b)所示。

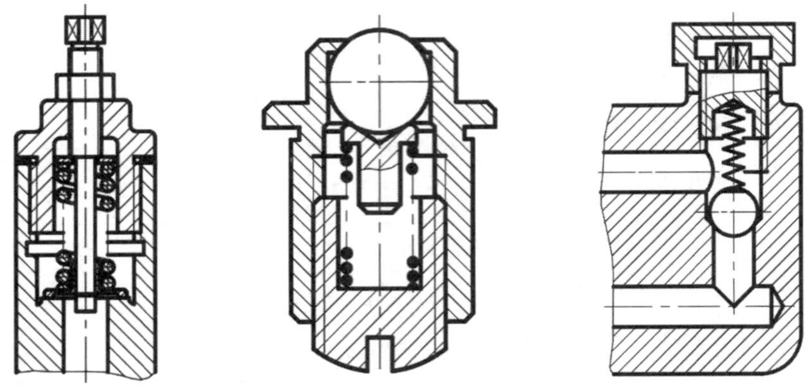

(a) 常规绘制方法　　(b)涂黑绘制方法　　(c)示意绘制方法

图8-5-3　弹簧在装配图中的绘制方法

任务实施

作出圆柱螺旋压缩弹簧视图。当已知弹簧的型材直径d、中径D_2、自由高度H_0(画装配图时，采用初压后的高度)、有效圈n、总圈数n_1和旋向后，即可计算出节距t。

【解析】

作图步骤：

①根据尺寸D和H_0作出图示图形，如图8-5-4(a)所示。

②画出支承圈部分，圆的直径等于弹簧钢丝直径，如图8-5-4(b)所示。

③画出有效圈数部分，圆的直径等于弹簧钢丝直径，如图8-5-4(c)所示。

④按右旋方向画上对应圆的公切线，再画上剖面线，即完成圆柱螺旋压缩弹簧的剖视图，如图8-5-4(e)所示。

⑤也可将步骤③中的图按右旋方向作出对应的公切线，即完成圆柱螺旋压缩弹簧的视图，如图8-5-4(d)所示。

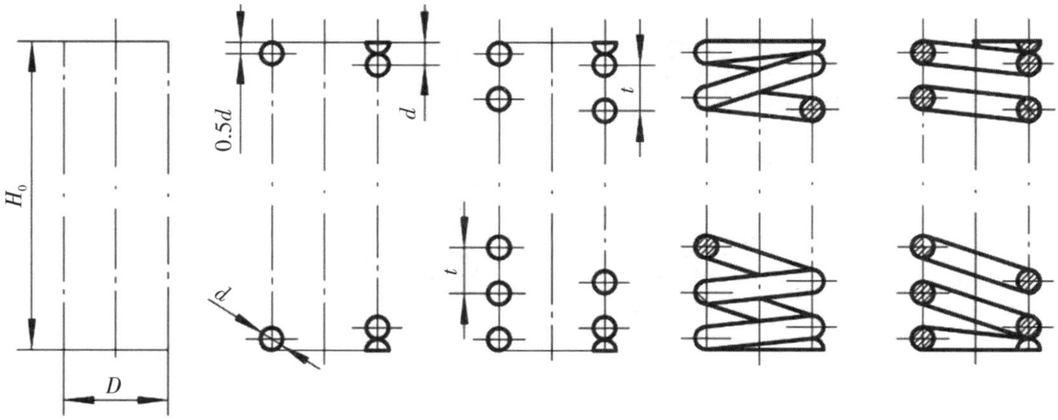

(a)　(b)　(c)　(d)　(e)

图8-5-4　圆柱螺旋压缩弹簧视图作法

任务六　识读滚动轴承

任务目标

1.掌握滚动轴承的种类及其结构。

2.能够识读轴承视图及其标记。

任务准备

滚动轴承是支承转动轴的部件，它具有摩擦力小、转动灵活、旋转精度高、结构紧凑、维修方便等优点，在生产中被广泛采用。滚动轴承是标准部件，由专门工厂生产，需要时根据要求确定型号选购即可。

滚动轴承的种类很多，但其结构大致相同，通常由外圈、内圈、滚动体（安装在内、外圈的滚道中如滚珠、滚锥等）和隔离圈（又叫保持架）等零件组成，如图8-6-1所示。

(a)深沟球轴承　　(b)圆锥滚子轴承　　(c)单向推力球轴承

图8-6-1　滚动轴承

国家标准规定滚动轴承的结构、尺寸、公差等级、技术性能等特性用代号表示，滚动轴承的代号由前置代号、基本代号、后置代号组成。前置代号、后置代号是轴承在结构形状、尺寸、公差、技术要求等有所改变时，在其基本代号的左右添加的补充代号。需要时可以查阅有关国家标准。

一、滚动轴承简化绘制方法

在剖视图中，用简化绘制方法绘制滚动轴承时，一律不画剖面线。简化绘制方法有通用绘制方法和特征绘制方法两种，但在同一图样中一般只采用其中一种绘制方法。

1.滚动轴承通用绘制方法

在剖视图中，当不需确切地表示滚动轴承的外形轮廓、载荷和结构特征时，可用通用绘制方法绘制，其绘制方法是用矩形线框及位于中央正立的十字形符号表示。

2.滚动轴承特征绘制方法

在剖视图中，如需较形象地表示滚动轴承的结构特征时，可采用特征绘制方法绘制，其绘制方法是在矩形线框内画出其结构要素符号。

二、滚动轴承规定绘制方法

在装配图中需要较详细地表达滚动轴承的主要结构时,可采用规定绘制方法。

采用规定绘制方法绘制滚动轴承的剖视图时,轴承的滚动体不画剖面线,其各套圈画成方向与间隔相同的剖面线。规定绘制方法一般绘制在轴的一侧,另一侧按通用绘制方法画出。

表8-6-1为常用滚动轴承的绘制方法,三种绘制方法中的各种符号、矩形线框和轮廓线均用粗实线绘制。其中外径D、内径d及宽度B、T等几个主要尺寸,按所选轴承的实际尺寸绘制。

表8-6-1　滚动轴承的表示法

名称	通用绘制方法	特征绘制方法	规定绘制方法
深沟球轴承	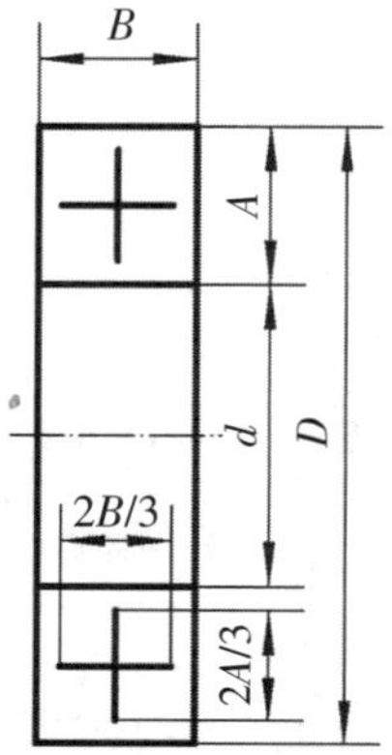	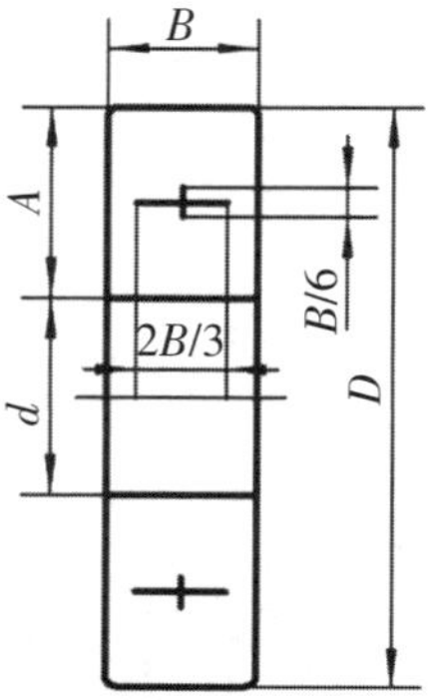	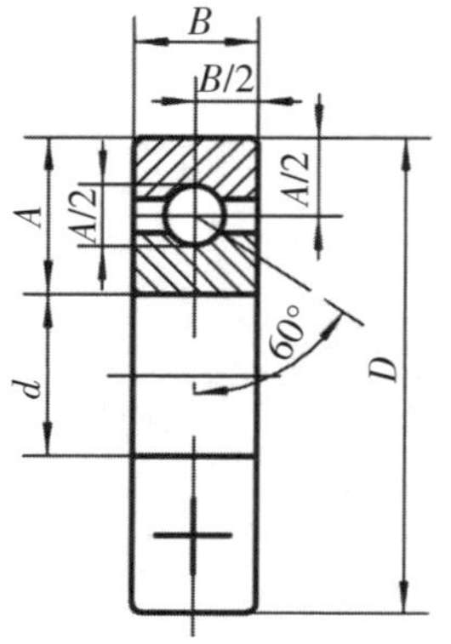
圆锥滚子轴承	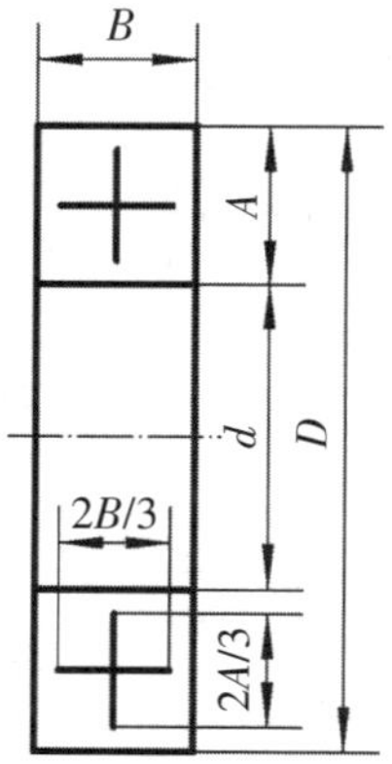	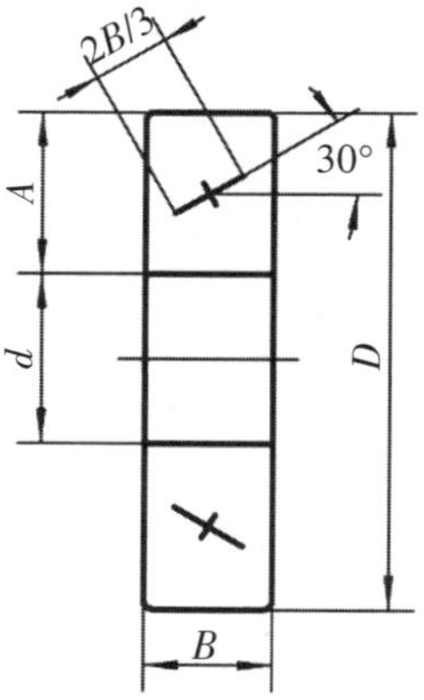	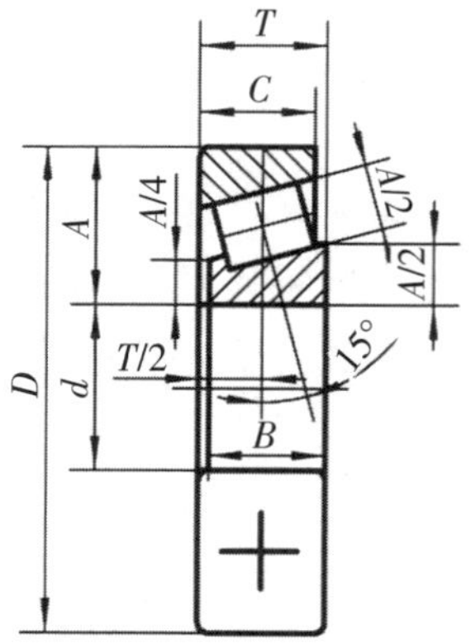

续表

名称	通用绘制方法	特征绘制方法	规定绘制方法
推力球轴承	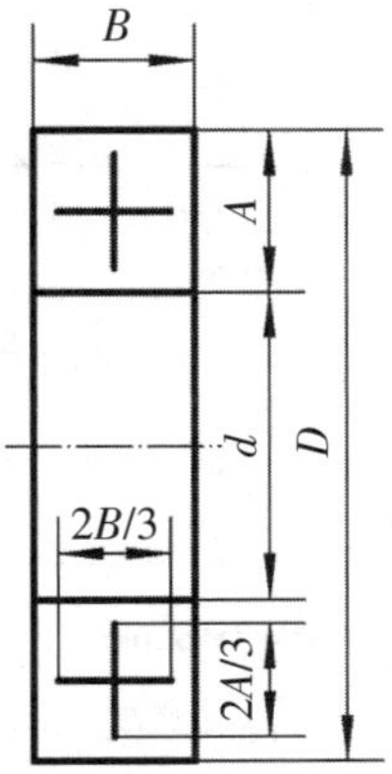	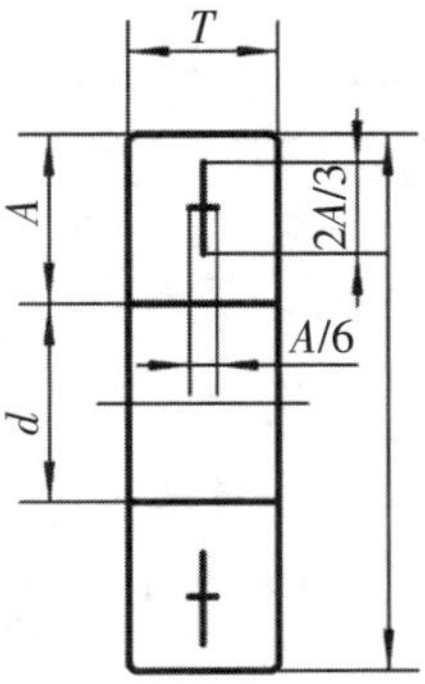	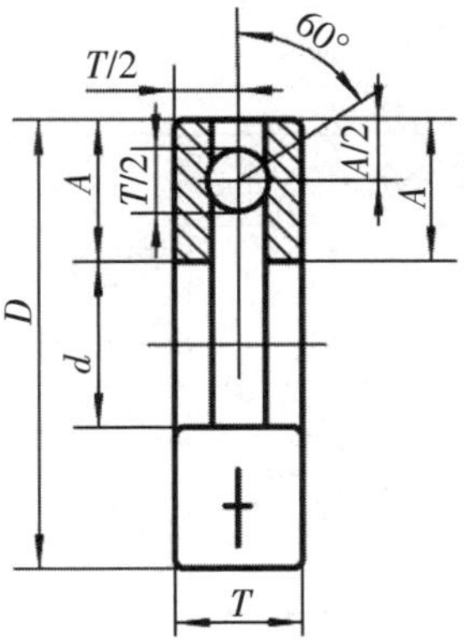

三、滚动轴承基本代号

1. 滚动轴承代号组成

滚动轴承代号是用字母加数字来表示滚动轴承的结构、尺寸、公差等级、技术性能等特征。滚动轴承代号用基本代号、前置代号和后置代号构成，排列如下：

前置代号　　基本代号　　后置代号

2. 基本代号

类型代号　　尺寸系列代号　　内径代号

(1)轴承类型代号

用基本代号左起第一位数字表示，轴承类型编号，用数字或者字母表示。

表 8-6-2　滚动轴承类型代号

代号	轴承类型	代号	轴承类型
0	双列角接触球轴承	6	深沟球轴承
1	调心球轴承	7	角接触轴承
2	调心滚子轴承和推力调心滚子轴承	8	推力圆柱滚子轴承
3	圆锥滚子轴承	N	圆柱滚子轴承和双列圆柱滚子轴承
4	双列深沟球轴承	U	外球面轴承
5	推力球轴承	QJ	四点接触球轴承

(2)尺寸系列代号

尺寸系列代号由轴承的宽(高)度系列代号和直径系列代号组成，用数字表示。例如，数字0、1表示特轻系列；2表示轻窄系列；3表示中窄系列；4表示重窄系列等。

(3)内径代号

内径代号表示滚动轴承的内圈孔径，是轴承的公称内径，用两位数表示，见表8-6-3所示。

表8-6-3　轴承内径代号

轴承公称内径/mm		内径代号	示例
0.6到10(非整数)		用公称内径毫米数直接表示，在其与尺寸系列代号之间用“/”分开	深沟球轴承 618/2.5 d = 2.5 mm
1到9(整数)		用公称内径毫米数直接表示，对深沟及角接触球轴承7、8、9直径系列，内径与尺寸系列代号之间用“/”分开	深沟球轴承625 深沟球轴承618/5 d=5 mm
10到17	10	00	深沟球轴承6200 d = 10 mm
	12	01	深沟球轴承6201 d = 12 mm
	15	02	深沟球轴承6202 d = 15 mm
	17	03	深沟球轴承6203 d = 17 mm
20到480(22，28，32除外)		公称内径除以5的商数，商数为个位数，需在商数左边加“0”，如08	调心滚子轴承23208 d = 40 mm
大于和等于500以及22、28、32		用公称内径毫米数直接表示，但在与尺寸系列之间用“/”分开	调心滚子轴承230/500 d = 500 mm 深沟球轴承62/22 d = 22 mm

3.后置代号

前置、后置代号是轴承在结构形状、尺寸、公差、技术要求等有改变时，在其基本代号左右添加的补充代号。前置代号用字母表示，后置代号用字母加数字表示。

任务实施

【解析】1.解释6208、30312、51310、K81107的含义。

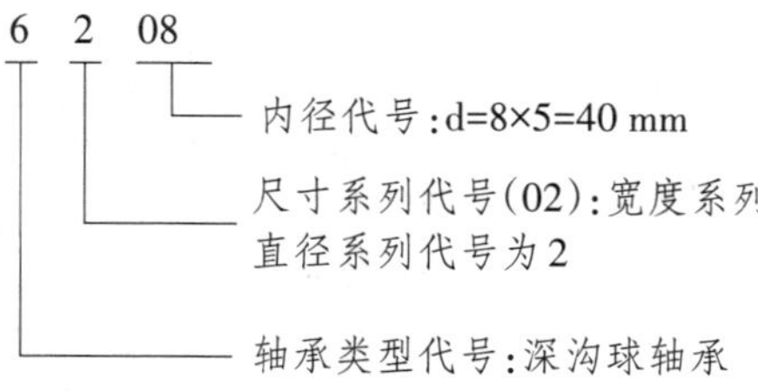

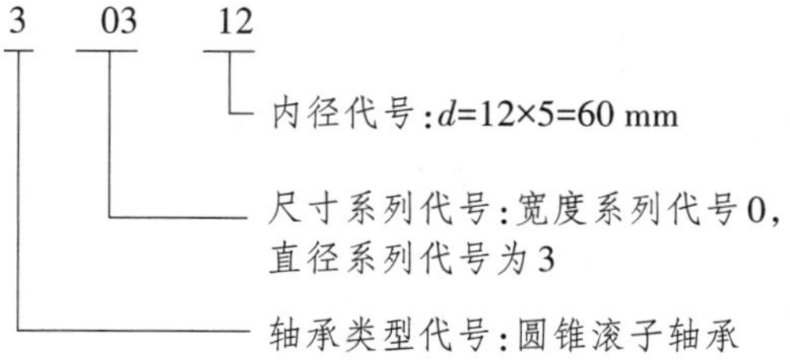

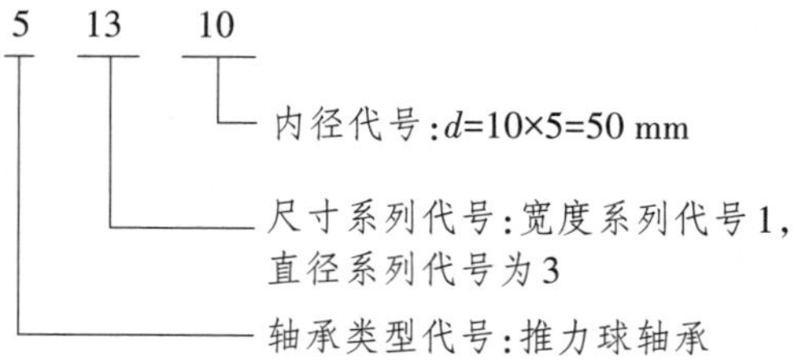

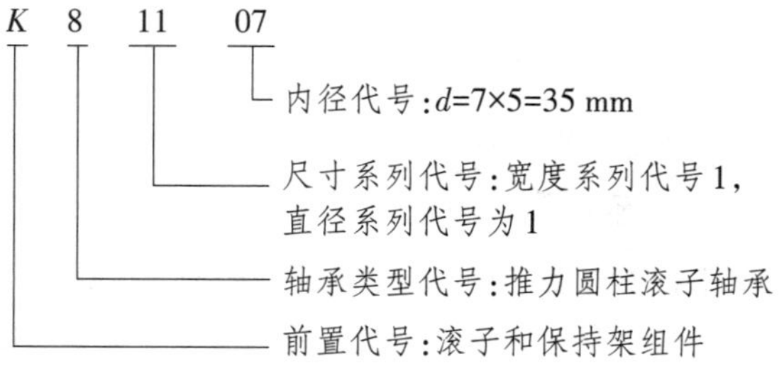

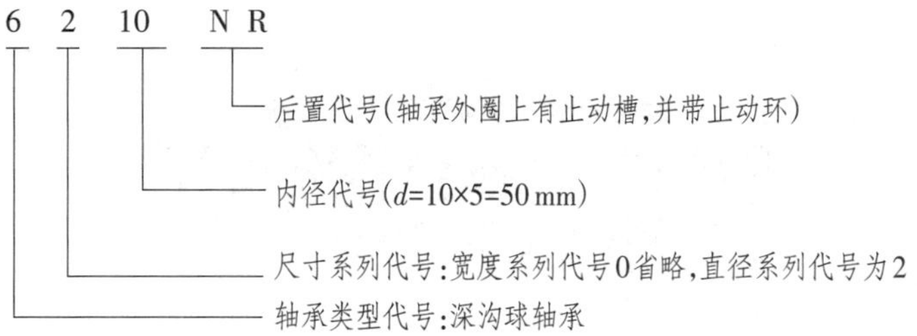

2.试写出圆锥滚子轴承、内径d=70 mm、宽度系列代号为1,直径系列代号为2的标记。

【解析】圆锥滚子轴承的标记为:滚动轴承 31214 GB/T 297—2015

项目总结

1.标准件及常用件的画法

(1)螺纹的绘制方法。无论是外螺纹还是内螺纹(当内螺纹画成剖视图时),螺纹的大径用粗实线表示,小径用细实线表示,螺纹终止线用粗实线表示。当用剖视图表达内外螺纹的连接时,其旋合部分按外螺纹的绘制方法绘制,其余部分仍按各自的绘制方法表示。

(2)齿轮的绘制方法。齿顶圆和齿顶线画成粗实线;分度圆和分度线画成细点画线;齿根圆和齿根线画成细实线,也可省略不画;在剖视图中,齿根线用粗实线表示。

(3)螺旋弹簧的绘制方法。用直线代替螺旋线;有效圈数在四圈以上的螺旋弹簧,中间部分可省略不画。

(4)滚动轴承的绘制方法。滚动轴承有简化画法和规定画法两种。简化画法又可分为通用画法和特征画法。

2.标注件及常用件的标注

(1)标准螺纹的标注。在螺纹的大径上注明特征代号、公称直径、螺距、旋向、公差带代号和旋合长度代号。

(2)齿轮的标注。齿顶圆直径、分度圆直径及有关齿轮的基本尺寸要直接注出。其他各主要参数如模数m、齿数z、齿形角α和精度等级等要在图纸右上角参数表中说明。

(3)弹簧的标注。图上要标注弹簧钢丝直径小弹簧外径D、节距t和自由高度H_0等尺寸。在主视图上方用斜线表示出外力与弹簧变形之间的关系,在技术要求中填写旋向、有效圈数、总圈数、工作极限应力和热处理要求、各项检验要求等内容。

螺纹紧固件、键、销和滚动轴承是标准件,一般不画其零件图。在装配图的明细栏中,只要标注出它们的标记就可以在有关标准中查出其结构形式、规格、尺寸等。

项目九　零件图的识读

项目引入

任何一台机器或设备都是由若干相关零件(包括前面学习的标准件、常用件)按照一定的装配关系及要求装配而成的。表达单个零件的图样称为零件图,它是制造和检验零件的主要内容。

项目分析

机械图样是生产中的重要技术文件。制图教学的出发点和落脚点是培养学生识读和绘制机械图样的能力。零件图作为直接指导制造和检验零件的图样,是机械制图课程应用阶段的核心内容,是培养和提高识图和绘图能力的重要内容。

任务一　认识零件图

任务目标

1. 能描述零件图的内容。
2. 能确定零件图的表达方案。

任务准备

零件是机器或部件的基本组成单元。任何一台机器或设备都是由若干相关零件按照一定的装配关系及使用要求装配而成的,制造机器必须首先制造零件。零件图就是直接指导制造和检验零件的图样,是零件生产中的重要技术文件。

一、零件图应具备的内容

一张完整的零件图,如图9-1-1所示,应具备以下内容:

1. 一组图形

零件图需要由一组图形来表达零件的结构形状,这组图形应完整、准确、清晰地表达零件的所有内、外部结构,符合制图国家标准的规定,同时还要做到简洁明了以方便读图。零件图中所采用图形的种类及数量即零件的“表达方案”必须经过仔细的推敲和选择。如图9-1-1所示,该轴承底座用主视图、俯视图、左视图表达,主视图采用半剖,左视图采用全剖视图。

2.完整的尺寸

正确、完整、清晰、合理是国家标准对工程图样尺寸标注的基本要求，零件图亦是如此。在这张“轴承底座”零件图中，零件的每个结构都标注了完整、明确的定形及定位尺寸，如：主视图中的50、45，左视图中的20、40，俯视图中的65、140等，同时做到了清晰、合理，符合国家标准。

3.技术要求

技术要求是零件图的重要组成部分，是用规定的符号、代号、标记及文字说明等简明地给出零件制造和检验时所应达到的各项技术指标与要求。也就是说，零件的加工和检验在满足图形、尺寸要求的同时，还应满足这类技术要求。如尺寸公差、几何公差、表面结构和热处理等。

4.标题栏

标题栏是所有工程图样都必不可少的内容，反映图样的基本信息，我们在读图时往往是从标题栏开始的。零件图应采用标准格式的标题栏，其内容主要包含零件名称、材料、比例、图号以及制图、审核人员的签字等。这张“轴承底座”零件图采用了目前常用的“作业版”标题栏。以上这四部分内容就构成了一张完整的零件图。

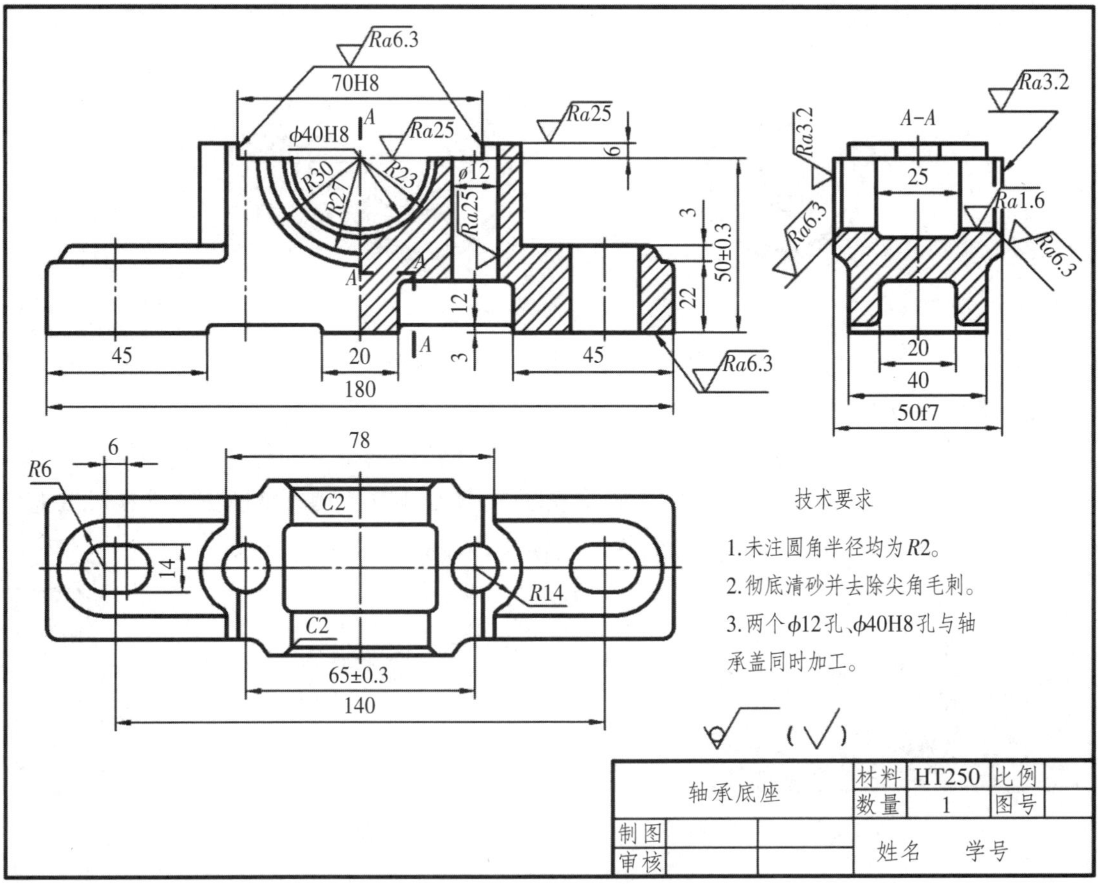

图9-1-1　轴承底座的零件图

二、零件图的视图选择

零件图要求把零件的内、外结构形状正确、完整、清晰地表达出来。要满足这些要求，首先要对零件的结构形状特点进行分析，并尽可能了解零件在机器或部件中的位置、作用和它的加工方法，然后灵活地选择三视图、剖视图、断面图等表示法。表达零件结构形状的关键是恰当地选择主视图和其他视图，确定一个比较合理的表达方案。

1.主视图的选择

主视图是零件图的核心，选择主视图是否合理直接关系到读图、画图是否方便。因此应先确定零件的位置，再确定投射方向。选择主视图时应考虑以下三个原则：

（1）工作位置原则

工作位置是指零件在机器中安装和工作的位置。主视图的位置和工作位置一致是为了便于想象零件的工作状况，利于读图。一般对于支架、箱体类零件常按工作位置选择主视图。

如图9-1-1中的轴承底座，其主视图就是以其工作状态绘制。再比如图9-1-2是起重机中的吊钩，两种主视图，显然9-1-2(a)图更直观，便于阅读，这也符合其工作位置原则。而9-1-2(b)虽然也表达了零件的形状，但是看图不习惯。

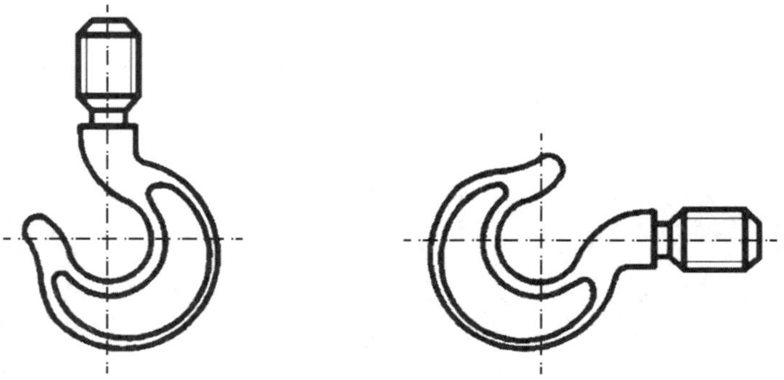

(a)合理　　　　(b)不合理

图9-1-2　主视图位置选择比较

（2）加工位置原则

主视图按照零件加工时在机床上的装夹位置。回转体类（轴套类、盘盖类）零件，不论其工作位置如何，一般均将轴线水平放置画主视图，如图9-1-3所示为轴套类零件在机床上加工时的位置，图9-1-4是按照加工位置绘制的轴和套的主视图。

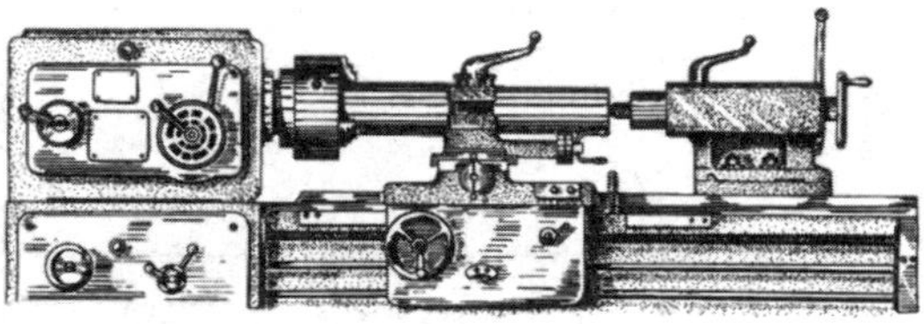

图9-1-3　轴套类零件的加工位置

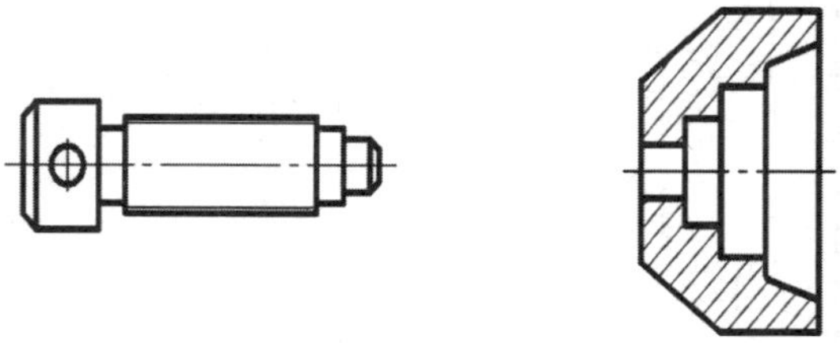

图9-1-4　轴和套类零件的视图表达

(3)便于画图的原则

对于一些工作位置不固定，而加工位置又多变的零件(如某些运动零件)，在选择主视图时，应以表示零件形状和结构特征以及各组成部分之间的相对位置为主。零件工作位置倾斜，若选工作位置为主视图，则画图很不方便。此类零件，一般应选放正的位置为主视图。如图9-1-5所示为汽车机油泵盖的主视图，9-1-5(a)摆正，便于画图和读图；而9-1-5(b)虽然是其工作位置，但不便于看图和画图，所以表达不合理。

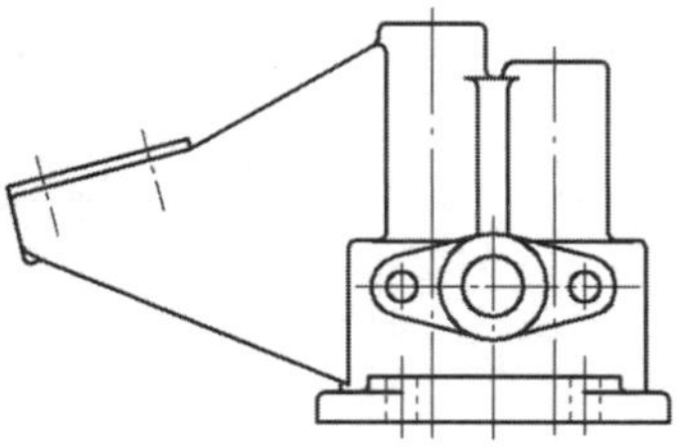

(a) 合理

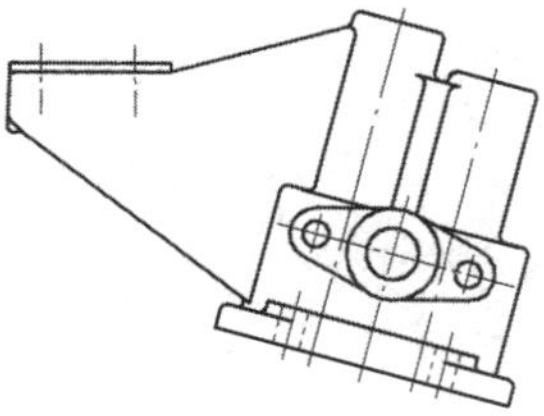

(b)不合理

图9-1-5 汽车机油泵盖的主视图

2.其他视图和表达方法的选择

在主视图确定之后，应仔细分析零件在主视图中尚未表达清楚、完整的部分，根据零件的结构特点及内、外形状的复杂程度来考虑增加其他视图。

选择其他视图和表达方法的原则：主要用于补充主视图未能表达清楚的结构形状；采用的表达方法和目的要明确；在满足完整、正确、清晰地表达零件的前提下，使图形数量尽可能少。配置其他视图时要注意以下几个问题：

(1)每个视图都有明确的表达重点和独立存在的意义，各个视图互相配合、互相补充，表达内容尽量不重复。

(2)要先选用基本视图，后选用其他视图；先表达零件的主要部分，后表达零件的次要部分。

(3)根据零件的内部结构选择恰当的剖视图和断面图，但不要使用过多的局部视图，否则会使视图分散零乱，给读图带来困难。

(4)对尚未表达清楚的局部形状和细小结构，补充必要的局部视图和局部放大图。

(5)要尽量采用省略、简化的表达方法。

任务实施

确定图9-1-6所示轴承座的表达方案。

1.分析零件

轴承座的功用是支撑轴承，主体结构由四部分组成，即圆筒(包容轴或轴瓦)、支承板(连接圆筒和底板)、底板(与机座连接)、肋板(增加强度和刚度)。此外，还有轴承座的局部结构，如圆筒顶部有凸台和螺孔(安装油杯，加润滑油)，底板上有两

图9-1-6 轴承座

个安装孔(通过螺栓与机座固定)。

2. 选择主视图

图9-1-7(a)和图9-1-7(b)都符合轴承座的工作位置,如果将图9-1-7(b)取局部剖视后,如图9-1-7(c),对圆筒的结构形状表示很清楚,但从总体来分析,图9-1-8(a)反映结构形状明显,而且各部分之间的相对位置和连接关系更清楚,表示信息量最多,所以确定它作为主视图。

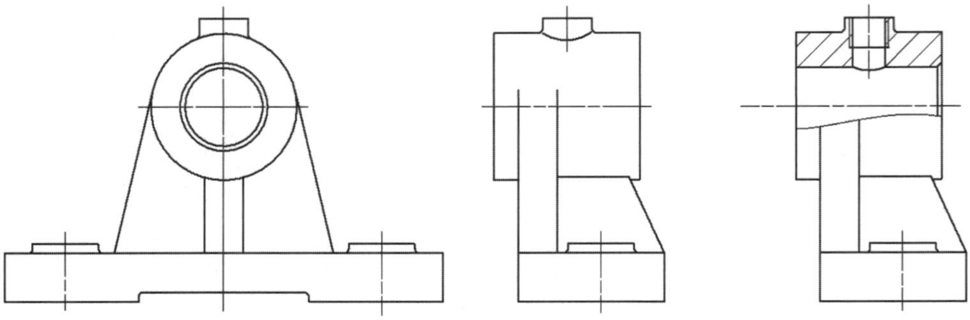

(a)　　(b)　　(c)

图9-1-7　轴承座的主视图选择

3. 选择其他视图

(1)圆筒的长度、轴孔(通孔或不通孔)以及顶部的螺孔,主视图均未能表达,此时,可采用左视图或俯视图表达。左视图能反映其加工状态,并且如果取局部剖视图,如图9-1-7(c),还能标明圆筒轴孔(通孔)与螺孔的连接关系,所以采用左视图比俯视图好。

(2)主视图未能表达支承板厚度,此时,也可采用左视图或俯视图表达,用左视图更明显,如图9-1-7(b)所示。

(3)主视图表示了肋板的厚度,但未能表达其形状,这也需要通过左视图表达。至此,左视图的必要性显而易见。此外,还需考虑内、外形兼顾,故采用局部剖视图,如图9-1-7(c)。

(4)底板的形状及其宽度,主视图均未标明。虽然左视图能表示其宽度,但要确定其形状必须采用俯视图或仰视图,优先选用俯视图。至此,三个基本视图形成了轴承座的初步表达方案,如图9-1-8所示。如果选择9-1-7(c)作为主视图,则如图9-1-9所示,显然图形布局不合理。

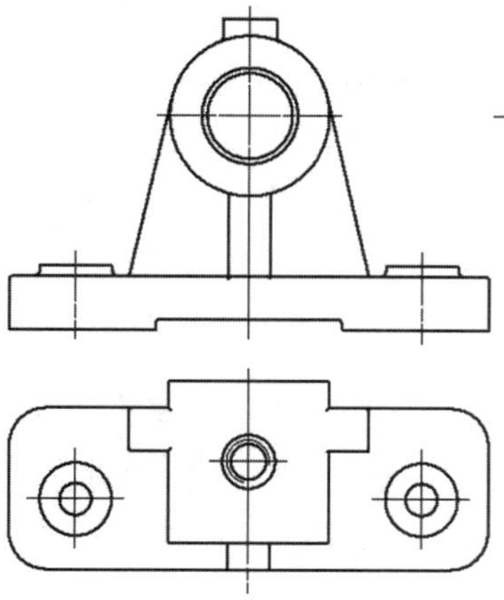

图9-1-8 轴承座视图方案一

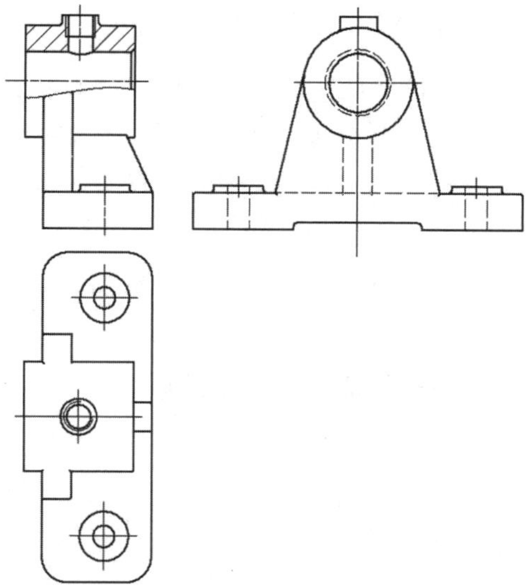

图9-1-9 轴承座视图方案二

4.选择辅助视图,表达局部结构

(1)底板上两个光孔的形状可在主视图上采取局部剖视表达,如图9-1-10所示。

(2)支承板与肋板的垂直连接关系,在图9-1-10所示的三个基本视图中尚未表达清楚,可将俯视图画成全剖视图,如图9-1-10所示。或者如图9-1-11所示加画一个断面图和B向局部视图。读者可以从轴承座的四个表达方案中分析、比较,确定一个最佳方案。

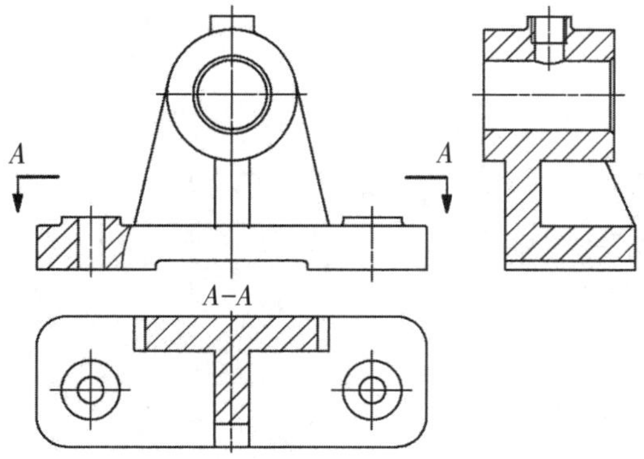

图9-1-10 轴承座视图方案三

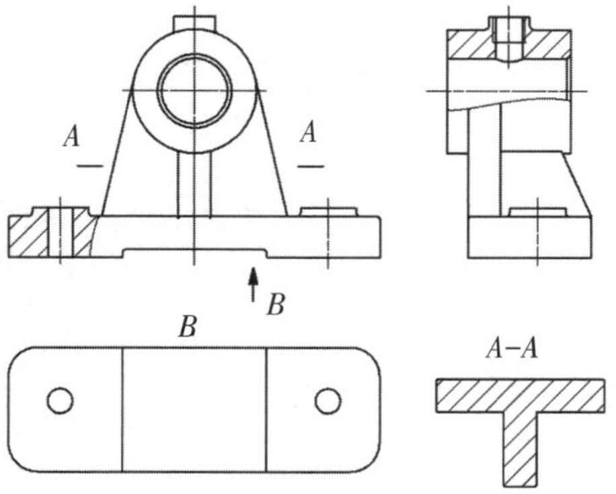

图9-1-11 轴承座视图方案四

任务二 标注零件图尺寸

任务目标

1.理解尺寸基准的选择方法及尺寸标注的基本原则。

2.能正确标注零件图尺寸。

任务准备

零件图中的尺寸标注，除了要满足正确、齐全和清晰的要求外，还要考虑标注尺寸合理。

标注尺寸合理是指标注的尺寸符合设计要求（满足使用性能）和工艺要求（满足加工和检验要求）。要想达到上述两点要求，标注尺寸时必须遵循下述原则：

（1）正确选择尺寸基准。

（2）正确使用标注尺寸的形式。

一、合理选择尺寸基准

任何零件都有长、宽、高三个方向的尺寸，每个尺寸至少要选择一个尺寸基准。尺寸基准是指零件在机器中，或在加工或测量时，用以确定其位置的一些面、线或点。常选择零件的对称面、回转轴轴线、主要加工面、重要支撑面或结合面作为尺寸基准。

1. 根据作用的不同，基准可分为设计基准和工艺基准两种

（1）设计基准

根据设计要求用以确定零件结构的位置所选定的基准，称为设计基准。如图 9-2-1 所示的滑动轴承底座，选择底面为高度方向的设计基准，对称面为长度方向的设计基准。由于一根轴通常要由两个轴承支撑，两者的轴孔应在同一轴线上，所以在标注高度方向尺寸时，应以底面为基准，以保证两轴孔到底面的距离相等。在标注长度方向尺寸时，应以对称面为基准，以保证底板上两个安装孔之间的中心距及其与轴孔的对称关系，实现两轴承座安装后同轴。

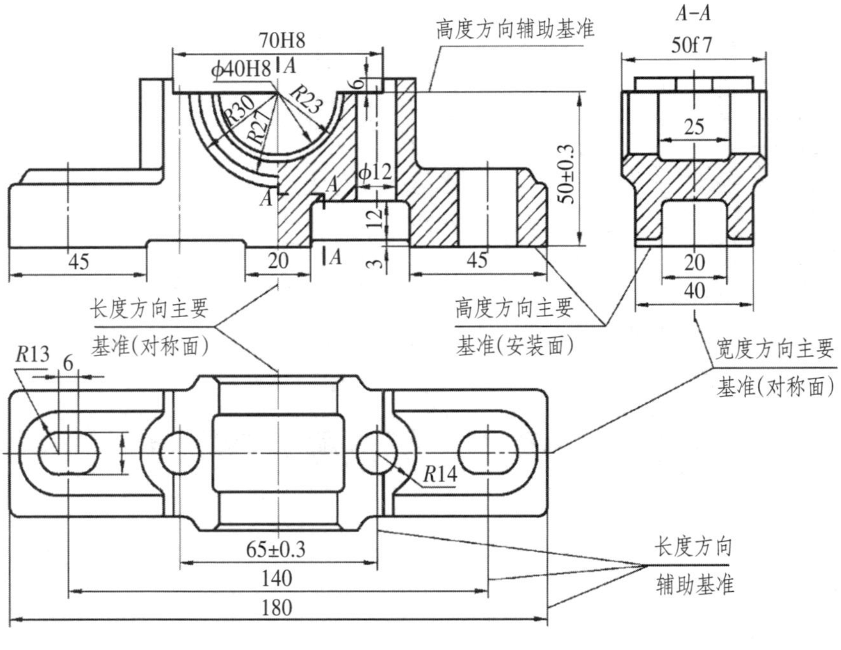

图9-2-1　滑动轴承底座的尺寸标注

(2)工艺基准

工艺基准是加工零件时,为保证加工精度及方便加工与测量而选用的基准,是加工时用作零件定位、对刀起点及测量起点的一些面、线或点。

最好能把设计基准和工艺基准统一起来,这样既可满足设计要求,又便于加工制造。若不能统一时,主要尺寸应从设计基准出发标注。长、宽、高每个方向上只能有一个主要基准,即设计基准。比如,轴承底座的底面是设计基准,也是工艺基准,对于顶面的局部结构,凹槽Ⅰ底面既是两边凸台的设计基准,又是加工测量时的工艺基准。

2.按尺寸基准重要性,可把尺寸基准分为主要基准和辅助基准

(1)主要基准是确定零件主要尺寸的基准,如图9-2-1中,左右方向对称面、前后方向对称面以及底面均为主要基准。

(2)辅助基准是为方便加工和测量而附加的基准,如图9-2-1中的凹槽Ⅰ底面、两螺栓孔轴线、长圆孔对称中心线、底板的左右端面和前后面都为辅助基准。

主要基准和辅助基准间要有关联尺寸。如图9-2-1中的凹槽Ⅰ底面辅助基准是通过尺寸50与主要基准相联系的。

二、主要尺寸直接注出

影响产品性能、工作精度和配合的尺寸称为主要尺寸。主要尺寸应从设计基准出发直接注出。它包括配合尺寸、重要的结构尺寸、重要的定位尺寸,如图9-2-2中的L、L_1、L_2。为使齿轮在泵体内自由转动,侧面间隙又不致过大,应保证$L < L_1 + L_2$,图中尺寸L、L_1、L_2是齿轮、泵体、垫片的重要结构尺寸。为保证设计精度要求,主要尺寸应直接注出。又如图9-2-3(a)中轴承孔的中心高度应以设计基准(底面)为起点直接注出尺寸a,不能如图9-2-3(b)所示以b、c两个尺寸之和来代替。同样道理,为了保证底板上两个安装孔与机座上的两个螺孔对中,必须直接注出其中心距l,而不应如图9-2-3(b)所示标注两个e。

非主要尺寸:非配合的直径、长度、外轮廓尺寸等。

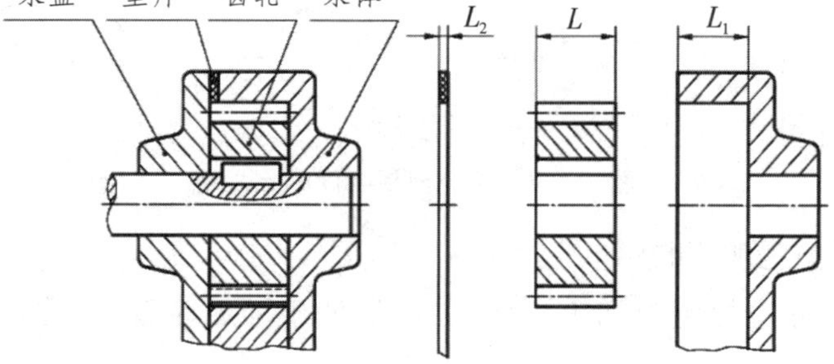

图9-2-2　主要尺寸的示例

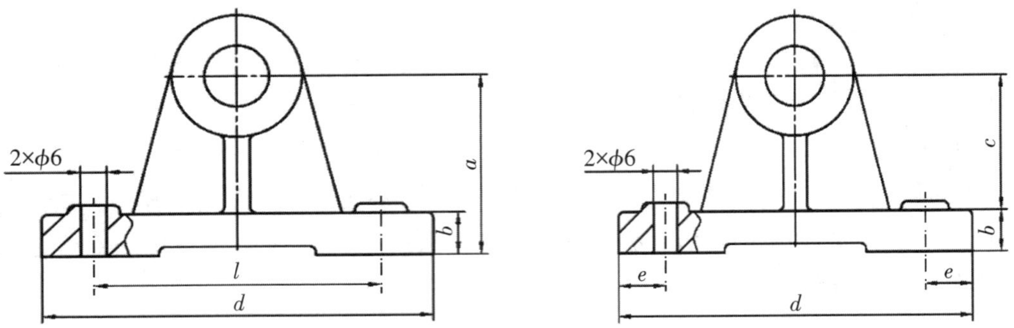

(a)合理　　(b)不合理

图9-2-3　主要尺寸直接注出

三、合理标注尺寸

标注尺寸时，首先要考虑零件的工作性能和加工方法，在此基础上，才能确定出比较合理的尺寸基准。

1.避免尺寸链封闭

封闭的尺寸链是指一个零件同一方向上的尺寸像车链一样，一环扣一环首尾相连，成为封闭形状的情况。各分段尺寸与总体尺寸间形成封闭的尺寸链，在机器生产中是不允许的，如图9-2-4(a)所示，因为各段尺寸加工不可能绝对准确，总有一定尺寸误差，而各段尺寸误差的和不可能正好等于总体尺寸的误差。为此，在标注尺寸时，应将次要的轴段尺寸空出不注(称为开口环)，如图9-2-4(b)所示。这样，其他各段加工的误差都积累至这个不要求检验的尺寸上，而全长及主要轴段的尺寸则因此得到保证。如需标注开口环的尺寸时，可将其注成参考尺寸，如图9-2-4(c)所示。

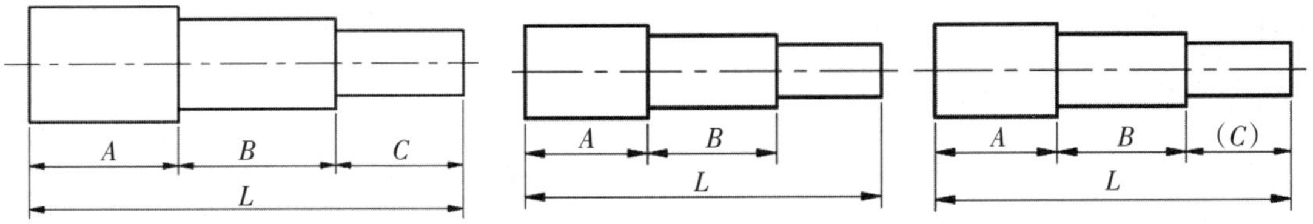

(a)不正确　　(b)正确　　(c)正确

图9-2-4　避免出现封闭的尺寸链

2.尺寸标注要符合加工顺序

标注零件的尺寸应尽量与加工顺序一致，以便于加工时看图、测量，且易于保证加工精度。

如图9-2-5(a)零件，加工方式应该是先在车床切断工件，再加工孔，最后加工槽，这种标注符合加工顺序原则，而图9-2-5(b)标注不符合加工顺序原则，而且不便于读图。

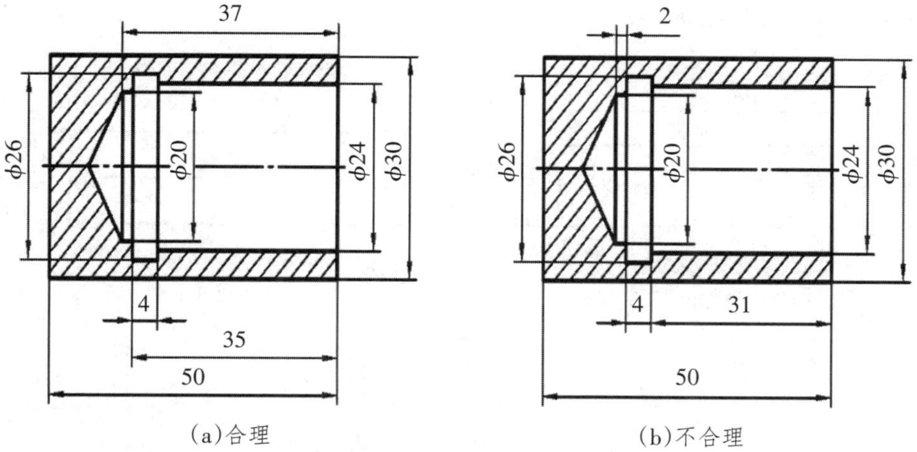

图9-2-5　避免出现封闭的尺寸链

3.尺寸标注要便于测量

尺寸标注有多种方案,但要注意所注尺寸是否便于测量,如图9-2-6所示结构,两种不同标注方案中,不便于测量的标注方案是不合理的。而图9-2-6(a)中的尺寸*A*用游标卡尺得不到数据,不便于测量,所以,采用9-2-6(b)所示标注方法比较合理。

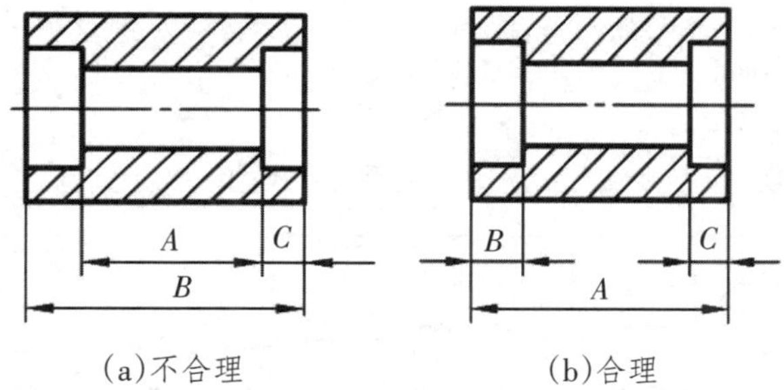

图9-2-6　尺寸标注便于测量

任务实施

标注如图9-2-7所示轴的尺寸,并指出轴向主要尺寸基准和辅助基准。

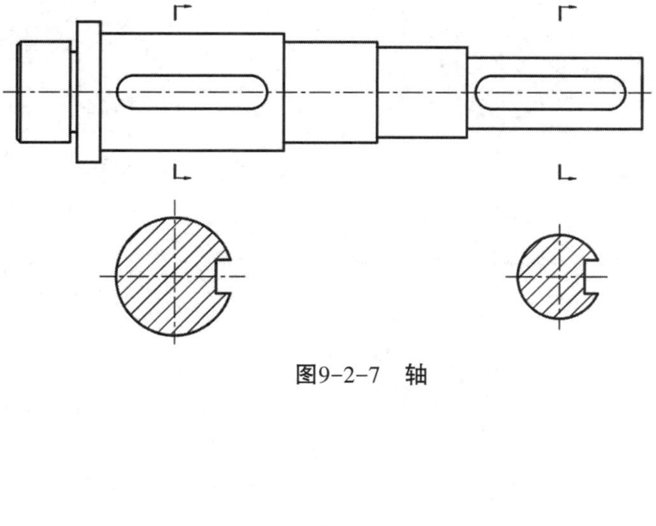

图9-2-7　轴

【解析】标注步骤如图9-2-8所示：

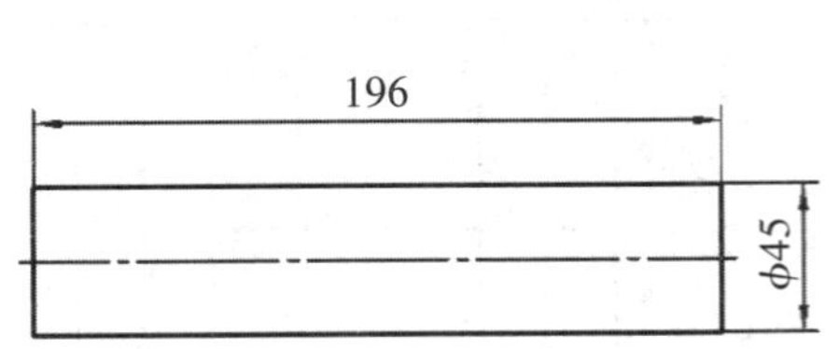

(a)下料φ45 mm，长200 mm，车两端，
保持长度196 mm，打中心孔

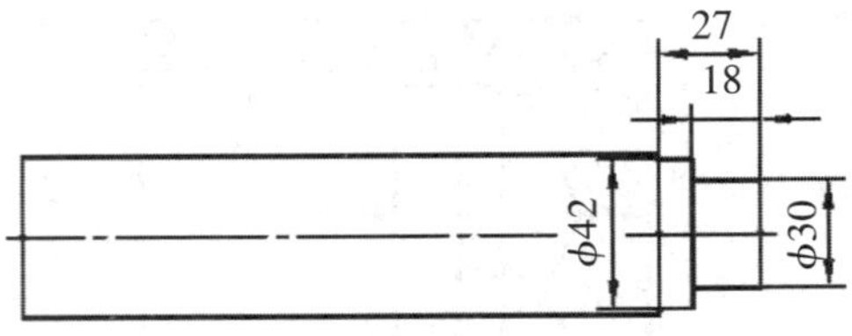

(b)车直径φ42 mm，长27 mm，
再从轴端车φ30 mm，长18 mm

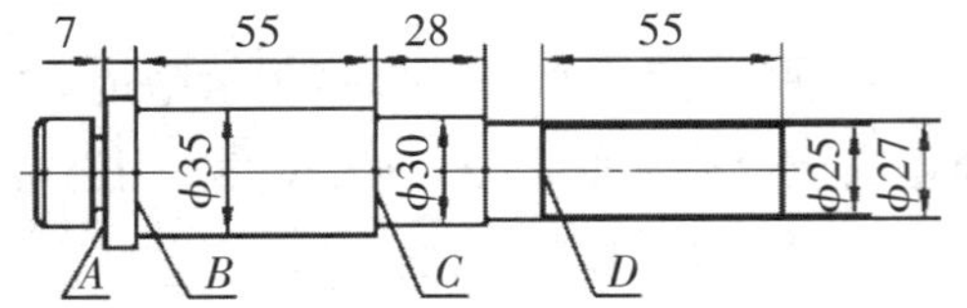

(c)工件掉头，从A处量取7 mm车φ35 mm，
从B处量取55 mm，车φ30 mm，从C处量取28 mm，
车φ27 mm，最后车φ25 mm，长55 mm

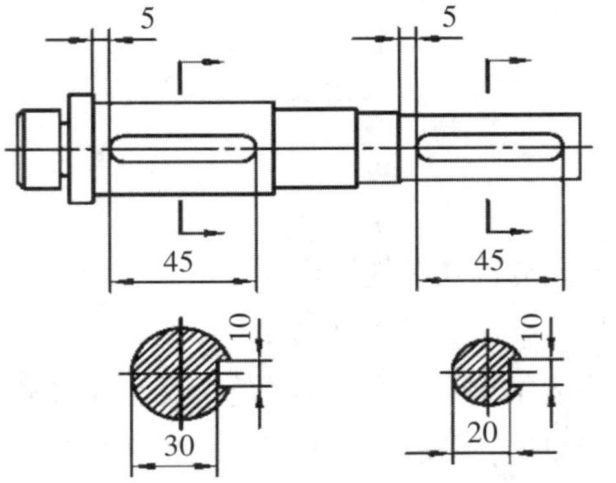

(d)铣床上铣出键

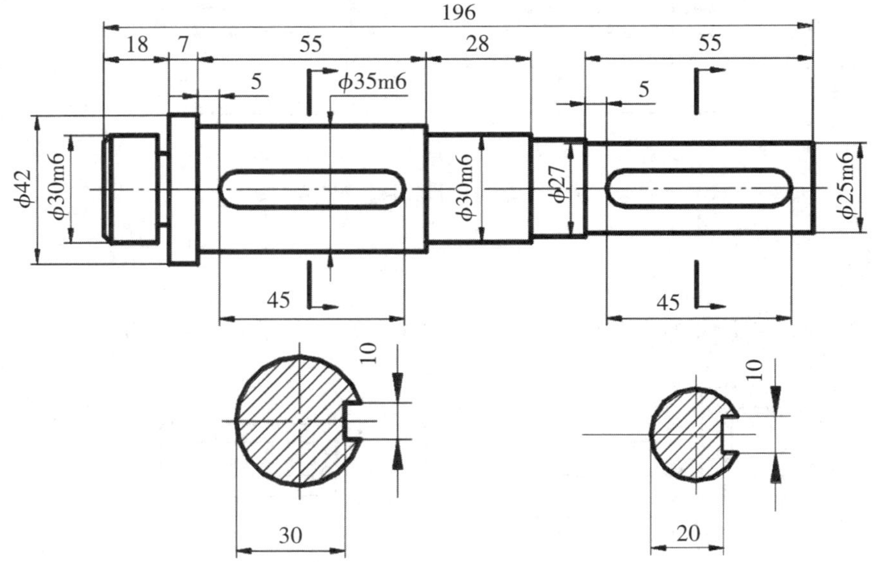

(f)再标注出其他尺寸，完成尺寸标注

图9-2-8　轴的尺寸标注步骤

任务拓展

零件图上典型结构的尺寸标注(表9-2-1)。

表9-2-1 零件上常见结构的尺寸标注

零件结构类型		简化注法		普通注法	说明
光孔	一般孔	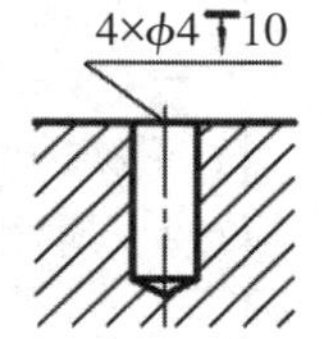	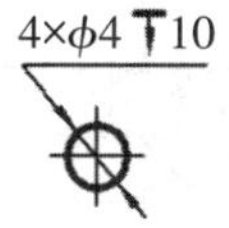	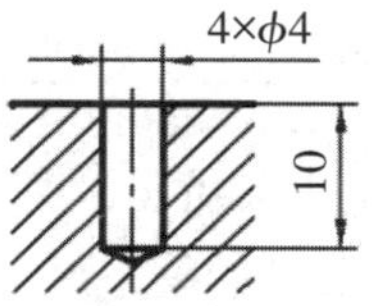	四个直径为ϕ4的孔，深度为10
光孔	精加工孔	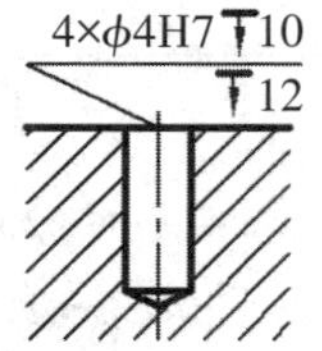	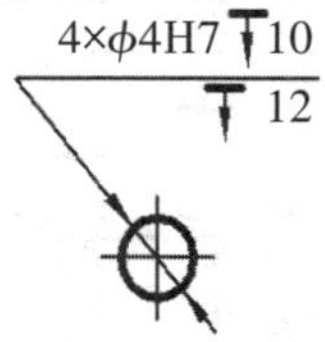	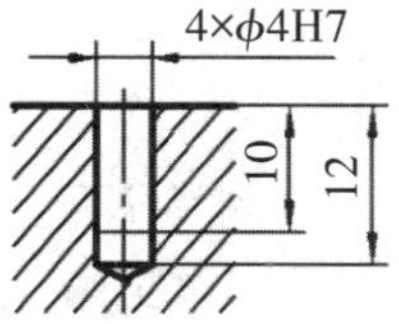	四个直径为ϕ4的孔。公为H7部分深10，孔全深12
光孔	锥孔	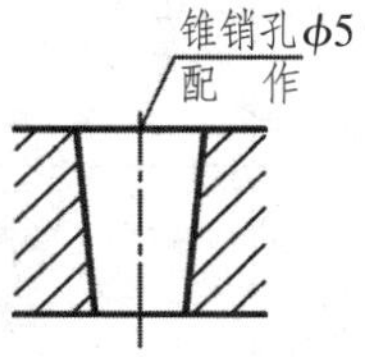		该孔无普通注法 注意ϕ5是指与相配的圆锥销的公称直径（小端直径）	ϕ5为与锥销孔相配的圆锥销小端直径。锥销孔通常是相邻两零件装在一起时加工的
螺孔	通孔	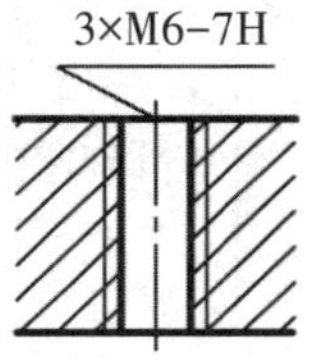		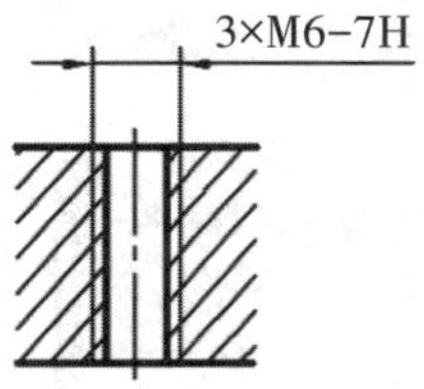	三个螺纹孔，大径为M6，螺纹公差等级为7H
螺孔	不通孔	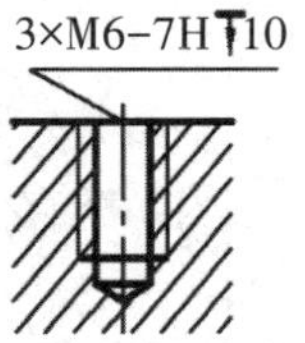		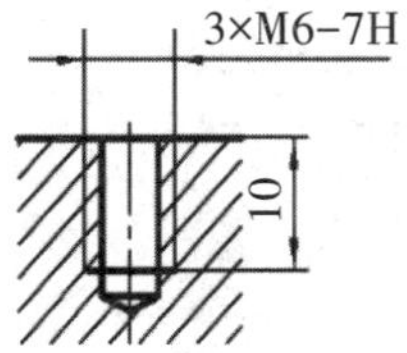	三个螺纹孔，大径为M6，螺纹公差等级为7H，螺孔深10
螺孔	一般孔	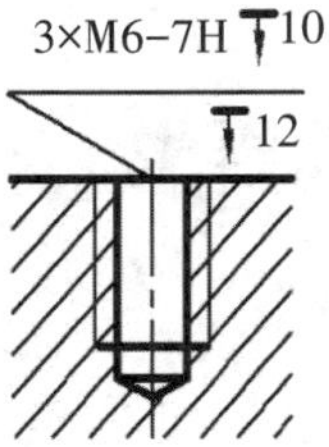	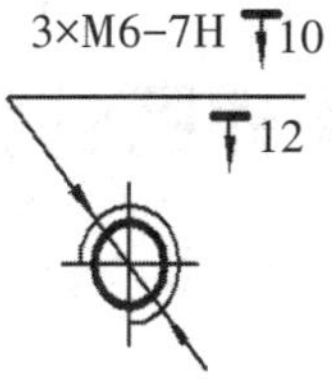	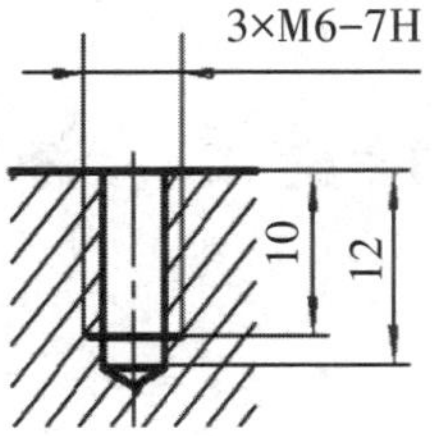	三个螺纹孔，大径为M6，螺纹公差等级为7H，光孔深12，螺孔深10
沉孔	锥形沉孔	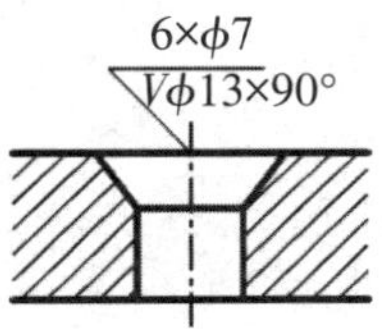	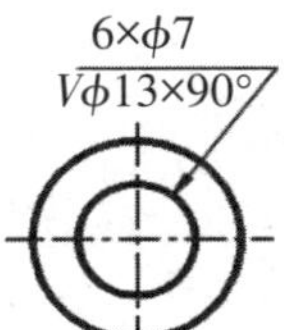	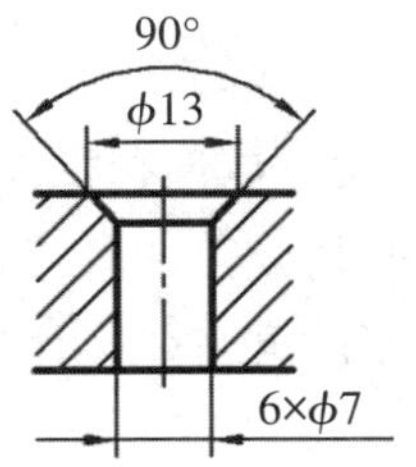	锥形沉孔直径ϕ13及锥角90°，均需标注

续表

零件结构类型	简化注法	普通注法	说明
柱形沉孔	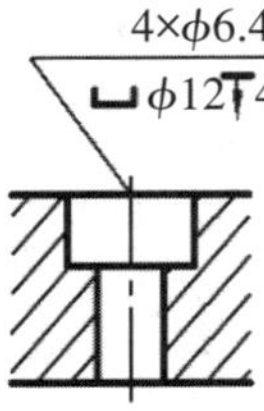 	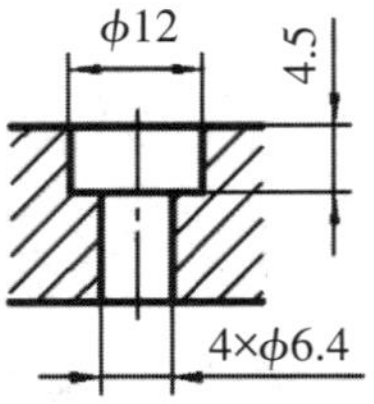	柱形沉孔直径ϕ12及深度4.5,均需标注
锪孔 锪平面	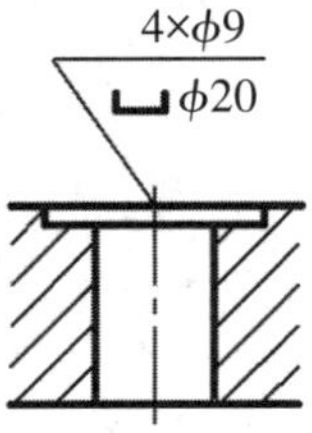 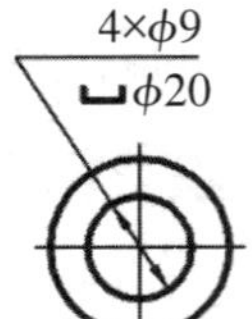	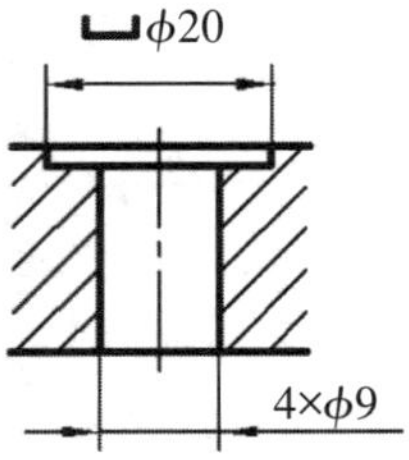	锪平面ϕ20的深度不需标注,一般锪平到光面为止
倒角	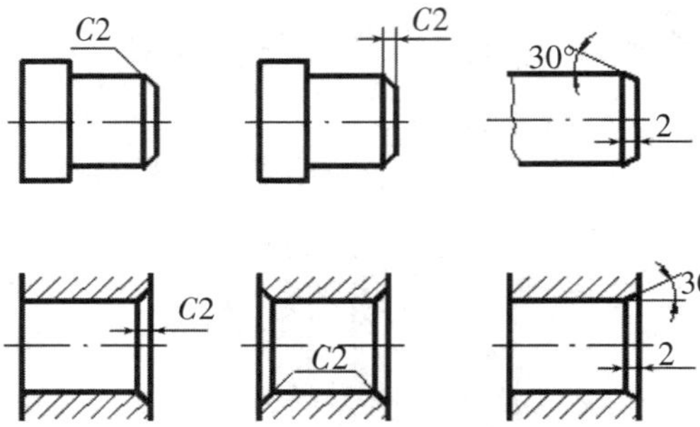		一般45°倒角按“C宽度”注出,30°和60°倒角应分别注出宽度和角度
键槽	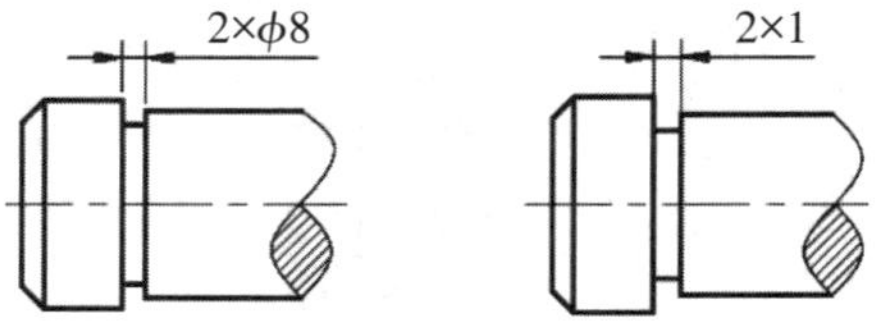		一般按“槽宽×槽深”或“槽宽×直径”注出

任务三　标注零件图的技术要求

任务目标

1. 能描述零件图中技术要求的分类。
2. 能够正确标注几何公差、表面粗糙度、尺寸公差。
3. 能够描述零件图中几何公差的具体含义。
4. 能够理解表面粗糙度的含义。

任务准备

机械图样中的技术要求是用规定的符号、数字、字母或者另加文字注释，简明、准确地给出零件在制造、检验或使用时应达到的各项技术指标。技术要求主要是指零件几何精度方面的要求，如尺寸公差、几何公差、表面粗糙度等。从广义上讲，技术要求还包括理化性能方面的要求，如对材料的热处理和表面处理等。技术要求通常用规定的符号、代号或标记标注在图形上，或写在标题栏附近。

一、极限与配合

现代化大规模生产要求零件具有互换性，即从同一规格的一批零件中任取 一件，不经修配就能装到机器的部件上，并能保证使用要求。零件的互换性是机械产品批量化生产的前提。为了满足零件的互换性，就必须制定和执行统一的标准。下面简要介绍国家标准中关于极限与配合的基本内容。

1.尺寸公差与公差带

在实际生产中，零件的尺寸不可能加工得绝对准确，而是允许零件的实际尺寸在一个合理的范围内变动。这个允许尺寸的变动量就是尺寸公差，简称公差。

如图 9-3-1(a)所示轴的尺寸 $\phi20^{+0.023}_{+0.002}$，$\phi20$ 是设计时确定的尺寸，称为公称尺寸。写在公称尺寸 $\phi20$ 后面的 $^{+0.023}_{+0.002}$ 就是控制尺寸变动范围的数值，即尺寸偏差。其中+0.023为上极限偏差，+0.002为下极限偏差。因此，轴的直径允许的最大尺寸，即最大极限尺寸为20+0.023=20.023；轴的直径允许的最小尺寸，即最小极限尺寸为，20+0.002=20.002。也就是说，加工后轴的实际尺寸只要在最大、最小极限尺寸之间，即为合格。

零件尺寸允许的变动量，称为尺寸公差(简称公差)，其数值等于最大极限尺寸与最小极限尺寸之差，或等于上极限偏差与下极限偏差之差。$\phi20^{+0.023}_{+0.002}$ 的公差为 $20.023-20.002=0.021$ 或 $0.023-0.002=0.021$。

上极限偏差和下极限偏差统称为极限偏差，其数值可以为正值、负值或零。而公差是绝对值，没有正负之分，也不可能为零。

为了便于分析尺寸公差和进行有关计算，以公称尺寸为基准(零线)，用放大了间距的两条直线表示上、下极限偏差，这两条直线所限定的区域称为公差带，用这种方法画出的图称为公差带图，如图 9-3-1(c)所示。

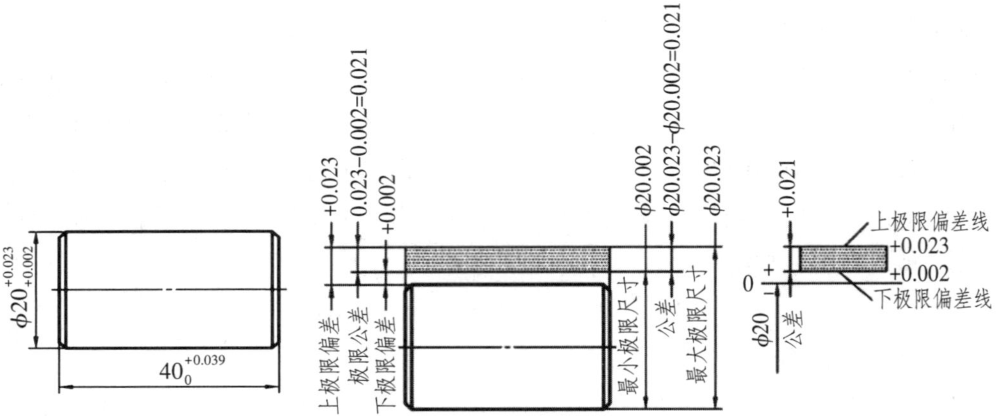

(a)轴的公差　　(b)轴的公差示意　　(c)轴的公差带图

图9-3-1　公差的基本术语

在公差带图中，零线是确定正、负偏差的基准线，正偏差位于零线之上，负偏差位于零线之下。显然，公差带沿零线垂直方向的宽度反映了公差值的大小。公差值越小，尺寸精度越高，反之则尺寸精度越低。

2.标准公差与基本偏差

公差带包括两个要素，即公差带大小及其相对于零线的位置，分别由标准公差和基本偏差来确定。

公差带大小由标准公差确定。标准公差分为20个等级，即IT01、IT0、IT1、IT2、…、IT18。IT表示标准公差，IT后面的数字表示公差等级，01级公差值最小，精度最高；18级公差值最大，精度最低。常用的标准公差数值见表9-3-1。

表9-3-1　常用的标准公差数值(GB/T 1800.2—2020)(节选)

公称尺寸(mm)		公差值														
		IT4	IT5	IT6	IT7	IT8	IT9	IT10	IT11	IT12	IT13	IT14	IT15	IT16	IT17	IT18
大于	到	μm								mm						
–	3	3	4	6	10	14	25	40	60	0.10	0.14	0.25	0.40	0.60	1.0	1.4
3	6	4	5	8	12	18	30	48	75	0.12	0.18	0.30	0.48	0.75	1.2	1.8
6	10	4	6	9	15	22	36	58	90	0.15	0.22	0.36	0.58	0.90	1.5	2.2
10	18	5	8	11	18	27	43	70	110	0.18	0.27	0.43	0.70	1.10	1.8	2.7
18	30	6	9	13	21	33	52	84	130	0.21	0.33	0.52	0.84	1.30	2.1	3.3
30	50	7	11	16	25	39	62	100	160	0.25	0.39	0.62	1.00	1.60	2.5	3.9
50	80	8	13	19	30	46	74	120	190	0.30	0.46	0.74	1.20	1.90	3.0	4.6
80	120	10	15	22	35	54	87	140	220	0.35	0.54	0.87	1.40	2.20	3.5	5.4
120	180	12	18	25	40	63	100	160	250	0.40	0.63	1.00	1.60	2.50	4.0	6.3
180	250	14	20	29	46	72	115	185	290	0.46	0.72	1.15	1.85	2.90	4.6	7.2
250	315	16	23	32	52	81	130	210	320	0.52	0.81	1.30	2.10	3.20	5.2	8.1
315	400	18	25	36	57	89	140	230	360	0.57	0.89	1.40	2.30	3.60	5.7	8.9
400	500	20	27	40	63	97	155	250	400	0.63	0.97	1.55	2.50	4.00	6.3	9.7

公差带相对于零线的位置由基本偏差确定。为了确定公差带相对于零线的位置，将上、下极限偏差中的一个规定为基本偏差，一般为靠近零线（绝对值较小）的那个偏差。如 $\phi20^{+0.023}_{+0.002}$ 的基本偏差为下极限偏差，而 $\phi32^{+0.007}_{-0.018}$ 的基本偏差是上极限偏差。基本偏差用代号表示。国家标准对孔和轴分别规定了28个基本偏差代号，用拉丁字母表示，其中大写字母表示孔，如A、B、C等；用小写字母表示轴，如a、b、c等。

孔或轴的尺寸公差可用公差带代号表示。公差带代号由基本偏差代号（字母）和标准公差等级（数字）组成。例如；

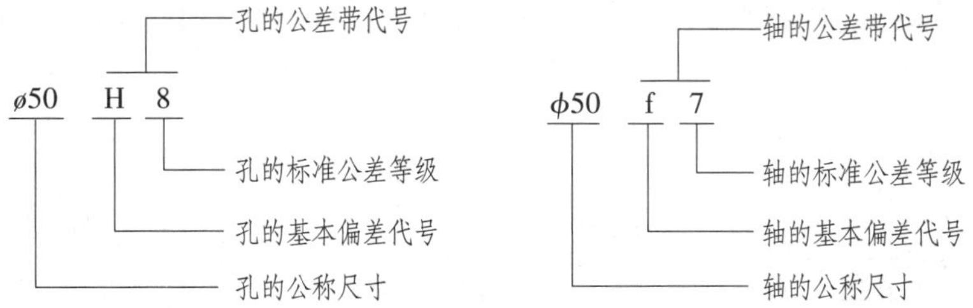

ϕ50H8的含义：公称尺寸为ϕ50，基本偏差为H的8级孔。

ϕ50f7的含义：公称尺寸为ϕ50，基本偏差为f的7级轴。

3.配合

（1）配合的种类

公称尺寸相同并且相互结合的孔和轴公差带之间的关系称为配合。根据使用要求不同，孔和轴之间的配合有松有紧。例如，轴承座、轴套和轴三者之间的配合，如图9-3-2所示，轴套与轴承座之间不允许相对运动，应选择紧的配合，而轴在轴套内要求能转动，应选择松动的配合。为此，国家标准规定配合分三类。

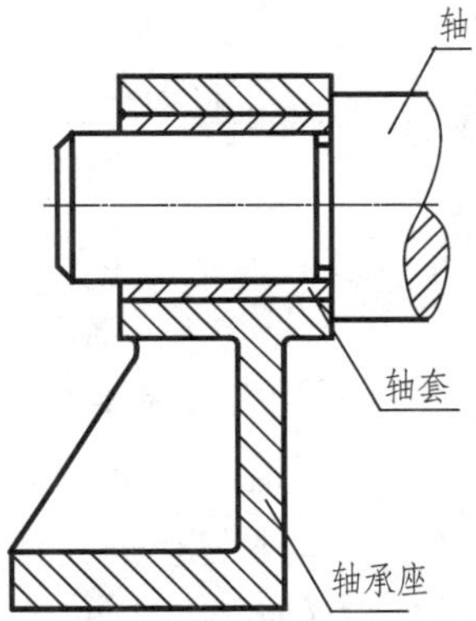

图9-3-2　配合的概念

①间隙配合。孔的公差带完全在轴的公差带之上，任取其中一对轴和孔相配都成为具有间隙的配合（包括最小间隙为零）。如图9-3-3所示。

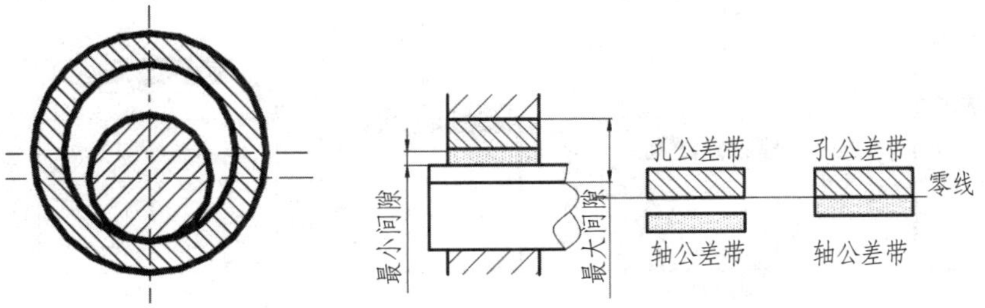

（a）间隙配合示意　　（b）间隙配合的孔轴公差带

图9-3-3　间隙配合

②过盈配合。如图9-3-4所示，孔的公差带完全位于轴的公差带之下，任取其中一对孔和轴相配都具有过盈（包括最小过盈为零），则这种配合即称为过盈配合。

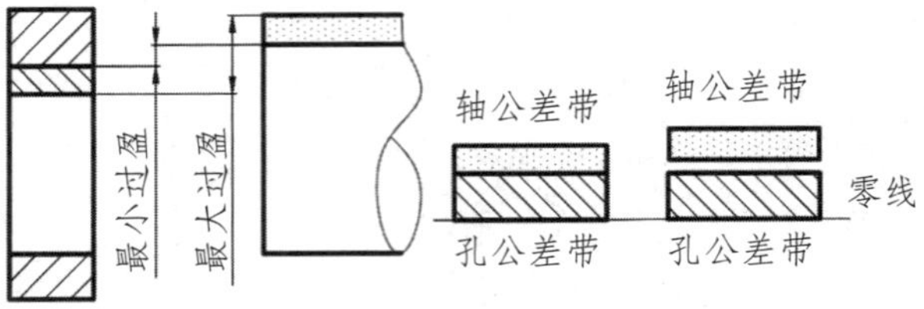

图9-3-4　过盈配合

③过渡配合。孔和轴的公差带相互交叠，任取其中一对孔和轴相配合，可能具有间隙，也可能具有过盈的配合。这时孔的公差带与轴的公差带出现相互重叠部分，如图9-3-5所示。

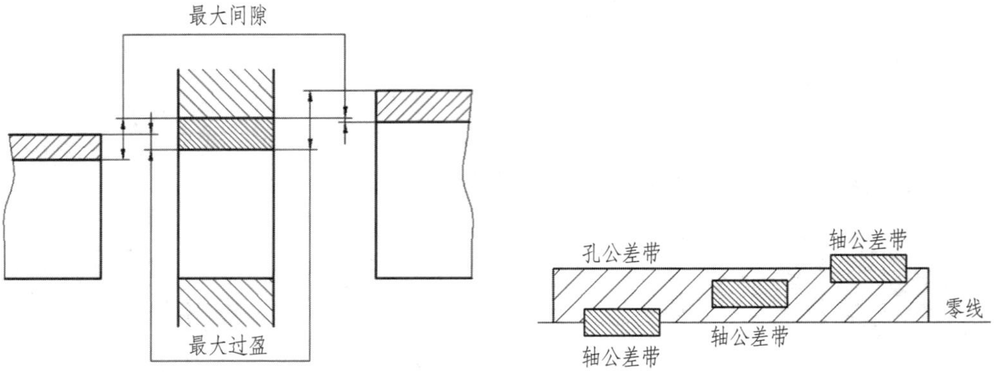

图9-3-5　过渡配合

(2)配合的基准制

在制造相互配合的零件时，使其中一种零件作为基准件，它的基本偏差固定，通过改变另一种基本偏差来获得各种不同性质配合的制度称为配合制。根据生产实际需要，国家标准规定了两种配合制。

①基孔制配合。基本偏差为一定的孔的公差带，与不同基本偏差的轴的公差带形成各种配合(间隙、过渡或过盈)的一种制度，如图9-3-6所示。在基孔制配合中，选作基准的孔称为基准孔，基准孔的下偏差为零，上偏差为正值。基准孔的基本偏差代号为“H”。

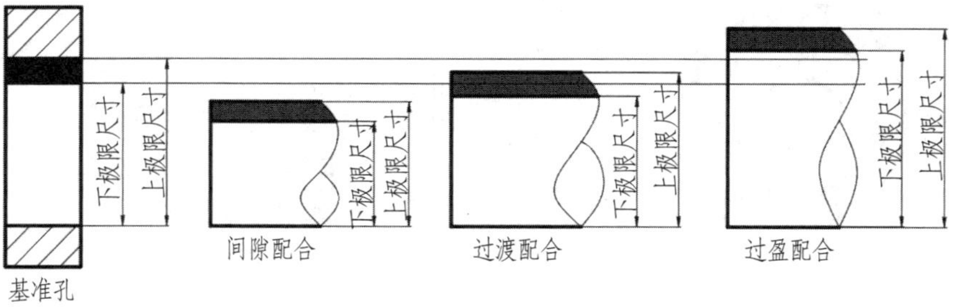

图9-3-6　基孔制配合

②基轴制配合。基本偏差为一定的轴的公差带，与不同基本偏差的孔的公差带形成各种配合(间隙、过渡或过盈)的一种制度，如图9-3-7所示。在基轴制配合中，选作基准的轴称为基准轴，基准轴的上偏差为零，下偏差为负值。基准轴的基本偏差代号为“h”。

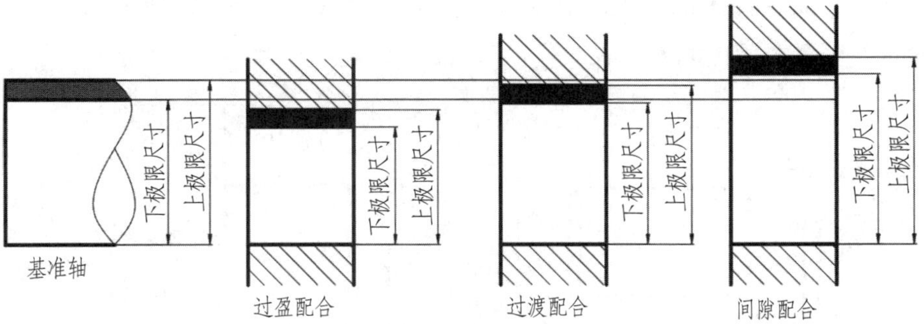

图9-3-7　基轴制配合

(3)装配图中配合的标注方法

配合的代号由两个相互结合的孔和轴的公差带代号组成,用分数形式表示。分子为孔的公差带代号,分母为轴的公差带代号。也可以写成公称尺寸孔的公差带代号/轴的公差带代号形式。如图9-3-8(a)所示。

(4)极限与配合在图样上的标注

①在基本尺寸后注出公差带代号(基本偏差代号和标准公差等级数字)配合精度明确,标注简单,但数值不直观,如图9-3-8(b)所示,适用于量规检测的尺寸。

②注出基本尺寸及上、下偏差值(常用方法)。数值直观,用万能量具检测方便,如图9-3-8(c)所示,试制单件及小批生产用此法较多。也可以如9-3-8(d)所示,代号和偏差都标注。

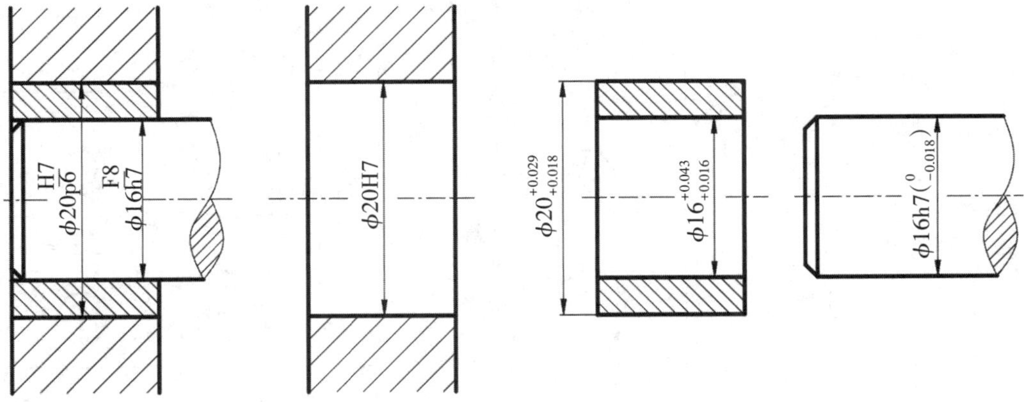

(a)配合尺寸标注　(b)标注公差代号　(c)标注上下偏差　(d)标注代号和偏差

图9-3-8　极限尺寸在零件图中的标注

二、几何公差在图样中的标注

1.几何公差的概念

零件在加工过程中,不仅会产生尺寸误差,也会出现几何误差。几何公差是指零件的实际形状和方位对理想形状和理想方位的允许变动量。如轴的直径大小符合尺寸要求,但其轴线有些弯曲,仍然不是合格产品。所以,产品质量不仅需要表面粗糙度、尺寸公差给以保证,而且还要对零件宏观的几何形状和相对位置公差加以限制。如图9-3-9(a)所示,表示

轴的中心轴线有 ϕ0.05 mm 的直线度形状公差要求；图 9-3-9(b)表示零件的 30 mm 的上表面对 20 mm 的上表面之间有 0.06 mm 的平行度位置公差要求。

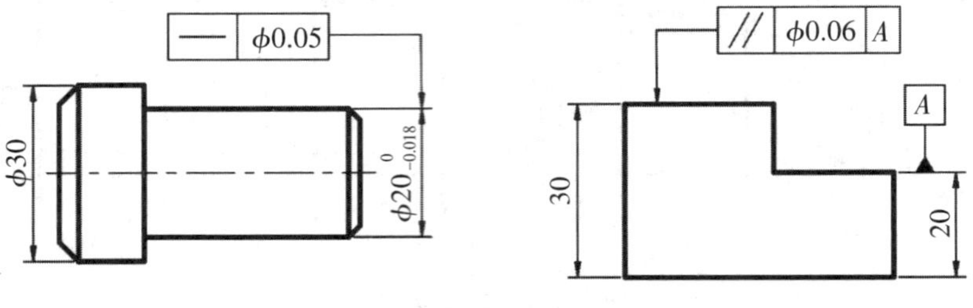

(a)　　　　(b)

图9-3-9　几何公差示例

几何公差有形状公差、方向公差、位置公差与跳动公差四种类型，如表 9-3-2 中所示，每一类型又有多种几何特征，比如形状公差里包含了直线度、平面度、圆度等；方向公差里包含了平行度、垂直度、倾斜度等；位置公差里包含了位置度、同心度、对称度等，还有圆跳动和全跳动两种跳动公差，它们各自项目符号也都是不同的。

表 9-3-2　几何公差特征项目符号及部分附加符号

类别	项目	符号	类别	项目	符号
形状公差	直线度	—	方向公差	平行度	//
	平面度	⏥		垂直度	⊥
	圆度	○		倾斜度	∠
	圆柱度	⌭	位置公差	同轴度（同心度）	◎
形状位置或方向公差	线轮廓度	⌒		位置度	⌯
				对称度	⌖
	面轮廓度	⌓	跳动公差	圆跳动	↗
				全跳动	⌰

2.几何公差的代号及基准代号

几何公差代号包括：几何公差特征符号、几何公差框格及指引线、几何公差数值和其他有关的符号。

(1)几何公差框格。几何公差框格是一个划分为两格或多格的矩形框格，如图 9-3-10、图 9-3-11 所示，各格内应按自左至右顺序标注几何特征符号、公差值和基准字母。框格内字母和数字与图样中的尺寸数字高度要相同；几何公差框格用细实线绘制，用带箭头的指引线指向被测要素。当公差带为圆形或圆柱形时，公差值前加注“ϕ”，如为球形，则加注“$S\phi$”。

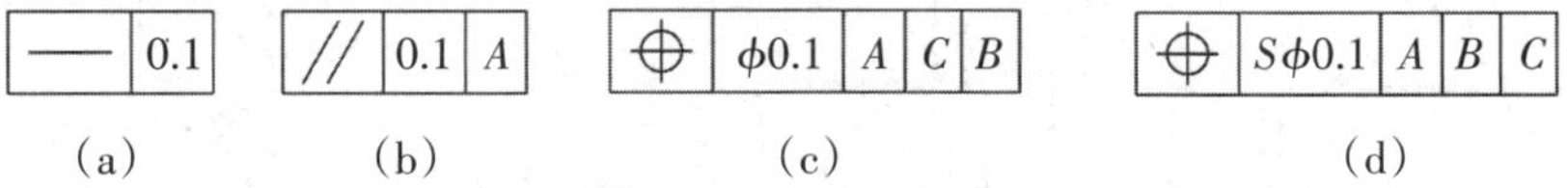

图9-3-10 几何公差框格

(2)基准符号。基准符号由基准三角形和基准字母组成，用于指明与被测要素相关的基准。如图9-3-11所示，基准三角形可以是一个涂黑的三角形，也可以是一个空白的三角形，两者含义相同。

(3)基准字母。如图9-3-11中(b)、(c)所示，如果以单个要素作为基准时，用一个大写字母表示；如果以两个要素建立公共基准时，用中间加连字符的两个大写字母表示；如果由两个或三个要素建立基准体系时，大写字母应按基准的优先顺序自左至右填写在公差框格的第三格及其以后的各格内。注意：无论基准要素方向如何，基准字母都应水平书写，如图9-3-12所示。

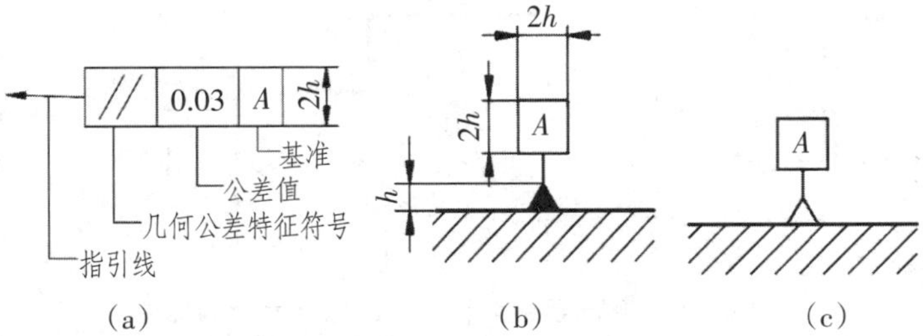

图9-3-11 几何公差框格及基准符号

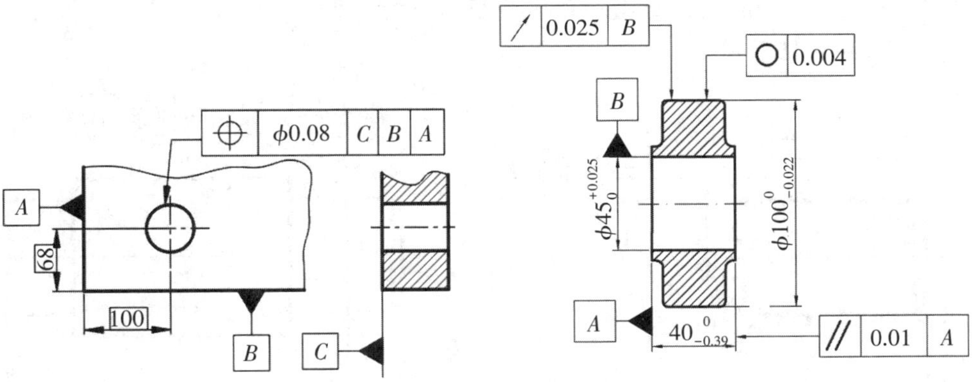

图9-3-12 基准要素的标注

3.几何公差的标注

(1)在技术图样中，几何公差及基准用代号标注。当无法采用代号标注时，允许在技术要求中用文字说明。

(2)当被测要素为轮廓线或轮廓面时，指引线的箭头应指向该要素的轮廓线或其延长线，但必须与尺寸线明显错开，如图9-3-13(a)、(b)所示；或使箭头指向被测面引出线的水平线，如图6-3-13(c)所示。

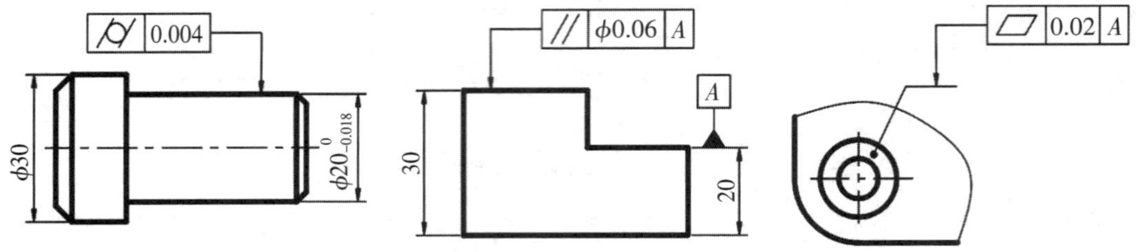

（a）　　（b）　　（c）

图9-3-13　被测要素为轮廓线或轮廓面时的标注

（3）当基准要素为轮廓线或轮廓面时，基准三角形应放置在该要素的轮廓线或其延长线上，并必须与尺寸线明显错开；基准三角形也可放置在该轮廓面引出线的水平线上，如图6-3-14所示。

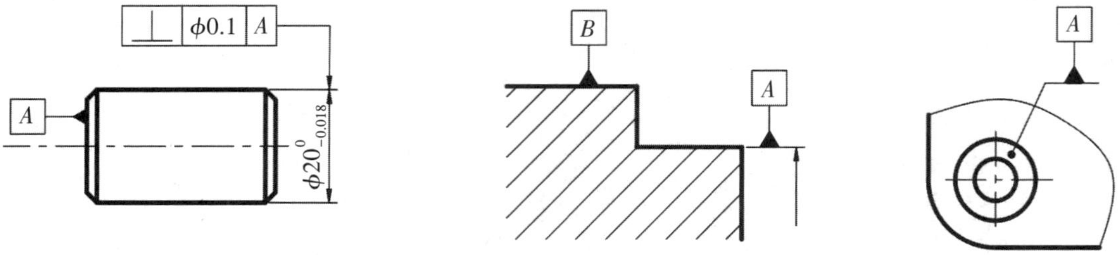

（a）　　（b）　　（c）

图9-3-14　基准要素为轮廓线或轮廓面时的标注

（4）当被测要素为中心点、中心线或中心平面时，指引线的箭头应位于相应尺寸线的延长线上；当基准要素为中心点、中心线或中心平面时，基准三角形也应放置在该尺寸线的延长线上。如图9-3-15所示。

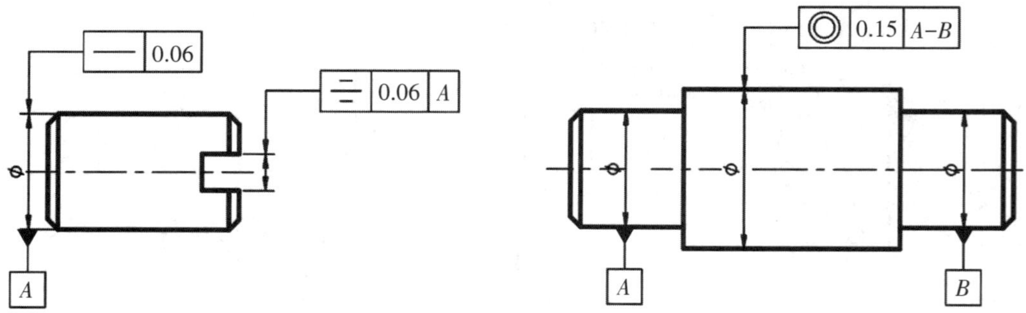

（a）　　（b）

图9-3-15　被测要素和基准要素是中心线或中心平面的标注

三、表面结构要求在图样中的标注

零件图上需注写相应的技术要求以控制零件的几何精度、尺寸精度和表面质量，如表面结构、尺寸公差、几何公差，对材料的热处理和表面处理等要求。技术要求通常用符号、代号或标记标注在图形上，或写在标题栏附近。

表面结构是表面粗糙度、表面波纹度、表面缺陷、表面纹理等的总称。这里主要介绍常用的表面粗糙度表示法。

1. 表面粗糙度

表面粗糙度是指加工后零件表面上具有的较小间距和峰谷所组成的微观不平度。它是评定零件表面质量的一项重要技术指标，对于零件的配合、耐磨性、抗蚀性及密封性都有显著影响。

2. 表面粗糙度的评定参数

GB/T 1031—2009中规定了表面粗糙度参数及其数值。表面粗糙度常用轮廓算术平均偏差*Ra*和轮廓最大高度*Rz*来评定，参数*Ra*被推荐优先选用。*Ra*值越小，表面质量要求越高，加工成本也越高。常用的*Ra*值为：50 μm、25 μm、12.5 μm、6.3 μm、3.2 μm、1.6 μm、0.8 μm等。表9-3-3列出*Ra*值与其对应的加工方法。

表9-3-3　常用*Ra*的数值与应用举例

Ra/μm	表面特征	加工方法	应用举例
50	可见明显刀痕	粗车、粗铣、粗刨、钻孔、粗纹锉刀和粗砂轮加工	不重要接触面或不接触面。如机座底面，轴的端面、倒角、螺纹紧固件光孔表面等
25	可见刀痕		
12.5	微见刀痕		
6.3	可见加工痕迹	精车、精铣、精刨、铰孔等	较重要的接触面，转动和滑动速度不高的接触面。如轴套、齿轮的端面、键和键槽的工作面等
3.2	微见加工痕迹		
1.6	看不见加工痕迹		
0.8	可辨加工痕迹方向	精铰、磨削、抛光等	要求较高的接触面，转动和滑动速度较高的接触面。如齿轮的工作面、导轨表面、主轴轴颈表面、圆锥销孔表面等

3. 表面结构的图形符号及含义

标注表面结构的图形符号种类、名称、尺寸及其含义，见表9-3-4、表9-3-5。

表9-3-4　表面结构图形符号及含义

符号名称	符号	含义及说明
基本图形符号	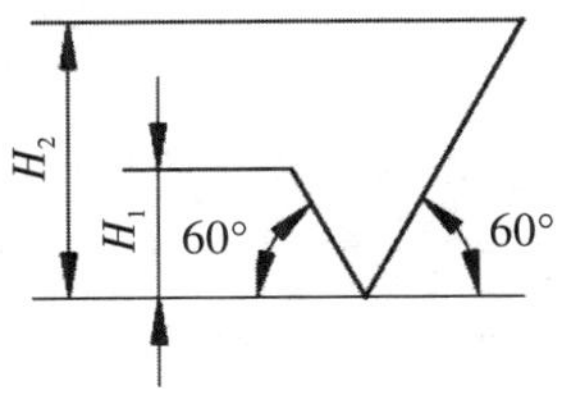 字高h，$H_1=1.4h$，$H_2=3h$	表示对表面结构有要求的符号，以及未指定工艺方法的表面。基本符号仅用于简化代号的标注，当通过一个注释解释时可单独使用，没有补充说明时不能单独使用

续表

符号名称	符号	含义及说明
扩展图形符号		在基本符号上加一短横，表示指定表面是用去除材料的方法获得，如通过机械加工（车、铣、钻、磨、剪切、抛光、腐蚀、电火花加工、气割等）的表面
		表示指定表面是用不去除材料的方法获得，如铸、锻等。也可用于表示保持上道工序形成的表面，不论这种状况是通过去除材料或不去除材料形成的
完整图形符号		用于对表面结构有补充要求的标注。左、中、右符号分别用于“允许任何工艺”“去除材料”“不去除材料”方法获得的表面的标注
工件轮廓各表面的图形符号		带有补充注释的图形符号。表示某个视图上构成封闭轮廓的各表面有相同的表面结构要求
表面结构补充要素的注写位置	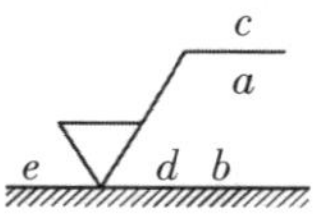	*a*——注写表面结构的单一要求；*a* 和 *b*——标注两个或多个表面结构要求；*c*——注写加工方法；*d*——注写表面纹理和方向；*e*——注写加工余量（mm）

表 9-3-5　*Ra* 的代号及意义

代号	意义	代号	意义
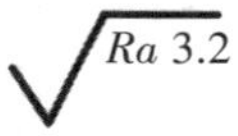	任何方法获得的表面粗糙度，*Ra* 的上限值为 3.2 μm	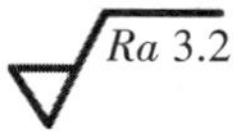	去除材料方法获得的表面，*Ra* 的上限值为 3.2 μm
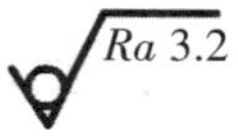	不去除材料方法获得的表面粗糙度，*Ra* 的上限值为 3.2 μm	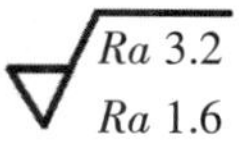	去除材料方法获得的表面，*Ra* 的上限值为 3.2 μm，下限值为 1.6 μm

4. 表面结构要求在图样中的注法

（1）表面结构要求对每一表面一般只注一次，并尽可能注在相应的尺寸及其公差的同一视图上。除非另有说明，所标注的表面结构要求是对完工零件表面的要求。

（2）表面结构的注写和读取方向与尺寸的注写和读取方向一致。表面结构要求可标注在轮廓线上，其符号应从材料外指向被接触表面，如图 9-3-16。必要时，表面结构也可用带箭头或黑点的指引线引出标注，如图 9-3-17 所示。

（3）在不致引起误解时，表面结构要求可以标注在给定的尺寸线上，如图 9-3-18 所示。

（4）表面结构要求可标注在几何公差框格的上方，如图 9-3-19 所示。

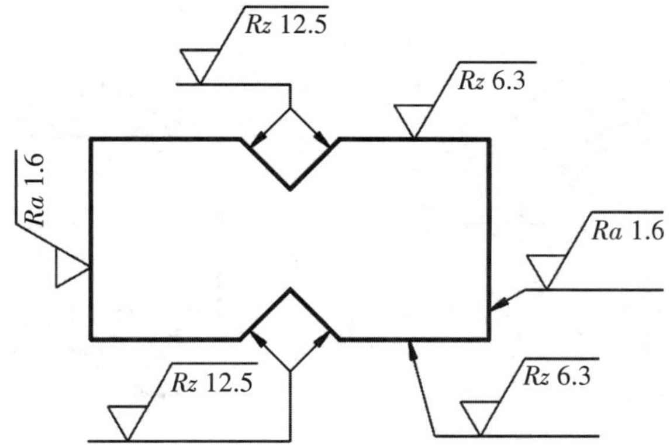

图9-3-16 表面结构要求在轮廓线上的标注

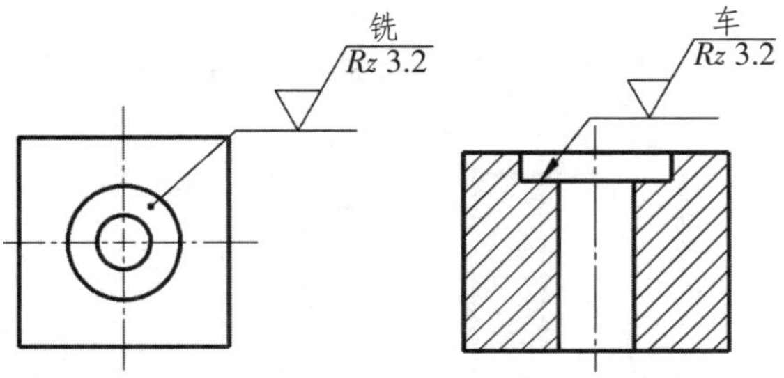

图9-3-17 表面结构要求标注在指引线上

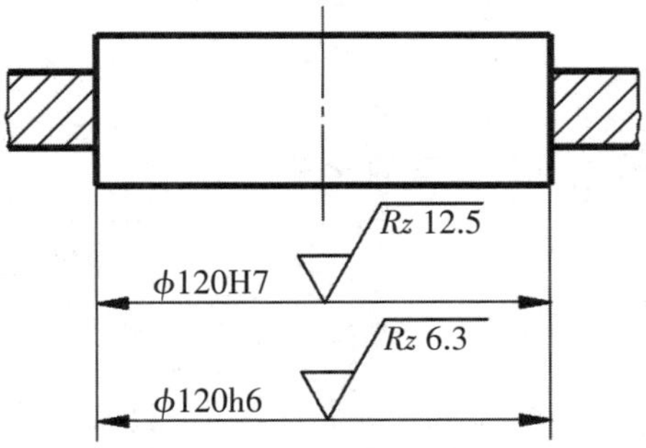

图9-3-18 表面结构要求标注在尺寸线上

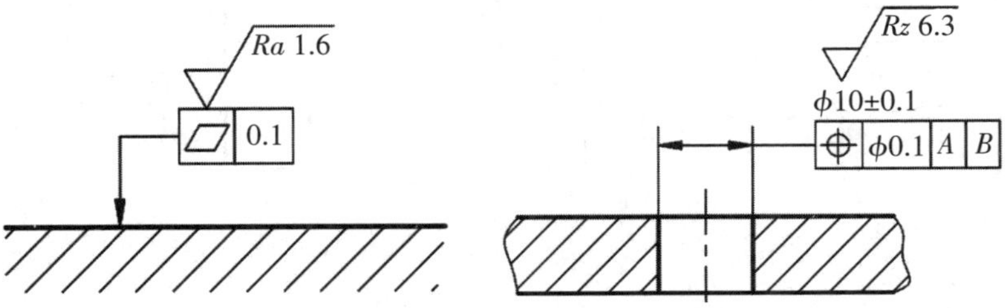

图9-3-19 表面结构要求标注在几何公差框格上方

（5）圆柱和棱柱表面的表面结构要求只标注一次，如图9-3-20所示。如果每个棱柱表面有不同的表面要求，则应分别单独标注，如图9-3-21所示。

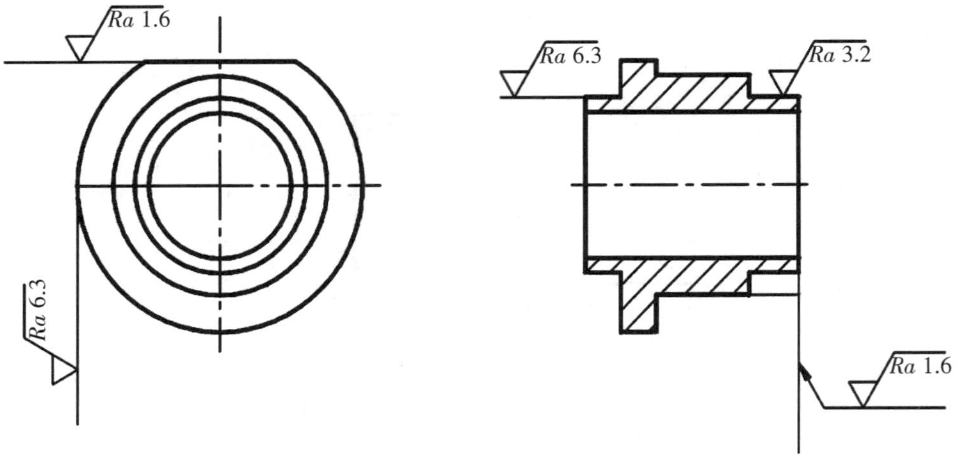

图9-3-20　表面结构要求标注在圆柱特征的延长线上

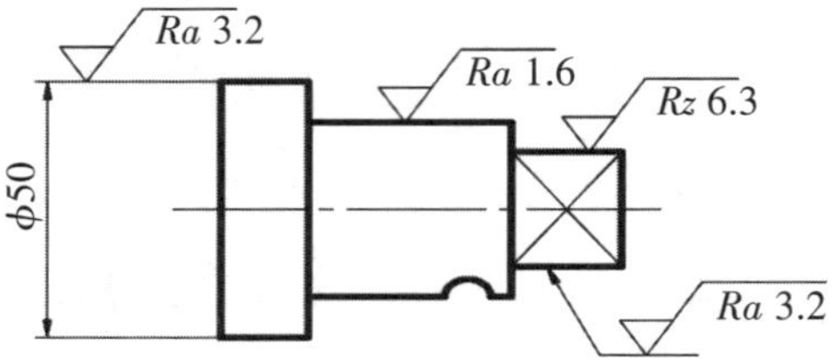

图9-3-21　圆柱和棱柱的表面结构要求的注法

任务实施

1. 请解释图9-3-22中标注的几何要素的含义。

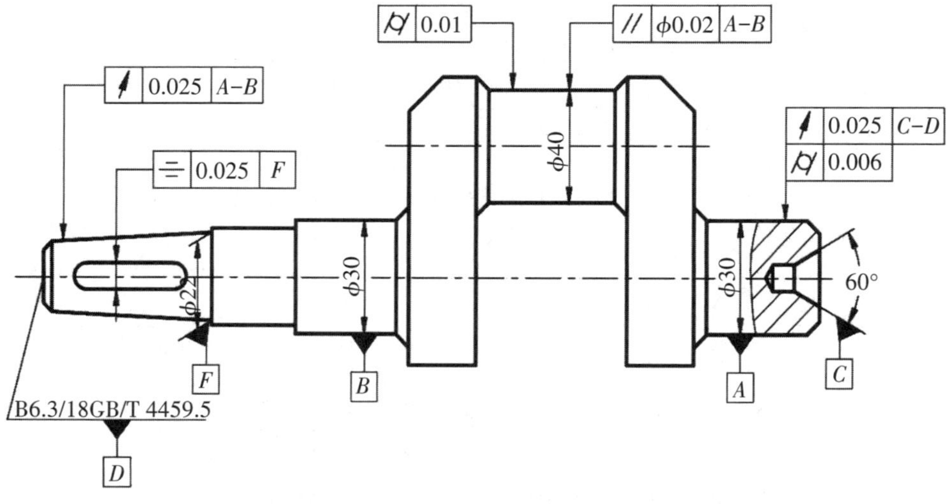

图9-3-22　曲轴

【解析】键槽中心平面对基准 F（左端圆台部分的轴线）的对称度公差为0.025。

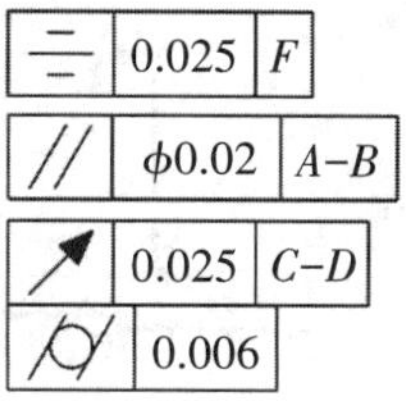

$\phi40$ 的轴线对公共基准线 $A-B$ 的平行度公差为0.02。

$\phi30$ 的外圆表面对公共基准线 $C-D$ 的圆跳动公差为0.025；圆柱度公差为0.006。

2. 按图9-3-23中的配合要求标注零件尺寸，并按公差代号、极限偏差、公差代号和极限偏差同时标注三种形式标注在零件图中。

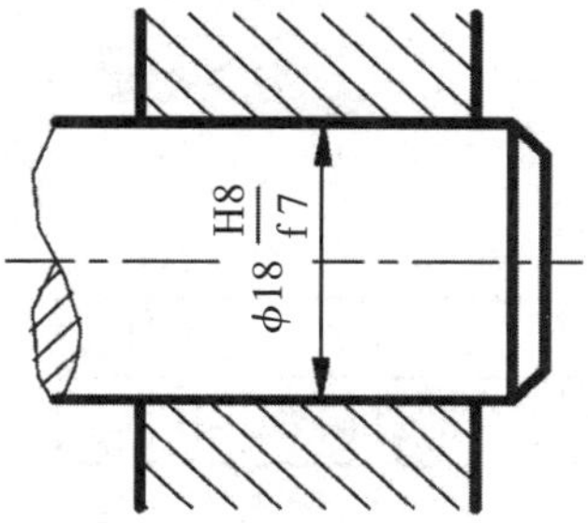

图9-3-23　轴孔配合的零件图

【解析】标注完成后的图形见图9-3-24所示。

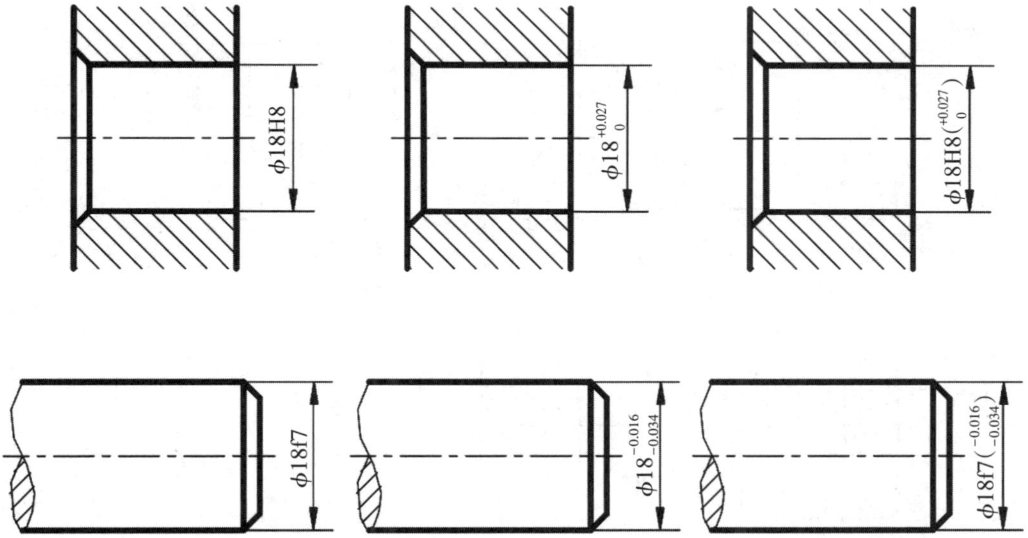

(a)注公差带代号　　(b)注极限偏差数值　　(c)注公差带代号及极限偏差数值

图9-3-24　三种形式的标注

3. 将图9-3-25轴承座的三视图下方的表中所示表面的粗糙度参数要求标注到图样中去。

根据表面粗糙度标注规则，完成后的标注如图9-3-26所示。

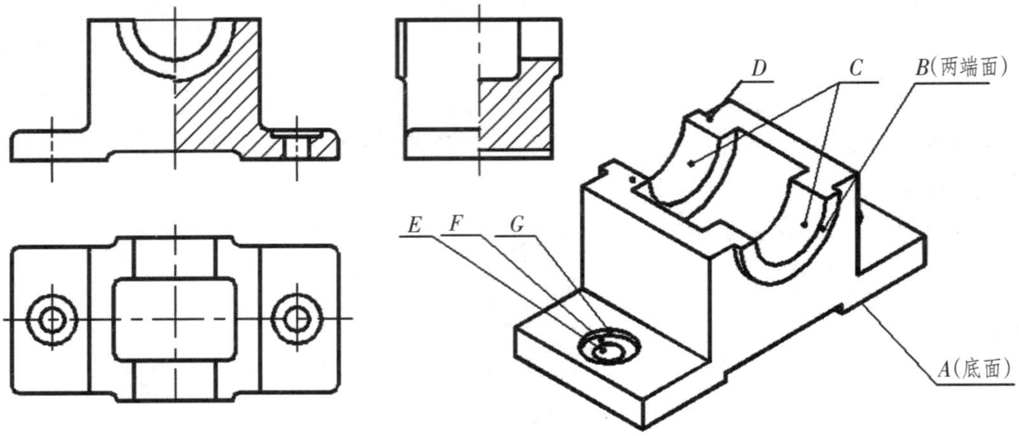

表面	A	B	C	D	E	F	G	其余
表面粗糙度代号	Ra6.3		Ra 1.6	Ra3.2	Ra12.5			∀

图9-3-25　轴承座及其有要求的表面

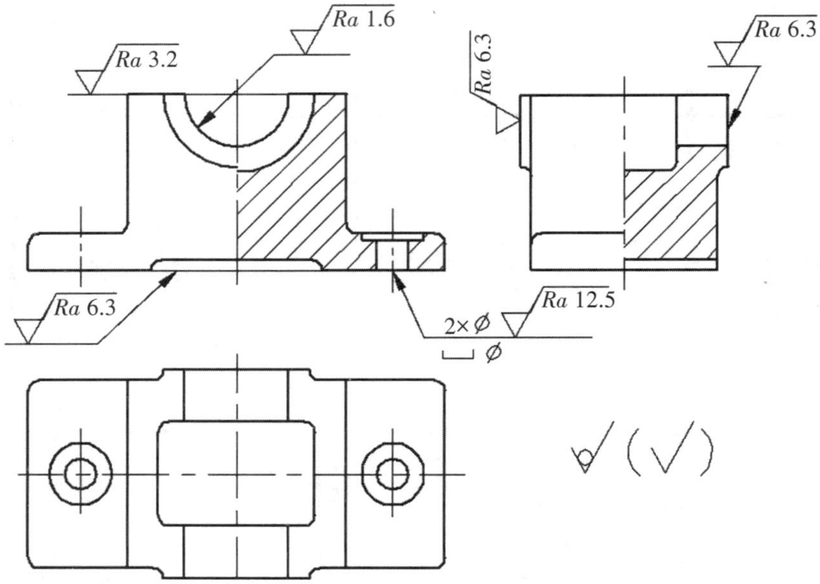

图9-3-26　轴承座表面粗糙度标注

任务拓展

表面结构要求在图样中的简化标注

(1)有相同表面结构要求的简化标注

如果在工件的多数(包括全部)表面有相同的表面结构要求时,则其表面结构要求可统一注在图样的标题栏附近。此时(除全部表面有相同要求的情况外),表面结构要求的符号后面应有:

在圆括号内给出无任何其他标注的基本符号,如图9-3-27(a)所示。

在圆括号内给出不同的表面结构要求，如图9-3-27(b)所示。

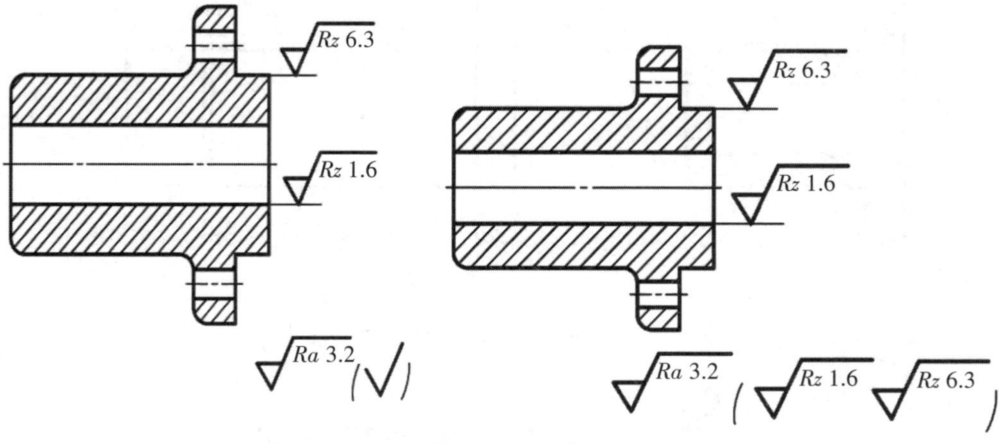

图9-3-27　大多数表面有相同表面结构要求的简化注法

不同的表面结构要求应直接标注在图形中，如图9-3-22(a)、(b)所示。

(2)多个表面有共同要求的注法

如图9-3-28所示，用带字母的完整符号，以等式的形式在图形或标题栏附近，对有相同表面结构要求的表面进行简化标注。

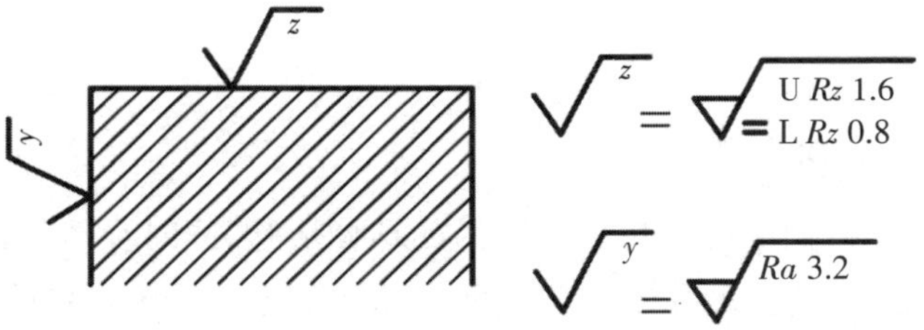

图9-3-28　在图纸空间有限时的简化注法

只用表面结构符号的简化注法，如图9-3-29所示，以等式的形式给出对多个表面共同的表面结构要求。

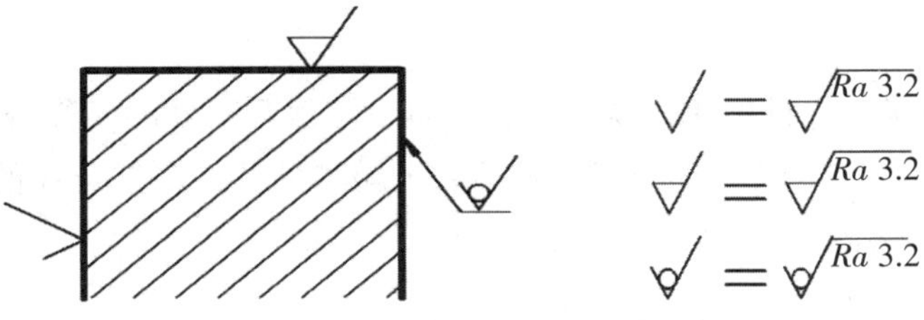

图9-3-29　多个表面结构符号的简化注法

由两种或多种工艺获得同一表面，当需要明确每种工艺方法的表面结构要求时，可按图9-3-30(a)所示进行标注(图中Fe表示基体材料为钢，Ep表示加工工艺为电镀)。图9-3-30(b)所示为三个连续的加工工序的表面结构、尺寸和表面处理的标注。

第一道工序：单向上限值，Rz=1.6 μm。

第二道工序：镀铬，无其他表面结构要求。

第三道工序：一个单向上限值，仅对长为50 mm的圆柱表面有效，Rz = 6.3 mm。

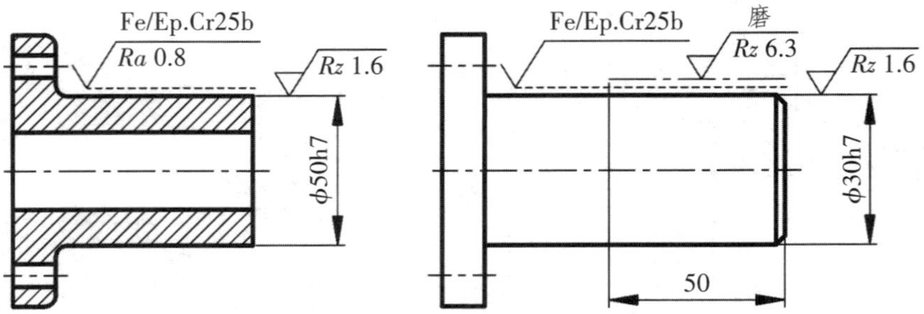

(a)　　　　(b)

图9-3-30　多种工艺获得同一表面的注法

任务四　识读零件图

任务目标

能够正确识读轴套类、轮盘类、叉架类及箱体类零件的零件图。

任务准备

一、读零件图的目的

读零件图，就是要根据零件图想象出零件的结构形状，同时弄清零件在机器中的作用，零件的自然概况、尺寸类别、尺寸基准和技术要求等，以便在制造零件时采用合理的加工方法。

二、读零件图的步骤

1. 读标题栏

通过读标题栏了解零件概貌。从标题栏中可以了解到零件的名称、材料、绘图比例等零件的一般概况，结合对全图的浏览，可对零件有个初步的认识。在可能的情况下，还应搞清楚零件在机器中的作用以及与其他零件的关系。

2. 分析表达方案

看视图分析表达方案，想象零件整体形状。看图时应首先找到主视图，围绕主视图，根据投影规律再去分析其他视图。要分析零件的类别和它的结构组成，应按“先大后小、先外后内、先粗后细”的顺序，有条不紊地识读。

3. 分析尺寸和技术要求

分析尺寸以明确各部位结构尺寸的大小。看尺寸时，首先要找出三个坐标方向的尺寸基准，然后从基准出发，按形体分析法找出各组成部分的定形、定位尺寸，深入了解基准之间、尺寸之间的相互关系。

分析技术要求，全面掌握质量指标。分析零件图上所标注的公差、配合、表面粗糙度、热处理及表面处理等技术要求。

4.综合归纳

通过以上分析和对零件的形状、结构、尺寸以及技术要求等内容的综合归纳，我们应对零件形成比较完整的认识。必须注意，读图过程中，对上述步骤应穿插进行，而不是机械地割裂开来。

三、典型零件分析

机器零件形状千差万别，它们既有共同之处，又各有特点。按其形状特点可分为以下几类：轴套类零件，如机床主轴、各种传动轴、空心套等；轮盘类零件，如各种车轮、手轮、凸缘压盖、圆盘等；叉架（叉杆和支架）类零件，如摇杆、连杆、轴承座、支架等；箱体类零件，如变速箱、阀体、机座、床身等。

在选择上述各类零件视图时都有各自的特点，要根据视图选择的原则来分析、确定各类零件的表达方案。

1.轴套类零件

轴套类零件包括各种轴、套筒和衬套等。轴类零件和套类零件的形体特征都是回转体，大多数轴的长度大于它的直径。按外部轮廓形状可将轴分为光轴、台阶轴、空心轴等。轴上常见的结构有越程槽（或退刀槽）、倒角、圆角、键槽、螺纹等。在机器中，轴的主要作用是支承转动零件（如齿轮、带轮）和传递转矩。

大多数套类零件的壁厚小于它的内孔直径。在套类零件上常有油槽、倒角、退刀槽、螺纹、油孔、销孔等。套类零件的主要作用是支承和保护转动零件，或用来保护与它的外壁相配合的表面。

2.轮盘类零件

轮盘类零件有各种手轮、带轮、花盘、法兰、端盖及压盖等，其中轮类零件多用于传递扭矩；盘类零件起连接、轴向定位、支承和密封作用。轮盘类零件的结构形状比较复杂，它主要由同一轴线不同直径的若干回转体组成，盘体部分的厚度比较薄，其长径比小于1。

3.叉架类零件

叉架类零件主要包括拨叉、连杆、支架、支座等。叉架类零件在机器或部件中主要起操纵、连接、传动或支承作用，零件毛坯多为铸件、锻件。

根据零件结构形状和作用的不同，一般叉杆类零件的结构可看成是由支承部分、工作部分和连接部分组成，而支架类零件的结构可看成是由支承部分、连接部分和安装部分组成。

4.箱体类零件

箱体类零件是机器或部件中的主要零件，常见的箱体类零件有减速箱体、泵体、阀体、机座等。箱体类零件的结构复杂，它在传动机构中的作用与支架类相似，主要是容纳和支承传动件，还能保护机器中的其他零件。箱体类零件的毛坯常为铸件，也有焊接件。

任务实施

【解析】

1.识读如图9-4-1所示的车床螺杆零件图

(1)读标题栏。由标题栏可知，零件名称为车床主轴螺杆，属轴套类零件，材料为Q235，比例为1∶1。从零件名称可分析它的作用，由此可对零件有个大致了解。

(2)分析视图。根据视图的布置和有关的标注，首先找到主视图，再根据投影规律理解其他视图及其所采用的各种表达方法。主轴的一组视图，包括一个主视图、一个移出断面图和一个局部放大图。

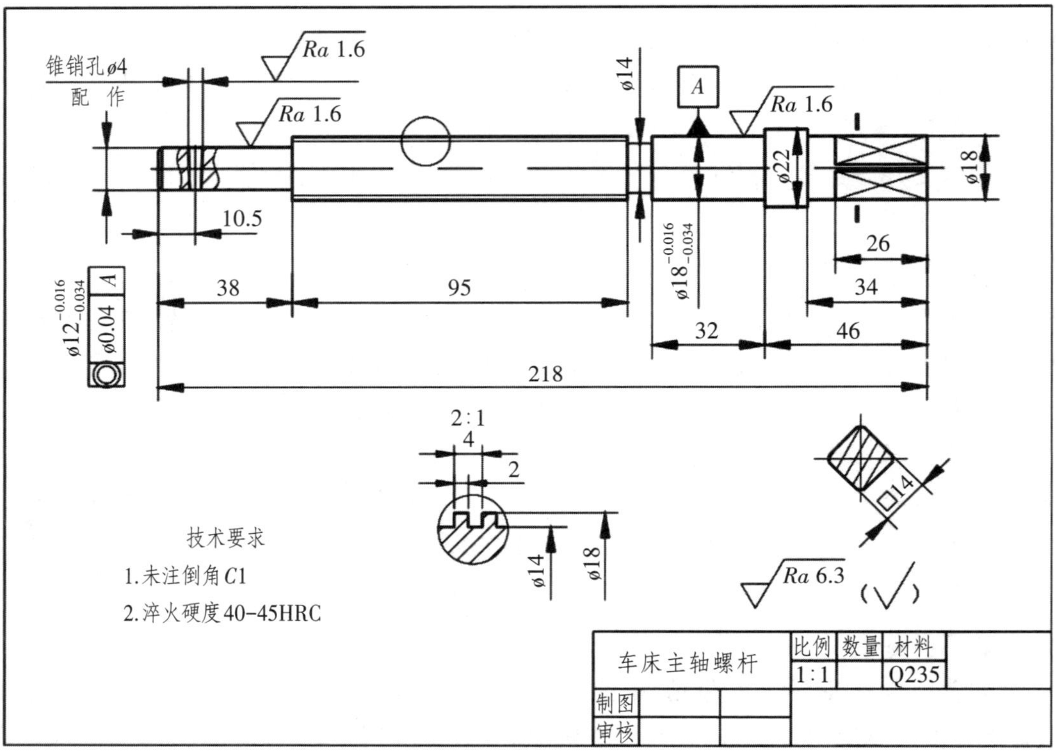

图9-4-1 螺杆零件图

主视图采用了局部剖视，表达了锥销孔的形状。回转体零件一般都在车床、磨床上加工，根据结构特点和主要工序的加工位置情况(轴线水平放置)，一般将轴横放，因此可用一个基本视图——主视图来表达它的整体结构形状。这种选择符合零件主要加工位置原则。移出断面图的目的是表达端部方形头的形状。局部放大图是为了表达螺纹的牙型。

(3)分析尺寸和技术要求

主轴以水平轴线作为径向尺寸基准，也是高度和宽度方向的尺寸基准。由此注出径向各部分尺寸$\phi22$、$\phi18$、$\phi14$、$\phi18^{-0.016}_{-0.034}$。凡尺寸数字后面注写偏差值，一般是指该零件与其他零件有配合关系。所以此部分表面粗糙度的要求较严格，Ra值为1.6 μm。

选择主轴方头右端面作为长度方向的主要尺寸基准，由此注出26、34、46、218，以左端面为轴向辅助基准，注出10.5、38。

主轴应该进行过淬火处理，硬度达到40－50HRC，以提高材料硬度。

2.识读如图9-4-2所示的手轮零件图

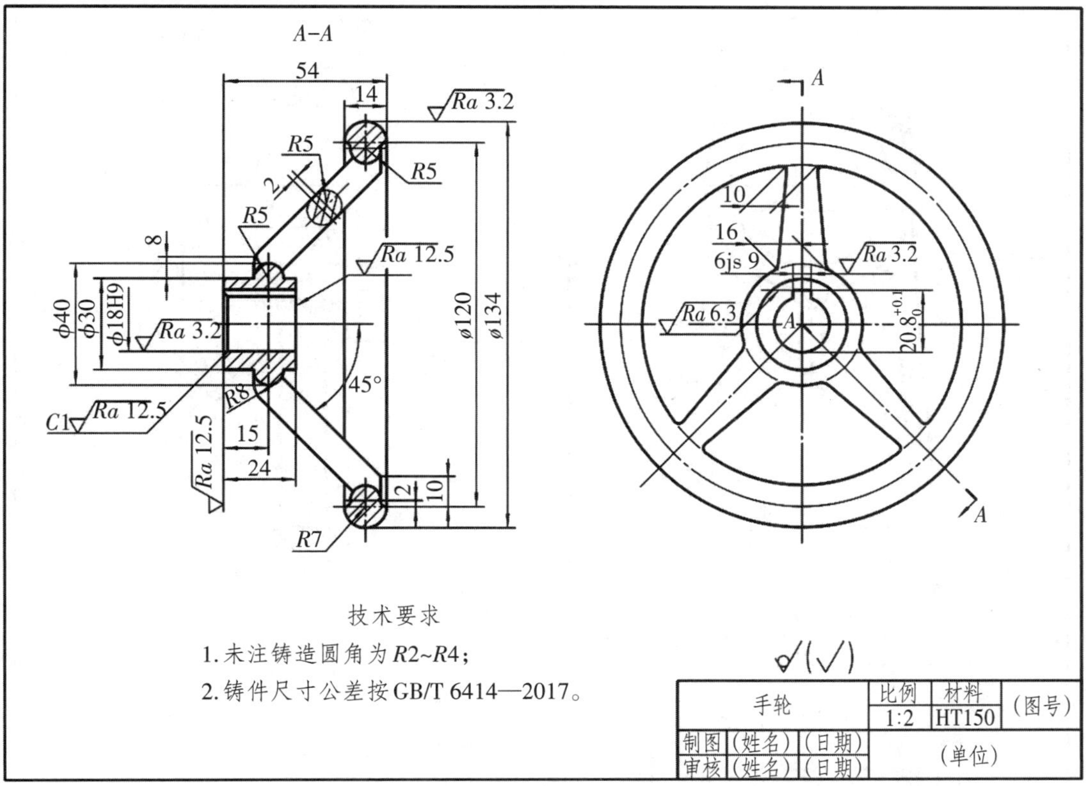

图9-4-2　手轮零件图

（1）读标题栏。由标题栏可知，零件名称为手轮，属轮盘类零件，材料为HT150（灰铸铁），比例为1:2。

（2）分析视图。从图形表达方案看，因轮盘类零件一般都是短粗的回转体，主要在车床或镗床上加工，故主视图常采用轴线水平放置的投射方向，符合零件的加工位置原则。为清楚表达零件的内部结构，主视图*A-A*是两个相交的剖切平面剖开零件后画出的全剖视图。

（3）分析尺寸和技术要求。盘类零件的径向尺寸基准为轴线。在标注圆柱体的直径时，一般都注在投影为非圆的视图上；轴向尺寸以手轮的端面为基准。图9-4-2中标注了轮缘、轮毂、轮辐的定位尺寸和定形尺寸。手轮的配合面很少，技术要求简单，精度较低，只有尺寸ϕ18H9和6js9为配合尺寸。

通过以上分析可以看出，轮盘类零件一般选用1~2个基本视图，主视图按加工位置画出，并作剖视图。尺寸标注比较简单，对结合面（工作面）的有关尺寸精度、表面结构和几何公差有比较严格的要求。

3.按识读如图9-4-3所示的支架零件图

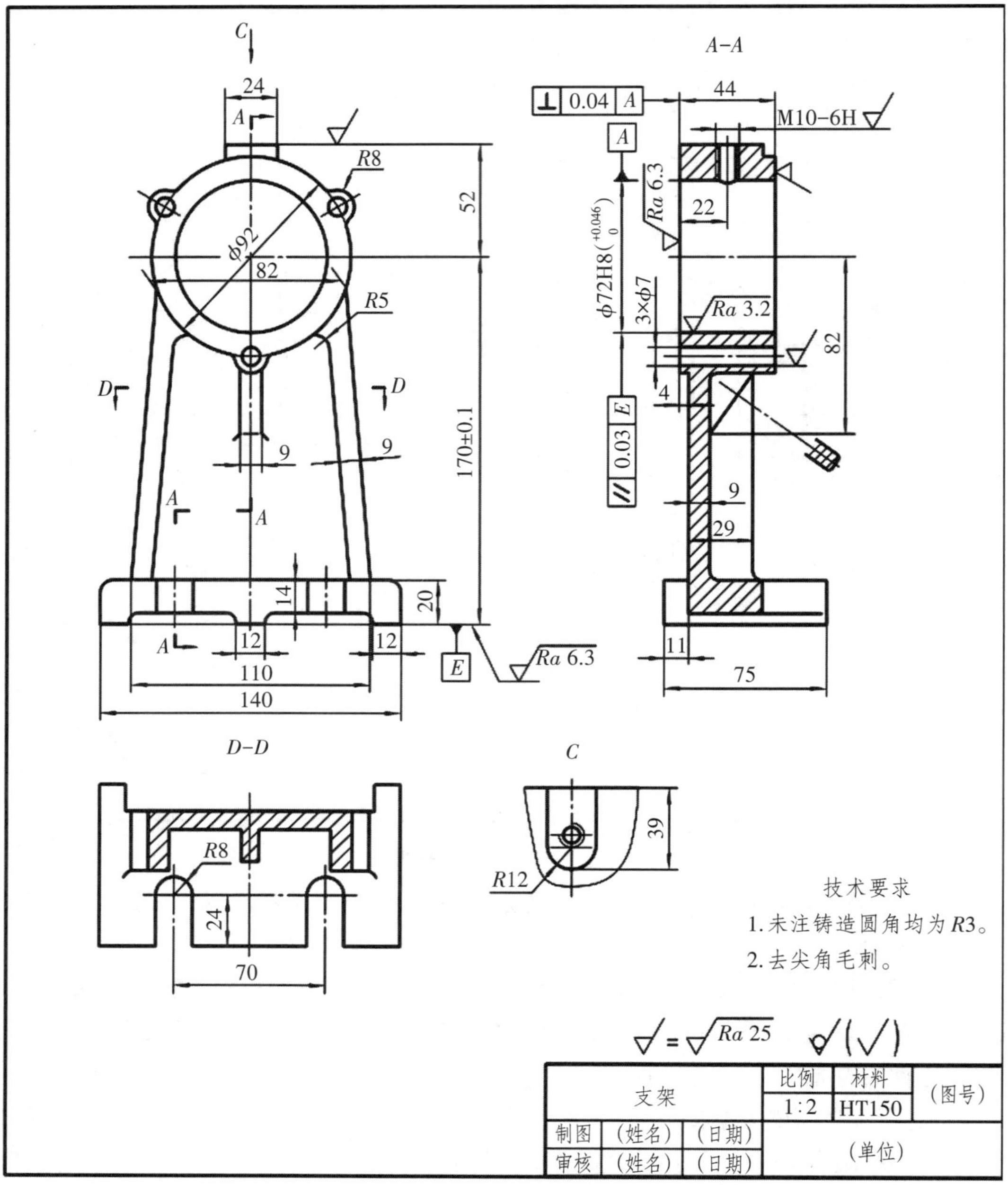

图9-4-3 支架零件图

(1)结构特点。零件一般由以下三部分组成。

①支承部分。为带孔的圆柱体,其上面往往有安装油杯的凸台和安装端盖的螺孔。

②连接部分。为带有加强肋板的连接板,结构比较匀称。

③安装部分。为带安装孔和槽的底板,为使底面接触良好和减少加工面,底面做成凹坑结构。

(2)视图选择。叉架类零件需经过多种机械加工。为此,它的主视图应按工作位置和结构形状特征原则来选择。叉架类零件图一般常用三个基本视图表达,分别显示三个组成部分的形状特征。

由零件图可知,主视图配合全剖视的左视图,表达了支承、连接部分的相互位置关系和零件的大部分结构形状。俯视图突出了肋板的断面形状和底板形状,顶部凸台用C向局部视图表示。要注意左螺孔视图中肋板的规定绘制方法。

(3)分析尺寸标注和技术要求。支架的底面为装配基准面,它是穿螺栓支承套筒内孔装轴承高度方向的尺寸基准,标注出支承部位的中心高尺寸(17±0.1)mm。支架结构左右对称,即选对称面为长度方向的尺寸基准,标注出底板安装槽的定位尺寸70 mm,还有尺寸12 mm、24 mm、82 mm、110 mm、140 mm等。宽度方向是以后端面为基准,标注出肋板的定位尺寸4 mm。

支架零件精度要求高的部位是工作部分,即支承部分,支承孔为ϕ72H8,表面粗糙度Ra的上限值为3.2 μm。另外,底面粗糙度Ra的上限值为6.3 μm,前、后面Ra的上限值分别为25 μm、6.3 μm,这些平面均为接触面。

通过以上分析可以看出,支架类零件一般需要三个视图,主视图按工作位置和结构形状来确定。为表示内外结构和相互关系,左视图常采用剖视图。尺寸基准一般选安装基面或对称中心面。

任务拓展

识读如图9-4-4所示的蜗杆减速箱零件图。

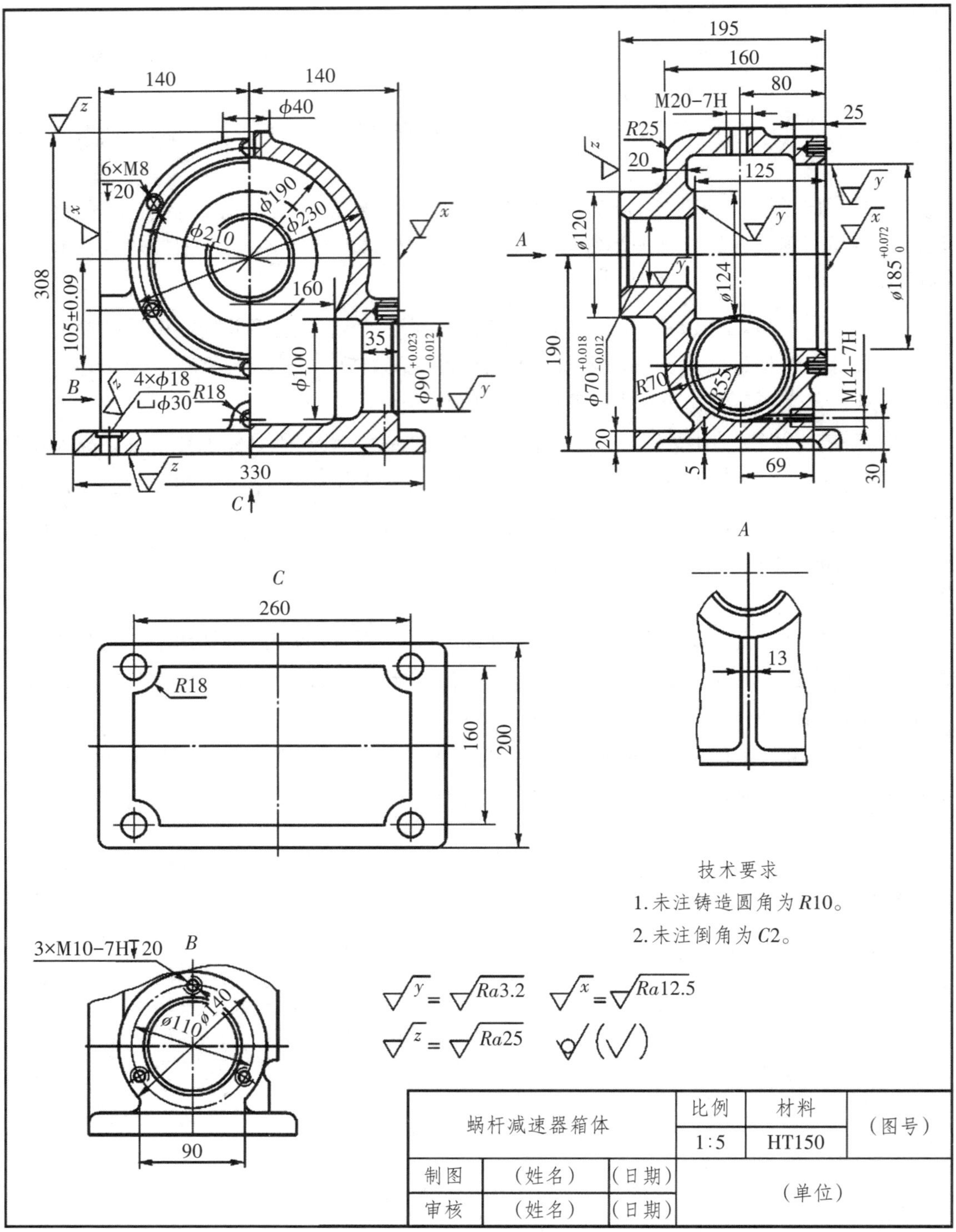

图9-4-4　蜗杆减速器箱体零件图

(1)结构特点。蜗杆减速器箱体的体积大,结构形状复杂。用形体分析的方法可见,蜗杆减速器箱体是一个由上、下圆柱体和底板三个基本几何体组成的结构紧凑、有足够强度和刚度的壳体,如图9-4-4所示。

(2)分析视图。选择箱体表达方案的各视图时,先选择一组基本视图(三视图),再根据需要表达的结构做适当的剖切,增添必要的其他视图。

主视图以能显示箱体的工作位置,并同时满足能表达形状特征和各部位相对位置的方向作为其投射方向。箱体由于外形比较简单,内部结构较复杂,因此主视图采用半剖视,左视图来用全剖视,这样就可清楚地看到两个互相垂直的四柱部分的内腔,即容纳蜗轮、蜗杆的部分。

从主视图和左视图可以看到,在ϕ210的端面上有6个M8 mm深20 mm的螺孔:从剖视部分和*B*向视图可以看到,在ϕ140 mm的端面上有3个M10 mm深20 mm的螺孔,用来安装箱盖和轴承盖,同时能密封箱体。左视图上方M20 mm和下方M14 mm的螺孔用以安装注油和放油螺塞。

*C*向局部视图表达了底板下面的形状。*A*向局部视图表达了箱体后部加强肋板的形状。最后想象出其外形。

(3)分析尺寸标注和技术要求。箱体类零件结构复杂,尺寸较多,因此尺寸分析也较困难,一般采用形体分析法标注尺寸。箱体类零件在尺寸标注或分析时应注意以下几个方面:

①重要轴孔对基准的定位尺寸。由图9-4-7可知,高度方向的主要尺寸基准为底平面,孔$\phi70_{-0.012}^{+0.018}$和$\phi185_{0}^{+0.072}$在高度方向的定位尺寸为190 mm,而孔$\phi90_{-0.012}^{+0.023}$的定位尺寸为(105±0.09)mm。底平面既是箱体的安装面,又是加工时的测量基准面;既是设计基准,又是工艺基准。高度方向的许多尺寸都是从底面注起的,如308 mm、30 mm、20 mm、5 mm等。长度方向的主要尺寸基准为蜗轮的中心面,宽度方向的主要尺寸基准为蜗杆中心面。

②与其他零件有装配关系的尺寸。箱体底板安装孔中心距为260 mm、160 mm;轴承配合孔的基本尺寸应与轴承外圈尺寸一致,如$\phi70_{-0.012}^{+0.018}$、$\phi90_{-0.012}^{+0.023}$;安装箱盖的螺孔的位置尺寸应与盖上螺孔的位置尺寸一致等。

箱体类零件的技术要求,主要是支承传动轴的轴孔部分,其轴孔的尺寸精度、表面结构和几何公差,都将直接影响减速器的装配质量和使用性能,如尺寸$\phi70_{-0.012}^{+0.018}$、$\phi90_{-0.012}^{+0.023}$、$\phi185_{0}^{+0.072}$,表面粗糙度*Ra*的上限值分别为3.2 μm、12.5 μm、25 μm等。此外,有些重要尺寸,如(105±0.09)mm,将直接影响涡轮蜗杆的啮合关系,因此尺寸精度必须严格要求。

总的说来,由于箱体类零件的结构比较复杂,在主视图选择上一般要按工作位置和结构形状相结合的原则综合考虑,选取最佳方案。对初学者来说,在表达方案的选择、尺寸标注、技术要求的确定上都会感到困难,要逐步提高。

通过对以上四类典型零件的分析可以看出,识读零件图的一般方法是由概括了解到深入细致分析,以分析视图、想象形状为核心,以联系尺寸和技术要求为内容。分析图形离不开尺寸,分析尺寸的同时又要结合技术要求,对有些零件往往还需要借助有关资料才能真正看懂图形。看零件图是一件很细致的工作,马虎不得,识读零件图,不仅需要扎实的基础知识,而且需要一定的实践经验。因此,只有多读多练,打下良好的基础,培养求实的作风,才能不断提高识读零件图的能力。

项目小结

1. 视图选择

零件的视图表达要做到完整、清断、合理、看图方便。在上述前提下，力求表达简洁。主视图是核心，是确定表达方案的关键。

(1)主视图选择。主视图的选择必须遵循三个原则，即形状特征原则、工作位置原则和加工位置原则。一般回转体零件在确定主视图投射方向时主要依据加工位置原则，并将回转轴线水平放置于主视图中，非回转体零件在确定主视图投射方向时主要依据工作位置原则，并同时考虑形状特征原则。与组合体一样，零件的主视图应较明显地反映零件的主要结构形状和各组成部分的相对位置。

在具体应用各原则时还应做具体分析，因各原则有时也会相互矛盾，会顾此失彼，要从有利于看图及画图出发，充分考虑各原则的实现。

(2)其他视图选择。不论组合体或零件，视图数目和表达方法的选择是否恰当，对看图是否方便和能否表达清楚都有很大影响。因此，在保证充分表达零件结构形状的条件下，视图的数量应尽量减少。

2. 尺寸标注

零件图的尺寸标注，除了组合体尺寸注法中已提出的要求外，更重要的是要切合生产实际。必须正确地选择尺寸基准，基准的选择要满足设计和工艺要求。基准一般选择接触面、对称平面、轴线、中心线等。零件图上，设计所要求的重要尺寸必须直接注出，其他尺寸可按加工顺序、测量方便或形体分析进行标注；零件间配合部分的尺寸数值必须相同。此外还应注意不要注成封闭尺寸链。

3. 技术要求

图样上的图形和尺寸尚不能完全反映对零件各方面的要求，因此还需有技术要求。技术要求主要包括表面结构、尺寸公差、几何公差、零件热处理和表面处理的说明以及零件加工、检验、材料等各项要求。

总之，在识读零件图时应进行形体分析，这对准确无误、快速看懂零件图是很重要的。

项目十　装配图的绘制

项目引入

装配图主要表达机器或部件的工作原理、装配关系、结构形状和技术要求，用以指导机器或部件的装配、检验、调试、安装、维修等。因此，学习装配图的绘制是进行机械设计、制造、使用、维修以及技术交流的重要技术要求。

项目分析

装配图的学习有赖于前面各项目的掌握程度，特别是图样表示法、标准件表示法、零件图等项目是装配图的重要基础。零件图与装配图相辅相成，零件图中的各种表达方法同样适用于装配图。因零件图与装配图适用于不同生产阶段，表达侧重点也不相同，因此视图表达、尺寸标注等内容又有自己的特殊要求和方法。

任务一　识读装配图

任务目标

1. 掌握装配图的概念，了解装配图的作用和内容。
2. 初步认识装配图的规定画法和特殊表达方法。

任务准备

一、装配图及其作用

装配图是表达机器(或部件)的图样。在设计过程中，一般是先画出装配图，然后拆画零件图；在生产过程中，先根据零件图进行零件加工，然后再依照装配图将零件装配成部件或机器。因此，装配图既是制订装配工艺规程，进行装配、检验、安装及维修的技术文件，也是表达设计思想、指导生产和交流技术的重要技术文件。

二、装配图的内容

装配图不仅要表示机器(或部件)的结构,同时也要表达机器(或部件)的工作原理和装配关系。由图10-1-1所示的滑动轴承的装配图可以看到,一张完整的装配图应具备如下内容:

1.一组图形

选择必要的一组图形和各种表达方法,将装配体的工作原理、零件的装配关系、零件的连接和传动情况,以及各零件的主要结构形状表达清楚。滑动轴承装配图是通过一组三视图,主视图、左视图采用半剖视图,俯视图右半边拆去轴承盖的绘制方法,将装配体表达完整、清楚的。

2.必要尺寸

装配图上只需要标注装配体的规格(性能)、总体大小、各零件间的配合关系、安装、检验等的尺寸。

3.技术要求

用文字说明或标注标记、代号指明该装配体在装配、检验、调试、运输和安装等方面所需达到的技术要求。

4.零件序号、标题栏、明细栏

在图纸的右下角处画出标题栏,标明装配体的名称、图号、比例和责任者签字等;各零件必须标注序号并编入明细栏。明细栏接标题栏画出,填写组成零件的序号、代号、名称、数量、材料、备注等。

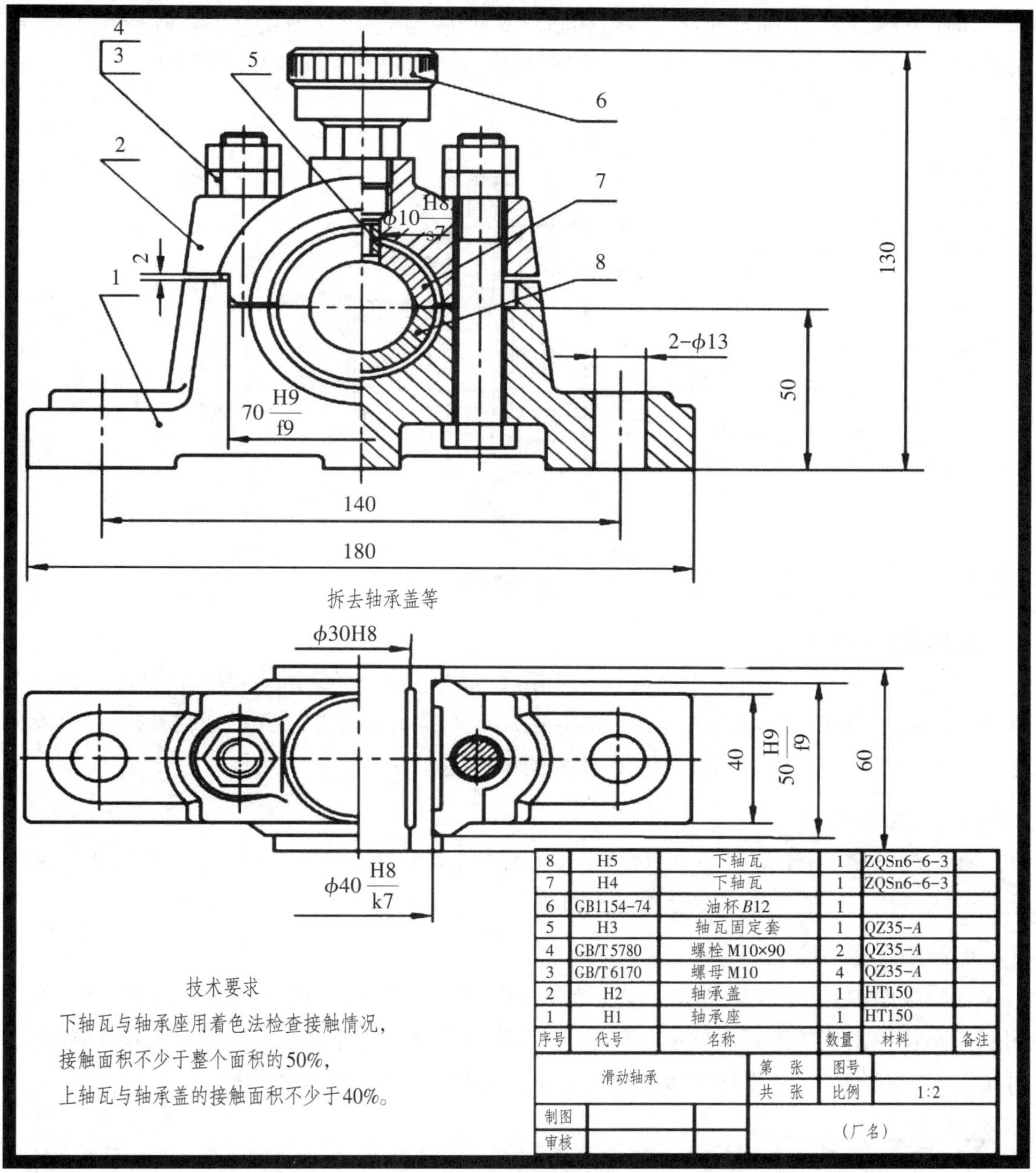

图10-1-1　滑动轴承装配图

三、装配图绘制方法的基本规定

装配图的侧重点是将装配体的结构、工作原理和零件间的装配关系正确、清晰地表示清楚。由于表达的侧重点不同，国家标准对装配图的绘制方法又做了一些规定。

1.零件间接触面和配合面的绘制方法

两相邻零件的接触面或配合面，只画一条共有轮廓线；表示非接触面（即使间隙很小），画两条各自的轮廓线，如图10-1-2中基座孔与滚动轴承外环之间以及轴和滚动轴承内环之间的绘制方法，因为是配合面，所以，只能画一条线。不接触或没有配合关系时，即使间隙很小，也必须画出两条线。如图 10-1-2 中齿轮键槽与键之间为非接触面，要画两条线。

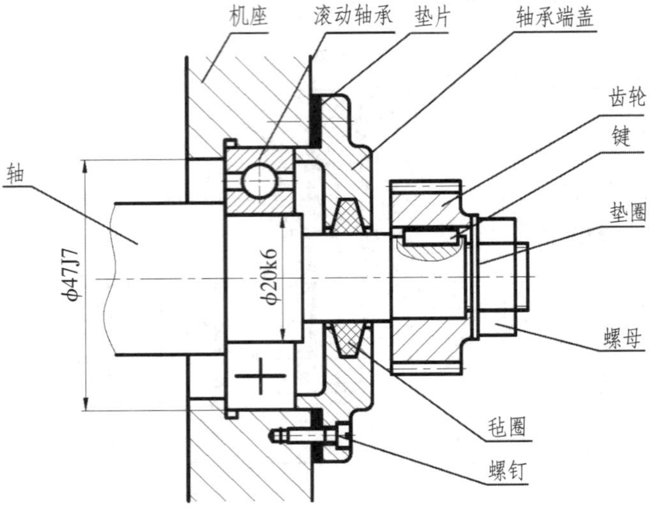

图10-1-2　装配图规定

2. 剖面线绘制方法

相邻两金属零件剖面线的倾斜方向应相反，或方向一致而间隔不等；各视图上，同一零件的剖面线方向和间隔应相同，如图 10-1-2 所示；断面厚度在 2 mm 以下的图形允许以涂黑来代替剖面符号。如图 10-1-2 中的垫片的绘制方法。

3. 夸大绘制方法

在装配图中，对于薄的垫片、簧丝很细的弹簧、微小的间隙等，为了表达清楚，可将它们适当夸大画出，如图 10-1-2 中键和键槽间的间隙。

4. 假想绘制方法

在装配图中，为了表示与本部件有装配关系但又不属于本部件的其他相邻零部件时，可用双点画线画出相邻零部件的部分轮廓，当需要表示运动零件的运动范围或极限位置时，也可用双点画线表示运动零件在极限位置的轮廓，如图 10-1-3 所示的手柄。

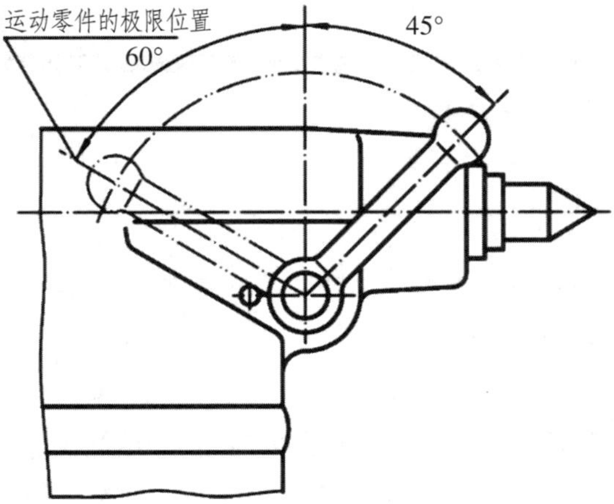

图10-1-3　极限位置的表示方法

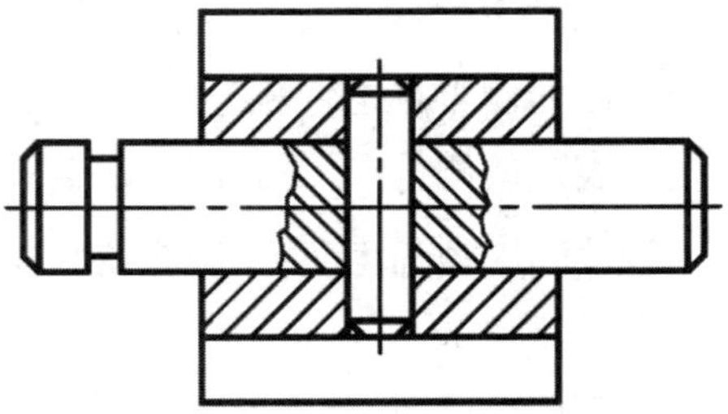

图10-1-4　剖视图中不剖零件

5. 装配图的简化绘制方法规定

（1）剖视图中紧固件和实心件的绘制方法

对于紧固件（如螺栓、螺钉、螺母、垫圈等）和实心件（如轴、手柄、连杆、键、销等）当剖切平面通过其基本轴线或对称面时，这些零件均按不剖画出，如图 10-1-4 中的轴、螺母、螺钉等。当需要表达这些零件上的局部结构时，可采用局部剖视的方法。

（2）零件工艺结构的简化

在装配图中，零件的工艺结构如倒角、圆角、退刀槽等允许省略不画，如图 10-1-5 所示。

（3）相同规格零件组绘制方法

①对于装配图中若干相同的零件组，如螺栓连接件等，可仅详细地画出一组或几组，其余的组件只需用点画线表示其装配位置即可，如图 10-1-5 中的螺钉。

②装配图中的滚动轴承允许按规定绘制方法只画一半，而另一半则采用图 10-1-5 所示的简化绘制方法表示。

③在装配图中，当剖切平面通过某些标准件的轴线（如油杯、油标、管接头等），且该部件已经在其他视图中表达清楚时，则可以只画外形。

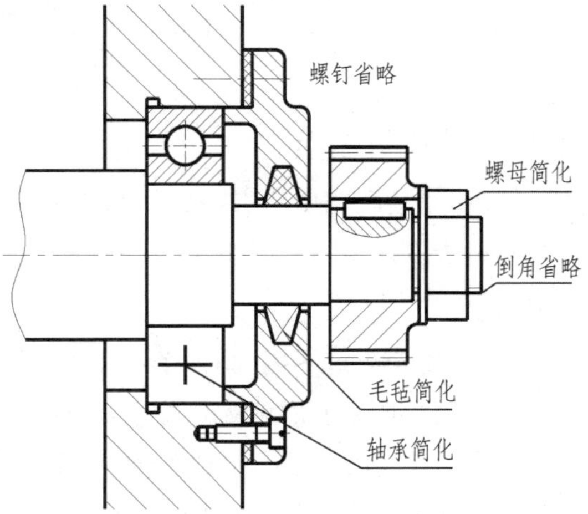

图10-1-5 装配图中的简化绘制方法

6. 装配图的特殊表达方法

（1）拆卸绘制方法

在装配图的某一视图中，为了表示某些零件被遮盖的内部构造或其他零件的形状，可假想拆去一个或几个零件后绘制该视图。如图 10-1-1 是滑动轴承的装配图，其主视图采用了半剖方法，表达该部件的内、外形状及装配关系；俯视图左右对称，其右边采用了拆卸绘制方法，即拆去轴承盖等零件，以表达该部件的内部形状。

（2）沿结合面剖切绘制方法

为了表达部件的内部结构形状，可采用沿结合面剖切绘制方法（一般是在盖处的结合面剖切）。如图 10-1-6 所示是转子液压泵装配图，其中右视图“*A*－*A*”，即是沿结合面剖切而得来的剖视图。这种绘制方法，零件的结合处不画剖面线，但剖切到的其他零件，如“*A*－*A*”右视图中的螺钉等零件仍需要画出剖面线。

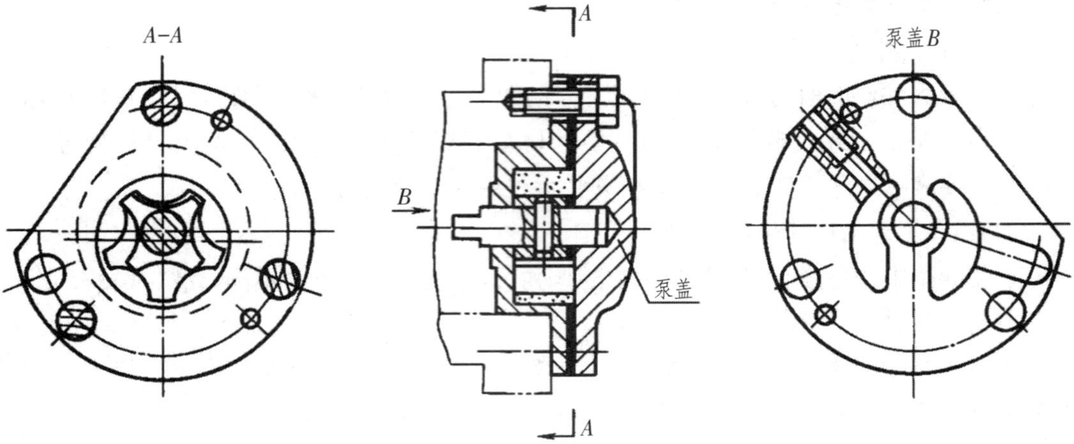

图10–1–6　转子液压泵装配图

(3)单独表示某个零件

在装配图中,当某个零件的形状未表达清楚,该结构又对理解装配关系有影响时,可单独画出该零件的某一视图。如图10–1–6转子液压泵中的泵盖,采用*B*向视图单独表示其形状。此时,一般应在视图的上方标注零件名称及投影符号。

四、装配图中零部件序号及明细栏

为了便于看图和图样管理,对装配图中所有零部件均需编号。同时,在标题栏上方的明细栏中与图中序号一一对应地予以列出。

1.零部件序号的编排形式

在装配图中,每个零件的可见轮廓范围内,画一个小黑点,用细实线引出指引线,序号写在横线上方或圆内,序号字高比图中尺寸数字高度大一号或两号,数量填写在明细栏内,如图10–1–7(a)、(b)所示。序号也可直接写在指引线附近,其字高则比尺寸数字大两号,如图10–1–7(c)所示。若所指部分(薄的零件或涂黑的剖面内不宜画圆点时),可在指引线的末端画出箭头,并指向该部分的轮廓,如图10–1–7(d)所示。

同一装配图中,编号的形式应一致。各指引线不允许相交。当通过有剖面线的区域时,指引线不应与剖面线平行。指引线可画成折线,但只可曲折一次。

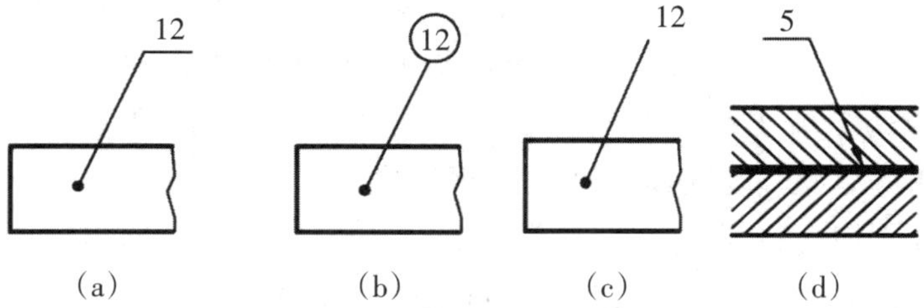

图10–1–7　装配图中的零件序号的标注

装配图中所有零件或组件都必须编写序号，相同的零件只编一个序号，且只标注一次。其数量填写在明细栏内。一组紧固件或装配关系清楚的零件组，可采用公共的指引线编号，如图 10-1-8 所示。

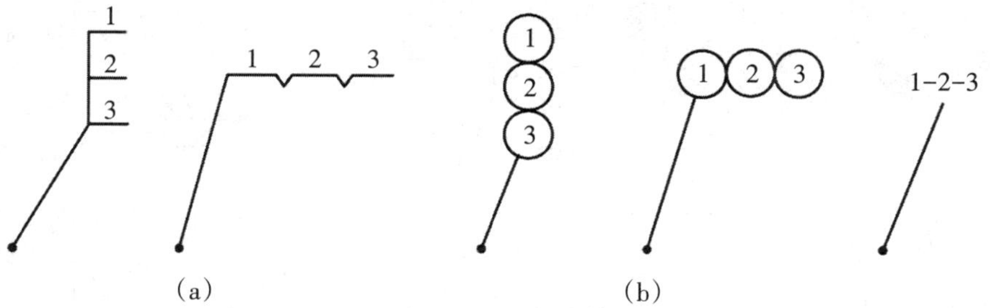

图10-1-8　装配图中一组零件的序号标注

编写序号时要排列整齐、顺序明确，规定：按水平或垂直方向排列在直线上，并依顺时针或逆时针方向顺序排列。如图 10-1-8 所示。

2. 零件明细栏的编制

明细栏一般配置在装配图中标题栏的上方，序号由下向上排列。如标题栏上方位置不够时，可在标题栏左方继续列表由下向上接排。

任务实施

读如图 10-1-9 所示齿轮油泵装配图。

读装配图是工程技术人员必备的一种能力，在设计、装配、安装、调试以及进行技术交流时，都要读装配图。

读装配图的基本要求是：了解部件的功用、使用性能和工作原理；弄清各零件的作用和它们之间的相对位置、装配关系和连接固定方式；读懂各零件的结构形状；了解装配图中标注的尺寸和技术要求。

1. 读装配图的方法和步骤

①从有关资料和标题栏中了解部件的名称、大致用途及工作情况；了解零件的名称、数量、材料等；找出它们在装配图中的位置，初步了解各零件的作用。齿轮油泵共由 15 种零件装配而成。

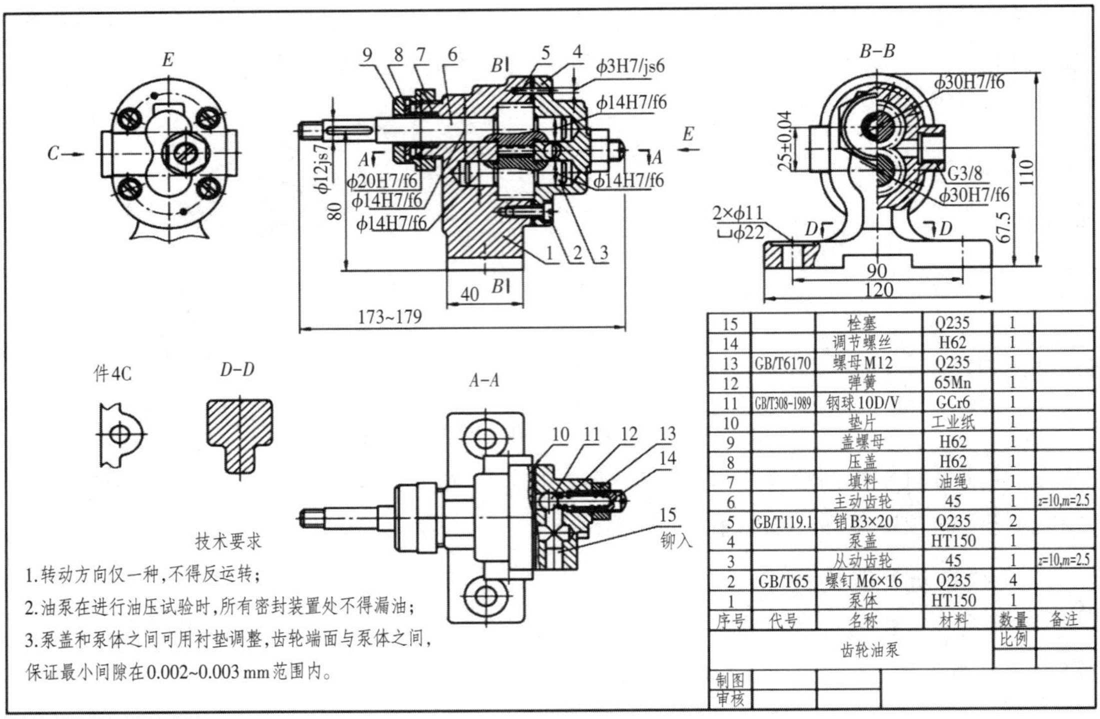

序号	代号	名称	材料	数量	备注
15		栓塞	Q235	1	
14		调节螺丝	H62	1	
13	GB/T6170	螺母M12	Q235	1	
12		弹簧	65Mn	1	
11	GB/T308-1989	钢球10D/V	GCr6	1	
10		垫片	工业纸	1	
9		盖螺母	H62	1	
8		压盖	H62	1	
7		填料	油绳	1	
6		主动齿轮	45	1	z=10,m=2.5
5	GB/T119.1	销B3×20	Q235	2	
4		泵盖	HT150	1	
3		从动齿轮	45	1	z=10,m=2.5
2	GB/T65	螺钉M6×16	Q235	4	
1		泵体	HT150	1	

齿轮油泵		比例	
制图			
审核			

图10-1-9　齿轮油泵装配图

②大致浏览装配图采用的表达方法、各视图配置及其相互间的投影关系、尺寸注法、技术要求等内容。

齿轮油泵采用了多个视图表达，其中主视图为全剖视图，主要表达了齿轮油泵中各个零件间的装配关系。左视图是采用沿左端盖1和泵体6结合面$B-B$的位置剖切后移去了垫片5的半剖视图，主要表达了该油泵齿轮的啮合情况、吸油和压油的工作原理，以及油泵的外形情况。

③参考、查阅有关资料及其使用说明书，从中了解机器或部件的性能、作用和工作原理。

2.分析工作原理和装配关系

分析部件的工作原理，一般应从运动关系入手，并进一步弄清楚零件之间的连接关系和配合性质。

齿轮油泵是机器中用于输送润滑油的一个部件。其工作原理如图10-1-10所示。当主动轮按逆时针方向旋转时，带动从动轮顺时针旋转。啮合区内右边的压力降低而产生局部真空，油池中的油在大气压力的作用下，由进油孔进入油泵的吸油口(低压区)，随着齿轮的传动，齿轮中的油不断沿箭头方向被带至左边的压油口(高压区)把油压出，送至机器中需要润滑的部位。

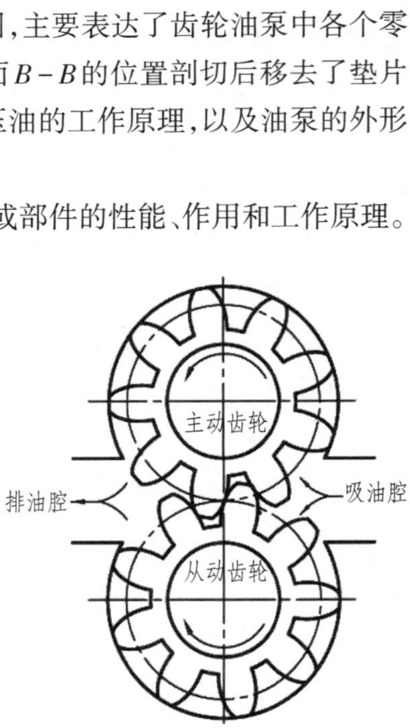

图10-1-10　齿轮油泵装配图和工作原图

3. 分析零件结构形状

分析零件的主要目的是弄清楚组成部分的所有零件的类型、作用及其主要的结构形状。一般先从主要零件着手，然后是其他零件。

分析零件的主要方法是将零件的有关视图从装配图中分离出来，再用看零件图的方法弄懂零件的结构形状。

具体步骤如下：

（1）看剖面线的方向和间隔，以及视图间的投影关系等区分形体。相邻两零件剖面线的方向、间隔不同，则不是同一个零件。

（2）看零件图的序号和明细表，分离不剖零件。不同序号代表不同的零件。

（3）对剖视图中未画剖面线的部分，区分是实心杆件或零件的孔槽与未剖切部分，其方法是按装配图对实心件和紧固件的规定绘制方法来判断。

（4）看尺寸，综合考虑零件的功用、加工、装配等情况，然后确定零件的形状。

（5）形状不能确定的部分，要根据零件的功用及结构常识确定。

4. 综合归纳想整体

综合各部分的结构形状，进一步分析部件的工作原理、传动和装配关系，部件的拆装顺序，以及所标注的尺寸和技术要求的意义等。通过归纳总结，加深对部件整体的全面认识。

任务二　绘制装配图

任务目标

1. 理解装配常见结构的合理性表达。
2. 能够选择合适的密封装置。
3. 能够了解零件的固定方式。

任务准备

设计机器或部件需要画出装配图，测绘机器或部件时先画出零件草图，再依据零件草图拼画成装配图。画装配图与画零件图的方法步骤类似。画装配图之前，首先要了解装配体的工作原理和零件的种类，每个零件在装配体中的功能和零件间的装配关系等，然后看懂每个零件的零件图，想象出零件的结构形状。

一、常见装配结构

在绘制装配图时，应考虑装配结构的合理性，以保证机器和部件的性能、连接可靠，便于零件装拆。

1. 接触面与配合面结构的合理性

两个接触的零件在同一方向上一般只能有一对接触面，否则会给加工和装配带来困难，如图 10-2-1 所示。

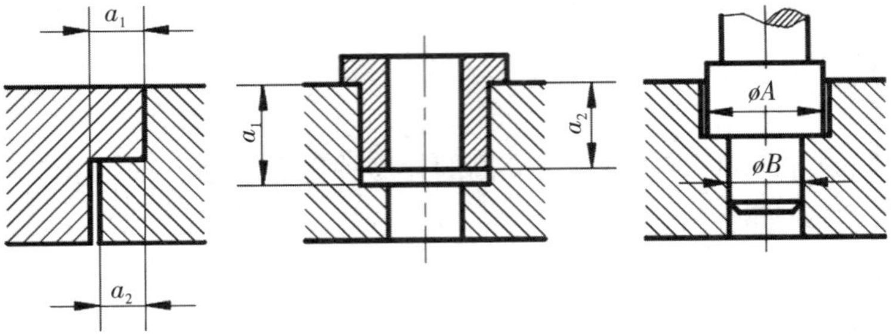

(a) 合理的结构

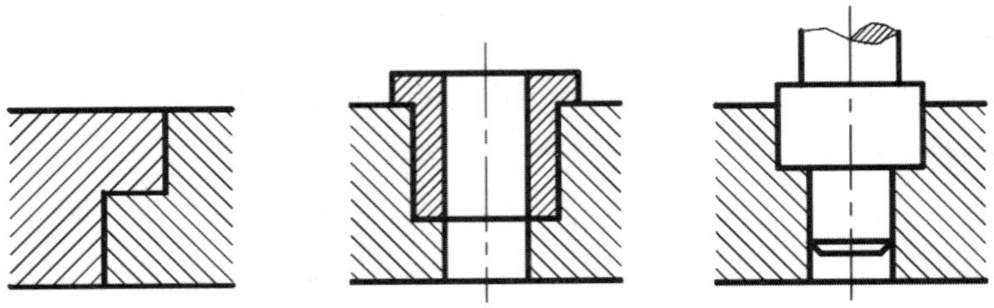

(b)不合理的结构

图10-2-1　接触面的结构

当两个零件上两个互相垂直的表面同时接触时，应在转角处制出倒角、凹槽或不同半径的圆角，以保证两垂直表面都接触良好，如图 10-2-2 所示。

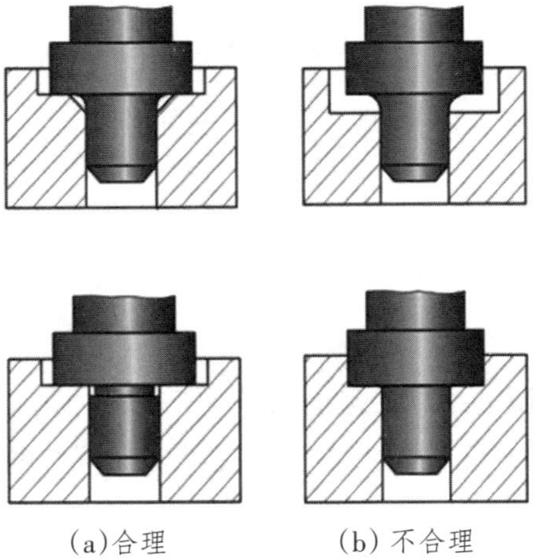

(a)合理　(b) 不合理

图10-2-2　轴与孔的配合

两锥面配合时，圆锥体的顶部与底部之间应留间隙，如图 10-2-3 所示。

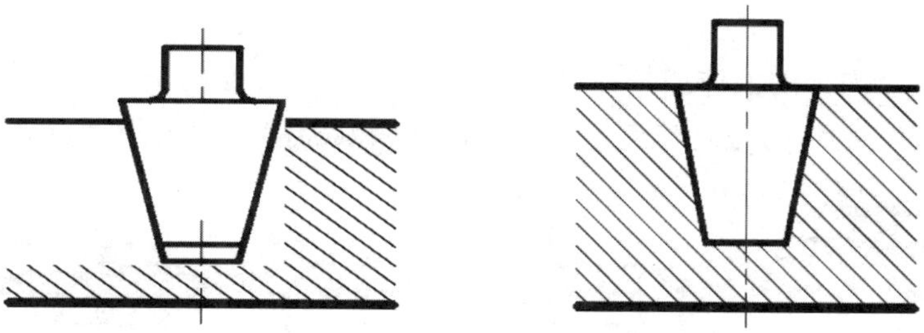

(a)合理　　(b)不合理

图10-2-3　锥面的配合

2. 螺纹防松装置

为避免紧固件由于机器工作时的震动而变松，常需采用各种防松锁紧装置。图10-2-4所示为几种常用的防松装置。

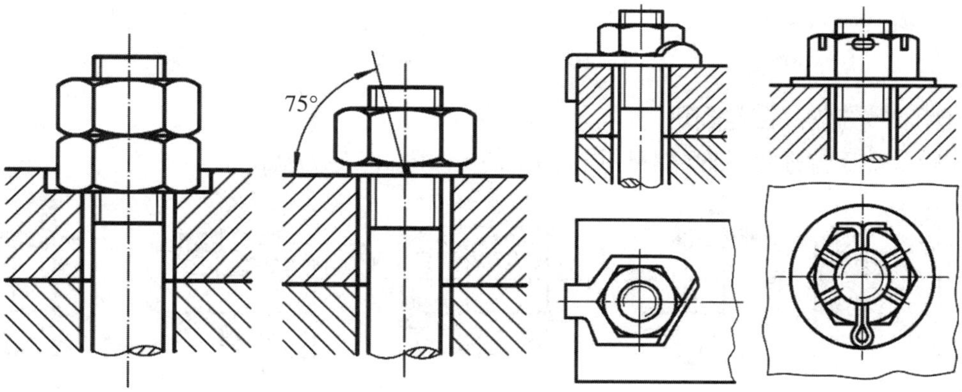

(a)双螺母　　(b)弹簧垫圈　　(c)止退垫圈　　(d)开口销

图10-2-4　常用防松装置

3. 便于装拆的合理结构

应注意留出装拆螺栓、螺钉等紧固件的活动空间。一是留出扳手的转动余地，二是要有装拆的空间，如图10-2-5所示。

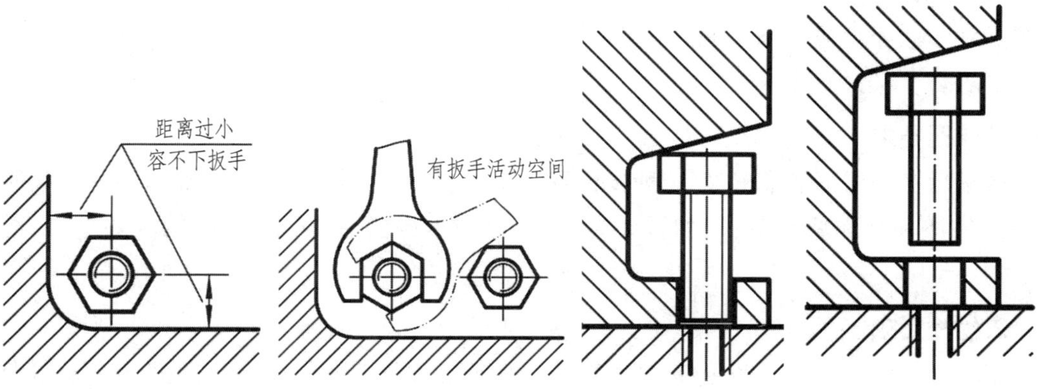

(a)无转动空间　　(b)有转动空间　　(a)无活动空间　　(d)有活动空间

图10-2-5　留出装拆活动空间

4. 密封装置

为了防止机器内部的液体或气体向外渗透，同时防止外面的灰尘等异物侵入机器内部，常采用密封装置。如图10-2-6所示，(a)为毡圈式密封，(b)为填料函密封，(c)为垫片密封。

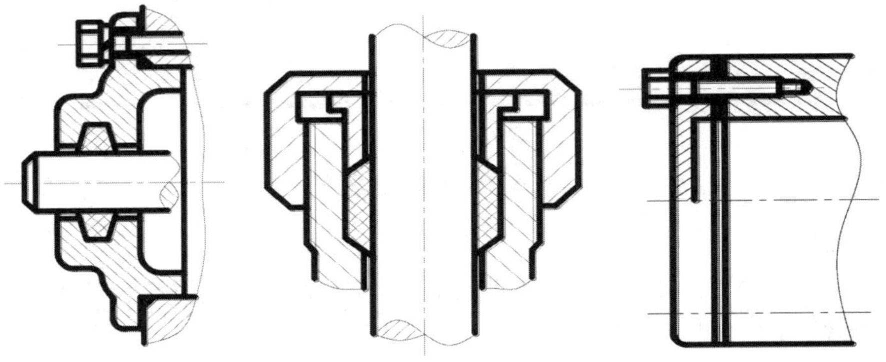

(a)毡圈式密封　　(b) 填料函密封　　(c)垫片密封

图10-2-6　密封装置

5. 轴上零件的定位与固定

一般常采用键连接，轴端螺母、挡圈来固定，如图10-2-7所示。

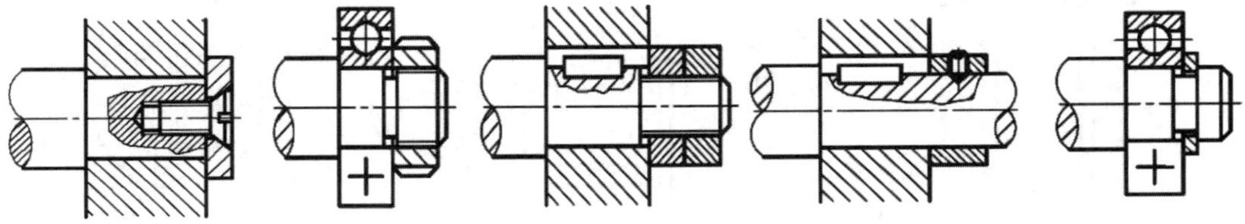

(a)开槽螺母　　(b)双螺母　　(c)轴端挡圈

图10-2-7　常用固定装置

二、装配图上的技术要求

各类不同的机器(或部件)，其性能不同，技术要求也各不相同。因此，在拟定机器(或部件)装配图的技术要求时，应做具体分析。在零件图中已经注明的技术要求，装配图中不再重复标注。技术要求一般填写在图纸下方的空白处。装配图上一般应注写以下几方面的技术要求。

1. 装配要求

装配后必须保证的准确度(一般指位置公差)，装配时的加工说明(如组合后加工)，制订的装配方法和装配后的要求，如转动灵活、密封处不得漏油、保证间隙、精度要求、润滑方法等。

2. 检验要求

基本性能的检验方法和条件，装配后必须保证准确度的各种检验、试验的条件和规范以及操作要求等。

3. 使用要求

部件或机器的性能、规格参数(非尺寸形式的)以及包装、运输、使用时的注意事项和涂饰要求等。

装配图上的技术要求视装配体的需要而定。有的可用符号直接标注在图形上(如配合代号),有些则用文字注写在明细栏上方或图样下方空白处。

三、装配图上尺寸的标注

装配图上不必注出全部结构尺寸。部件装配图所标注的尺寸,是为了进一步说明部件的性能、工作原理、装配关系和总装配时的安装要求。因此,一般应标注下列几种必要的尺寸。

1. 性能(规格)尺寸

表示装配体的工作性能或产品规格的尺寸。这类尺寸是设计产品的依据,如图 10-1-1 所示,滑动轴承的轴孔尺寸 ϕ30H8;图 10-1-11 反映了该部件或机器的规格和工作性能,这类尺寸在设计时要首先确定。

2. 装配尺寸

装配尺寸定表示零件间的装配关系的配合尺寸以及影响其性能的重要的相对位置尺寸,用以保证部件或机器的工作精度和性能要求的尺寸。装配尺寸有以下两种。

(1)配合尺寸。

零件间有配合要求的尺寸,如图 10-1-1 中的配合尺寸 70H9/f9 和 ϕ10H8/s7。

(2)相对位置尺寸。

表示装配体在装配时需要保证的零件间较重要的距离尺寸和间隙尺寸,如图 10-1-1 中轴承盖与轴承座之间的非接触面间距尺寸 2 mm 等。

3. 安装尺寸

表示零部件安装在机器上或机器安装在固定基础上所需要的对外安装时连接用的尺寸,如图 10-1-1 中的孔 ϕ13 和孔距尺寸 140 mm 等。

4. 总体尺寸

表示装配体所占有空间大小的尺寸,即长度、宽度和高度尺寸,如图 10-1-1 中的尺寸 180 mm、60 mm、130 mm。总体尺寸可供包装、运输和安装使用时提供所需占有空间的大小。

5. 其他重要尺寸

根据装配体的结构特点和需要,必须标注的重要尺寸,如运动件的极限位置尺寸、零件间的主要定位尺寸、设计计算尺寸等。如 10-1-1 中的 50 mm。

总之,在装配图上标注尺寸要根据情况做具体分析。上述五类尺寸并不是每张装配图都必须全部标出,而是按需要来标注。

四、绘制装配图

根据零件草图、装配示意图和标准件绘制出装配图。装配图以表达工作原理、装配关系为主，力求做到表达正确、完整、清晰、简洁。需很好地掌握国家标准所规定的各种表达方法和视图方案的选择问题。画图时先选主视图，再考虑其他视图，然后再综合分析确定一组图形。

1.绘制装配图的步骤

绘制装配图时，首先要分析部件的工作情况和装配结构特征，然后选择一组图形，把部件的工作原理、装配关系和零件的主要结构形状表达清楚。

(1)主视图的选择：选择主视图的原则是尽量符合部件的工作位置并能表达主要装配干线或较多的装配关系，以及部件的工作原理。

(2)其他视图的选择：在选择主视图时，还应选用适当的其他视图及相应的表达方法，来补充主视图中未表达清楚的有关工作原理、装配关系和主要零件的结构形状等内容。选择每个视图或每种表达方法，都应有明确的目的性。整个表达方案应力求简洁、清晰、正确。

(3)确定比例和图幅：根据部件的大小及复杂程度、视图数量，确定图的比例。全面考虑图形、尺寸、编号、明细栏及标题栏等所需面积的大小，确定标准图幅的大小。

(4)绘制装配图。

①布置图面，画出作图基准线。

根据选定的视图方案，画出各视图的对称中心线和主要基准线，布置好各视图的具体位置，同时画出标题栏和明细栏的位置。

②画主要零件的轮廓。一般从主视图开始，几个视图结合起来画，因为有些零件结构的实形反映在其他视图上。

③画其他零件。

按装配关系，逐个依次画出装配干线上零件的轮廓形状。画图时，要注意零件间的位置关系和遮挡的虚实关系。由内向外或由外向内依次完成各个视图的底稿，画出各个视图的细节。

④完成全图。

画好剖面线，标注尺寸，编零件序号，填写标题栏、明细栏及技术要求等，经过检查、修改，最后描深。

2.确定视图方案注意的问题

根据装配图的视图选择原则，要使所选视图重点突出，配合得当，可选出几个方案来比较，再从中确定最佳方案。

在设计工作中所画的装配图，不仅表达装配关系，并应将零件的主要形状表达清楚，这种装配图中的图形较多。

任务实施

绘制齿轮油泵装配图。

【解析】

绘图步骤如下：

(1)绘制基准线。根据选定的视图方案，画出各视图的对称中心线和主要基准线，布置好各视图的具体位置，同时画出标题栏和明细栏的位置。

(2)绘制主要零件的轮廓。一般从主视图开始，几个视图结合起来画，因为有些零件结构的实形反映在其他视图上。这部分形状可以从左视图开始画起。

(3)绘制其他零件。按装配关系，逐个依次画出装配干线上零件的轮廓形状。画图时，要注意零件间的位置关系和遮挡的虚实关系。由内向外或由外向内依次完成各个视图的底稿，画出各个视图的细节。

(4)检查、描深、完成全图。

检查底稿后，画剖面线、标注尺寸，编排零件序号，填写标题栏、明细栏和技术要求。最后将各类图线按规定描深。

绘图略。

任务拓展

1.请在网上搜索装配图，并在班级进行分享，说明装配图中用到了哪些表达方法？

2.装配图有哪些绘制方法规定？如何区分装配体内的两个相邻零件？

任务三　识读装配图和拆画零件图

任务目标

1.能够根据装配图了解机器或部件的名称、规格、性能、用途及工作原理。

2.能够根据装配图了解各组成零件的相互位置、装配关系。

3.能够根据装配图拆画零件图。

任务准备

读装配图是工程技术人员必备的一种能力，在设计、装配、安装、调试以及进行技术交流时，都要读装配图。

1.读装配图的要求

(1)了解部件的功用、使用性能和工作原理。

(2)弄清各零件的作用和它们之间的相对位置、装配关系和连接固定方式。

(3)弄懂各零件的结构形状。

(4)了解部件的尺寸和技术要求。

2.识读装配图的方法和步骤

(1)概括了解

①从有关资料和标题栏中了解部件的名称、大致用途及工作情况,了解零件的名称、数量、材料、作用等,并找出它们在装配图中的位置。齿轮油泵共由17种零件装配而成。

②大致浏览装配图采用的表达方法、各视图配置及其相互间的投影关系、尺寸注法、技术要求等内容。

齿轮油泵采用了多个视图表达,其中主视图为全剖视图,主要表达了齿轮油泵中各个零件间的装配关系。左视图是采用沿左端盖和泵体结合面$B-B$的位置剖切后移去了垫片的半剖视图。主要表达了该油泵齿轮的啮合情况、吸油和压油的工作原理,以及油泵的外形情况。

③参考、查阅有关资料及其使用说明书,从中了解机器或部件的性能、作用和工作原理。

(2)分析工作原理和装配关系

分析部件的工作原理,一般应从动关系入手,并进一步弄清楚零件之间的连接关系和配合性质。齿轮油泵是机器中用于输送润滑油的一个部件。当主动轮按逆时针方向旋转时,带动从动轮顺时针旋转。图中主视图较完整地表达了零件间的装配关系:泵体是齿轮油泵中的主要零件之一,它的内腔正好容纳一对齿轮;左端盖、右端盖、支承齿轮轴和传动齿轮轴的旋转运动;两端盖与泵体先由销定位后,再由螺钉连成整体;垫片、密封圈、填料压盖、压紧螺母,都是为了防止油泵漏油所采用的零件或密封装置。

(3)分析零件

分析零件的主要目的是弄清楚组成部分的所有零件的类型、作用及其主要的结构形状。一般先从主要零件着手,然后是其他零件。

分析零件的主要方法是将零件的有关视图从装配图中分离出来,再用看零件图的方法弄懂零件的结构形状。

具体步骤:

①看剖面线的方向和间隔,以及视图间的投影关系等区分形体。相邻两零件剖面线的方向、间隔不同,则不是同一个零件。

②看零件图的序号和明细表,分离不剖零件。不同序号代表不同的零件。

③对剖视图中未画剖面线的部分,区分是实心杆件还是零件的孔槽与未剖切部分,其方法是按装配图对实心件和紧固件的规定绘制方法来判断。

④看尺寸,综合考虑零件的功用、加工、装配等情况,然后确定零件的形状。

⑤形状不能确定的部分,要根据零件的功用及结构常识确定。

以齿轮油泵中的泵体为例,主体部分的外形和内腔都是长圆形,腔内容纳一对齿轮。前后锥台有进、出油口与内腔相通,泵体上有与左、右端盖连接用的螺钉孔和销孔。底板部分根据结构常识,可知底板呈长方形,左、右两边各有一个固定用的螺栓孔,底板上面的凹坑和下面的凹槽,是用于减少加工面,使齿轮油泵固定平稳。补全被遮挡的线,想象出泵体形状。

如图 10-3-1(a)所示。

(4)综合归纳想整体

综合各部分的结构形状,进一步分析部件的工作原理、传动和装配关系,部件的拆装顺序,以及所标注的尺寸和技术要求的意义等。通过归纳总结,加深对部件整体的全面认识。如图 10-3-1(b)所示。

(a)齿轮油泵零件分解图

(b)齿轮油泵外观图

图10-3-1　齿轮油泵

任务实施

拆画零件图。机器在设计过程中通常是根据使用要求先画出设计装配图,以确定工作性能和主要结构,再由装配图拆画零件图。机器维修时,如果其中某个零件损坏,也要将该零件拆画出来,再重新加工修配。由装配图拆画零件图简称“拆图”。

在识读装配图的教学过程中,常要求拆画其中某个零件图以检查是否真正读懂装配图。因此,拆画零件图应该在读懂装配图的前提下进行。

1. 拆画零件图的步骤

(1)按读装配图的要求,看懂部件的工作原理、装配关系和零件的结构形状。

(2)根据零件图视图表达的要求,确定各零件的视图表达方案。

(3)根据零件图的内容和画图要求,画出零件工作图。

注意:区分零件图与装配图在视图内容、表达方法、尺寸标注等方面的不同。

2. 确定视图的表达方案

在选择视图方案时,应首先选择主视图。零件的主视图可以和装配图中零件的主视图相同,也可以根据选择主视图的原则重新选择,这由所绘制零件的形状特征来确定。视图数量和表达方法的选择,需要根据具体零件进行具体分析、比较,最后确定出合理的表达方案。

注意:零件的视图表达方案应根据零件的结构形状确定,而不能盲目照抄装配图。

右端盖的视图应按如图 10-3-2 所示方案确定:

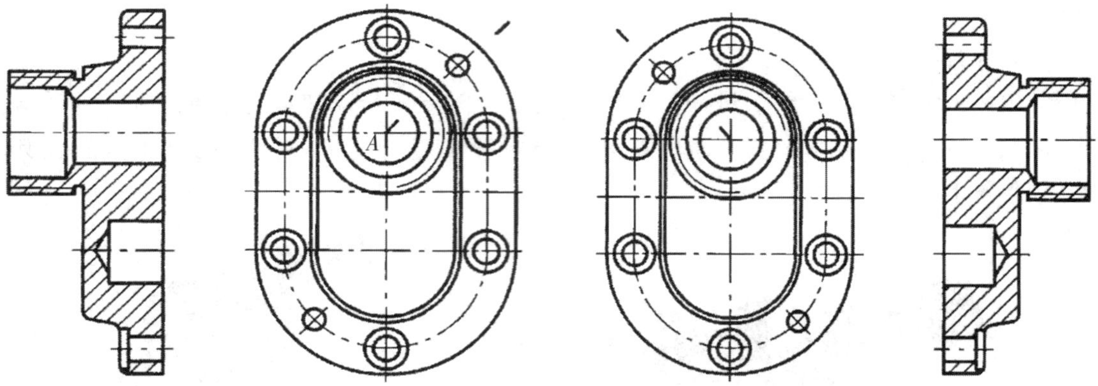

(a)表达方案一　　　(b)表达方案二

图10-3-2　右端盖表达方案

3.补全零件的局部结构形状

在装配图中，被省略和被遮挡住的设计和工艺结构，如倒角、圆角、退刀槽，在零件图中需全部画出并统一标注。如图10-3-3所示。

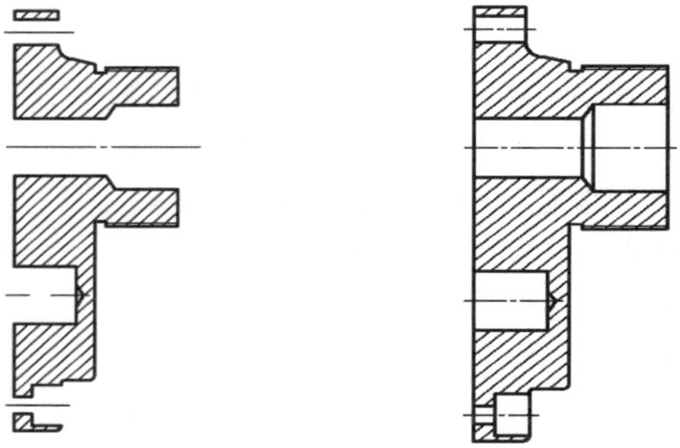

(a)右端盖分离图　　　(b)右端盖补全图

图10-3-3　右端盖视图的确定

4.标注零件图上的尺寸

装配图上仅标注必要的四种尺寸，从装配图拆画零件图时，零件的尺寸要根据装配图从以下四个方面来确定。

(1)抄注。凡在装配图上已注明的有关零件的尺寸，都是重要尺寸应直接抄注到零件图上，且不得随意更改。

(2)查注。零件标准结构的尺寸数值，应从明细栏或有关标准中查得。例如，螺孔、销孔直径等，要从相应标准中查取；有配合要求的尺寸，应注出偏差代号或偏差值；倒角、沉孔、退刀槽等从有关手册中查取。

(3)计算。根据装配图所给出的数据进行计算而定的尺寸，如齿轮的分度圆、齿顶圆的直径尺寸，以及齿轮的中心距等，要经过计算后标注。

(4)量取。在装配图上没有标注出的其余尺寸，可在装配图上按比例直接量取标注，但要注意尺寸数字的圆整合取标准数值，标注尺寸之前，应先选定合理的尺寸基准；在注尺寸时需要考虑便于加工和测量。

5. 注写零件图上的技术要求

(1)标注表面粗糙度

零件各表面的作用不同,对各表面粗糙度的要求也不同,在零件图上要注写粗糙度代号和数值。一般情况下,有相对运动或配合要求的表面,粗糙度数值应小些。对有密封、耐蚀、装饰要求的表面,粗糙度数值也应小些。静止的表面或自由表面的粗糙度数值应大些。根据零件各表面的作用和工作要求,注出表面粗糙度代号。

①配合表面:*Ra*值取3.2~0.8,公差等级高的*Ra*取较小值。

②接触面:*Ra*值取6.3~3.2,如零件的定位底面*Ra*可取3.2,一般端面可取6.3等。

③需加工的自由表面(不与其他零件接触的表面)*Ra*值可取25~12.5,如螺栓孔等。

(2)根据零件在部件中的作用和加工条件,注写其他技术要求

技术要求是零件图的重要内容,拟定的技术要求是否正确,将直接影响零件的加工质量和工作性能的高低。在制订技术要求时,应根据零件在部件中的作用,参考有关技术资料或相近产品的图样注写。标题栏应填写完整,零件名称、材料、图号等要与装配图中明细栏所注内容一致。最后完成右端盖零件图,如图10-3-4所示。

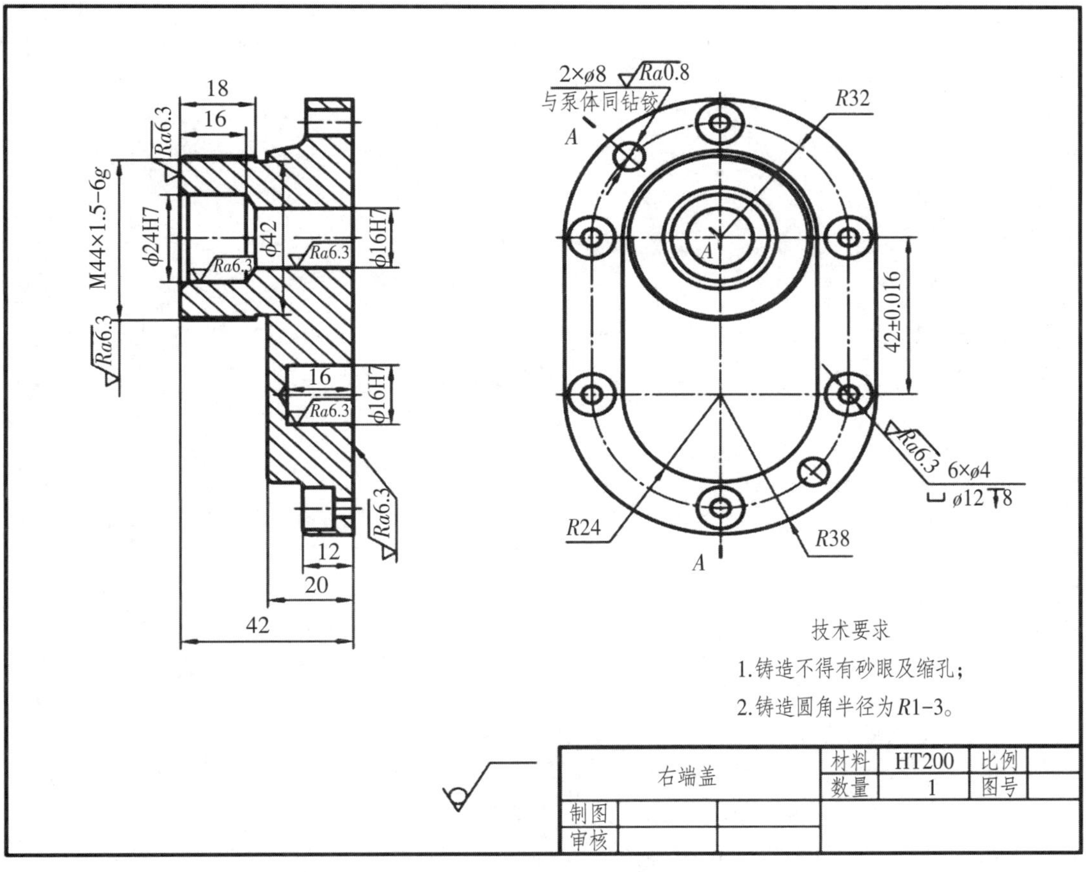

图10-3-4 右端盖零件图

项目小结

1.一张完整的装配图应包括四个方面的内容:一组视图,必要的尺寸,技术要求,序号、标题栏及明细栏。

2.装配图的表达方法:要正确、清楚地表达装配体的结构、工作原理及零件间的装配关系。

3.装配图的尺寸和技术要求:装配图上一般只需要标注出说明装配体特征、装配安装、检验及总体尺寸等;装配图体的技术要求主要是装配、检验、使用时应达到和应注意的技术指标。

参考文献

[1]钱可强,姜尤德.机械制图(多学时)[M].2版.北京:机械工业出版社,2016.
[2] 王幼龙.机械制图(机械类)[M].4版.北京:高等教育出版社,2013.
[3] 吕守祥,王一廷.机械制图[M].重庆:重庆大学出版社,2004.
[4] 周永伦,欧宇.机械制图[M].重庆:西南师范大学出版社,2010.
[5] 胡倩,王文文.机械制图[M].北京:语文出版社,2015.
[6] 金大鹰.机械制图(机械类专业)[M].4版.北京:机械工业出版社,2017.

附 录

55°非密封管螺纹

Ⅰ型六角螺母

标准型弹簧垫圈、轻型弹簧垫圈

常用热处理和表面热处理

非铁金属及其合金附表

开槽圆柱头螺钉、开槽沉头螺钉、开槽盘头螺

孔的极限偏差

零件倒圆与倒角

六角头螺栓

平垫圈A级、平垫圈倒角型A级

普通螺纹倒角和退刀槽、螺纹紧固件的螺纹倒

普通螺纹与螺距、公称尺寸

砂轮越程槽

双头螺栓

梯形螺纹直径与螺距系列、公称尺寸

铁和钢

圆柱销

圆锥销

轴的极限偏差